国家科技重大专项资助（2011ZX05065）

水力化煤层增透理论及技术

卢义玉　夏彬伟　葛兆龙　汤积仁　著

科学出版社

北　京

内 容 简 介

本书系统地论述了水力化煤层增透理论、技术及系统装备，内容包括高压水射流冲击动力学特性，破岩增透理论，煤层水力压裂起裂机理、裂缝扩展规律，射流割缝复合水力压裂裂缝起裂及扩展理论、技术装备和工程应用。全书共分 7 章，分别为绪论、高压水射流造缝增透理论、成套装备、增透技术、煤矿井下水力压裂增透技术、射流割缝复合水力压裂增透技术和煤矿井下射流割缝复合水力压裂现场应用。书中囊括了著者所在的国家创新研究群体和教育部创新研究团队近 10 年的研究成果。

本书适合从事煤层气抽采、煤矿瓦斯灾害治理的科研人员、工程技术人员、高等院校教师、研究生和本科高年级学生参考和阅读。

图书在版编目（CIP）数据

水力化煤层增透理论及技术/卢义玉等著. —北京：科学出版社，2016.3

ISBN 978-7-03-047895-5

Ⅰ. ①水… Ⅱ. ①卢… Ⅲ. ①煤矿开采–水力开采–煤层–透气性
Ⅳ. ①TD825

中国版本图书馆 CIP 数据核字（2016）第 058387 号

责任编辑：杨　岭　李小锐 / 责任校对：贾娜娜
责任印制：余少力 / 封面设计：墨创文化

科 学 出 版 社 出版
北京东黄城根北街 16 号
邮政编码：100717
http：//www.sciencep.com
四川煤田地质制图印刷厂 印刷
科学出版社发行　各地新华书店经销
*
2016 年 3 月第 一 版　开本：B5（720×1000）
2016 年 3 月第一次印刷　印张：25 3/4　插页：16
字数：500 000

定价：148.00 元

（如有印装质量问题，我社负责调换）

前　　言

　　煤层气，也称煤层瓦斯，是以甲烷为主要成分的混合气体，是公认的高效、优质清洁能源。我国煤层瓦斯资源极其丰富，储藏总量约为 36.8 万亿 m³，居世界第三位。高效开发煤层气既可大量减少甲烷排放，又可改善能源结构，保障清洁能源安全供给。同时，高效开发煤层气实现采气采煤一体化，可以杜绝煤矿瓦斯事故，大幅度改善煤矿安全生产。

　　我国煤层气赋存条件复杂，70%的煤矿可采煤层均是具有煤与瓦斯突出危险的复杂煤层，煤层渗透率低于 0.001mD，煤层瓦斯主要以吸附态赋存煤体中，通常吸附瓦斯量占 80%～90%，游离瓦斯量占 10%～20%；瓦斯压力高达 5.6～13.9MPa，瓦斯含量一般在 15～25m³/t。随着开采深度的增加，瓦斯灾害日益严重。复杂煤层瓦斯抽采已成为矿业工程中的世界级技术难题。

　　解决瓦斯灾害最根本的措施为预抽瓦斯，目前预抽煤层瓦斯有两种方式：地面抽采和井下抽采，因地面抽采成本高，对于复杂煤层难度也较大。在我国大部分煤矿瓦斯治理还是采用井下瓦斯抽采。由于复杂煤层透气性低，井下抽采主要存在钻孔有效影响范围小、钻孔工程量大、抽采达标时间长等问题，这就必须采取增透方法，增加煤层透气性，以提高抽采效果。复杂煤层的增透方法可分为两大类，一类是煤层层内卸压增透方法，另一类是煤层层外卸压增透方法。层外卸压增透方法如开采保护层技术已经应用得相当成熟，并取得良好的效果。对于不具备保护层开采条件的复杂煤层，必须采用层内增透方法，其主要目的是增加煤层透气性。

　　治理煤矿瓦斯灾害主要思想是，增加煤体裂隙率，提高煤层透气性，降低煤体瓦斯压力和瓦斯含量，提高煤体瓦斯抽采率。

　　著者及其研究团队针对我国复杂煤层瓦斯灾害严重这一重大安全问题，提出了水力化煤层增透的学术思想，主要开展了高压水射流破岩机理、造缝增透理论、射流割缝复合水力压裂增透理论、抽采技术及装备等方面的研究，取得主要研究成果如下：①揭示了高压水射流动态冲击特性及破岩机理。研究高压水射流瞬态冲击动力产生的机理，分析高压水射流冲击动力特性与煤岩相互作用关系。②揭示不同类型的煤体起裂机理。根据煤体宏观和微观结构分类特征，采用弹性力学、断裂力学、土力学等理论分别建立不同结构煤体的水力压裂起裂模型及起裂准则，并分析天然裂缝、煤岩交界面和断层对水压裂缝扩展的影响。③揭示煤矿井下射流割缝复合水力压裂增透机理。根据射流割缝形成缝隙后煤体力学特性的变化规律，建立射流割缝后煤体受力分析几何模型；揭示射流割缝辅助水力压裂裂缝起裂及扩展机理，建立裂缝尖端起裂临界 J 积分模型；分析射流割缝辅助水力压裂裂缝延缓闭合影响因素，推导出射流割缝辅助水力压裂作用下煤层裂隙内瓦斯渗流方程。④开发出水力化煤层增透成套技术及装备。研发出适用于不同煤层地质条件的水力化瓦斯抽采技术及系统装备，包括自动式割缝器、高压旋转输水器、高压密封钻杆、专用压裂管、专用封孔装置、气渣分离器等关键设备。

　　著者及其研究团队潜心于水力化煤层增透理论及技术的研究近 10 年，在国家科技重大专项（2011ZX05065）、国家创新研究群体（50621403、50921063）、教育部创新团队（IRT13043）、国家自然科学基金（51374258、51104191、50604019）、重庆市杰出青年基金（CSTC，2009BA6047）等一系列项目的资助下，涉及多学科与工程领域，对煤层气高效抽采和瓦斯灾害控制存在的关键科学问题及工程技术问题进行研究，并积累了丰富的研究成果。本著作凝结了研究团队成员多年来的深入科学研究心血，他们是向文英、刘勇、宋晨鹏、陆朝晖、左伟芹、黄飞、周东平、兰华菊、黄小波、廖识、张赛、沈晓莹，在此表示衷心的感谢，同时也感谢程亮、王海洋、章文峰、杜鹏、程玉刚、周哲、杨枫、杨冲为本书文字和图表的整理付出了大量的劳动。本书应用了国内外许多学者著作中的观点与图表，在此也表示衷心的感谢。

　　由于著者水平有限，书中难免有疏漏与不妥之处，恳请前辈及同仁批评指正。

著　者

2016 年 3 月

目　　录

前言
第1章　绪论···1
　1.1　概述···1
　1.2　煤层气资源概况及开发现状··3
　　1.2.1　国外煤层气的资源分布和开发现状·····························3
　　1.2.2　我国煤层气资源情况及储层特点·································5
　1.3　国内外煤层增透理论与技术研究现状·································7
　　1.3.1　钻孔卸压增透法···7
　　1.3.2　高能液体扰动卸压增透法···7
　　1.3.3　爆生气体扰动卸压增透技术····································10
　1.4　水力化增透理论与技术··10
　　1.4.1　水射流增透技术···11
　　1.4.2　水力压裂技术···12
　1.5　煤矿井下水力化增透技术展望··15
　　1.5.1　水力化增透理论··15
　　1.5.2　水力化增透技术多元化发展·································16
　　1.5.3　水力化增透装备智能化发展·······························17
　1.6　参考文献···18
第2章　高压水射流造缝增透理论··20
　2.1　水射流冲击动力学理论··20
　　2.1.1　水射流基本理论··21
　　2.1.2　水射流结构特征··22
　　2.1.3　水射流冲击特征··27
　2.2　高压水射流瞬态动力学特性··43
　　2.2.1　水射流冲击靶板的实验方案设计····························43
　　2.2.2　水射流冲击靶板的数值模拟研究····························53
　　2.2.3　水射流冲击靶板的过程分析·································63
　　2.2.4　水射流冲击靶板后的流体运动状态分析·················78
　　2.2.5　射流速度对冲击特性的影响分析····························86

　　　2.2.6 水射流形状对冲击特性的影响分析 ·············· 98
　　　2.2.7 靶板角度对冲击特性的影响分析 ··············· 100
　　2.3 高压水射流冲击破碎岩石机理研究 ················ 101
　　　2.3.1 水射流冲击破岩机理分析 ·················· 102
　　　2.3.2 水射流破岩实验研究 ···················· 111
　　2.4 高压水射流导引钻头破硬岩机理研究 ··············· 140
　　　2.4.1 高压水射流导引钻头破硬岩方法 ··············· 140
　　　2.4.2 高压水射流导引钻头破硬岩机理 ··············· 143
　　　2.4.3 高压水射流导引钻头破硬岩实验 ··············· 158
　　2.5 高压水射流增透抽采理论 ·················· 163
　　　2.5.1 高压水射流冲击煤体动态损伤特征 ·············· 163
　　　2.5.2 高压水射流造缝卸压效应 ·················· 164
　　　2.5.3 空化声震效应强化瓦斯解吸渗流机理 ············· 178
　　　2.5.4 高压水射流造缝对煤层渗透率的影响 ············· 188
　　2.6 参考文献 ························· 194
第3章 高压水射流造缝增透成套装备 ················· 198
　　3.1 高压水射流造缝增透成套装备组成 ··············· 198
　　3.2 磨料射流辅助破硬岩钻头 ·················· 198
　　　3.2.1 磨料射流导引钻头研制 ·················· 198
　　　3.2.2 磨料射流导引钻头穿硬岩层钻进工艺 ············· 200
　　3.3 自动切换式切缝器 ····················· 202
　　　3.3.1 煤层割缝器喷嘴结构设计 ·················· 203
　　　3.3.2 割缝器喷嘴布置方式优化设计 ················ 203
　　3.4 高压密封输水器 ····················· 206
　　3.5 高压密封钻杆 ······················ 208
　　　3.5.1 高压水密封钻杆 ····················· 208
　　　3.5.2 高压密封双动力螺旋排渣钻杆 ················ 209
　　3.6 气渣分离装置 ······················ 210
　　3.7 参考文献 ························· 212
第4章 高压水射流网格化造缝增透技术 ················ 213
　　4.1 高压水射流造缝增透关键参数 ················· 213
　　　4.1.1 破煤岩压力 ······················ 213
　　　4.1.2 破煤岩流量 ······················ 216
　　　4.1.3 喷嘴直径 ······················· 219
　　　4.1.4 喷嘴转速和切割时间 ··················· 221

4.1.5 抽采半径 ···224

4.1.6 割缝工艺 ···228

4.2 工程应用 ···230

4.2.1 快速石门揭煤技术 ···230

4.2.2 穿层钻孔预抽煤巷条带瓦斯技术 ···238

4.2.3 煤巷掘进钻割一体化技术 ··241

4.2.4 顺层钻孔预抽煤层瓦斯技术 ···245

4.3 参考文献 ···247

第5章 煤矿井下水力压裂增透技术 ···248

5.1 不同类型煤体的起裂机理 ···248

5.1.1 适用于水力压裂的煤体结构划分 ···248

5.1.2 原生结构煤体的起裂机理 ··251

5.1.3 碎裂结构煤体的起裂机理 ··255

5.1.4 碎粒及糜棱结构煤体的起裂机理 ···259

5.2 煤层水压裂缝扩展规律 ··265

5.2.1 天然裂缝对煤层水压裂缝扩展的影响 ······································266

5.2.2 煤岩交界面对煤层水压裂缝扩展的影响 ···································273

5.2.3 断层对煤层水压裂缝扩展的影响 ··282

5.3 参考文献 ···292

第6章 煤矿井下射流割缝复合水力压裂增透技术 ·······························293

6.1 射流割缝复合水力压裂裂缝起裂机理 ··293

6.1.1 射流割缝复合水力压裂煤体起裂准则 ······································293

6.1.2 射流割缝降低煤层起裂压力研究 ··297

6.1.3 射流割缝与未割缝压裂起裂压力数值分析 ································301

6.1.4 射流割缝复合水力压裂裂缝起裂位置 ······································306

6.2 射流割缝复合水力压裂裂缝扩展规律 ··309

6.2.1 射流割缝复合水力压裂裂缝扩展规律分析 ································309

6.2.2 射流割缝复合水力压裂裂缝扩展数值分析 ································314

6.3 射流割缝复合水力压裂增透机理 ··316

6.3.1 水压裂缝闭合机理 ···316

6.3.2 水压裂缝内瓦斯渗流规律 ··323

6.3.3 射流割缝复合水力压裂瓦斯富集规律 ······································326

6.4 煤层清洁压裂液增透抽采机理研究 ···328

6.4.1 压裂液研究现状 ···328

6.4.2 清洁压裂液性能 ···329

6.4.3 清洁压裂液促进煤层瓦斯渗流 ···················330

6.4.4 清洁压裂液增加煤层瓦斯抽采机理 ···············335

6.5 煤矿井下射流割缝复合水力压裂工艺与装备 ···········339

6.5.1 射流割缝复合水力压裂钻孔布孔原则 ·············339

6.5.2 钻孔施工安全防护装置研制 ····················341

6.5.3 射流割缝复合水力压裂钻孔封孔材料及工艺 ········347

6.5.4 井下射流割缝复合水力压裂设备优选及改造 ········354

6.5.5 井下射流割缝复合水力压裂施工参数优化设计 ·····358

6.5.6 井下射流割缝复合水力压裂施工工艺要点 ·········359

6.6 煤矿井下射流割缝复合水力压裂评价方法 ··············360

6.6.1 瞬变电磁法 ··································360

6.6.2 瓦斯含量法 ··································364

6.7 参考文献 ··367

第7章 煤矿井下射流割缝复合水力压裂现场应用 ···············369

7.1 射流割缝复合水力压裂与常规压裂对比试验 ············369

7.1.1 试验地点概况 ·······························369

7.1.2 压裂孔布置方案 ····························370

7.1.3 试验结果分析 ·······························372

7.2 石门揭煤射流割缝复合水力压裂增透抽采技术 ··········375

7.2.1 石门揭煤射流割缝复合水力压裂增透抽采技术概述 ···375

7.2.2 石门揭煤射流割缝复合水力压裂现场试验 ··········375

7.3 掘进条带射流割缝复合水力压裂增透抽采技术 ··········386

7.3.1 掘进条带射流割缝复合水力压裂增透抽采技术概述 ···386

7.3.2 掘进条带射流割缝复合水力压裂现场试验 ··········387

7.4 本煤层射流割缝复合水力压裂增透抽采技术 ············397

7.4.1 本煤层射流割缝复合水力压裂增透抽采技术概述 ·····397

7.4.2 本煤层射流割缝复合水力压裂现场试验 ···········398

7.5 参考文献 ··404

彩图 ··405

第1章 绪 论

1.1 概 述

煤层气又称为"瓦斯",是一种与煤炭伴生的非常规天然气,主要成分是甲烷(甲烷含量>85%),是以吸附在煤基质颗粒表面为主、部分游离于煤孔隙中或溶解于煤层水中的烃类气体;从泥炭发展到无烟煤过程中每吨煤可产生 50~300m³ 的煤层气。我国煤层气资源丰富,继俄罗斯和加拿大之后居世界第三位。我国 45 个聚煤盆地埋深 2000m 以内煤层气地质资源量为 36.8 万亿 m³,其中 1500m 以内煤层气可采资源量为 10.9 万亿 m³。按照煤层气资源的地理分布特点可分为东部、中部、西部及南方四个大区,其中东部区地质资源量 9.74 万亿 m³、可采资源量 4.05 万亿 m³,分别占全国的 26.5%和 39.6%,是中国煤层气资源最为丰富的大区;中部区煤层气地质资源量 10.47 万亿 m³、可采资源量 2.00 万亿 m³,分别占全国的 28.4%和 18.4%;西部区煤层气地质资源量 10.1 万亿 m³、可采资源量 2.75 万亿 m³,分别占全国的 27.4% 和 25.2%;南方区煤层气地质资源量 4.44 万亿 m³、可采资源量 1.59 万亿 m³,分别占全国的 12.1%和 14.6%[1-3]。我国煤层气资源量及可采资源量分布状况表如表 1.1 所示。

表 1.1 我国煤层气资源量及可采资源量分布状况表

地区	盆地	面积/km²	资源量/(亿 m³)	可采资源量/(亿 m³)
东部	沁水	27137	39500	11216
	二连	34853	28516	21026
	海拉尔	12986	15957	4503
	豫西	5923	6744	1154
	徐淮	3490	5784	1482
	宁武	1718	3643	1129
中部	鄂尔多斯 C-P	37515	45858	11706
	鄂尔多斯 J	71330	52775	6164
	四川	19684	6042	2110

续表

地区	盆地	面积/km²	资源量/（亿 m³）	可采资源量/（亿 m³）
西部	天山	10550	16261	6671
	塔里木	40637	19338	6866
	三塘湖	2763	5942	1752
	准噶尔	34607	38268	8077
	吐哈	9393	21198	4100
南方	川南黔北	19428	9693	3045
	滇东黔西	16055	34723	12892
其他		26590	20568	4803
全国		374665	368118	108704

　　煤层气开发已列入国家能源发展"十二五"规划，2015 年我国煤层气产量达 300 亿 m³，其中地面井原位抽采 160 亿 m³，井下抽采 140 亿 m³。近年来，我国煤层气的地面开采规模以每年约 5 亿 m³ 的速度平稳增长，由 2008 年的 5 亿 m³ 增长到 2012 年的 25.7 亿 m³。2013 年，煤层气地面开采量达到 30 亿 m³，同比增长 16.60%，如图 1.1 所示[4]。

　　我国煤层气地下抽采规模不断扩大，2012 年煤层气井下抽采规模突破 100 亿 m³，同比增长 17.45%；2013 年全国井下抽采规模为 126 亿 m³，同比增长 25.62%，如图 1.2 所示。

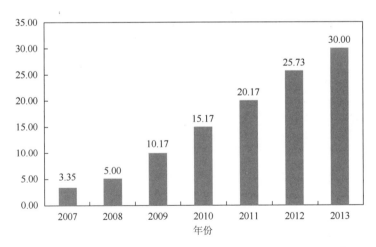

图 1.1　2008～2013 年我国煤层气地面开采规模（单位：亿 m³）

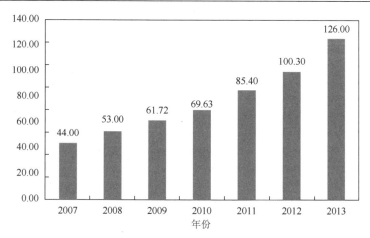

图 1.2 2008～2013 年煤层气井下抽采规模及增长情况（单位：亿 m³）

我国煤矿瓦斯等级以瓦斯矿井为主，主要呈现两大特点：一是高瓦斯及煤与瓦斯突出矿井数量多、分布广。二是西南和中东部地区的高瓦斯和煤与瓦斯突出矿井分布较多。特别是贵州、四川、湖南、山西、云南、江西、重庆、河南等省（直辖市）高瓦斯和煤与瓦斯突出矿井 2865 处，占全国高瓦斯和煤与瓦斯突出矿井总数的 7.2%。目前，煤矿矿井平均开采深度约 820 米，有些矿井甚至开采深度超过 1200 米。我国高瓦斯矿井多，尤其在安徽、河南、山西、江西、湖南、贵州、四川、重庆等省（直辖市），煤层瓦斯含量高、压力大、透气性差、抽采难度大。煤层以欠压为主，部分煤储层压力较高，储层压力梯度最低为 2.24kPa/m，最高达 17.28kPa/m。煤层渗透率较低，平均在 2.0×10^{-4}～$1.617 \times 10^{-2} \mu m^2$。其中，渗透率小于 $1.0 \times 10^{-4} \mu m^2$ 的占 35%；1.0×10^{-4}～$1.0 \times 10^{-3} \mu m^2$ 的占 37%；大于 $1.0 \times 10^{-3} \mu m^2$ 的占 28%；大于 $1.0 \times 10^{-2} \mu m^2$ 的较少。丰度为 0.15～7.22 亿 m³/km²[5]。

随着矿井开采深度的增加（每年平均开采深度增加 10～30m），煤层瓦斯压力、瓦斯含量、地应力和瓦斯涌出量不断增大。瓦斯抽采难度进一步增大。因此如何大幅度增强煤层透气性是实现煤层气井下高效抽采和煤炭安全开采的关键[6, 7]。

1.2 煤层气资源概况及开发现状

1.2.1 国外煤层气的资源分布和开发现状

全球埋深浅于 2000m 的煤层气资源约为 240 万亿 m³，是常规天然气探明储量的两倍多，世界主要产煤国都十分重视开发煤层气。美国、英国、德国、俄罗斯等国煤层气的开发利用起步较早，主要采用煤炭开采前抽采和采空区封闭抽采方式抽采煤层气，产业发展较为成熟。20 世纪 80 年代初，美国开始实验应用常规油气井（即地面钻井）开采煤层气并获得突破性进展，标志着世界煤层气开发进入一个新阶段[8-10]。

1）美国煤层气的开发利用

美国是世界上主要的煤层气资源国之一，也是世界上煤层气商业开发最为成功的国家。2005 年全美煤层气产量已达 500 亿 m^3，约占当年天然气总产量的 8%。在煤层气资源分布上，西部落基山脉中的新生代含煤盆地，集中了美国 84.2%的资源，其余 15.8%分布在东部阿巴拉契亚和中部石炭纪含煤盆地中。目前，落基山脉中的新生代含煤盆地群不仅是美国煤层气资源最为富集的地区，而且是煤层气勘探开发最为活跃的地区。美国煤层气资源主要赋存在 1500m 以浅的煤层中。在美国，煤层气的开采方法主要是地面钻孔抽采煤层气的方法，由于美国的煤层渗透性较好，采用这一方法的开采效率也比较高，并且开采煤层气后，相应地提高了井下煤层开采的安全性。图 1.3 是 1989～2007 年美国煤层气年均产量[11, 12]。

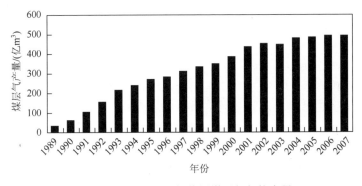

图 1.3　1989～2007 年美国煤层气年均产量

2）独联体国家的煤层气开发利用

独立国家联合体（简称独联体国家）的煤层气抽采始于 20 世纪 50 年代，但由于煤炭总产量的连年下降，煤层气产量相应下降。苏联开采煤层气的首要目的是改善采矿安全条件，并未对煤层气进行商业利用，但随着能源的日益短缺和世界能源消费结构的改变，独联体国家逐步对未开采的煤层气进行商业性质的开发。

目前认为的最佳利用方案是对锅炉进行供热，也有其他用途，例如，乌克兰将煤层气用作汽车燃料，俄罗斯将煤层气用在煤炭干燥器中，还添加催化剂用来回收甲烷含量极低的混合气体[13, 14]。

3）英国煤层气的开发利用

英国的煤层渗透率非常低，因此目前的方案是如何开发低渗透煤层的煤层气资源，而且英国邻近的北海也有丰富的煤层气资源。目前与煤层有关的瓦斯抽采分为 3 种：生产矿井的瓦斯抽采、废弃煤矿的瓦斯抽采和常规煤层气抽采（包括煤层气的地面钻井抽采），而作为商业应用的煤层气开采途径，是煤层气的地面抽采，并且将采出的煤层气用于发电[15]。

4）德国煤层气的开发利用

德国对煤层气资源的利用，目前仍然局限在生产矿井和报废煤矿的瓦斯抽采，但由于人类逐渐认识到甲烷作为一种温室气体对全球气候变暖的影响及危害，抽采瓦斯的回收利用逐渐提上日程，而且自由排放瓦斯既污染环境又浪费资源。因此德国从单一的瓦斯抽放逐步向生产矿井回收瓦斯过渡，目前回收的瓦斯多数用于发电，但由于甲烷含量一般都低于 1%，很难直接用作燃料，只能作为有一定热值的可燃烧气体或采用新技术进行热氧化[16]。

5）澳大利亚煤层气的开发利用

澳大利亚把地质年代为新近纪的褐煤作为主要的煤层气开发目标煤层，虽然单位质量的褐煤所含的煤层气含量较其他煤种少，但是由于褐煤具有更好的渗透性，煤层气更容易从中解吸出来，煤层气的采收率更高。煤层气抽采传统技术有采前煤层气预抽和井下穿层钻孔抽采，新技术有采动区抽采、并下顶板巷道抽采和地面钻井抽采等。从煤炭开采的角度来说，煤层气抽采利用技术主要包括采前抽采、采后抽采及矿井通风瓦斯的利用[17]。

6）印度煤层气的开发利用

印度采取煤层气和煤炭资源分离开采的技术路线，使得煤层气的开发不会影响未来的煤炭开采。在考虑煤层气的含量、井底压力、邻近矿区或钻孔是否有明显的甲烷涌出，以及煤层厚度和埋深等因素后，印度圈定了 7 个首批煤层气勘探开发区，分别位于拉尼根杰、西孟加拉、切里亚（比哈尔邦）有东、西波卡罗、索哈布格尔和瑟德布尔煤田等地[18]。

1.2.2　我国煤层气资源情况及储层特点

我国煤层气资源极其丰富，据相关部门测算，我国煤层气的保有资源储量约为 36.7 万亿 m^3，并且资源分布相对集中。有资料显示，我国的煤层气含气量大于 $8m^3/t$ 的富煤层气资源量为 12.44 万亿 m^3；含气量小于 $4m^3/t$、埋深小于 2000m 的煤层气资源量为 14.34 万亿 m^3；含气量在 $4\sim8m^3/t$ 的煤层气资源量为 9.92 万亿 m^3。埋藏深度小于 1500m 的浅层煤层气资源量为 24.81 万亿 m^3，埋藏深度在 1500~2000m 的煤层气资源量为 11.89 万亿 m^3。全国大于 5000 亿 m^3 的含煤层气盆地（群）共有 14 个，其中含气量在 5000 亿~10000 亿 m^3 的有川南、黔北、豫西、川渝、三塘湖、徐淮等盆地；含气量大于 10000 亿 m^3 的有鄂尔多斯盆地东缘、沁水盆地、准噶尔盆地、滇东黔西盆地群、二连盆地、吐哈盆地、塔里木盆地、天山盆地群、海拉尔盆地。国内煤层气的储层具有如下 3 个特点[5, 19]。

（1）煤储层渗透率低。

按照渗透率大小可将煤层气储层分为 5 个等级：一级渗透率大于 $1.0 \times 10^{-2} \mu m^2$，是渗透性极好的储层；二级渗透率在 $5.0 \times 10^{-3} \sim 1.0 \times 10^{-2} \mu m^2$，是渗透性较好的储层；三级渗透率在 $1.0 \times 10^{-3} \sim 5.0 \times 10^{-3} \mu m^2$，属于中等渗透性的储层；四级渗透率在 $1.0 \times 10^{-4} \sim 1.0 \times 10^{-3} \mu m^2$，属于渗透性差的储层；五级渗透率小于 $1.0 \times 10^{-4} \mu m^2$，是渗透性极差的储层。表 1.2 是我国煤储层渗透率的分级标准和分布比例。对于我国所有的煤层气储层分布，渗透率二级及以上的占 14%，三级占 17%，四级占 35%，五级占 34%，渗透性差及以下的储层约占总量的 70%。这正是我国煤层气采用常规手段难以开发的原因，增加煤层的渗透性或可通透性是煤层气采出的必要条件[20]。

表 1.2　我国煤储层渗透率的分级标准和分布比例

渗透率等级	划分界限/μm^2	所占比例/%	渗透性描述
二级及以上	$\geqslant 5.0 \times 10^{-3}$	14	好或较好
三级	$1.0 \times 10^{-3} \sim 5.0 \times 10^{-3}$	17	中等
四级	$1.0 \times 10^{-4} \sim 1.0 \times 10^{-3}$	35	差
五级	$< 1.0 \times 10^{-4}$	34	极差

（2）煤储层地应力梯度分布不均。

煤储层渗透率大小受多种地质因素影响，其中地应力是最主要的因素。随着煤储层原地应力的增大，渗透率明显减小。煤储层原地应力的大小决定于煤层埋深和应力梯度。由于受地质构造条件的影响，不同煤田或地区的应力梯度也存在差异，六盘水地区、淮南煤田和淮北煤田的应力梯度较大，平均大于 2MPa/100m；大城、鹤岗和河东煤田的应力梯度中等，平均值的范围为 1.7~20MPa/100m；沁水和铁法煤田的应力梯度较小，平均为 1.6MPa/100m 和 1.3MPa/100m。

（3）煤储层普遍欠压。

储层压力是指储层裂缝中流体的压力，习惯将煤层气井中地下水静液面到达井口的煤层称为正常压力储层；高出井门的称为超压储层；在井口以下的称为欠压储层。储层压力系数为储层压力与正常压力的比值。煤储层压力的大小受深度和压力梯度的影响，根据我国 151 个煤层气井的试井结果，储层压力系数为 0.29～1.60，平均为 0.88。其中，淮南煤田、六盘水地区、铁法煤田和河东煤田压力系数平均为 1.08、1.03、1.02 和 1.01，以正常压力和超压储层为主；大城煤田、淮北煤田和鹤岗煤田压力系数平均为 0.95、0.93 和 0.91，以略欠压和接近正常压力储层为主；沁水煤田压力系数为 0.29～0.96，平均为 0.66，以欠压和严重欠压储层为主[21]。

1.3 国内外煤层增透理论与技术研究现状

随着我国煤炭生产规模的日益扩大，矿井开采水平不断延伸，高瓦斯低透气性煤层的比例逐步扩大，如何解决新形势下的卸压增透问题、提高矿井瓦斯抽采率和速度、消除煤层的突出危险性已成为摆在煤矿安全科研人员面前的一大问题。为了解决这一难题，国内外煤炭科研人员进行了较为广泛的研究，先后试验了多项瓦斯抽采技术措施，并取得了一定的卸压增透效果，主要包括以下三类：钻孔卸压增透法、高能液体扰动卸压增透法和爆生气体扰动卸压增透技术。

1.3.1 钻孔卸压增透法

比较传统的方法是钻孔卸压增透法，从各大科研院所、高等院校的专职研究人员到多个生产矿井的工程技术人员均采用密集钻孔、网格式抽采、交叉、迎面斜交等方法进行了较为广泛的研究。余长林根据煤层瓦斯流动方程及井下实测钻孔瓦斯流量数据，提出对于单一低透气性、高瓦斯煤层，改变钻孔的布置方式，充分利用工作面回采产生的自我卸压效应，采用斜交和垂直工作面布孔方式，提高边采边抽效果，是提高瓦斯抽采率、大幅度降低工作面瓦斯涌出量的有效途径。

1.3.2 高能液体扰动卸压增透法

有关高能液体扰动卸压增透技术的研究主要包括水力割缝、水力压裂、煤层注水、水力掏槽、水力扩孔、水力冲孔、水力挤出，以及近几年刚刚兴起的高压水射流割缝等。

（1）水力割缝。

关于水力割缝技术的理论及实验研究，邹忠有通过水力冲割煤层卸压抽采瓦斯技术的试验研究，发现水力冲割煤层孔比普通钻孔的抽采瓦斯量可以提高 79%以上。赵岚等研究了在固-气耦合作用下，通过水力割缝释放低渗透煤层的部分有效体积应力，使部分煤层在割缝后发生垮落，应力场重新分布，煤层内的裂缝和裂隙的数量、长度和张开度均得到增加，增大了煤层内裂缝、裂隙和孔隙的连通面积，从而增大了低渗透煤层的渗透性。2002 年，段康廉介绍了特大煤样采用水力割缝提高瓦斯渗透率的实验研究。实验表明，割缝能提高瓦斯的排放量；当埋深 400m 时，割缝较钻孔的瓦斯排放量提高 25%；相同埋深的煤层，割缝后，初期瓦斯排放速度骤增，为钻孔的 2.0～2.5 倍。王婕、林柏泉运用岩石破裂分析系统（RFPA2D-Flow）模拟了割缝排放低透气性煤层内瓦斯的过程，验证了割缝排放煤层内瓦斯是降低低透气性煤层煤与瓦斯突出危险的有效方式。同时，数值试验对难以准确监测的煤层内瓦斯压力和瓦斯渗流场的变化规律进行了较好的模拟，为进一步理解瓦斯抽采、煤与瓦斯突出机理等提供了理论基础和科学依据。唐建新、贾剑青针对矿井煤层瓦斯抽采及防突中煤层透气性差、瓦斯抽采率低等问题，按照高压水射流技术应用的原理，设计了应用于抽采钻孔中切割煤体的高压水射击流装置，并在现场对喷嘴和射流器进行了试验。煤层采用高压水射流切割缝后，钻孔预抽瓦斯的抽采率提高了 18.8%，抽采时间相对缩短 90%以上。李晓红等提出了利用高压脉冲水射流钻孔、切缝以提高松软煤层透气性和瓦斯抽采率的新思想。基于岩石动态损伤模型，理论分析和数值模拟高压脉冲水射流瞬时动载荷、柔性撞击作用下煤体的动态损伤特性及裂隙场的变化规律。结果表明，高压脉冲水射流的冲击效应、剥蚀效应及震动效应等冲击荷载作用可有效破碎煤体，增大煤体裂隙率和裂隙连通率，提高煤层的透气性[22]。在现场应用研究方面，余海龙等研究了水力疏松对工作面回风风流瓦斯浓度及钻屑指标的影响。结果表明，水力疏松措施能有效地释放采场前方煤体的弹性能量和瓦斯，改变采场应力分布状态，降低采场顶板对工作面煤壁附近煤体作用的载荷。不仅防治回采工作面煤与瓦斯突出，而且对防治工作面瓦斯超限和降低风流粉尘浓度起到了一定的效果。李晓红将研制的高压脉冲水射流瓦斯抽采系统，在重庆某典型高瓦斯低透气性煤矿进行了成功的应用，结果表明，高压脉冲水射流有效提高了煤层透气性，平均百米钻孔煤层瓦斯抽采量较原工艺提高了 718 倍。常宗旭的研究表明，在水射流作用下，煤岩体中强度较弱的一系列微元首先破坏，形成裂隙。进入裂隙空间的水射流对裂隙发生的水楔作用，使裂隙尖端产生拉应力集中，导致裂隙迅速发展和扩大，裂隙与裂隙连通后使得大块的煤岩体脱落，形成破碎坑。

林柏泉等通过分析煤层巷道煤与瓦斯突出机理，提出整体卸压的理念，开发高压水射流割缝防突技术，并且在煤层巷道掘进工作面进行实际应用。应用结果表明,该技术可用于具有突出或冲击危险的煤层,可以使钻孔之间相互沟通,造出缝隙,使煤体得到充分卸压,煤体中的瓦斯得到排放,应力得到解除,为掘进工作提供较为安全的工作环境。高压水射流割缝技术具有割缝能力强、用水量相对少、工艺简单、操作方便等特点,可用于高瓦斯高应力煤层巷道掘进工作面的快速卸压、增透和排瓦斯工作,通过有效的割缝,能够快速释放煤体中的瓦斯和地应力,掘进巷道的安全状况得到明显改善,还可以减少用于消突的瓦斯抽采钻孔的个数,提高劳动效率,降低劳动强度,具有明显的经济效益和社会效益。

(2)水力压裂。

有关煤层水力压裂技术的研究,其效果分析存在一定的分歧。李同林对煤岩基本力学性质、煤层水压致裂裂缝形成条件、裂缝形态及裂缝开裂角方位等基本理论进行了研究与探讨。通过大量的煤岩力学性质的测试,证实了试验区目的层煤岩弹性模量低、泊松比高、脆性大、易破碎、易压缩,还得出目的层煤岩断裂准则二次抛物线型包络线、煤层水压致裂裂缝形式判断、裂缝开裂角方位的计算公式及相关结论。李文魁分析认为,我国大多数煤层渗透性较差,且传统压裂存在诸多不利因素,因此,在煤层中造多条裂缝,以更好地沟通天然裂缝,是煤层压裂改造的有益尝试。李安启等在理论和实践结合的基础上,阐述了煤岩特性对煤层水力压裂缝发育的影响,并结合国内煤层水压裂缝监测结果进行分析评估,提出适合模拟煤层水压裂缝几何尺寸的模型,特别是在煤层形成复杂裂缝系统时的一些新观点。2004年,张英华等研究了峰峰矿务局牛儿庄矿开采2号煤层、在野青底板巷道中向2号煤层打穿层钻孔进行水压爆破的工艺技术,分析了水压爆破致裂、传统水力压裂和传统爆破造缝各自的特点和水压爆破致裂煤体的机理,观测了爆破前、后钻孔瓦斯流量的变化和钻孔自然流量的衰减规律。试验结果表明,钻孔水压爆破可以有效地提高煤层的透气性,爆破后钻孔的自然流量提高3倍以上。赵阳升基于实验、理论与数值分析,论述了水力压裂技术在改造低渗透煤层过程中的局限性,其机理是水力压裂技术仅能在煤层中产生极少量的裂缝,而且在水压裂缝周围还会产生应力集中区,该区事实上成为煤层气开采的屏障区。

(3)煤层注水。

煤层注水的研究以现场应用为主,陈沅江、吴超分析了影响注水煤层渗透性的各种因素,在此基础上提出了如调节注水压力、煤体预裂、添加湿润剂等改善渗透性的一些有效对策。胡耀青等以西山矿务局官地矿32303工作面高压注水为例,实测高压注水时,注水压力、注水量与时间的变化规律及煤体的湿润情况与防尘效果,论述煤体高压注水及防尘机理。聂百胜等探讨了磁化水的性质、磁场作用机理以及磁技术在煤层注水方面的应用前景。研究结果表明,必须在合适的磁场作用下,水的表面张力才能降低到最小;磁处理后,可以明显减少水中的某些元素,这对于减少矿井水对管道的腐蚀具有重要意义;磁化水能够增加煤岩体的饱和吸水量,增加水在煤岩介质中的渗透性。

(4) 水力掏槽。

水力掏槽防突措施是高压水通过水枪产生高流量的稳定射流破碎前方煤体形成槽硐,槽硐周围煤体得到充分卸压,释放大量瓦斯,煤体物理力学性质发生改变。魏国营等通过理论研究和工业试验,确定水力掏槽新掘进防突措施,并提出适合焦作矿区的防突措施参数。李学臣等的试验研究证明,水力掏槽措施卸压范围广、防突效果显著,水力掏槽掘进工艺实现了操作过程无人值守,同时还提高了掘进过程的安全性。该技术经现场应用取得了十分显著的效果,具有广泛的适应性、有效性和安全性特征,经济和社会效益显著。

1.3.3 爆生气体扰动卸压增透技术

有关爆生气体扰动卸压增透技术的研究主要包括深孔控制爆破和松动爆破两个方面。在理论研究方面,石必明运用岩石断裂力学和爆炸力学理论分析在高瓦斯低透气性有突出危险的煤层中进行深孔预裂控制松动爆破时,煤与瓦斯耦合作用的爆生裂隙形成机理,得出爆破过程中煤体贯通裂隙形成的条件及爆破孔与控制孔孔间距确定的依据,最后还分析了深孔预裂控制松动爆破在防止煤与瓦斯突出中的作用。蔡峰和刘泽功针对高瓦斯低透气性煤层,采用泰勒方法建立一个新的 LS-DYNA3D 爆破损伤模型,对深孔预裂爆破进行数值模拟研究,再现爆破过程中,动压冲击震裂、应力波传播与叠加及爆生气体驱动裂纹扩展的整个过程,分析爆破孔间距对爆生裂纹和爆破增透效果的影响。在现场应用研究方面,郑福良通过在单一低透气性煤层中采取深孔预裂爆破措施,大大增加煤体内裂隙的数量,从而提高煤层透气性和抽采率,根据现场试验结果计算深孔预裂爆破后煤层透气性系数,并与未采取该措施的钻孔进行对比,结果表明爆破后煤层透气性系数比爆破前提高 3~7 倍,充分说明深孔预裂爆破是提高煤层透气性的有效措施。樊少武为提高煤化程度高、低透气性难抽采的焦煤瓦斯抽采率,研究应用水压致裂和爆破致裂技术,实验发现钻孔周围的裂纹数目、几何形态、连通状况等与致裂压力、煤岩体力学性质、应力分布、钻孔直径和周围介质中膨胀波传播速度等相关,借助钻孔水压致裂和爆破致裂技术可以提高煤层的透气性。

1.4　水力化增透理论与技术

煤层和油层等储层都属于非贯通裂隙岩体,其内部存在大量不同尺度水平上的裂隙与孔洞,属于极其不连续、各向异性、非弹性的损伤材料,力学特性也非常复杂。要提高储层的渗透率，就必须对它进行结构改造，这是解决许多化石燃料开采困难的共性科学问题。自 20 世纪 80 年代以来，对裂隙岩体变形等方面的研究已成为岩土工程界的前沿研究方向[23, 24]。从非贯通裂隙岩体的结构出发研究其破坏模式，是深入研究储层改造的重要途径。

储层增渗技术是从 20 世纪 30 年代开始，伴随着石油、煤炭等矿藏的开采而发展起来的，一般可分为力学方法和物理化学方法[25]。力学方法从改变储层应力入手，使储层产生不均匀的变形与破坏，张开原生裂隙，产生新裂隙，并使它们在储层内形成相互贯通的裂缝网络，增加流体介质的流动通道，从而提高储层渗透性，如造穴技术、水力压裂、水射流扩孔（或割缝）、松动爆破和层内爆炸等。物理方法是指使声、电等物理场作用于储层来增渗，如超声波、液电脉冲、人工地震、压力脉冲等。化学方法是指向储层注入化学解堵剂溶解堵塞杂质，如酸性处理、注入表面活性剂等。

水力化技术是以高压水作为动力，使储层内原生裂隙扩大、延伸或者人为形成新的孔洞、槽缝、裂隙等，促使岩体产生位移，达到储层卸压、增渗的目的，如水射流割缝（或扩孔、钻孔）、水力压裂等[26]。自 1947 年美国开始第一次水力压裂以来，历经 60 余年的发展，水力化技术从理论到应用都取得了惊人的进展，成为石油、天然气、页岩气及矿井瓦斯等增产的有效途径。

1.4.1　水射流增透技术

水射流技术起源于采矿业，经过探索试验、高压设备研制、技术突飞猛进、技术多样化和智能化与精准化 5 个阶段的发展，已成为一种应用范围广、技术门类齐全、能量转化率高且环保的实用技术[27]。

水射流在煤层增透方面的应用包括水力冲刷、水力挤出、水力冲孔、水力割缝等。

水力冲刷[28]是在有岩柱保护的条件下，利用高压水射流破碎和冲出石门前方煤体，使煤（岩）体卸压增透。但在冲刷过程中，发生大喷孔时，冲刷操作人员的安全会受到威胁。另外，水力冲刷技术只适用于松软煤层（煤的坚固性系数 f 值应小于 1）增透。该技术目前在西南矿区应用，采用水力冲刷措施后，由于超孔内煤体受到冲刷而被破坏，并随钻孔排出，钻孔内煤体暴露面增大，煤层透气性增加，有利于瓦斯排出，瓦斯潜能得到充分释放，从而达到消除突出危险的效果，确保了安全。

水力挤出[29]是通过向采掘工作面前方打一定数量的钻孔，并进行中高压注水，注水速度超过煤的渗透速度，煤体破裂并向工作面方向移动，近工作面煤体卸压，使煤层增透的技术。水力挤出的工艺和特点决定了该技术只适用于采掘工作面。通过在一些矿井的应用表明，与超前排放钻孔等措施相比，水力挤出技术具有消突工程量小、消突周期短且效果显著等优点，同时使掘进速度提高 50%～100%。

水力冲孔[30, 31]是在进行石门揭煤或采掘工作之前，使用高压水射流，在突出危险煤层中，冲出若干直径较大的孔洞，冲孔过程中排出了大量瓦斯和一定数量的煤炭，因而在煤体中形成一定的卸压区域，在这个区域内实现煤层增透。由于水力冲孔的工艺特点，该技术在钻孔轴向扩孔效果较好，而钻孔径向扩孔效果一般。因此，该技术对于薄煤层穿层钻孔增透效果一般。该技术在两淮矿区、西南地区得到了较好的应用，其中针对嘉禾县罗卜安煤矿、淮南矿区谢桥、潘三等矿开展的水力冲孔消突试验表明，水力冲孔在松软低透突出煤层区域抽采消突措施中应用效果显著，单孔冲出煤体 7t，抽采钻孔等效孔径提高 13.38 倍，冲出瓦斯 558.3m^3，钻孔抽采半径提高 2～3 倍，瓦斯抽采体积分数提高 50%左右，流量增加 3 倍左右，有效降低了煤层突出潜能。

水力割缝[22, 32, 33]在巷道内向煤层中钻孔，利用高压水射流在煤层中沿钻孔径向切割煤体，割缝过程中大量瓦斯和破碎煤体沿钻孔排出，在煤层中形成圆盘形缝槽，缝槽周围煤体暴露面积增大，煤层内部微观裂隙增加，为煤层内部卸压、瓦斯解吸和流动创造了良好的条件。另外，改变割缝器在钻孔轴向上的位置，可以在同一钻孔中进行多次割缝，有利于提高煤层增透效果。煤矿井下水射流割缝技术已经在平煤、淮北、义煤等多个集团公司取得初步效益。水射流割缝技术可以有效控制射流切割速度，实现煤孔段的均匀切割，避免局部区域出煤过度或局部区域出煤不足而导致局部卸压不充分的缺点。平煤八矿底板穿层水力割缝实践表明，水射流割缝可以在 1～2h 内实现 3～4m 煤孔的均匀切割，并可以在每米煤孔内切割出 1t 左右的煤炭，为煤体蠕变卸压提供充分空间，在钻孔周围形成瓦斯高效流通的裂隙网，显著提高瓦斯抽采效果。

1.4.2　水力压裂技术

水力压裂技术起源于一种地应力测量方法，至今已有近 70 年的历史。1947年，在美国 Hugoton 气田的一口垂直井中，首次实施了水力压裂增产作业。目前，在全球范围内作业量已将近 250 万次，约 60%的新井要经过压裂改造，水力压裂技术正逐步发展成为一项成熟的石油开采技术，在煤炭、天然气、页岩气等行业也得到了广泛应用。

1. 地面水力压裂发展现状

1947 年，美国实施第一口煤层气压裂井，并取得了成功，为煤层气压裂技术拉开了序幕。1973 年，美国矿业局为了调查评价水力压裂对于改善采矿前煤层脱气所具有的价值，以煤矿安全为首要目的进行了大量的压裂作业试验。1978年，美国能源部和相关公司集中在亚拉巴马州北部的勇士盆地进行了旨在进一步评价煤层水力压裂特征和煤层气商业价值的联合项目，大大促进了煤层气在美国的勘探开发利用，并由此逐步形成今日生机勃勃的煤层气工业。经过几十年的开发，目前美国已有两个盆地建立起煤层甲烷工业，它们是圣胡安盆地和勇士盆地，称为煤层甲烷工业发达地区。澳大利亚于 20 世纪 80 年代初，从本国地质特点出发，组织了大规模的煤层成岩矿物和压裂技术的攻关研究项目。加拿大、日本、德国、英国、印度、波兰等 20 多个国家也相继开展了煤层气的勘探开发试验活动。目前，煤层气压裂开采作为新兴的能源开发技术已在国外兴起。

我国煤层气开发的状况如下：20 世纪 70～80 年代，在辽宁、河南、湖南、山西等地由一些矿务局与科研单位合作，进行过以地面垂直钻井压裂方式开发煤层气的试验，取得一定的增产效果。但当时由于缺乏对煤层气储集及产出机理的深入认识，也没有进行系统的适于煤系地层特点的压裂原理和施工设计研究，试验项目一度中断，未能形成大规模开发。据不完全统计，1990～1995 年，地矿、煤炭、石油所属有关部门及地方政府已在 10 余个煤田或地区，利用国内资金和国外合资打了 60 多口资源评价钻孔和生产试验钻孔，有的地方还进行了采气试验，取得了可喜的成果。2000 年以后，煤层气开始在我国进行大规模的开采，2014年全国地面煤层气抽采量达到 37 亿 m³。

目前，我国已形成了地面直井、L 型井、U 型井、丛式井等为一体的地面煤层气开发技术[34, 35]，并且在沁水盆地、河东煤田等矿区成功应用，其中晋城矿区 2014 年全年地面煤层气产量达到 14.31 亿 m³，成为我国地面煤层气开发的典范。

但是，受煤层赋存条件、透气性等因素影响，我国地面煤层气开发主要集中在沁水盆地与河东煤田（晋城 14.31 亿 m³），单纯进行地面煤层气开采，采气与采煤脱节，无论打垂直井，还是打多分支水平井，都容易破坏煤层和顶板，极易诱发煤炭生产过程中的各种事故。为了避免上述问题，很多学者提出，国家可以按照"气随煤走、两权合一"的原则，在煤层气与煤炭探、采矿权和规划的区域，建立合理退出机制。另外，地面钻井压裂后裂隙导流能力在排采初期呈现最大峰值，后期逐步降低，排采效率降低，排采周期长（5～8 年），不利于煤矿瓦斯区域治理快速抽采的要求，难以在煤矿尤其是低透气性煤矿推广。

2. 井下水力压裂发展现状

20 世纪 60 年代，苏联开始井下水力压裂的试验研究，卡拉甘达和顿巴斯两矿区的 15 个矿井井田进行了煤层水力压裂，提高了煤层透气性。国外通过试验煤层高压注水治理瓦斯突出，高压注水后煤层全水分较注水前显著增加，煤层瓦斯含量降低。我国也于 20 世纪 80 年代先后在阳泉一矿、白沙红卫矿、抚顺北龙凤及焦作中马矿等进行了井下水力压裂试验，并且取得了一些效果。由于当时加压设备能力限制，泵压低、流量小，无法满足压裂要求，并且面临压裂后裂隙重新闭合的难题，对于煤层水力压裂措施增大煤层的渗透率的机理尚未深入研究，也没能形成系统的技术工艺和装备，井下水力压裂技术没有太大的进展。

2003 年以后，煤炭市场逐渐复苏，在石油等行业取得多项新突破的激励下，随着《煤矿瓦斯抽采基本指标》和《防治煤与瓦斯突出规定》等相关国家政策的实施，煤矿井下水力压裂增透技术进入高速发展阶段，单项水力压裂增透技术不断完善，总体向着集成化、多元化和智能化的方向发展。

目前，井下水力压裂已经形成了常规井下水力压裂技术、脉动水力压裂技术、导向水力压裂技术、定向水力压裂技术、体积压裂技术、射流割缝复合水力压裂技术等煤矿井下水力压裂增透技术[36, 37]。

脉动水力压裂技术[38]是指利用自身供水泵所提供的动力源，将恒压水通过脉动泵作用后，输出具有周期性的脉冲射流，射流由峰值压力和谷底压力构成脉冲波，建立振动场。脉冲波以强烈的交变压力作用于煤层，在煤层内形成周期性的张压应力。一方面，脉冲波可以通过振动激发煤层孔隙内的堵塞物，使堵塞物疲劳破碎，从而疏通孔隙通道，提高渗透率；另一方面，煤层在交变压力作用下破坏所需的应力值比在恒压载荷作用下所需的应力值低，即在脉动压裂作用下破裂煤体所需的压力比恒压作用下的小，降低了对设备的要求。脉动水力压裂技术在铁法矿务局大兴煤矿进行了初步应用，瓦斯流量增加 245.5%，抽采体积分数平均增加 264.7%。

定向水力压裂技术[39]即通过在水力压裂钻孔影响半径内施工定向钻孔实现定向水力压裂，定向孔起到导向、控制的作用。在该技术中，压裂孔、定向孔布置及效果示意图如图 1.4 所示。

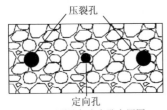
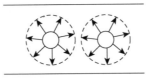
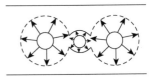

(a) 压裂孔与定向孔布置图　　　　　(b) 压裂孔周围卸压带　　　　　(c) 定向孔

图 1.4　定向孔与压裂孔布置及效果示意图

定向水力压裂技术在河南平煤集团矿区进行了掘进条带工业性试验，煤巷掘进速度提高 69%。

体积压裂技术即利用水力喷射自进式钻头在煤层中施工树状钻孔，封孔体积压裂，产生网状裂缝，均衡增加煤层透气性的新方法。目前相关装备已经研发完毕，现场效果正在考察中。

常规水力压裂技术和射流割缝复合水力压裂技术相继在重庆松藻矿区得到应用，煤层气抽采量提高到 3 倍以上，抽采时间缩短 5 个月以上。射流割缝复合水力压裂技术已成为松藻矿区煤层增透的主要措施，松藻矿区因此成为全国井下煤层气开发示范基地，射流割缝复合水力压裂技术已逐渐向全国范围内推广。

1.5　煤矿井下水力化增透技术展望

水力化煤层增透技术作为煤层气抽采及瓦斯治理的重要手段之一有了长足的进步，各单项增透技术都有其优势，又难免存在自身的局限性。例如，水射流割缝缝槽周围煤体卸压充分、增透效果明显，但其影响半径小，仅有 3～6m。反之，水力压裂的控制范围大，影响半径能够达到几十甚至上百米，但很难保证在它的控制范围内实现煤体均匀卸压、增透而不留空白带。因此，水力化煤层增透技术仍然面临巨大的需求与挑战，完善水力化煤层增透理论、创新水力化煤层增透技术、开发水力化煤层增透装备势在必行。

今后，水力化煤层增透技术应集成化和多元化，充分发挥各单项技术的长处并尽量克服其缺陷，形成优势互补。例如，针对水力压裂易破坏煤层顶底板的问题，可以采用水射流割缝进行导向并降低起裂压力；针对松软突出煤层打钻期间常出现喷孔、夹钻等现象，本煤层钻孔长度短、易塌孔等问题，可以采用松软煤层顶板钻孔割缝导向压裂的方法；针对水射流割缝影响半径小、水力压裂存在增透空白带的问题，可以采用自进式水射流钻孔技术预先在钻孔钻进分支孔，然后进行水力压裂达到体积增透的目的。

目前，著者提出了射流割缝复合水力压裂增加煤层透气性和水力喷射"树状"钻孔体积压裂均衡的方法，已初步研究了射流割缝降低煤层起裂压力的规律、射流割缝导向机理及射流割缝复合水力压裂增透机理，并正沿着这个方向深入研究，作以下三个方面的展望。

1.5.1　水力化增透理论

（1）开展大量含水-瓦斯煤体物理力学特性实验，获得其应力-应变关系及煤体强度变化特征,在此基础上建立含水-瓦斯煤体非线性本构和各向异性特征的数学模型。

(2)采用各向异性渗流分析与双向流固气耦合技术,根据含水-瓦斯煤体本构对软件进行二次开发。综合运用数值模拟、地球物理和参数敏感性分析与优化等技术,对数值模型的输入参数进行反演,以确定水力压裂各种因素的重要性和合理参数,形成对特定工程有效的水力压裂预测模型。

(3)综合考虑煤的非均质性和各向异性、孔隙和裂隙发育、渗透率低、煤对瓦斯的吸附作用等特征,开发一套模拟围压条件下的大型煤层水力压裂物理模拟试验平台,采用微地震、声发射和 CT 扫描等技术手段,监测和分析水压裂缝扩展的物理过程,采用示踪剂观察裂缝的延伸形态,绘制出三维可视化的裂缝发育分布图,并对数值模拟结果进行验证。

1.5.2 水力化增透技术多元化发展

如何充分发挥不同单项技术的长处并尽量克服其缺陷,是水力化煤层增透技术发展必然要面对和解决的问题,要求未来水力化煤层增透技术应在不断完善各单项技术的基础上,实现不同增透手段的集成化和多元化,形成优势互补。

1)体积压裂技术

针对常规水力压裂增透不均衡,易出现抽采空白带,导致瓦斯事故发生的问题,提出水力喷射"树状"钻孔复合压裂技术。该技术在瓦斯巷向煤层预先钻进先导孔,形成自进式水力喷射"树状"钻孔的母孔,在母孔中安装转向器,钻头沿转向器进入煤层自进式钻进,形成自进式水力喷射"树状"钻孔的子孔,改变转向器位置和方向在煤层中构造出"树状"抽采孔网;在母孔下套管并进行封孔,采用利于形成网格化裂缝的新型压裂液对煤层进行压裂,通过"树状"抽采孔的导向作用,形成沿煤层裂缝,进一步连通"树状"抽采孔,形成抽采瓦斯网络化。

2)松软煤层顶板钻孔割缝导向压裂技术

针对松软突出煤层打钻期间常出现喷孔、夹钻等现象和本煤层钻孔长度短、易塌孔等问题,提出松软煤层顶板钻孔割缝导向压裂的方法。该方法是在工作面两侧的运输巷和回风巷中,对向布置压裂钻孔,使钻孔位于煤层与顶板交界面或煤层顶板岩层中,并对煤层或者岩层进行水射流割缝,进而在岩层内实施水力压裂时,通过导向缝槽引导水压裂缝向煤层内扩展,最终达到煤层增透的目的,如图 1.5 所示。

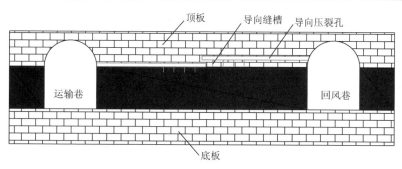

图 1.5　松软煤层顶板钻孔割缝导向压裂技术示意图

3）导向压裂技术

另外，针对常规水力压裂裂缝扩展无序、起裂压力高破坏煤层顶底板的问题，基于高压水射流射孔技术，Fallahzadeh（2015）提出导向压裂的方法，首先，该方法在压裂钻孔周围一定距离处设计导向钻孔，采用高压水射流在压裂钻孔和导向钻孔内对煤体割缝或径向钻孔，冲出大量煤并使缝槽或径向钻孔周围的局部煤体充分卸压；然后，对压裂钻孔封孔后实施水力压裂，预置的缝槽或径向钻孔既降低起裂压力，又能导控裂隙的扩展方向；最后，水压裂缝扩展至控制钻孔处，并通过水流从控制钻孔带出大量煤屑，防止煤屑堵塞瓦斯抽采通道。

1.5.3　水力化增透装备智能化发展

关于煤矿井下用水射流和水力压裂装备，我国虽有一定的研制和应用基础，但装备的可靠性、安全性和实用性远不能满足煤层增透技术发展的需要，亟须进一步提升这些专用设备的性能和自主化水平，将实时监测、动态模拟与预测、作业过程优化、远程调控集成于一体，形成高度系统化、智能化的成套水力化增透装备。

1）高压泵组

针对煤矿井下用高压泵组存在的体积和质量大、能耗高、对水质要求高、故障率高、运输和安装不方便等缺陷，应不断优化其结构、材质和外观设计，优先考虑采用变频技术等先进技术，实现高压泵组压力-流量智能调节，使水力压裂过程中注水流量能够根据实时水压智能调节。为确保煤矿工人人身安全，高压泵组应具备远程控制和监测功能。另外，高压泵组流量、压力的数据是分析煤体裂缝起裂与扩展的重要参数，因此试验数据实时传输和存储十分必要。

2）压裂监测设备

水压裂缝的分布形态直接影响着压裂改造效果，裂隙形态包括裂缝长度、裂缝高度、裂缝方位及压裂范围等。压裂过程中实时监测裂缝产状有助于采取有效措施控制裂缝的非预期增长，是提高压裂处理效果的基础。采取准确的裂缝监测手段及时掌握裂缝扩展规律，是非常必要的。为此，需要研发有效的水力压裂监测设备。

1.6 参考文献

[1] 唐书恒，岳巍，卢义玉，等. 中国煤层气资源分布概况[J]. 天然气工业，1999，19（5）：6-8.

[2] 李五忠，王一兵，孙斌，等. 中国煤层气资源分布及勘探前景[J]. 天然气工业，2004，24（5）：8-10.

[3] 李景明，巢海燕，李小军，等. 中国煤层气资源特点及开发对策[J]. 天然气工业，2009，29（4）：9-13.

[4] 国家发展和改革委员会，国家能源局. 煤层气（煤矿瓦斯）开发利用"十二五"规划. http://www.nea.gov.cn/2011-12/31/c_131337364.htm[2001-12-31].

[5] 翟光明，何文渊. 中国煤层气赋存特点与勘探方向[J]. 天然气工业，2010，30（11）：1-3.

[6] 国家安全监管总局，国家煤矿安监局. 煤矿瓦斯灾害防治科技发展对策. http://www.imcoal-safety.gov.cn/prevalence/ShowArticle.asp?ArticleID=1176[2013-10-29].

[7] 孙庆刚. 中国煤矿瓦斯灾害现状与防治对策研究[J]. 煤矿安全，2014，30（3）：116-119.

[8] 廖永远，罗东坤，李婉棣. 中国煤层气开发战略[J]. 石油学报，2012，33（6）：1098-1102.

[9] 刘洪林，王红岩，宁宁，等. 中国煤层气资源及中长期发展趋势预测[J]. 中国能源，2005，27（7）：21-26.

[10] 李旭. 世界煤层气开发利用现状[J]. 煤炭加工与综合利用，2006，6：41-45.

[11] 杨立雄. 美国煤层气产业成功发展浅析[J]. 中国煤炭，2003，29（10）：61-62.

[12] 卡尔·舒尔茨. 美国煤层气的开发利用[N]. 中国矿业报，2002-07-30.

[13] 奥雷格·泰拉科夫. 独联体国家煤层气开发利用现状[J]. 中国煤层气，1999，（2）：26-28.

[14] 房照增. 独联体国家煤层气开发现状[J]. 中国煤炭，2000，26（4）：59-61.

[15] 基思·利弗菲尔德. 英国煤层气开发现状[J]. 中国煤层气，1999，（1）：7-9.

[16] 姜睿. 欧洲煤层气开发潜力巨大[N].中国石化报，2012-9-28（5版）.

[17] 石智军，董书宁. 澳大利亚煤层气开发现状[J]. 煤炭科学技术，2008，36（5）：20-23.

[18] 桑托斯·甘沃. 印度煤层气勘探开发综述[J]. 中国煤层气，1999，（1）：10-11，31.

[19] 冯明，陈力，徐承科，等. 中国煤层气资源与可持续发展战略[J]. 资源科学，2007，29（3）：100-104.

[20] 袁亮，薛俊华，张农，等. 煤层气抽采和煤与瓦斯共采关键技术现状与展望[J]. 煤炭科学技术，2013，41（9）：6-11.

[21] 袁亮，秦勇，程远平，等. 我国煤层气矿井中一长期抽采规模情景预测[J]. 煤炭学报，2013，38（4）：529-534.

[22] 李晓红，卢义玉，赵瑜，等. 高压脉冲水射流提高松软煤层透气性的研究[J]. 煤炭学报，2008，（12）：1386-1390.

[23] 陈卫忠，杨建平，邹喜德，等. 裂隙岩体宏观力学参数研究[J]. 岩石力学与工程学报，2008，27（8）：1569-1575.

[24] 黄达，黄润秋. 卸荷条件下裂隙岩体变形破坏及裂纹扩展演化的物理模型试验[J]. 岩石力学与工程学报，2010，29（3）：502-512.

[25] 雷东记. 煤储层增渗技术研究现状与展望[J]. 中国煤层气，2010，7（3）：8-10.

[26] 袁亮，林柏泉，杨威. 我国煤矿水力化技术瓦斯治理研究进展及发展方向[J]. 煤炭科学技术，2015，43（1）：45-49.

[27] 李晓红，卢义玉，向文英. 水射流理论及在矿业工程中的应用[M]. 重庆：重庆大学出版社，2007.

[28] 刘万伦. 水力冲刷防突技术在突出煤层掘进工作面的应用[J]. 矿业安全与环保，2004，31（4）：64-65.

[29]　陈向军，王兆丰，程远平，等. 水力挤出消突技术在水井头煤矿掘巷中的应用[J]. 煤炭科学技术，2012，40（3）：49-52.

[30]　魏建平，李波，刘明举，等. 水力冲孔消突有效影响半径测定及钻孔参数优化[J]. 煤炭科学技术，2010，38（5）：39-42.

[31]　王新新，石必明，穆朝民. 水力冲孔煤层瓦斯分区排放的形成机理研究[J]. 煤炭学报，2012，37（3）：467-471.

[32]　卢义玉，葛兆龙，李晓红，等. 脉冲射流割缝技术在石门揭煤中的应用研究[J]. 中国矿业大学学报，2010，39（1）：55-58.

[33]　刘勇，卢义玉，李晓红，等. 高压脉冲水射流顶底板钻孔提高煤层瓦斯抽采率的应用研究[J]. 煤炭学报，2010，35（7）：1115-1119.

[34]　吴晓东，席长丰，王国强. 煤层气井复杂水力压裂裂缝模型研究[J]. 天然气工业，2006，26（12）：124-126.

[35]　李国旗，叶青，李建新，等. 煤层水力压裂合理参数分析与工程实践[J]. 中国安全科学学报，2010，20（12）：73-78.

[36]　宋晨鹏，卢义玉，夏彬伟，等. 天然裂缝对煤层水力压裂裂缝扩展的影响[J]. 东北大学学报（自然科学版），2014，35（5）：756-760.

[37]　程亮，卢义玉，葛兆龙，等. 倾斜煤层水力压裂起裂压力计算模型及判断准则[J]. 岩土力学，2015，36（2）：444-450.

[38]　倪冠华，林柏泉，翟成，等. 脉动水力压裂钻孔密封参数的测定及分析[J]. 中国矿业大学学报，2013，42（2）：177-182.

[39]　徐幼平，林柏泉，翟成，等. 定向水力压裂裂隙扩展动态特征分析及其应用[J]. 中国安全科学学报，2011，21（7）：104-110.

第 2 章 高压水射流造缝增透理论

我国煤层普遍具有低渗透与高吸附的特性,煤层气储层渗透率小于 0.001mD,吸附态煤层气占 80%以上,为了实现煤层气的高效抽采,必须大范围碎裂煤岩体,增加储层渗透性,促使煤层瓦斯解吸。

水射流冲击破岩技术是水射流技术应用的一个重要分支,在煤矿巷道掘进、煤层压裂孔钻进、煤层水力造缝与石油天然气钻井等工程领域发挥着至关重要的作用。

水射流冲击岩石会产生"水锤压力效应",导致出现巨大的短暂冲击压力。以往的研究聚焦于单颗球形液滴或者形状规则的理想水射流冲击压力,理论获得了水锤压力计算公式。在工程实践中,水射流的形状复杂多变,且较为发散,其冲击荷载与理论计算数值相差甚远。因此,为了工程实际的需要,同时深化对水射流冲击水锤压力的认识,研究高速连续水射流的冲击瞬态动力特性将具有重大的工程与科学意义。

本章主要开展以下 4 个方面的研究:①高压水射流瞬态动力学特性,运用冲击波动理论、流体力学、平面几何学等理论手段,分析射流内部冲击扰动规律,得到水锤压力产生的机理及其影响规律。②高压水射流冲击破碎岩石机理,建立引力波在煤岩体中传播波动方程,揭示应力波与岩石损伤的相互作用机制。③高压水射流导引钻头破硬岩机理,传统旋转钻头施作预抽瓦斯穿硬质岩层时,在孔底形成"凸台"导致钻进困难,在断裂力学理论与能量守恒原理分析的基础上,提出磨料射流联合机械齿钻进硬岩新方法,即利用磨料射流强大的冲蚀能力,预先消除"凸台",形成先导孔,进而改变传统旋转钻头钻岩机理,达到提高硬岩钻进效率目的。④高压水射流造缝卸压增透理论,在分析煤体缝槽应力分布规律的基础上,研究缝槽周围煤体裂隙演化和瓦斯渗透率的变化规律,建立高压水射流作用下缝槽周围煤体瓦斯渗流方程。

高压水射流改变了煤体的有效应力,促使煤体孔隙、裂隙的相互连通,从而增加煤体透气性,为提高瓦斯抽采效果提供了理论基础。

2.1 水射流冲击动力学理论

水射流的冲击特性是其得到广泛应用的根本原因。为了探讨水射流的冲击动力学特性,本节采用流体力学与弹塑性力学等,首先引入水射流基本理论方程,然后分析水射流的结构特征,最后重点分析水射流的冲击特性。

2.1.1　水射流基本理论

1) 质量守恒方程

水射流自喷嘴射出后，由于黏性力和重力的作用，速度逐渐衰减，最终趋于静止。流体受到的黏性力 $\boldsymbol{f}$ 可表示为

$$f = \mu \frac{\mathrm{d}u}{\mathrm{d}n} \tag{2.1}$$

式中，$\boldsymbol{u}$ 为射流某截面上速度矢量；$\boldsymbol{n}$ 为该截面的法向单位向量。在射流的初始阶段，速度变化梯度（d$\boldsymbol{u}$/d$\boldsymbol{n}$）较大，该阶段流体受到的黏性力远大于流体本身的自重力。因此，忽略该阶段流体受到的重力，如图 2.1 所示。

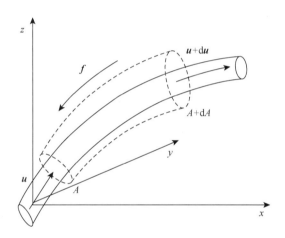

图 2.1　控制体积的流体微分方程示意图

水射流处于高速流动的状态，在喷射和撞击靶板的过程中具有可压缩性，因此可压缩流体的连续性方程为

$$\frac{\partial \rho}{\partial t} + \rho \nabla \boldsymbol{u} = 0 \tag{2.2}$$

式中，ρ 为某时刻射流某截面上的密度；t 为时间。

2) 动量守恒方程

如图 2.1 所示，射流在初始阶段只受到黏性阻力 $\boldsymbol{f}$ 的作用，采用控制体积的流体微分方法可以得到流体的运动方程为

$$\rho \frac{\mathrm{d}u}{\mathrm{d}t} = \rho f + \nabla \tau \tag{2.3}$$

式中，$\boldsymbol{\tau}$ 表示应力张量，可表示为

$$\boldsymbol{\tau} = \begin{pmatrix} \tau_{xx} & \tau_{xy} & \tau_{xz} \\ \tau_{yx} & \tau_{yy} & \tau_{yz} \\ \tau_{zx} & \tau_{zy} & \tau_{zz} \end{pmatrix} \tag{2.4}$$

3）能量守恒方程

在射流喷射的过程中，由于摩擦阻力做功，流体的能量方程可表示为

$$\rho \frac{\mathrm{d}e}{\mathrm{d}t} = \boldsymbol{\tau} \boldsymbol{\xi} + \nabla(k\nabla T) + \rho q \tag{2.5}$$

式中，e 为水介质的热力学能量；k 为传能系数；T 为热力学温度；q 为热量；$\boldsymbol{\xi}$ 为流体压缩变形张量，可表示为

$$\boldsymbol{\xi} = \begin{pmatrix} \xi_{xx} & \xi_{xy} & \xi_{xz} \\ \xi_{yx} & \xi_{yy} & \xi_{yz} \\ \xi_{zx} & \xi_{zy} & \xi_{zz} \end{pmatrix} \tag{2.6}$$

根据公式（2.2）～公式（2.5），设定初始条件与边界条件，就可以组成流体的闭合方程组。

2.1.2 水射流结构特征

1）水射流几何结构

水射流以初始流速自喷嘴射入静止的流体中后，由于流体的黏性阻力作用，水颗粒与周围静止的气体必然要发生动量与能量的交换，导致水射流边界速度不断降低。另外，由于水颗粒之间的黏性摩擦作用，在射流截面形成中心速度大、边界速度小的梯度。在射流轴向上，由于气体的卷入作用，射流速度不断衰减，射流直径不断扩大，最后完全扩散开。因此，水射流具有不均匀的时均速度分布，产生时均切向应力即雷诺应力。根据雷诺应力的数值大小，水射流又可分为层流射流与紊流射流。自然界与工程界中的射流均为紊流射流。

紊流水射流的结构如图 2.2 所示，射流与周围静止的空气之间形成速度不连续的间断面。由紊流理论可知，速度间断面不断波动，发展成涡旋，并引起紊动。射流的紊动会把周围静止的气体卷吸到射流中，使得射流不断扩大。随着紊动的发展，被卷吸的流体随射流一起流动，射流边界逐渐向两侧扩展，流量沿程增大。由于周围静止流体与射流的掺混作用，射流边缘部分质点流速降低，难以保持原来的初始速度。同时，射流与周围流体的掺混自射流边缘逐渐向中心过渡，直至发展到射流中心，自此以后射流的全断面上均成为紊流流动。由喷嘴开始从外向内扩展的紊动掺混区域称为剪切层。剪切层以内的水射流保

持原始的初速度 v_0，称为射流核心区域；剪切层以外的水射流速度小于 v_0，并沿径向逐渐减小。从喷嘴出口处至射流核心区域末端之间的一段称为射流的初始段，经过很短的过渡段后，紊流充分发展，形成射流的基本段。射流基本段的外边界射线的交点 O 称为极点，由极点发出的射线上各流体质点的时均速度相等，称为等速线。

为了获得高速射流径向与轴向的结构特征，人们采用高速摄像的方法[1-3]捕捉到射流喷出瞬间的图像。这些高速图像相互吻合，表明水射流自喷嘴喷出后，射流轮廓不断扩张，直径逐渐增大，直至最后水流完全散开。陆朝晖[4]通过数值模拟研究表明，水射流自喷嘴喷出后射流前端迅速扩散为弧形，随着喷射时间的增加，射流前端不断扩展，整个射流形成一个前端大后端小的圆锥体。

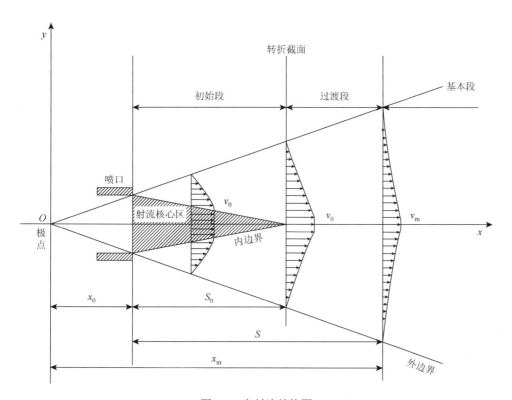

图 2.2　水射流结构图

射流的核心区是高度聚能的区域，对射流的冲蚀性能起着主导作用。同时，核心区的长度决定着射流的收敛性的好坏，表 2.1 统计了学者采用不同研究手段获得的无量纲核心区长度，该长度为 4～9.22 倍的喷嘴直径。

表 2.1　射流初始段长度统计

作者	无量纲初始段长度	研究方法
Abramovich 和 Schindel[5]	7.32	实验研究
Albertson 等[6]	6	采用空气介质与压力计开展实验研究
Crow 和 Champagne[7]	4	采用空气介质与可视化设备开展实验研究
Kuethe[8]	4.76	理论研究
沈忠厚[9]	4	数值模拟
李晓红等[10]	9.22	理论研究
董志勇[11]	5.2	理论研究

注：无量纲初始段长度 $l=s_0/d$，其中 s_0 为初始段实际长度，d 为喷嘴直径

由于不断卷吸气体介质，非淹没水射流的主体段不断扩散，射流直径逐渐增大。大量实验表明，射流的外边界呈线性扩张，扩散角为 θ，前人通过理论推导、实验研究与数值模拟等方法获得扩散角的数值在 $26.6°\sim29.9°$，详见表 2.2。因此，距离喷嘴出口 x 处的射流直径 $R(x)$ 可以通过以下公式求得

$$R(x) = x\tan\frac{\theta}{2} \tag{2.7}$$

表 2.2　射流扩散角研究进展

作者	扩散角 θ	研究方法
Taylor 等[12]	$\approx28.1°$	理论研究
大橋昭，柳井田勝哉[13,14]	$\approx26.6°$	实验研究（采用皮托管、摄影法与电测法测定）
李晓红等[10]	$=28°$	实验研究
Guha 等[15]	$\approx29.9°$	CFD 数值模拟研究

2）水射流动压力分布

实验与理论研究表明，紊动自由射流任意断面的流速及压力分布具有自模性。自模性也称为流动的平衡原理。在沿流程发展的流动中，流动将紊动向下游输运，任一断面的紊动结构是由这一刻以前在上游某一断面的紊动结构发展而成的。不同断面的区别仅仅在于尺度上的差异。

以射流极点为原点 O，以射流轴线方向为 x 轴正向，以垂直于射流轴线方向向上为 y 轴正向，建立平面直角坐标系。假设沿射流方向依次取 x_1，x_2，x_3，$\cdots$处的射流断面，射流半径依次为 $R_{m1}=y_1$，$R_{m2}=y_2$，$R_{m3}=y_3$，$\cdots$，中心线上的速度分别为为 u_{m1}，u_{m2}，u_{m3}，$\cdots$，中心线上的动压力分别为 P_{m1}，P_{m2}，P_{m3}，$\cdots$，如图 2.3 所示。根据射流截面流速、压力分布的自模特性可知，

$$\left.\begin{array}{l}\dfrac{u_{y1}}{u_{m1}}=\dfrac{u_{y2}}{u_{m2}}=\dfrac{u_{y3}}{u_{m3}}=\cdots=\dfrac{u_{yn}}{u_{mn}}=f\left(\dfrac{y}{R}\right)\\[3mm]\dfrac{P_{y1}}{P_{m1}}=\dfrac{P_{y2}}{P_{m2}}=\dfrac{P_{y3}}{P_{m3}}=\cdots=\dfrac{P_{yn}}{P_{mn}}=F\left(\dfrac{y}{R}\right)\end{array}\right\}_{n=1,2,3,\cdots} \quad (2.8)$$

式中，u_{y1}，u_{y2}，u_{y3}，$\cdots$，u_{yn} 分别为射流断面 1，2，3，$\cdots$，n 上距离射流轴心 y 处的速度；P_{y1}，P_{y2}，P_{y3}，$\cdots$，P_{yn} 分别为射流断面 1，2，3，$\cdots$，n 上距离射流轴心 y 处的动压力。公式（2.8）为射流的速度与动压力沿径向分布函数，表 2.3 总结了前人对径向分布函数的研究进展，图 2.4 采用图示法对比了前人对射流动压力沿径向分布的研究情况。

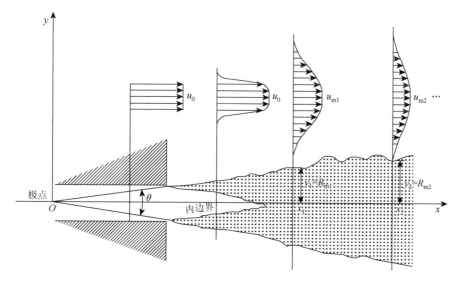

图 2.3　水射流轴向与径向速度分布示意图

表 2.3　水射流轴向与径向压力分布研究进展

作者	轴向分布	径向分布
Bush 和 Krishnamurthy[16]	$\begin{cases}\dfrac{v_m}{v_0}=\dfrac{2C}{X}\\[2mm]X=x/R_0\\[2mm]C\approx5.9(20\leqslant X\leqslant100)\end{cases}$	$\dfrac{u_y}{u_m}=\left[231.2\sqrt{1+\left(\dfrac{y}{R_m}\right)^2}\right]^{-1}$
沈忠厚[9]	$\dfrac{v_m}{v_0}=\dfrac{0.48}{a}\dfrac{R_0}{x}$	—
董志勇[11]	$\dfrac{v_m}{v_0}=6.2\dfrac{R_0}{x}$	$\dfrac{u_y}{u_m}=\exp\left[-\left(\dfrac{y}{R_m}\right)^2\right]$

作者	轴向分布	径向分布
Leach 等[17]	—	$\dfrac{P_y}{P_m} = 1 - 3\left(\dfrac{y}{R_m}\right)^2 + 2\left(\dfrac{y}{R_m}\right)^3$
李晓红等[10]	$\dfrac{v_m}{v_0} = \begin{cases} 1 & (x \geqslant s_0) \\ 13.2R_0/x + 4R_0 & (x < s_0) \end{cases}$ $\dfrac{P_m}{P_0} = \begin{cases} 1 & (x \geqslant s_0) \\ s_0/x & (x < s_0) \end{cases}$	$\dfrac{P_y}{P_m} = [1 - (y/R_m)^{1.5}]^2$

注：v 表示射流速度，P 表示压力，下标 0 表示初始原点，下标 m 表示轴线处，下标 y 表示与射流轴线的距离，R 表示射流半径，x 表示与喷嘴出口的距离

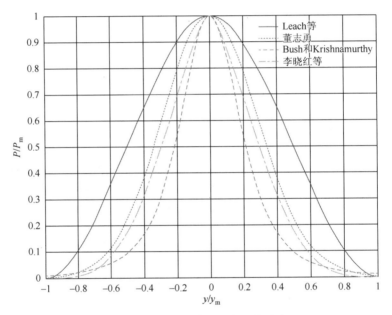

图 2.4　水射流横截面上的速度分布

假设水射流自喷嘴喷出自由发展，不考虑重力与摩擦阻力等外力的影响，则水射流沿程动量通量守恒：

$$\int_{A_1} \rho \boldsymbol{u}_1^2 \mathrm{d}A = \int_{A_2} \rho \boldsymbol{u}_2^2 \mathrm{d}A = \cdots = \int_{A_n} \rho \boldsymbol{u}_n^2 \mathrm{d}A = \mathrm{const} \quad （常数） \tag{2.9}$$

式中，A_1，A_2，$\cdots$，A_n 分别为射流断面 1，2，$\cdots$，n 的面积；$\boldsymbol{u}_1$，$\boldsymbol{u}_2$，$\cdots$，$\boldsymbol{u}_n$ 分别为断面 1，2，$\cdots$，n 上的速度分布。假设射流沿轴心呈对称分布，可将式（2.9）简化为二维平面下的动量守恒：

$$\int_0^{R_1} \rho u_{y1}^2 \cdot 2\pi y \mathrm{d}y = \int_0^{R_2} \rho u_{y2}^2 \cdot 2\pi y \mathrm{d}y = \cdots = \rho u_0^2 \pi R_0^2 \tag{2.10}$$

式中，u_0 为喷口处射流中心线上的速度；R_0 为喷口的半径。将式中的 R_i 无量纲化后得到无量纲径向距离 λ：

$$\lambda = \frac{y_i}{R_i} \tag{2.11}$$

式中，R_i 为射流 i 截面的半径，$y_i \in [0, R_i]$。因此，$\lambda \in [0, 1]$。将公式（2.10）简化成以 λ 为自变量的函数方程：

$$2\pi \int_0^1 \rho u_i^2 R_i^2 \lambda \mathrm{d}\lambda = \rho u_0^2 \pi R_0^2 \tag{2.12}$$

式中，u_i 为 i 截面中心线上的射流速度。对上式进行变换后可得到

$$\frac{u_i^2}{u_0^2} = \frac{R_0^2}{R_i^2} \cdot \frac{1}{2\pi \int_0^1 \lambda \mathrm{d}\lambda} = \frac{1}{\pi} \cdot \frac{R_0^2}{R_i^2} \tag{2.13}$$

对公式（2.13）等式两边同时开根号可以得到

$$\frac{u_i}{u_0} = \sqrt{\frac{1}{\pi} \cdot \frac{R_0}{R_i}} \tag{2.14}$$

将式（2.7）代入式（2.14）得到

$$\frac{u_i}{u_0} = \sqrt{\frac{1}{\pi} \cdot \frac{1}{\tan \theta/2} \cdot \frac{R_0}{x}} \tag{2.15}$$

考虑到在射流的核心段 $x \leqslant S_0$ 时，$u_i = u_0$，那么射流轴心的速度沿程变化趋势可以表示为

$$\begin{cases} u_i = u_0, & x \leqslant s_0 \\ u_i = u_0 \sqrt{\frac{1}{\pi} \cdot \frac{1}{\tan \theta/2} \cdot \frac{R_0}{x}}, & x > s_0 \end{cases} \tag{2.16}$$

2.1.3　水射流冲击特征

1）水射流冲击中心压力

自由水射流的结构特征、轴向与径向的速度、压力分布如 2.1.2 节所述。通过以上公式可以求得无约束自由射流域中某点的动压力，工程界便可以利用水射流的冲击荷载进行岩石切割、矿山开采、巷道掘进、油气田储层钻进等。然而，自由射流一旦遇上坚固壁面，其产生的冲击荷载十分复杂，且影响因素众多。

水射流冲击固体表面的过程如图 2.5 所示。高压水射流冲击的过程可分为两个典型的阶段：水锤压力阶段与滞止压力阶段[3]。首先，水射流高速撞击固体表面会在接触面触发冲击波，冲击波分别以 C_1 和 C_2 的速度向水介质和固体中传播，导致出现受压密集的水介质区域和压缩固体区域；随着水射流前端的弧形接触边缘继续撞击固体表面，新的冲击波又会产生，直到弧形曲面完全与靶板接触；在这个阶段，

由于冲击波的传播速度比水射流的冲击速度大，冲击作用会在冲击中心产生水锤压力[18]。水锤压力持续时间较为短暂，一般在纳秒量级，一旦稳定的冲击射流形成后，射流中心的压力便会降低，形成稳定的伯努利滞止压力。随后以相同的速度持续冲击岩石，水射流中心的动压力将稳定在伯努利滞止压力。图 2.5 中，当冲击时间 t 在 $0<t<4\Delta t$ 时为水锤压力阶段，当 t 大于 $4\Delta t$ 时进入滞止压力阶段。

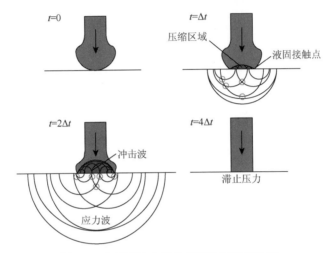

图 2.5　水射流冲击固体表面的过程示意图

为了求得射流中心的水锤压力，本节将水射流冲击固体表面的过程进行如下简化。

（1）固体表面为刚性表面，受到水射流冲击后不发生弹塑性形变。

（2）水射流形状为规则的圆柱体，射流前端光滑平直。

（3）射流前端冲击到固体表面的瞬间，射流前端直径均匀增大。

根据以上的简化，假设一股圆柱状水射流以速度 v 冲击到固体表面，经过时间 Δt 后，流固撞击产生的冲击波以速度 c 传播至某一截面，并导致该截面的射流速度变为 v_1，射流的面积由初始的 A 变化为 $A+\Delta A$，射流动压力由初始压力 P_0 变化为 $P_0+\Delta P$，密度由 ρ 变为 $\rho+\Delta\rho$，如图 2.6 所示，则在 Δt 时间内，水射流的动量变化量为

$$\Delta M = (\rho + \Delta\rho)(A + \Delta A)c\Delta t v_1 - \rho A c\Delta t v \qquad (2.17)$$

将式（2.17）展开并略去高阶项后得到

$$\Delta M = \rho A c\Delta t(v_1 - v) \qquad (2.18)$$

另外，在 Δt 时间内由水锤压力导致的射流受到的冲量可表示为

$$I = [P_0 A - (P_0 + \Delta P)(A + \Delta A)]\Delta t = -(P_0\Delta A + \Delta P A + \Delta P\Delta A)\Delta t \qquad (2.19)$$

针对式（2.19），略去高阶项 $\Delta P\Delta A$，同时考虑到水锤压力值 ΔP 非常大，通常情况下 ΔP 远大于 P_0，因此可忽略 $P_0\Delta A$ 项，整理后得到

$$I = -\Delta P A\Delta t \qquad (2.20)$$

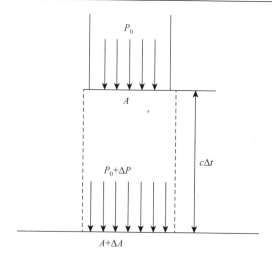

图 2.6　水锤压力分析示意图

根据动量定理：

$$I = \Delta M \tag{2.21}$$

即

$$\rho A c \Delta t(v_1 - v) = -\Delta P A \Delta t \tag{2.22}$$

假设射流前端在撞击到固体表面的瞬间，射流速度立即降为 0，整理式（2.22）后可得到

$$P = \rho c v \tag{2.23}$$

公式（2.23）为不考虑固体表面的弹塑性形变的水锤压力计算公式。如果固体表面不是刚性的，需要考虑受到水射流冲击后的形变，则水锤压力计算公式可表示为

$$P = \frac{v \rho_{\mathrm{w}} c_{\mathrm{w}} \rho_{\mathrm{s}} c_{\mathrm{s}}}{\rho_{\mathrm{w}} c_{\mathrm{w}} + \rho_{\mathrm{s}} c_{\mathrm{s}}} \tag{2.24}$$

式中，ρ_{w}，ρ_{s} 分别为水与固体靶板的密度；c_{w}，c_{s} 分别为水与固体靶板中冲击波的传播速度。当射流中心的扰动以冲击波的形式传播至射流边界时，射流内部受到的约束作用减弱，水锤压力便开始降低，该过程持续的时间即射流中心的扰动传播至边界所需时间：

$$\tau = \frac{r}{c} \tag{2.25}$$

式中，r 为水射流圆柱的半径。同样根据动量定理，当水射流持续冲击固体表面时，射流均匀扩散开，其产生的滞止压力计算公式可表示为

$$P = \frac{\rho v^2}{2} \tag{2.26}$$

公式（2.23）～公式（2.26）为理想条件下射流冲击固体表面的过程中，射流中心的压力计算公式。然而实际中，射流的前端通常为圆弧形，而非平直的表面。弧形的射流前端冲击固体表面的放大图如图 2.7 所示。假设时间 $t=0$ 时，弧形射流最前端刚好与固体表面接触，此时由于冲击作用会瞬间产生一个冲击波，该冲击波以接触点为圆心在射流内部传播开。射流继续冲击，在 t_1，t_2，t_3，t_4，…时，射流边缘会冲击到固体表面，产生新的冲击波，这一系列的冲击波将以各自的液固接触点为中心呈圆形在射流内部散开。由于水锤压力的产生与冲击波的产生与传播息息相关，所以弧形前端的射流冲击固体过程产生的水锤压力也复杂得多。

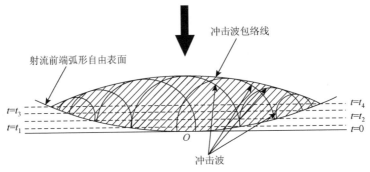

图 2.7　水击冲击波产生过程

2）水射流冲击平面的压力分布

本节为了计算求解，对水射流的形状进行了进一步简化。在前面的计算中，水射流简化为前端平直的圆柱体，在实际中，水射流前端为弧形。因此，在本节的计算中，水射流的前端简化为半径为 R 的半圆形；同时为了方便求解，本节将水射流以速度 v 冲击固体表面的过程等同为固体靶板以速度 v 撞击水射流，并以固体表面移动的方向为 y 轴正向，以垂直于 y 轴向右的方向为 x 轴正向，建立直角坐标系，如图 2.8 所示。

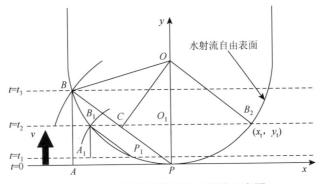

图 2.8　弧形前端的射流冲击固体示意图

　　P 点为水射流与固体表面接触的第一个点，假设在 P 点产生的冲击波经过时间 Δt 传播至 B 点，而水射流自由表面 B 点也恰好撞击到固体表面，那么根据图 2.8 可以求得

$$\overline{AP} = \sqrt{\overline{BP}^2 - \overline{BA}^2} = \Delta t \sqrt{c^2 - v^2} \tag{2.27}$$

式中，c 为冲击波在水中的传播速度；AP 段为水射流前端受到冲击波扰动区域的半径。在 A 点以内的自由射流表面撞击固体表面时，图 2.8 中的 P_1 点撞击到固体表面，会以 P_1 点为中心产生冲击波。经过一段时间后，该冲击波传播至射流自由表面 B_1 点。同时水射流自由表面 B_1 点也恰好与固体表面接触。如图 2.8 所示，$\triangle B_1 A_1 P_1 \sim \triangle BAP$。由此可以推断，在 BP 段以内产生的冲击扰动区域半径均小于 AP。Δt 为水锤压力持续的时间，如图 2.8 所示有以下关系：

$$\angle APB = \angle COP$$
$$\overline{OB} = \overline{OP} = R \tag{2.28}$$
$$\overline{OC} \perp \overline{BP}$$

式中，R 为射流的半径。另外在 $\triangle ABP$ 中，

$$\sin(\angle APB) = \frac{\overline{AB}}{\overline{BP}} = \frac{v\Delta t}{c\Delta t} = \frac{v}{c} \tag{2.29}$$

则在等腰 $\triangle OBP$ 中可以求出

$$\overline{BP} = 2\overline{CP} = \overline{OP} \cdot \sin(\angle COP) = 2R\frac{v}{c} \tag{2.30}$$

在 $\triangle ABP$ 中可求得

$$\overline{AP} = \overline{BP} \cdot \cos(\angle APB) = 2R\frac{v}{c}\sqrt{1 - \left(\frac{v}{c}\right)^2} \tag{2.31}$$

　　公式（2.31）为具有半圆形射流前端的水射流冲击固体表面时，射流内部的扰动区域半径。在这个半径之内，水射流自由表面上的任意点总是在冲击波到达之前与固体表面接触。因此该半径之内的水射流在冲击固体表面时没有受到冲击波的扰动，水射流无法有效扩散，最终导致水介质一直处于高度压缩状态。该区域便产生了持续的水锤压力，其持续的时间为

$$\tau = \frac{\overline{BP}}{c} = 2R\frac{v}{c^2} \tag{2.32}$$

　　图 2.9 为具有弧形前端的射流受到扰动的半径随无量纲速度 v/c 之间的关系。从图中可以看出，扰动半径随着 v/c 的增大而迅速增加；当 $v/c \approx 0.7$ 时，扰动半径达到最大值；随后，v/c 继续增大，而扰动半径却迅速减小，当 $v/c = 1$ 时，扰动半径等于零，说明当冲击波速度与射流速度相等时，只会在射流中心产生水锤压力，这与以上的分析相符合。同时，根据图 2.9 可以看出，射流扰动半径随射流半径的增大而增加。

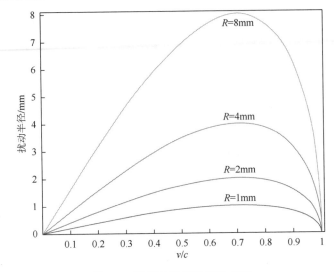

图 2.9　弧形射流扰动半径曲线

　　图 2.10 和图 2.11 分别表示射流速度与扰动半径、水锤压力持续时间的关系。当水射流速度从 0 增加至 1000m/s 时，扰动半径近似呈对数形式增加；水锤压力持续时间先随速度增加而迅速增加，当速度增加至某一值后，水锤压力持续时间趋于稳定。同时，在保持射流速度不变的情况下，两者都随着射流半径的增加而增大。

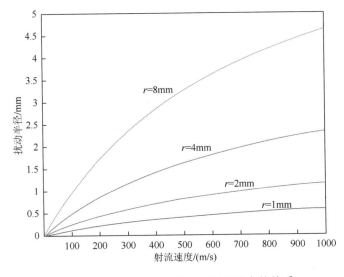

图 2.10　弧形射流扰动半径与射流速度的关系

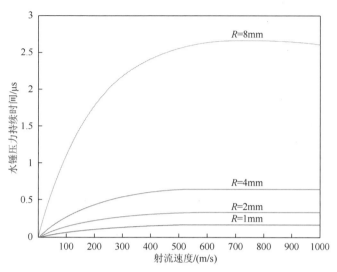

图 2.11　水锤压力持续时间与射流速度的关系

在扰动半径之内，水射流任意自由表面与固体表面接触时，都会产生水锤应力 ρcv。假设射流自由表面 B_2 点在时间 t 时开始接触固体表面，则有以下已知条件：

$$\overline{OB_2} = \overline{OP} = R$$

$$\overline{PO_1} = vt \tag{2.33}$$

因此，B_2 点距离冲击中心的距离为

$$\overline{O_1B_2} = \sqrt{2Rvt - v^2t^2} \tag{2.34}$$

则此时固体表面受到的水射流做的总功为

$$W = \int_0^\tau \rho cv(1 - \sqrt{2Rvt - v^2t^2})\,\mathrm{d}t \tag{2.35}$$

把公式（2.32）代入公式（2.35）进行求解可以得到

$$W = \int_0^{2R\frac{v}{c^2}} \rho cv\left\{1 - \sqrt{R^2 - [R^2 - (vt)^2]}\right\}\mathrm{d}t \tag{2.36}$$

通过变换后求得以上的积分公式为

$$W = 2R\rho cv\frac{v^2 - v}{c^2} \tag{2.37}$$

假设在 τ 时间内，水射流作用于固体表面的平均压力为 F，则有

$$F \cdot 2R\frac{v}{c^2} = W = 2R\rho cv\frac{v^2 - v}{c^2} \tag{2.38}$$

通过公式（2.38）可以求出

$$F = \rho cv(v - 1) \tag{2.39}$$

图 2.12 为平均水锤压力随射流速度的变化关系。随着射流速度的增加，平均水锤压力增大的趋势增大。当射流速度为 100m/s 时，平均水锤压力为几十兆帕，

而当射流速度增加至 900m/s 时，平均水锤压力已增大至约 1200MPa。

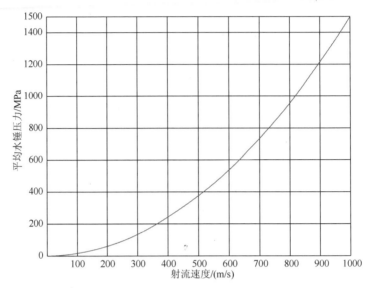

图 2.12　平均水锤压力与射流速度的关系

3）水射流冲击凹面的压力分布

以上分析了具有弧形前端的水射流冲击平面的过程，建立了水锤压力的计算模型。在现实中，固体表面不一定是平直的。为了方便计算，本节将固体表面简化为三种形式：凹面、凸面与斜面。下面将首先分析水射流冲击凹形固体表面的力学过程。

将水射流简化为带有半圆形前端的圆柱体，半圆的直径等于圆柱体的直径 R；将凹形固体表面简化为张角为 2θ 的锥面；将水射流以速度 v 冲击固体表面等同为凹形固体表面以速度 v 冲击水射流；最后按照如图 2.13 所示建立直角坐标系。

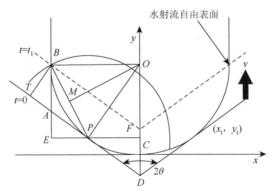

图 2.13　弧形前端的射流冲击凹面固体示意图

根据图 2.13，水射流与凹形固体表面的第一个接触点不在射流中心，而是在某一点 P。产生的第一个冲击波会以 P 点为中心呈球面向射流内部散开。与射流冲击平面不同，当水射流在 P 点与凹面接触时，随着射流的继续冲击，在 P 点左右两侧都会产生新的接触点，即在 P 点两侧均有冲击波产生。另外，由于第一个液固接触点不在射流中心，可能导致在 P 点产生的冲击扰动要传播至水射流直线段后才与液固接触点重合。如果产生了上述的情况，显然扰动半径就等于射流的半径 R，如果在射流弧形段冲击扰动和液固节点重合，扰动半径则需另行求解。因此，需要分段考虑扰动半径。

假设在 P 点产生冲击波经过时间 t_1 后刚好传播至 B 点，B 点为圆弧的终点；同时，水射流 B 点处的自由表面经过时间 t_2 与凹面接触于 A 点。根据以上假设可以得到以下已知条件：

$$\overline{OD} = \overline{OB} = \overline{BE} = \overline{OP} = R$$
$$\angle PDO = \angle OPF = \angle TAB = \angle BOP = \theta \tag{2.40}$$

在等腰 $\triangle BPO$ 中，可以求得直线段 BP 长度为

$$\overline{BP} = 2R\sin(\theta/2) \tag{2.41}$$

在 Rt$\triangle OPD$ 中，可以求得

$$\overline{OD} = \frac{R}{\sin\theta}$$
$$\overline{OF} = R\sin\theta \tag{2.42}$$
$$\overline{PF} = R\cos\theta$$

因此，可求得

$$\overline{EP} = \overline{EF} - \overline{PF} = R(1-\cos\theta) \tag{2.43}$$

在 Rt$\triangle AEP$ 中可求得

$$\overline{AE} = \overline{EP}\cdot\cot\theta = R(1-\cos\theta)\cot\theta \tag{2.44}$$

则水射流自由表面 B 点与凹形固体表面的距离 BA 可以表示为

$$\overline{BA} = \overline{OF} - \overline{AE} = R[\sin\theta - (1-\cos\theta)\cot\theta] \tag{2.45}$$

根据公式（2.41）与公式（2.45）可以分别求得 P 点产生的冲击波传播至 B 点的所需时间 t_1，B 点与固体表面的接触时间 t_2：

$$t_1 = \frac{2R\sin(\theta/2)}{c}$$
$$t_2 = \frac{R[\sin\theta - (1-\cos\theta)\cot\theta]}{v} \tag{2.46}$$

如果 $t_1 \geqslant t_2$，即满足条件

$$\frac{2v}{c} \geqslant \frac{\sin\theta - (1-\cos\theta)\cot\theta}{\sin(\theta/2)} \tag{2.47}$$

此时表明，射流自由表面 B 点与凹形固体表明接触时，P 点产生的冲击波尚

未到达 B 点，射流的扰动半径为 R。如果 $t_1 \leqslant t_2$，表明两者相重合的位置仍然在圆弧上某点。此时假设圆弧上 B 点为两者的重合点，则有

$$\sin \angle TPB = \frac{\overline{TB}}{\overline{BP}} = \frac{\overline{TB}}{c\Delta t}$$
$$\sin \theta = \frac{\overline{TB}}{\overline{BA}} = \frac{\overline{TB}}{c\Delta t} \tag{2.48}$$

消去 TB 可以得到

$$\sin \angle TPB = \frac{v}{c}\sin \theta \tag{2.49}$$

在 $\triangle BOP$ 中可以求得

$$\overline{BP} = 2R\frac{v}{c}\sin \theta \tag{2.50}$$

因此水锤压力持续的时间为

$$\tau = 2R\frac{v}{c^2}\sin \theta \tag{2.51}$$

水锤压力产生区域的半径为

$$\overline{R} = \overline{EP} + \overline{PF} = 2R\frac{v}{c}\sin \theta \left[-\cos \theta \sin \theta \frac{v}{c} + \sin \theta \sqrt{1 - \left(\frac{v}{c}\sin \theta \right)^2} \right] + R\cos \theta \tag{2.52}$$

图 2.14 为射流半径 R=3mm 时，扰动半径随无量纲冲击速度 v/c 的变化曲线。从图中可以看出，当凹面夹角 θ 较小时，扰动半径随 v/c 的增加呈线性增大，且夹角越小，线性增加的斜率越小，增加的幅度越小；当夹角 θ 超过 45°时，扰动半径先随 v/c 的增加呈近似线性增加，达到峰值后，扰动半径随 v/c 的增加而呈现减小趋势。

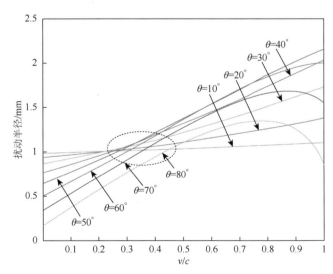

图 2.14　弧形射流冲击凹形表面的扰动半径曲线

图 2.15 为射流半径 $R=3\text{mm}$ 的圆弧形射流冲击凹面的过程中，水锤压力持续时间随射流速度的增加而变化的曲线。随着射流速度的增大，水锤压力持续时间首先急剧增加；当射流速度增大至某一值，为 $300\sim400\text{m/s}$ 时，水锤压力持续时间增加的趋势逐渐变缓；当射流速度增大至约 500m/s 时，水锤压力持续时间不再随射流速度的增大而增加。另外，水锤压力持续时间随着凹面夹角的增大而增加，当凹面夹角增大至 $90°$ 时，凹面就变成平面。说明水射流冲击平面的过程中产生的水锤压力持续时间长于冲击凹面的过程中产生的水锤压力持续时间。

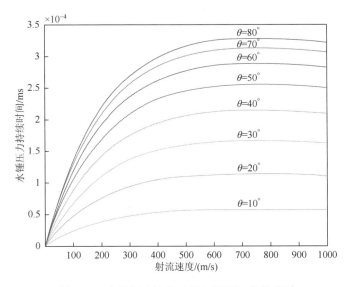

图 2.15　水锤压力持续时间与射流速度的关系

4）水射流冲击凸面的压力分布

如图 2.16 所示为简化后的水射流冲击固体表面的第三种情况，即带有圆形前端的水射流冲击夹角为 2θ 的凸面。同样作如下假设：①凸面呈轴对称；②水射流与凸面首先接触于中心 P 点；③水射流以速度 v 冲击凸面等同为凸面以速度 v 反向冲击射流；④假设经过时间 Δt，由 P 点产生的冲击波扰动传播至射流自由表面 B 点，同时 B 点也刚好与凸面接触。根据以上假设可知，

$$\begin{aligned}
\overline{OB} &= \overline{OP} = R \\
\angle BCP &= \theta \\
\overline{BP} &= c\Delta t \\
\overline{BC} &= v\Delta t
\end{aligned}$$
（2.53）

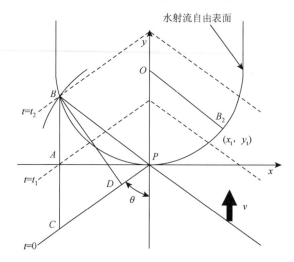

图 2.16 弧形前端的射流冲击凸面固体示意图

在 Rt△BDC 与 Rt△BDP 中，

$$\sin\theta = \frac{\overline{BD}}{\overline{BC}} = \frac{\overline{BD}}{v\Delta t}$$

$$\sin\angle BPD = \frac{\overline{BD}}{\overline{BP}} = \frac{\overline{BD}}{c\Delta t}$$

（2.54）

对式（2.54）两边同时相除可以得到

$$\sin\angle BPD = \sin\theta\frac{v}{c}$$

（2.55）

则根据三角函数变换：

$$\cos\angle BPD = \sqrt{1-\left(\sin\theta\frac{v}{c}\right)^2}$$

（2.56）

因此，根据以上公式可以求得

$$\cos\angle BPO = \cos(\pi-\theta-\angle BPD) = \sin^2\theta\frac{v}{c} - \cos\theta\sqrt{1-\left(\sin\theta\frac{v}{c}\right)^2}$$

（2.57）

在等腰△OBP 中，可求得

$$\overline{BP} = 2R\left[\sin^2\theta\frac{v}{c} - \cos\theta\sqrt{1-\left(\sin\theta\frac{v}{c}\right)^2}\right]$$

（2.58）

因此可求得水锤压力持续时间为

$$\tau = \frac{2R}{c}\left[\frac{v}{c}\sin^2\theta - \cos\theta\sqrt{1-\left(\frac{v}{c}\sin\theta\right)^2}\right] \tag{2.59}$$

在△CBP 中，可以知道 $BD \perp CP$，$PA \perp BC$，因此可以求得射流的扰动半径为

$$\bar{R} = 2R\sin\theta\left\{\frac{v}{c}\cos\theta\left[\frac{v}{c}\sin^2\theta - \cos\theta\sqrt{1-\left(\frac{v}{c}\sin\theta\right)^2}\right] + \left[\frac{v}{c}\sin^2\theta - \cos\theta\sqrt{1-\left(\frac{v}{c}\sin\theta\right)^2}\right]\right\}$$

$$\tag{2.60}$$

图 2.17 为射流半径 R=3mm 的圆弧形射流冲击凸面的过程中，扰动半径随无量纲速度 v/c 的变化情况。从图中可以看出，当凸面夹角 θ 较小时，扰动半径随着 v/c 的增大近似呈线性减小；当凸面夹角 θ 增大至约 $45°$ 时，扰动半径首先随着 v/c 的增大而缓慢减小，然后继续增大 v/c，扰动半径迅速增加，且增加的幅度随 θ 的增加而增大。

如图 2.18 所示为射流半径 R=3mm 的圆弧形射流冲击凸面的过程中，水锤压力的持续时间随射流速度的变化曲线。当凸面夹角 $\theta<30°$ 时，水锤压力持续时间首先随射流速度的增大而有一个缓慢增加的趋势，当射流速度增加至约 100m/s 时，持续时间转向随射流速度的增加而减小的趋势；当凸面夹角 $\theta\approx30°$ 时，持续时间随着射流速度的增加而近似呈线性减小；当 $\theta>30°$ 时，持续时间随着射流速度的增加而减小，且当射流速度较小时，减小的幅度大，射流速度较大时，减小的趋势变缓。

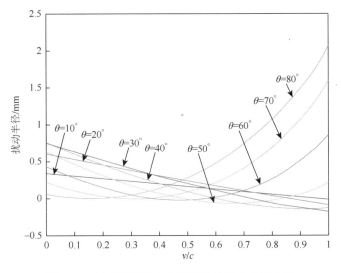

图 2.17　弧形射流冲击凸形表面的扰动半径曲线

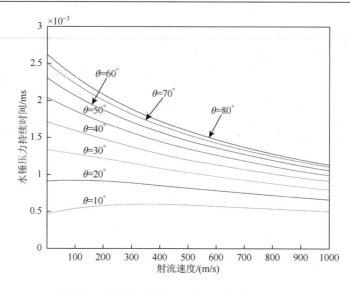

图 2.18 水锤压力持续时间与射流速度的关系

5）水射流冲击斜面的压力分布

具有圆弧形前端的射流冲击壁面的第四种情况如图 2.19 所示，壁面简化为倾斜角为 θ 的斜面。同样将水射流以速度 v 冲击壁面等效为壁面以速度 v 反向冲击静止的水射流。弧形射流自由表面 P 点首先与斜面接触。与前三种冲击情况相异的是，水射流冲击斜面的过程不再呈轴对称，因此需分别讨论 P 点两侧的情况。

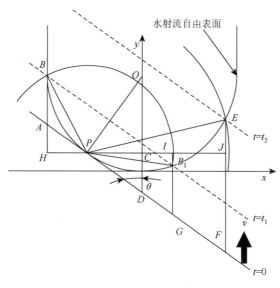

图 2.19 弧形前端的射流冲击斜面固体示意图

根据与水射流冲击凹面的相似性，当满足以下条件时，

$$\frac{2v}{c} \leqslant \frac{\sin\theta - (1-\cos\theta)\cot\theta}{\sin(\theta/2)} \qquad (2.61)$$

表明 P 点产生的冲击波与液固接触点相重合的位置仍然在圆弧段。根据对水射流冲击凹面的分析，可以知道：

$$\begin{cases} \overline{BP} = \overline{B_1P} = 2R\dfrac{v}{c}\sin\theta \\[2mm] \tau = 2R\dfrac{v}{c^2}\sin\theta \\[2mm] \overline{BA} = \overline{B_1G} = 2R\dfrac{v^2}{c^2}\sin\theta \\[2mm] \overline{HP} = 2R\dfrac{v}{c}\sin\theta\left[-\cos\theta\sin\theta\dfrac{v}{c} + \sin\theta\sqrt{1-\left(\dfrac{v}{c}\sin\theta\right)^2}\right] \end{cases} \qquad (2.62)$$

在 $\triangle PB_1G$ 中，根据三角形面积公式可以求得

$$\overline{PI} = \sin\theta\left[2R\frac{v}{c}\sin\theta\sqrt{1-\left(\frac{v}{c}\sin\theta\right)^2} + 2R\frac{v^2}{c^2}\sin\theta\cos\theta\right] \qquad (2.63)$$

因此，此时水射流产生水锤压力的区域为图 2.19 中的 HI 段，根据公式（2.62）与公式（2.63）可求得

$$\begin{aligned} \overline{HI} &= \overline{HP} + \overline{PI} \\ &= \sin\theta\left[2R\frac{v}{c}\sin\theta\sqrt{1-\left(\frac{v}{c}\sin\theta\right)^2} + 2R\frac{v^2}{c^2}\sin\theta\cos\theta\right] \\ &\quad + 2R\frac{v}{c}\sin\theta\left[-\cos\theta\sin\theta\frac{v}{c} + \sin\theta\sqrt{1-\left(\frac{v}{c}\sin\theta\right)^2}\right] \end{aligned} \qquad (2.64)$$

对式（2.64）化简后可以得到

$$\overline{HI} = 4R\sin^2(\theta)\frac{v}{c}\sqrt{1-\left(\frac{v}{c}\sin\theta\right)^2} \qquad (2.65)$$

公式（2.65）是针对满足公式（2.61）的条件下，圆弧形前端的水射流冲击斜面的过程中，水锤压力产生的区域长度的计算公式。同理可以求得，当满足以下条件时，

$$\frac{2v}{c} > \frac{\sin\theta - (1-\cos\theta)\cot\theta}{\sin(\theta/2)} \qquad (2.66)$$

水锤压力产生的区域长度为

$$\overline{HJ} = R(1-\cos\theta) + 2R\sin^2\theta\frac{v}{c}\sqrt{1-\left(\frac{v}{c}\sin\theta\right)^2} + 2R\sin^2\theta\cos\theta\left(\frac{v}{c}\right)^2 \qquad (2.67)$$

图 2.20 为圆弧形前端的水射流冲击倾斜角为 θ 的斜面过程中，产生的第一个冲击波传播至水射流与固体表面接触点时，该点仍位于圆弧段上的情况下，水锤压力的区域长度随着无量纲速度 v/c 的变化曲线。图 2.20 为产生的第一个冲击波传播至水射流与固体表面接触点时，该点已不在圆弧段上的情况下，水锤压力的区域长度随着无量纲速度 v/c 的变化曲线。图 2.20 与图 2.21 中的曲线在变化趋势上极为相似，均呈现出当倾斜角 θ 较小时，扰动区域长度随 v/c 的增大近似呈线性增加；当倾斜角 θ 较大时，扰动区域长度随 v/c 的增大呈先增加后减小的趋势；

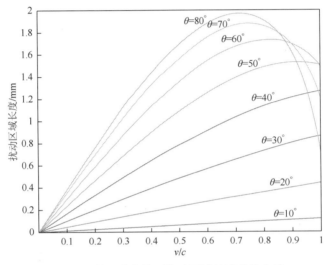

图 2.20　第一种条件下扰动区域长度变化曲线

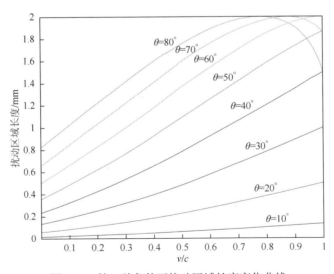

图 2.21　第二种条件下扰动区域长度变化曲线

当倾斜角 θ 趋于 $90°$ 时，两幅图中的扰动区域长度趋于一致，局域圆弧形前端射流冲击平面相同。两者之间的区别在于，当斜面倾斜角相同时，在第二种情况下的扰动区域长度明显大于第一种情况，这与前面的分析相一致，表明所建立的扰动区域长度的数学模型的正确性。

至此，圆弧形前端的水射流冲击平面、凹面、凸面与斜面的过程中，水锤压力产生的区域、时间等因素已全部分析完。此外，针对每种工况建立的数学模型，本书都采用实例，绘制出相应的图示曲线加以验证。结果表明，所建立的数学模型符合实际情况。

然而在本书的计算中，作了诸多的假设与简化。实际中，某些简化因素的原型对射流冲击固体表面的影响较大。例如，水射流的形状不可能如本书中的标准模型，固体表面的形状也千变万化等。基于以上的理论分析，本书将在后面的实验部分与数值模拟部分加以详细的研究。

2.2　高压水射流瞬态动力学特性

高压水射流冲击固体表面的瞬间，在液固接触点会产生冲击波。冲击波逆向射流在水介质中传播导致射流内部产生高度受压区域。当射流前端为弧形状时，多个液固接触都将产生冲击应力波。这些应力波的产生与传播规律将导致射流冲击固体的过程中产生瞬间水锤压力。水锤压力的峰值压力通常可以达到数倍至数十倍的滞止压力，对射流冲蚀破碎物体具有重要作用。因此，研究高压水射流冲击作用下的瞬态动力学特性具有重大的科学意义。

本书 2.1 节对高压水射流冲击固体表面的瞬态动力学特性展开理论分析，建立了具有圆弧形前端的圆柱状水射流冲击平面、凹面、凸面与斜面时，水锤压力产生的区域半径与水锤压力持续时间的有效数学模型。然而，2.1 节的理论研究对水射流的形状、连续性、固体表面的形状等众多因素进行了大量的简化，与实际工程中连续高压水射流冲击固体的过程有较大的不同。本节将重点研究高压乳化泵作用下产生的连续水射流冲击靶板的瞬态动力学特性。

2.2.1　水射流冲击靶板的实验方案设计

水射流自喷嘴射出后具有特定的几何结构与力学结构，这种特殊的结构对水射流冲击固体靶板的瞬态特性影响巨大。水射流冲击固体靶板具有作用时间短、冲击压力大、水颗粒易飞溅等特点，因此，需要采用先进的仪器设备，合理地设计实验系统。实验系统主要由 PVDF（聚偏二氟乙烯，polyvinylidene fluoride）薄膜传感器、高频数据采集系统、高速动态分析系统、特制喷嘴与特制靶板等组成，通过水射流发生线路与数据采集线路两条线路的有机连接而形成。

（1）采用高压乳化泵、高压软管、喷嘴、靶板及 PIV 部分控制系统等组成高压水射流的发生线路，通过该线路可以调制出实验所需的特定水射流。

（2）采用 PVDF 薄膜传感器、高频数据采集系统、高速动态分析系统与计算机等组成数据采集线路，通过该线路能高速捕捉不同工况下水射流撞击靶板的扩散形态并采集靶板所受冲击压力随时间的历程。

1）喷嘴结构设计

对于水射流技术而言，喷嘴犹如心脏对人体一样重要，在整个射流体系中起着核心作用，对水射流的力学性能和射流的流场的分布都有着非常重要的影响[18-24]。实验研究表明，不同结构的喷嘴具有不同的流量系数、射流扩散角与等速核长度。所谓喷嘴结构，主要包括喷嘴的内部流道形状与喷嘴直径。其中，内部流道形状又包括收敛角、收敛段长度与直线段长度等。本次实验主要考虑水射流撞击靶板的瞬态特性，而对不同喷嘴条件下水射流收敛性的研究不在本实验的重点考虑范畴。因此，实验中对喷嘴内部流道形状的设计主要参考文献[25]和文献[26]。另外，为了方便高速摄像机捕捉细节，喷嘴的直径应该尽量小，本实验拟设计喷嘴的当量直径 $R=2\text{mm}$。

水射流前端的形状对水锤压力的峰值与持续时间影响巨大。为了深入研究射流形状对水射流冲击特性的影响，实验采用如图 2.22 所示的圆形、正方形、椭圆形、十字形与正三角形五种喷嘴结构[27]。五种喷嘴的当量直径均为 2mm，即所有喷嘴出口的截面面积相等，$S=\pi\ \text{mm}^2$。

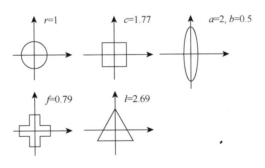

图 2.22　五种喷嘴出口形状及尺寸

五种喷嘴的具体结构如下。

（1）圆形喷嘴。

圆形喷嘴是最常规的喷嘴结构，尺寸如图 2.23 所示。实验设计该喷嘴的出口直径 $R=2\text{mm}$，直线段长度 $L_1=11\text{mm}$，喷嘴总长度 $L_2=48\text{mm}$，收敛角 $\alpha=14°$，喷嘴外直径 $\phi=24\text{mm}$。

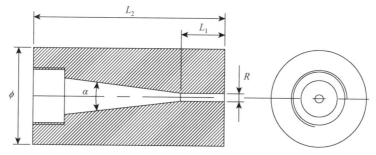

图 2.23　圆形喷嘴结构

（2）椭圆形喷嘴。

椭圆形喷嘴是圆形喷嘴的扩展形式，是一种相对较为常见的喷嘴，尺寸如图 2.24 所示。实验设计该喷嘴的直线段长度 L_1=11mm，喷嘴总长度 L_2=40mm，收敛角 α=14°，喷嘴外直径 ϕ=24mm，椭圆的长半轴 b=2mm，短半轴 a=0.5mm。

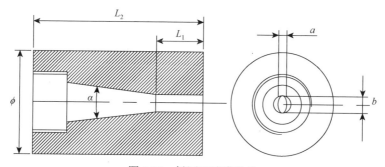

图 2.24　椭圆形喷嘴结构

（3）正方形喷嘴。

正方形喷嘴的收敛性比圆形喷嘴和椭圆形喷嘴差，其尺寸如图 2.25 所示。实验设计该喷嘴的直线段长度 L_1=11mm，喷嘴总长度 L_2=46mm，收敛角 α=14°，喷嘴外直径 ϕ=24mm，正方形边长 c=1.77mm。

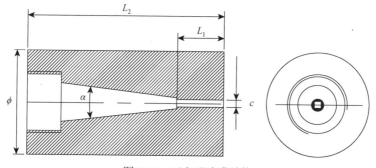

图 2.25　正方形喷嘴结构

（4）三角形喷嘴。

实验喷嘴采用正三角形，尺寸如图 2.26 所示。实验设计该喷嘴的直线段长度 L_1=11mm，喷嘴总长度 L_2=44mm，收敛角 α=14°，喷嘴外直径 ϕ=24mm，三角形的边长 l=2.69mm。

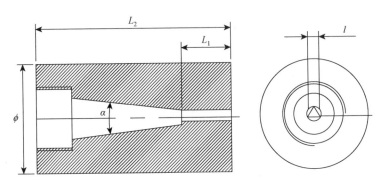

图 2.26　三角形喷嘴结构

（5）十字形喷嘴。

实验研究表明，十字形喷嘴是最发散的喷嘴形状，其尺寸如图 2.27 所示。实验设计该喷嘴的直线段长度 L_1=11mm，喷嘴总长度 L_2=46mm，收敛角 α=14°，喷嘴外直径 ϕ=24mm。十字形的截面是由 5 个相同的正方形组合而成的，如图 2.22 所示，每个正方形的边长 f=0.79mm。

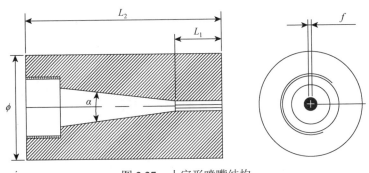

图 2.27　十字形喷嘴结构

采用普通钢材料按照图 2.23～图 2.27 的设计尺寸，加工成五种形状的喷嘴，并涂上防锈漆，最终效果如图 2.28 所示。

2）冲击靶板设计

在实际情况中，水射流冲击固体靶板可以概括为四种形式：垂直平面（简称平面）、倾斜平面（简称斜面）、凸面与凹面，如图 2.29 所示。

图 2.28　五种喷嘴出口形状及尺寸

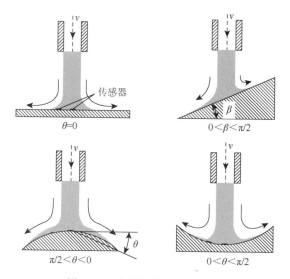

图 2.29　冲击靶板形状示意图

　　由于被冲击固体表面具有不同的形状，水射流冲击到表面时改变了方向，在其原来的喷射方向上失去了一部分动量。失去的动量将以作用力的形式传递到固体表面，形成冲击压力。根据动量守恒，固体表面受到的稳定冲击压力为

$$F = \begin{cases} \rho Q v(1-\sin\theta), -\dfrac{\pi}{2} \leqslant \theta \leqslant \dfrac{\pi}{2} \text{（凸面、凹面与平面）} \\ \rho Q v \cos\beta, 0 \leqslant \beta \leqslant \dfrac{\pi}{2} \text{（斜面）} \end{cases}$$
（2.68）

式中，Q 为射流流量；ρ 为水介质的密度；θ, β 为如图 2.29 所示夹角；v 为水射流的冲击速度。

不同表面形状的靶板除了使得稳定冲击压力各异，也会使得水射流冲击的瞬态动力特性不尽相同。根据 2.1 节的分析可知，水锤压力的峰值强度与持续时间与水滴冲击产生的冲击波、冲击区域扰动的传播特性相关。从图 2.29 中可以看出，凸面更容易使得水介质扩散，而凹面将使得水介质聚集。本实验综合考虑了靶板表面形状对水射流冲击瞬态动力学特性的影响，设计加工如图 2.30 所示的 7 种靶板。

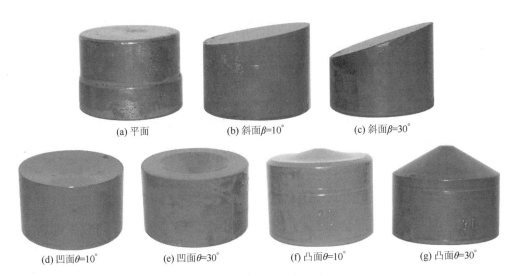

(a) 平面　　　　　　(b) 斜面$\beta=10°$　　　　　(c) 斜面$\beta=30°$

(d) 凹面$\theta=10°$　　(e) 凹面$\theta=30°$　　(f) 凸面$\theta=10°$　　(g) 凸面$\theta=30°$

图 2.30　冲击靶板实物图

3）冲击测试实验系统

水射流冲击测试的实验系统如图 2.31 所示。该系统主要由两条线路组成。

（1）水射流发生线路。

该线路主体框架借助于 3D PIV 喷射切割试验台，水介质首先由高压乳化泵加压至实验所需压力，然后经过非接触式的电磁流量计对流量与压力进行校正，最终从特殊设计的喷嘴中射出，形成水射流并冲击特殊设计的靶板。

本实验精度较高，需要准确掌握水射流的动压力、流速与流量的信息，以便精确计算实验结果与流速、压力的关系。

（2）数据采集线路。

从图 2.31 中可以看出，本实验主要有两条数据采集线路。第一条线路用来传输通过高速摄像机捕捉到的水射流冲击靶板的瞬态细节，第二条线路用来传输压力传感器测试到的压力数据。最后，两条线路汇入计算机，经由相匹配的软件对数据进行存储与处理。

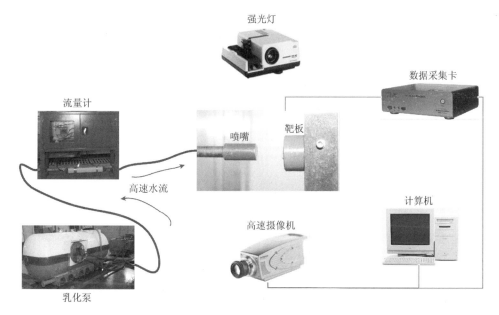

图 2.31　水射流冲击测试系统图示

4）PVDF 薄膜压电传感器制备

聚偏二氟乙烯（polyvinylidene fluoride），简称 PVDF，是一种新型高分子压电换能材料，它具有独特的压电效应、介电效应、热电效应[28, 29]。与传统的压电材料（如陶瓷）相比具有频响宽、动态范围大、力电转换灵敏度高、强度高、声阻抗易匹配等特点，并具有重量轻、柔软不脆、耐冲击、不易受水和化学药品的污染、易制成任意形状且面积不等的片或管状等优势，在力学、声学、光学、电子、测量、红外、安全报警、医疗保健、军事、交通、信息工程、办公自动化、海洋开发、地质勘探等技术领域应用十分广泛。

（1）PVDF 压电原理。

PVDF 薄膜经过拉伸极化处理后就具备了压电性，当薄膜受一定方向的外力或变形作用时，PVDF 的极化面就会产生电荷，即压电效应，如图 2.32 所示。该压电效应具有可逆性：当外加荷载作用于压电薄膜的瞬间，就会产生压电效应；当卸去外加荷载时，导致已经极化的电荷反向移动，产生极性相反的效应。PVDF 压电薄膜的压电效应可以通过其压电方程反映出来。压电方程是关于压电体中电位移、电场强度、应力和应变张量之间关系的方程组，常表示为压电元件受到外力 F 作用时与在相应表面产生表面电荷 Q 间的关系。

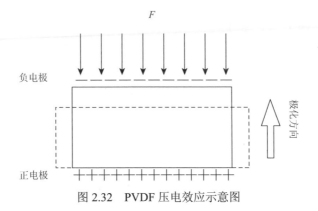

图 2.32　PVDF 压电效应示意图

PVDF 薄膜的压电晶轴一般规定极化方向 z 向为正方向，与 z 轴垂直的两个方向规定为 x 向和 y 向，如图 2.33 所示。

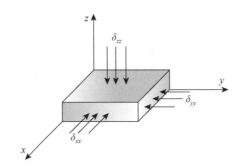

图 2.33　PVDF 极化方向与受力图

PVDF 压电方程反映了压电晶体电学量和力学量之间的关系，即压电方程：

$$\boldsymbol{Q} = \boldsymbol{d}\boldsymbol{\delta} + \boldsymbol{\varepsilon}^{\mathrm{T}}\boldsymbol{E} \tag{2.69}$$

式中，$\boldsymbol{Q}$ 为电荷密度矩阵；$\boldsymbol{d}$ 为压电常数矩阵；$\boldsymbol{\delta}$ 为应力矩阵；$\boldsymbol{\varepsilon}$ 为介电常数矩阵；$\boldsymbol{E}$ 为电场强度矩阵。应力矩阵可表示为

$$\boldsymbol{\delta} = [\delta_1 \quad \delta_2 \quad \delta_3 \quad \delta_4 \quad \delta_5 \quad \delta_6]^{\mathrm{T}} \tag{2.70}$$

在本次实验中，不施加额外电场，因此电场强度为零，压电方程可以简化为

$$\boldsymbol{Q} = \boldsymbol{d}\boldsymbol{\delta} \tag{2.71}$$

式中，压电矩阵 $\boldsymbol{d}$ 可以具体表示为

$$\boldsymbol{d} = \begin{pmatrix} d_{11} & d_{12} & d_{13} & d_{14} & d_{15} & d_{16} \\ d_{21} & d_{22} & d_{23} & d_{24} & d_{25} & d_{26} \\ d_{31} & d_{32} & d_{33} & d_{34} & d_{35} & d_{36} \end{pmatrix} \tag{2.72}$$

式中，d_{ij}（i=1，2，3；j=1，2，…，6）是压电常数，i 表示晶体的极化方向，当产生电荷的表面垂直于 x 轴（y 轴或 z 轴）时，记作 i=1（2 或 3）；j=1 或 2，3，4，

5，6分别表示在沿 x 轴、y 轴、z 轴的平面内作用的剪切力。PVDF 薄膜经过极化处理以后，其压电常数矩阵可以简化为

$$\boldsymbol{d} = \begin{pmatrix} 0 & 0 & 0 & 0 & d_{15} & 0 \\ 0 & 0 & 0 & d_{24} & 0 & 0 \\ d_{31} & d_{32} & d_{33} & 0 & 0 & 0 \end{pmatrix} \tag{2.73}$$

把式（2.70）和式（2.73）代入式（2.71），可以得到极化后的压电方程为

$$\begin{pmatrix} Q_1 \\ Q_2 \\ Q_3 \end{pmatrix} = \begin{pmatrix} 0 & 0 & 0 & 0 & d_{15} & 0 \\ 0 & 0 & 0 & d_{24} & 0 & 0 \\ d_{31} & d_{32} & d_{33} & 0 & 0 & 0 \end{pmatrix} \cdot [\delta_1 \ \ \delta_2 \ \ \delta_3 \ \ \delta_4 \ \ \delta_5 \ \ \delta_6]^{\mathrm{T}} \tag{2.74}$$

式中，Q_1，Q_2 与 Q_3 分别为图 2.33 中 x，y 与 z 方向上外荷载诱发的电荷量。本次实验中，将 PVDF 薄膜的 xy 平面粘贴在靶板上，水射流以垂直于 xy 平面的方向冲击靶板，因此只需考虑 z 方向的电荷量：

$$Q_3 = d_{31}\delta_1 + d_{32}\delta_2 + d_{33}\delta_3 \tag{2.75}$$

又由于 x 与 y 方向上的荷载为零，压电方程可以简化为厚度模式：

$$Q_3 = d_{33}\delta_3 \tag{2.76}$$

式中，d_{33} 为 z 方向上的介电常数；δ_3 为 z 方向上的荷载。实验中 PVDF 薄膜产生的电荷量 Q_3 首先经由电荷放大器转化为电压信号，然后传输到计算机中存储，最后通过公式（2.76）反算出水射流的冲击荷载 δ_3。

（2）PVDF 薄膜传感器制备。

实验采用辽宁锦州科信电子有限公司生产的 PVDF 薄膜，其主要技术性能指标如表 2.4 所示。

表 2.4　PVDF 主要性能参数

参数名称	数值
	d_{31}：17±1
压电应变常数/（PC/N）	d_{32}：5±1
	d_{33}：21±1
压电电压常数/（V·m/N）	0.02
相对介电常数	9.5±1.0
声速/（m/s）	2000
声阻抗	2.5~3
机电耦合系数/%	10~14
探测灵敏度（m·Hz$^{1/2}$/W）	10^{11}

续表

参数名称	数值
断裂伸长/%	20～50
杨氏模量/MPa	2400～2600
密度/（kg/m³）	1.78×10^3
泊松比	0.35

　　为了满足实验需求，选择厚度为 50μm 的 PVDF 薄膜，裁剪出直径为 5mm 的薄圆片，作为传感器的核心元件。同时，为了满足绝缘和抗冲击的需要，采用强度较高且绝缘的聚环氧树脂覆盖在薄膜上下面。薄膜上产生的电荷由上下电极引出，并导入电荷放大器。最终形成如图 2.34 所示的 PVDF 传感器。该压电传感器的测量范围为 0～30GPa，能够满足冲击测试的需求。

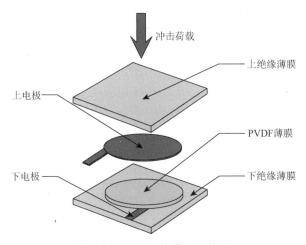

图 2.34　PVDF 传感器示意图

　　5）高频数据采集系统

　　水射流冲击靶板的瞬态动力特性历时通常在微秒量级，为了精确采集到该过程中水锤压力的变化情况，必须采用高频率的数据采集系统。同时为了匹配以上的 PVDF 薄膜压电传感器，本实验采用 VIB-1204F 型数据采集仪，如图 2.35 所示。

图 2.35　VIB-1204F 型数据采集仪实物图

VIB-1204F 型数据采集系统主要由三个部分组成：VIB-1204F 型数据采集卡、NSC-5604 型调理模块与上位机专用软件 TopView2000。

6）高速动态分析系统

为了精确捕捉水射流撞击固体靶板的瞬态特性，实验采用日本 Olympus 公司生产的 i-SPEED-TR 型高速摄像机，设置高速摄像机的参数如表 2.5 所示。

表 2.5　高速摄像机参数设置

参数名称	数值
内存容量/GB	8
色彩型号	彩色
全分辨率录制时间/s	2.4
帧速率/fps	4000
分辨率/像素	1280×1024

将高速摄像机与强光灯源对齐后分别安装在靶板的两侧。为了捕捉水射流撞击靶板后的细节情况，实验中尽量让摄像机的前置摄像头靠近靶板。在实验过程中，水滴外溅容易打湿高速摄像机。为了避免这一不利现象，实验中采用 PMMA 材料制作一个透明的矩形框，将高速摄像机罩住。如此设计，一方面可以防水，另一方面 PMMA 材料的透明特性也不影响高速摄像的过程。

2.2.2　水射流冲击靶板的数值模拟研究

随着计算机技术的飞速发展，数值模拟作为一种重要的科学研究工具，已经在各学科各领域广泛应用。高压水射流冲击固体靶板属于一种动态的流固耦合问题，也必须借助数值模拟技术进行研究。与一般的有限元方法不同，高压水射流冲击固体靶板的模拟需要综合考虑固体靶板的变形特性、水射流的大变形特性、求解计算时间与计算精度等问题。Arbitrary Lagrangian-Eulerian（ALE）法通过将水射流与空气域设置为欧拉网格，而将变形较小的靶板设置为拉格朗日网格，可以很好地解决水射流冲击固体靶板模拟过程中需要考虑的难题[30]。

因此采用 ALE 数值模拟方法，并引入对流算法与流固耦合算法等，建立了水射流冲击平面靶板、倾斜靶板、凸面靶板与凹面靶板的有限元模型，并施加相应的控制条件，分析水射流冲击压力、流体质点运动轨迹等特性。

1）ALE 方法简介

ALE 方法最初被有限差分法用来模拟流体动力学问题。该方法兼具拉格朗日和欧拉方法两者的长处。首先，在结构边界运动的处理上引用拉格朗日的特点，能够有效地跟踪物质结构边界的运动。其次，在内部网格的划分上，ALE 吸收欧拉的长处，使得内部网格单元独立于物质实体而存在，但它与纯粹的欧拉网格不尽相同，因为该网格可以根据用户自己定义的参数在求解过程中自我调整，从而使得网格不出现严重的畸变。如此，不仅确保网格单元的完整性，同时也提升计算精度、节省求解时间，对于处理大变形问题非常有效。

（1）ALE 控制方程。

在 ALE 方法的描述中参考构型是已知的，因此引入一个参考坐标 y 来描述各个物理量，即 $F=F(y, t)$。各物理量的物质导数转换为相应物理量的参考导数[31, 32]：

$$\frac{\partial F(X_i,t)}{\partial t} = \frac{\partial F(y_i, t)}{\partial t} + w_i \frac{\partial F}{\partial x_i} \tag{2.77}$$

式中，X_i 为拉格朗日坐标系；y_i 为欧拉坐标系；w_i 为相对速度，$w_i=u-v$。其中，u 为物质的运动速度；v 为空间网格的运动速度。

根据式（2.77）可以将控制方程组转换到参考坐标系下。

质量守恒方程

$$\frac{\partial \rho}{\partial t} = \rho \frac{\partial v_i}{\partial x_i} + w_i \frac{\partial \rho}{\partial x_i} \tag{2.78}$$

动量守恒方程

$$\rho \frac{\partial v_i}{\partial t} + \rho w_i \frac{\partial v_i}{\partial x_j} = \frac{\partial \sigma_{ij}}{\partial x_j} + \rho f_i \tag{2.79}$$

能量守恒方程

$$\rho \frac{\partial e}{\partial t} = \sigma_{ij} \frac{\partial v_i}{\partial x_j} - \frac{\partial q_i}{\partial x_i} - \rho w_i \frac{\partial e}{\partial x_i} \tag{2.80}$$

公式（2.78）～公式（2.80）中，ρ 为物质密度；f_i 为单位质量的体力；σ_{ij} 为柯西应力张量；e 为单位质量的内能；q_i 为热通量；下标 $i=1$, 2, 3 和 $j=1$, 2, 3 分别表示坐标轴的方向。

定义以上的物理量与方程组以后，本节采用 LS-DYNA 软件进行求解。求解步骤如图 2.36 所示。首先开启一个或数个拉格朗日计算步，进行拉格朗日显式计算，只考虑压力梯度分布对速度和能量改变的影响，动量方程中的压力取前一时间步的值；然后用隐式格式求解动量方程，将显式计算得到的速度分量作为迭代求解的初始值；最后进行一个运输步，包括确定要移动的节点、移动边界节点、移动内节点、计算单元中心变量的运输、计算动量运输和更新速度。需要运输计算的变量为单元解变量（密度、内能、应变等）和节点速度。

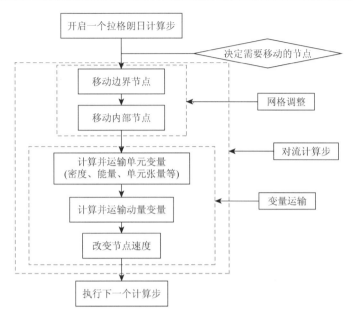

图 2.36 ALE 时间计算步流程图

（2）对流算法。

从图 2.36 中可以看出，对流算法为 ALE 计算的核心步骤。ALE 网格单元在达到一定的变形量后需要通过一定的光滑算法进行自我重新构置网格，新网格单元与旧网格单元之间就需要进行物质的传递，如密度、能量、应力等。所谓对流算法，就是指控制 ALE 的新网格与旧网格之间物质传递的一种映射关系。良好的对流算法能确保 ALE 算法的精确、稳定、守恒和单调特性。

学术界针对这种特殊的映射提出了诸多的算法，本次数值模拟采用共体细胞算法（Donor Cell Algorithm）+半指数漂移算法（Half Index Shift Algorithm）。共体细胞算法适用于一维对流。假设对流算法中需要传递的物质名称为 f，则可以通过共体细胞算法来计算需要运输的量值：

$$f_j^\phi = \frac{a_j}{2}(\phi_{j-1/2}^n + \phi_{j+1/2}^n) + \frac{|a_j|}{2}(\phi_{j-1/2}^n + \phi_{j+1/2}^n) \tag{2.81}$$

式中，j 表示节点数（j=1，2，3，…）；n 表示迭代算法次数（n=1，2，3，…）；a_j 表示两次不连续接触的速度；$\phi_{j-1/2}^n$ 与 $\phi_{j+1/2}^n$ 表示第 n 次运输时，节点 j 左右两边的数值，可以表示为以下表达式：

$$\phi_{j+1/2}^{n+1} = \phi_{j+1/2}^n + \frac{\Delta t}{\Delta x}(f_j^\phi - f_{j+1}^\phi) \tag{2.82}$$

式中，Δt 为时间步长；Δx 为单元的特征长度。公式（2.81）与公式（2.82）是针对 ALE 算法中的一维对流情况，如果要求解三维对流量，则需要采用一阶精度的半指数漂移算法[33, 34]：

$$\left\{\begin{array}{c} f_{1,j+1/2}^{-} \\ f_{2,j+1/2}^{-} \end{array}\right\} = \begin{bmatrix} a & b \\ c & d \end{bmatrix} \left\{\begin{array}{c} \phi_j^{-} \\ \phi_{j+1}^{-} \end{array}\right\} \tag{2.83}$$

$$\left\{\begin{array}{c} \phi_j^{+} \\ \phi_{j+1}^{+} \end{array}\right\} = \frac{1}{ad-bc} \begin{bmatrix} d & -b \\ -c & a \end{bmatrix} \left\{\begin{array}{c} f_{1,j+1/2}^{+} \\ f_{2,j+1/2}^{+} \end{array}\right\} \tag{2.84}$$

式中，a，b，c 与 d 为矩阵常数；f 为需要运输的物质名称；ϕ 为某节点的初始量；j 为节点数。

（3）流固耦合算法。

ALE 算法中，要想实现流体与固体结构之间的能量传递，必须定义合适的接触算法。流固耦合算法的一大优点就是当结构与流体耦合时，程序能自动指定结构部分表面为"从"界面，流体部分为"主"界面，从而省去前处理中的定义主、从界面带来的麻烦。

流固耦合算法可以通过合并流体和结构的界面节点、接触算法、欧拉-拉格朗日耦合算法来实现。本次模拟采用关键字 *CONSTRAINED_LAGRANGE_IN_SOLID 来定义欧拉-拉格朗日耦合算法，实现真正意义上的流固耦合算法。由于本次模拟不考虑靶板的浸蚀破坏，所以选择针对壳单元与实体单元的无浸蚀罚函数算法（Penalty Coupling）。该算法需要追踪拉格朗日节点与欧拉流体之间的相对位移 d。具体步骤表现为首先检查每一个从节点对主物质表面的贯穿特性，如果节点不出现贯穿，则无需任何操作，如果发生从节点对主物质表面的贯穿，就会出现一个界面力 F，并施加到欧拉流体的节点上。界面力的大小与发生的贯穿位移成正比：

$$F = k_i \cdot d \tag{2.85}$$

式中，k_i 表示刚度系数。根据公式（2.85）可以知道，罚函数算法相当于在主从节点之间安置了一个刚度系数为 k_i 的阻尼弹簧。由于不考虑靶板的浸蚀破坏，本次模拟只需设置基于压缩的罚函数算法。

2）水射流冲击靶板模型的建立

（1）水与空气的模型。

水与空气均被认为是完全塑性材料，因此需要采用本构方程和状态方程共同进行描述，即用本构方程描述应力增量与应变增量之间的关系，用状态方程描述压力增量与体积应变增量之间的关系。本节采用 NULL 本构模型来模拟流体介质，该本构模型不考虑剪切刚度与屈服强度，其偏应力 σ_{ij} 与偏应变率 $\dot{\varepsilon}_{ij}$ 成正比，即

$$\sigma_{ij} = u\dot{\varepsilon}_{ij}(i \neq j) \tag{2.86}$$

式中，u 为流体的动力黏度系数。空气与纯水的参数见表 2.6。

表 2.6　空气与纯水的参数

物质名称	密度/（kg/m³)	压力截断值/atm	动力黏性系数/（Pa·s)
空气	1.18	−1	1.7456×10^{-5}
纯水	998	−10	8.6840×10^{-4}

注：1atm=101325Pa

NULL 模型必须与状态方程联合使用，由状态方程来提供压力行为应力组件，才能为材料提供完整的应力张量。对于空气介质，本节采用*EOS_LINEAR_POLYNOMIAL 来提供压力，该状态方程可具体表示为

$$P = C_0 + C_1\mu + C_2\mu^2 + C_3\mu^3 + (C_4 + C_5\mu + C_6\mu^2)E \tag{2.87}$$

式中，E 为空气的初始单位体积内的内能；μ 为空气的比体积：

$$\mu = \frac{\rho}{\rho_0} - 1 \tag{2.88}$$

式中，ρ 与 ρ_0 分别表示压缩（膨胀）后的空气密度与压缩（膨胀）前的空气密度。根据公式（2.88），当空气被压缩时，$\mu>0$；当空气处于膨胀状态时，$\mu<0$。本节假设空气为理想气体，因此公式（2.87）中的常数项 $C_1\sim C_6$ 具有以下关系：

$$C_0 = C_1 = C_2 = C_3 = C_6 = 0$$
$$C_4 = C_5 = \gamma - 1 \tag{2.89}$$

式中，γ 为空气的比热容比，可表示为

$$\gamma = \frac{C_P}{C_V} \tag{2.90}$$

式中，C_P 为比定压热容；C_V 为定容比热容。因此，理想气体的状态方程可以简化为以下表达式：

$$P = (\gamma - 1)\left(\frac{\rho}{\rho_0}E\right) \tag{2.91}$$

对于纯水介质，本节采用*EOS_GRUNEISEN 状态方程来提供压力，该状态方程的表达式为

$$p = \frac{\rho_0 C^2\mu\left[1 + \left(1 - \frac{\gamma_0}{2}\right)\mu - \frac{a}{2}\mu^2\right]}{\left[1 - (S_1-1)\mu - S_2\frac{\mu^2}{\mu+1} - S_3\frac{\mu^3}{(\mu+1)^2}\right]} + (\gamma_0 + a\mu)E \tag{2.92}$$

式（2.92）是针对材料处于压缩阶段时的状态方程。水射流冲击靶板的过程中，水射流之间的拉伸状态可以忽略，因此本节不考虑水介质的拉伸状态方程。式中，C 是冲击波波速度 u_s 与质点速度 u_P 关系曲线的纵轴截距；S_1、S_2 和 S_3 是关系曲线的斜率系数；γ_0 是格林艾森系数；a 是对 γ_0 的一阶体积修正系数；E 是初始单位体积的内能。

（2）靶板的模型。

本节重点考虑的是水射流撞击靶板过程中的冲击压力变化规律，对靶板的刚度

和强度要求较高，因此采用普通钢材料作为实验靶板，并采用*MAT_PIECEWISE_
LINEAR_PLASTICITY 材料作为钢制靶板的本构模型，钢材的力学参数如表 2.7 所示。

表 2.7　靶板的力学参数

物质名称	密度/（kg/m³）	弹性模量/GPa	泊松比	屈服强度/MPa	切线模量/GPa
钢	7800	207	0.3	300	70

（3）模型的建立。

为了验证实验结果，从而进一步研究靶板的形状对水射流冲击瞬态特性的影
响规律，本节根据冲击实验中靶板的形状规格模拟了四种工况。

①平直靶板。

水射流冲击平直靶板的有限元模型如图 2.37 所示。水射流简化为一根直径
ϕ=2mm，长度 L=12mm 的水柱，水射流前端为直径 ϕ=2mm 的半球体。为了节省求
解时间，靶板简化为一块 14mm×14mm×0.2mm 的薄片。考虑水滴的流动与逸出，
设置空气域的尺寸为 16mm×16mm×10mm。设置冲击靶距为 0.3mm。在网格划分
的过程中，将靶板网格设置为拉格朗日域，而将水射流与空气域均设置为欧拉域。

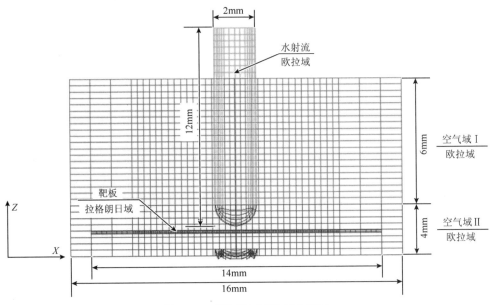

图 2.37　平直靶板网格划分图示

②倾斜靶板。

当水射流以一定角度（不等于 90°）冲击平面靶板时，便出现了如图 2.38 所
示的情况。水射流为直径 ϕ=2mm，长度 L=7mm 的水柱，水射流前端为直径 ϕ=2mm

的半球体。空气域尺寸为 10mm×10mm×9mm。靶板的倾角为 θ=30°。同样设置
靶板网格为拉格朗日域，设置水射流与空气域为欧拉域。

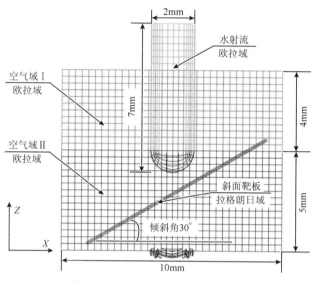

图 2.38　倾斜靶板网格划分图示

③凸面靶板。

水射流冲击凸面靶板的数值模型如图 2.39 所示。水射流为直径 ϕ=2mm，长
度 L=7mm 的水柱，水射流前端为直径 ϕ=2mm 的半球体。空气域尺寸为 10mm×

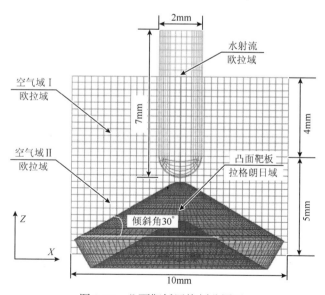

图 2.39　凸面靶板网格划分图示

10mm×9mm。靶板为倾斜角 θ=30°的圆锥形凸台，凸台顶端设置为半径 r=1mm 的圆角，消除数值计算过程中的不收敛现象。冲击靶板设置为 0.3mm。设置靶板网格为拉格朗日域，设置水射流与空气域为欧拉域。

④凹面靶板。

水射流冲击凹面靶板的数值模型如图 2.40 所示。水射流为直径 ϕ=2mm，长度 L=7mm 的水柱，水射流前端为直径 ϕ=2mm 的半球体。空气域尺寸为 10mm× 10mm×9mm。为了节省求解时间，将凹面靶板简化为倾斜角 θ=30°的倒圆锥形凸台，凹陷面为倾斜角 θ=30°的圆锥面，锥面底端设置为半径 r=1mm 的圆角，消除数值计算过程中的不收敛现象。冲击靶板设置为 0.3mm。设置靶板网格为拉格朗日域，设置水射流与空气域为欧拉域。

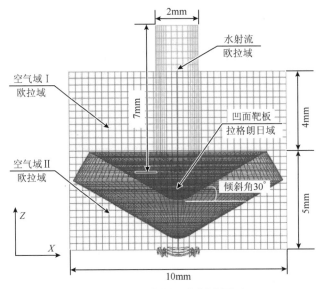

图 2.40　凹面靶板网格划分图示

3）计算控制与求解过程

本节采用的单位制为 g，mm，MPa，N，ms。设置求解步为 800 步，该求解时间较长，因此最终需要通过手动来终止计算。在求解的过程中，采用*BOUNDARY_SPC 关键字对有限元模型边界上的节点施加单点约束，限制所有边界上节点的平动与转动。为了研究靶板中心受到的冲击压力随时间的变化历程，本节采用*FSI 关键字来记录流固耦合过程中拉格朗日网格表面的所有信息，包括冲击力、接触压力与累计质量通量等。采用*CONTROL_ENERGY 关键字来控制求解过程中的能量，防止沙漏等现象。

图 2.41～图 2.44 分别为数值模拟的水射流冲击凹面、平面、凸面与斜面的过程。

由于流体介质采用的是欧拉网格，受到撞击变形后能适当调整网格结构，不至于产生网格畸变，有利于模拟流体的性质。水射流冲击凹面时，射流首先聚集于凹形靶体的中心，随后开始沿着靶体表面反向流动；水射流冲击平面时，流体首先在射流中心区域有聚集现象，随后流体均匀地呈圆形散开；水射流冲击凸面时，流体在瞬间便开始沿着凸形靶体表面均匀散开，几乎没有流体聚集现象；水射流冲击斜面时，流体沿着斜面的下部分散开，而在斜面上部分有流体聚集现象。数值模拟的过程表明，ALE 方法能有效地解决流体的变形特性，实现水射流高速撞击固体表面。

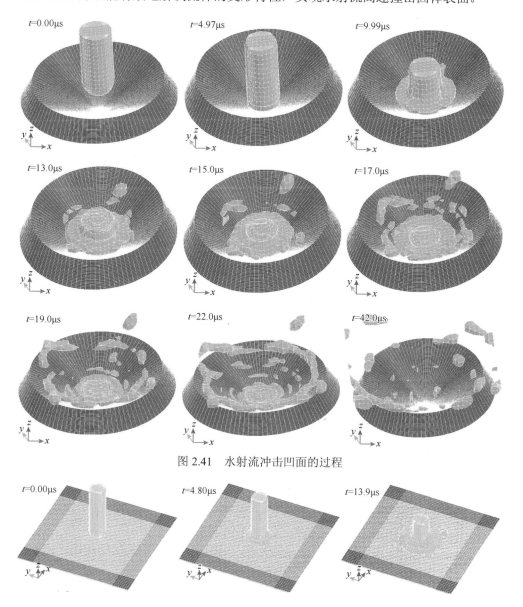

图 2.41 水射流冲击凹面的过程

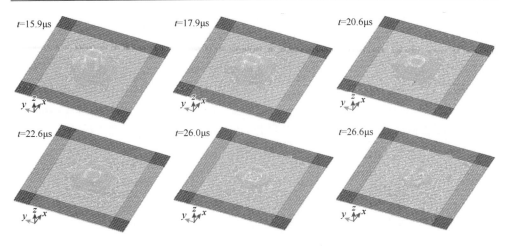

图 2.42　水射流冲击平面的过程

图 2.43　水射流冲击凸面的过程

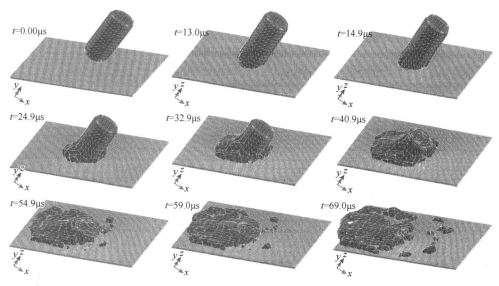

图 2.44　水射流冲击斜面的过程

2.2.3　水射流冲击靶板的过程分析

水射流撞击靶板会造成流体产生紊流、旋涡、反射等现象，导致高速流体本身的自由路径发生改变，引起射流的沿程压力衰减特性、径向压力分布特征以及射流的几何结构发生变化。射流撞击靶板过程中的两个关键因素严重制约了对射流撞击靶板瞬态过程的研究：①射流冲击的瞬时性；②射流冲击靶板的紊动性。文献[35]等采用高速摄像的方法研究自由水射流的结构，分析高速流体的无约束流动特征。采用高速动态分析系统，首次捕捉高速连续射流撞击固体表面的过程。

1）圆形喷嘴的水射流冲击靶板的高速摄像分析

采用设计的圆形喷嘴，设置冲击靶距为 40mm、射流速度约为 100m/s，利用2.2.1 节设计的冲击测试系统进行连续射流冲击靶板的试验，并通过高速摄像机捕捉射流撞击固体表面的瞬间过程。图 2.45～图 2.47 分别为圆形喷嘴的水射流冲击平面、凸面与斜面的初始过程演化图。

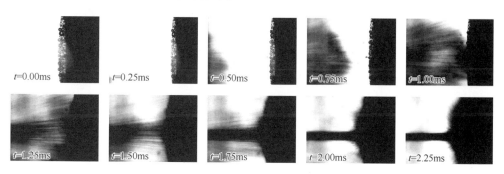

图 2.45　圆形喷嘴的水射流冲击平面的过程

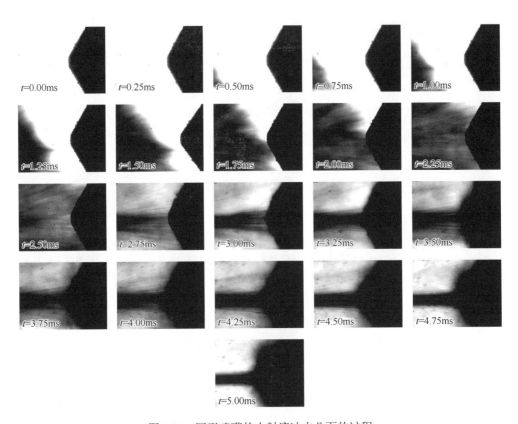

图 2.46　圆形喷嘴的水射流冲击凸面的过程

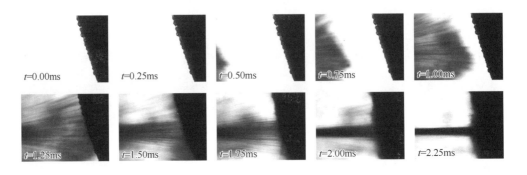

t=2.50ms　　*t*=2.75ms　　*t*=3.00ms　　*t*=3.25ms

图 2.47　圆形喷嘴的水射流冲击斜面的过程

从图 2.45～图 2.47 中可以看出，连续射流前端的流态非常紊乱、前端的形状不规则。通过分析，射流前端可简化为一个伞状的圆锥体，且沿着射流轴线呈轴对称，圆锥的张角约为 110.3°。分析表明，连续水射流某一截面上的速度分布呈现中心大、外围小的趋势，因此导致射流前端的形状为中心突出的圆锥形，且射流速度沿径向分布的梯度大致如图 2.45 中的 0.75ms 与图 2.47 中的 1ms 所示的射流形状。

将圆形喷嘴射流的高速摄像照片数字化并提取圆锥形射流前端的坐标，得到如图 2.48 所示的射流速度径向分布散点图，并通过数学拟合得到射流速度径向分布函数为

$$\frac{u_y}{u_m} = -0.5 + 1.5 \cdot \mathrm{e}^{\left(\frac{y/R}{15.6}\right)} \tag{2.93}$$

式中，u_y 为某截面沿径向距离轴心 y 距离处的射流速度；u_m 为某截面射流轴心速度；R 为射流的初始直径。该公式的拟合方差 R^2=0.97476，表明该拟合公式具有较高的可信度。

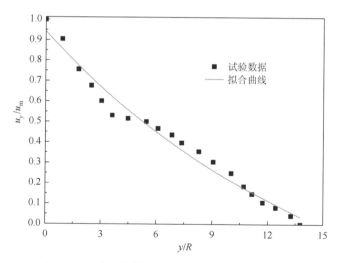

图 2.48　圆形喷嘴的水射流速度的径向分布曲线

计算表明，当水射流从左端进入高速摄像机的画面时，射流轴心处的平均速度为 64.5m/s；射流撞击到固体表面的瞬间，其轴心处的平均速度为 40.2m/s。因

此，可计算出射流轴心的速度沿轴向的衰减梯度为

$$K = \frac{(64.5 - 40.2)\,\text{m/s}}{6\,\text{mm}} \approx 4\,\text{m/(s·mm)}\qquad(2.94)$$

从高速摄像照片中可以看到，由于受到摄像范围的限制，当射流前端接触到固体表面时，前端的圆锥体的直径已经超出摄像机镜头宽度（约为 40mm），所以可以推断射流前端的圆锥体接触固体表面时，其锥体底部直径已经大于 20 倍的射流初始直径。然而当射流冲击固体表面的状态稳定后，测量得到固体表面处的水射流直径约为 3.1mm，约为 1.5 倍的初始射流直径。

另外，从图 2.45～图 2.47 中可以看出，连续射流前端较为发散，通过放大后的图片可以看出，射流前端几乎可以离散为诸多不连续的水颗粒。因此，当连续射流前端刚接触固体表面的瞬间，水流均匀地散开，射流内部并没有出现高度受压缩的区域；当经过一段时间 Δt（平面 $\Delta t \approx 1.5\text{ms}$，凸面 $\Delta t \approx 3.2\text{ms}$，斜面 $\Delta t \approx 2.0\text{ms}$）后，出现反向射流，射流中心出现高密度压缩区域。对于平面，反向射流导致的高密度区域宽度约为 3.23mm（即从射流中心与固体表面的接触点，逆向射流的方向沿着射流轴线至高密度消失处的距离）；对于凸面，射流高密度受压区域宽度约为 1.31mm；对于斜面，射流高密度受压区域宽度约为 2.37mm。表明高速流体撞击平面的瞬间产生了大量的反向射流，而撞击凸面与斜面的瞬间由于其形状易于流体扩散，只产生了少量的反向射流。另外，射流撞击固体表面产生高度受压区域的持续时间也各异，对于平面，其持续时间约为 0.75ms，对于凸面，其持续时间约为 0.25ms，对于斜面，其持续时间约为 0.5ms。

2）方形喷嘴的水射流冲击靶板的高速摄像分析

采用设计的方形喷嘴，设置冲击靶距为 40mm、射流速度约为 100m/s，利用 2.2.1 节设计的冲击测试系统进行连续射流冲击靶板的试验，并通过高速摄像机捕捉射流撞击固体表面的瞬间过程。图 2.49～图 2.52 分别为方形喷嘴的水射流冲击凹面（凹面倾角 $10°$）、平面、凸面（凸角 $10°$）与斜面（倾斜角 $10°$）的初始过程演化图。

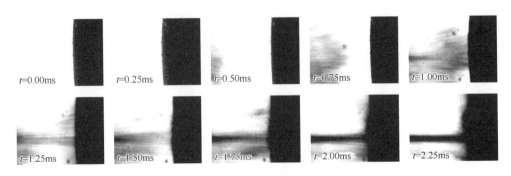

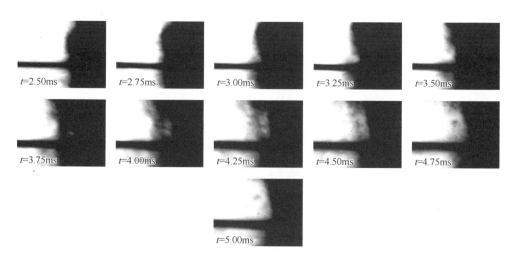

图 2.49　方形喷嘴的水射流冲击凹面的过程

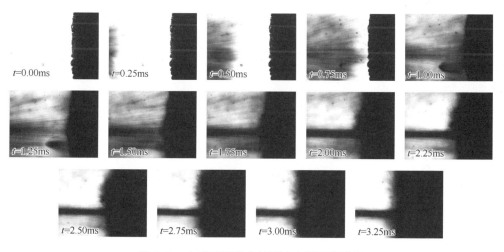

图 2.50　方形喷嘴的水射流冲击平面的过程

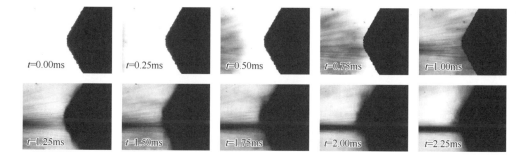

图 2.51　方形喷嘴的水射流冲击凸面的过程

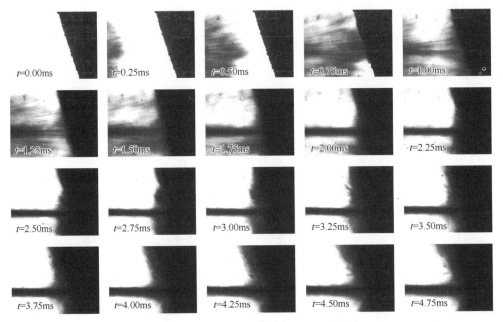

图 2.52　方形喷嘴的水射流冲击斜面的过程

　　水射流自方形喷嘴射出后，其前端流体也表现出紊乱性，射流前端形状也近似为圆锥体，只是锥角比圆形喷嘴更大，约为 156°。通过数字图像处理后，得到射流前端的速度沿径向分布规律如图 2.53 所示。根据图示，从射流轴心沿径向向外至约 4.5R 距离处，射流速度几乎保持不变，表明该区域仍处于射流核心区域，在该区域内，射流速度处处相等；从 4.5R 处沿径向向外，射流速度逐渐减小，该区域位于水射流的扩散区。

　　通过数据拟合，得到方形喷嘴的水射流径向速度分布函数为

$$\frac{u_y}{u_m} = 1 - 1.96 \times 10^{-4} \cdot \mathrm{e}^{\frac{y/R}{-1.31976}} \tag{2.95}$$

该公式的拟合方差 R^2=0.9425，表明其具有较高的可信度。另外，通过测试得到，水射流前端接触到固体表面的瞬间时，其中心处的速度约为 40m/s。当水射流冲击固体表面的状态稳定时，固面处的射流直径约为 3.7mm，为射流初始直径的 1.9 倍。

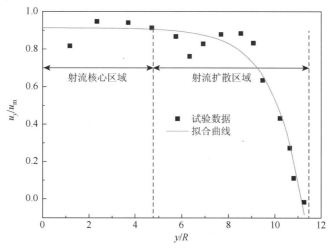

图 2.53   方形喷嘴的水射流速度的径向分布曲线

从图 2.49～图 2.52 中可以看出，方形喷嘴射流的前端流体非常扩散。圆锥状的射流接触到固体表面的瞬间，没有反向射流生成，因此射流内部也不会形成受压缩的区域。随着射流继续冲击，当水射流的核心区域到达固体表面时，分别在凹形固面、平面、凸形固面与斜面的受冲击处产生了不同程度的反向射流，从而导致射流内部形成相应的受压缩区域。对于凹面，受压缩区域的宽度约为 2.7mm；对于平面，受压缩区域的宽度约为 2.8mm；对于凸面，受压缩区域的宽度为 1.8mm；对于斜面，受压缩区域的宽度约为 2.1mm。凹面的凹陷部分无法拍摄到，因此对于凹面，其水射流受压缩区域的宽度约为 3.0mm。

另外，根据高速摄像图片可以看出，当水射流冲击凹面、平面与凸面这三种呈轴对称的固体表面时，反向射流的分布也表现出轴对称，最终导致射流内部受压缩的区域呈轴对称；然而，当水射流冲击斜面时，轴心线上部分的反向射流比轴心线下部分的反向射流更加明显，且反射的高度更高，导致水射流轴心线上部分的受压缩区域宽度比下部分更大，表明轴心线部分的射流在接触斜面的瞬间，更易于扩散。分析表明，当水射流冲击不同固面时，其产生受压缩区域的持续时间也不尽相同。对于凹面，其持续时间 $\Delta t \approx 0.75\text{ms}$；对于平面，其持续时间 $\Delta t \approx 0.75\text{ms}$；对于凸面，其持续时间 $\Delta t \approx 0.5\text{ms}$；对于斜面，其持续时间 $\Delta t \approx 1.25\text{ms}$。

3）三角形喷嘴的水射流冲击靶板的高速摄像分析

采用三角形喷嘴，设置冲击靶距为 40mm、射流速度约为 100m/s，利用冲击测试系统进行连续射流冲击靶板的试验，并通过高速摄像机捕捉射流撞击固体表面的瞬间过程。图 2.54～图 2.57 分别为三角形喷嘴的水射流冲击凹面（凹面倾角 $10°$）、平面、凸面（凸角 $10°$）与斜面（倾斜角 $10°$）的初始过程演化图。

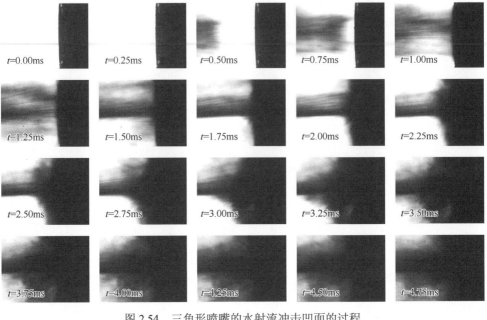

图 2.54　三角形喷嘴的水射流冲击凹面的过程

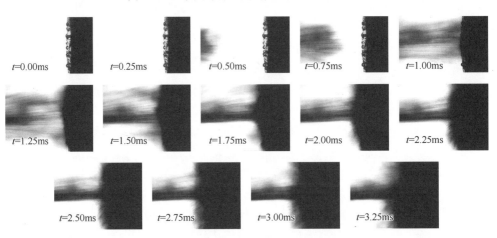

图 2.55　三角形喷嘴的水射流冲击平面的过程

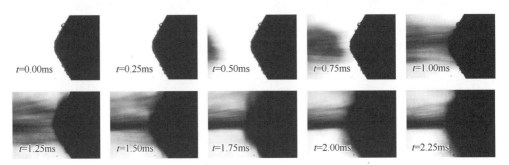

图 2.56 三角形喷嘴的水射流冲击凸面的过程

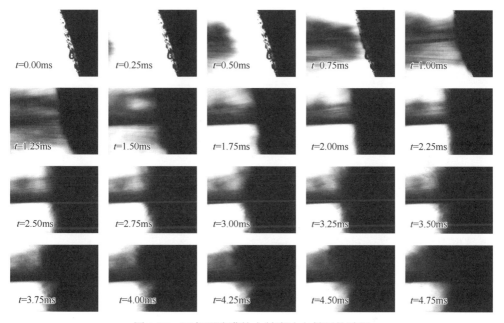

图 2.57 三角形喷嘴的水射流冲击斜面的过程

从高速摄像的照片可以看出，三角形喷嘴喷出的水射流除了比较发散，还表现出上部分稀疏、下部分密集的不对称形态。分析表明，这种射流结构可能是由三角形喷嘴本身不呈轴对称造成的。另外，高速摄像的照片是平面成像的，这也会导致照片中的射流呈现出不对称形态。数字化处理图像，并提取射流前端的位置可以得到如图 2.58 所示的径向速度曲线。

根据三角形喷嘴喷出射流的速度径向分布曲线，射流速度在上部沿径向衰减速率较快，而在下部沿径向衰减速率较慢。因此，这种不均匀的速度分布最终导致射流在上部的当量直径较小而在下部的当量直径较大。通过数学拟合，可以得到三角形喷嘴喷出的射流的径向速度分布函数为

$$\frac{u_y}{u_m} = -0.14 + 1.15 \cdot e^{(-e^Z - Z + 1)}$$

$$Z = \frac{y/R - 0.77}{3.25}$$

$$(2.96)$$

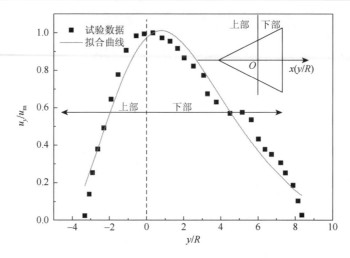

图 2.58 三角形喷嘴的水射流速度的径向分布曲线

该公式的拟合方差 $R^2=0.9407$，表明其具有较高的可信度。另根据计算得到，三角形喷嘴喷出的射流接触到固面的瞬间，射流轴心处的平均速度由原来的约 100m/s 衰减至 15m/s，速度降低到初始的 15%。当射流与固面接触时，其当量直径也由原来的 2mm 增大至约 8mm，增幅约 400%。以上分析表明，三角形喷嘴的收敛性较差。因此，在实际工程中，也鲜有利用三角形喷嘴来喷射冲击破碎物体的。

由于三角形喷嘴喷出射流本身结构比较紊乱，其冲击到固面后流体的扩散过程也表现出无规律性。从图 2.54～图 2.57 中可以看出，射流撞击到固面后，其下部的流体反射更加明显，导致射流轴心下部的受压缩区域更宽、持续时间更长。根据以上的分析可以推测，三角形喷嘴喷出射流的下部分造成的水锤压力更大、持续时间更长，有利于冲击破碎物体。

4）十字形喷嘴的水射流冲击靶板的高速摄像分析

采用 2.2.1 节设计的十字形喷嘴，设置冲击靶距为 40mm、射流速度约为 100m/s，利用 2.2.1 节设计的冲击测试系统进行连续射流冲击靶板的试验，并通过高速摄像机捕捉射流撞击固体表面的瞬间过程。图 2.59～图 2.62 分别为十字形喷嘴的水射流冲击凹面（凹面倾角 10°）、平面、凸面（凸角 10°）与斜面（倾斜角 10°）的初始过程演化图。

t=0.00ms t=0.25ms t=0.50ms t=0.75ms t=1.00ms

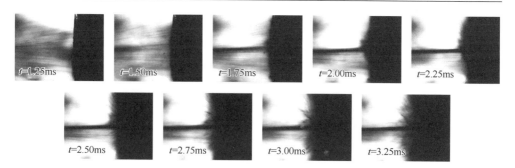

图 2.59　十字形喷嘴的水射流冲击凹面的过程

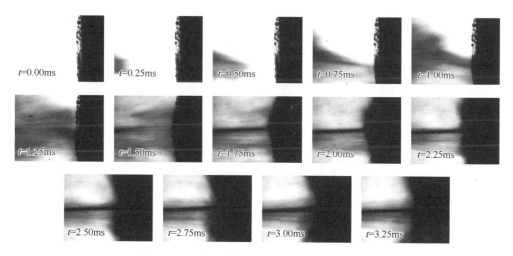

图 2.60　十字形喷嘴的水射流冲击平面的过程

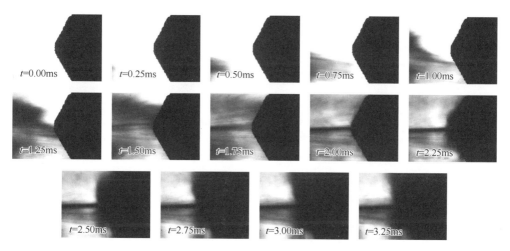

图 2.61　十字形喷嘴的水射流冲击凸面的过程

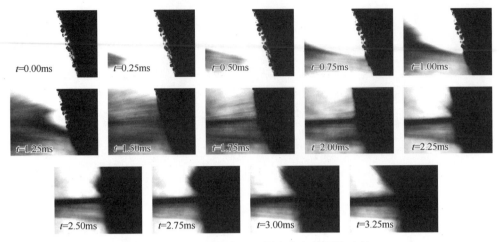

图 2.62 十字形喷嘴的水射流冲击斜面的过程

十字形喷嘴也是一种非常规的喷嘴，从图中可以看出，其收敛性也较差。与其他几种喷嘴喷出的射流不同的是，十字形喷嘴的射流中心收敛性较好，而周围流体非常发散。分析表明，这种射流结构是由十字形喷嘴的结构导致的。从图 2.22 中可以看出，该喷嘴中心为一个正方形，四面均被同等的正方形包围。从核心正方形喷嘴喷出的射流受到四周射流的约束，不容易扩散，从而很好地保持着初始的射流形态。然而，周围的四个正方形小喷嘴由于受到的约束较小，在流动的过程中，更容易卷吸空气而扩散。最终，这种结构导致如图 2.59～图 2.62 所示的核心较小、扩散范围较大的射流结构。通过测量得到十字形喷嘴喷出射流接触固面时，其核心射流直径约为 1.5mm，而扩散射流的直径却增大至 12.4mm，比其当量直径扩大 6 倍多。通过数字化处理后可以得到其射流前端的速度分布曲线如图 2.63 所示。

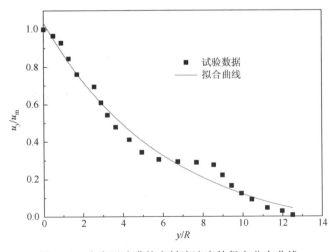

图 2.63 十字形喷嘴的水射流速度的径向分布曲线

　　根据射流的径向速度分布曲线可以看出，射流轴心周围的速度衰减较快，而扩散至约 4.5R 后，衰减的速率变缓。根据试验数据，通过数学拟合得到速度沿径向的分布函数为

$$\frac{u_y}{u_m} = -0.1 + 1.13 \cdot e^{\frac{y/R}{6.14}} \tag{2.97}$$

　　该公式的拟合方差 R^2=0.9407，表明其有较高的可信度。计算得到射流前端接触固面时，其中心处的速度约为 38m/s，约为初始速度的 38%。

　　本节设计十字形喷嘴是为了观察射流在冲击固面的瞬间，流体的运动状态，包括反射、旋涡等现象。通过图 2.59～图 2.62 可以看出，该射流在冲击到固面后，流体介质易于扩散，射流中心形成的受压缩区域不明显，且持续时间短暂。因此可以推断，十字形喷嘴喷出的射流水锤压力的峰值强度与持续时间都比以上三种喷嘴有所降低。

　　5）椭圆形喷嘴的水射流冲击靶板的高速摄像分析

　　采用设计的椭圆形喷嘴，设置冲击靶距为 40mm、射流速度约为 100m/s，利用 2.2.1 节设计的冲击测试系统进行连续射流冲击靶板的试验，并通过高速摄像机捕捉射流撞击固体表面的瞬间过程。图 2.64～图 2.67 分别为椭圆形喷嘴的水射流冲击凹面（凹面倾角 10°）、平面、凸面（凸面倾角 10°）与斜面（倾斜角 10°）的初始过程演化图。

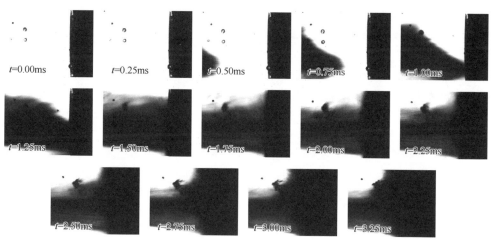

图 2.64　椭圆形喷嘴的水射流冲击凹面的过程

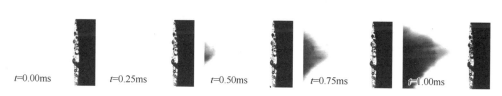

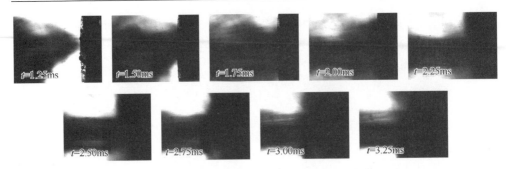

图 2.65　椭圆形喷嘴的水射流冲击平面的过程

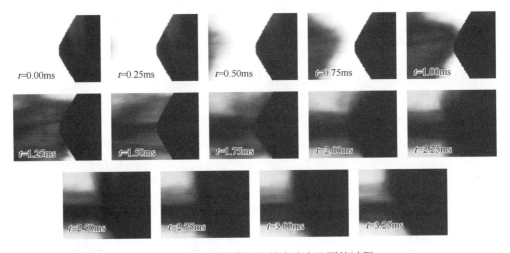

图 2.66　椭圆形喷嘴的水射流冲击凸面的过程

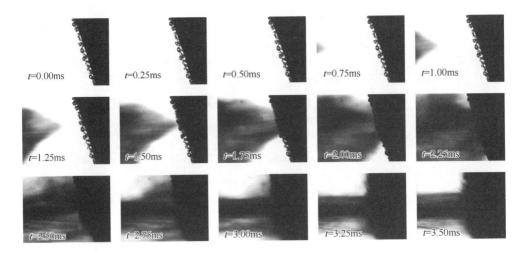

图 2.67　椭圆形喷嘴的水射流冲击斜面的过程

与方形、三角形、十字形喷嘴喷出的射流相比，椭圆形喷嘴喷出的射流其前端更加规则。从图中可以看出，射流前端与圆形喷嘴喷出射流前端相似，表现出类似圆锥的形状。分析表明，射流在椭圆形喷嘴的长轴方向较为发散，而在短轴方向相对收敛一些。通过数字化处理后得到该喷嘴喷出射流前端的速度分布如图 2.68 所示。

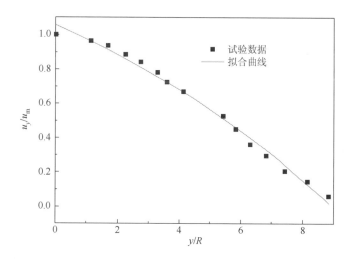

图 2.68　椭圆形喷嘴的水射流速度的径向分布曲线

根据该射流前端的速度径向分布图示可以看出，椭圆形喷嘴喷出射流的前端较为平滑。从射流轴心沿径向向外，射流速度均匀减小。根据所得试验数据，采用数学拟合的方法获得射流速度沿径向分布的函数为

$$\frac{u_y}{u_m} = 1.98 - 0.92 \cdot e^{\frac{y/R}{11.71}} \qquad (2.98)$$

该公式的拟合方差 $R^2 = 0.9903$，表明其具有较高的可信度。另外，通过计算得到射流前端与固面接触时，其中心处的平均速度约为 35m/s，比初始射流速度降低 65%。同时，由于椭圆形喷嘴长轴方向的影响，射流整体形状比较扁平，且在长轴方向上比较扩散。当射流前端接触固面时，其长轴方向的长度由初始的 4mm

增大至 24mm，增大 5 倍。该形状的射流冲击到不同形状的表面后，产生不同程度的扰动。具体来说，射流冲击凹面产生的内部压缩区域最明显，宽度也最大，其次依次分别是平面与凸面。由于斜面的不对称性，射流轴心上部分的扰动比下部分更明显。

以上分析圆形喷嘴、方形喷嘴、三角形喷嘴、十字形喷嘴与椭圆形喷嘴喷出的水射流与固面接触的瞬间，其前端形状、射流速度沿径向的分布形式、射流中心的速度、射流的当量直径及射流内部受扰动的情况，得到射流速度沿径分布函数的通式为

$$\frac{u_y}{u_m} = y_0 - a \cdot \exp\left(\frac{y/R}{t}\right) \tag{2.99}$$

式中，y_0，a，t 为与喷嘴形状相关的常数，可以通过试验的方法求得。另外，通过以上的分析可以总结出，圆形喷嘴的收敛性最佳，方形喷嘴、三角形喷嘴、十字形喷嘴与椭圆形喷嘴的收敛性依次递减。

对于冲击固面后射流内部受到扰动的情况，以上分析表明，冲击凹面时射流内部产生的受压缩高密度区域最为明显，且区域范围与产生的持续时间也更长，平面与凸面次之。斜面的不对称性导致射流轴线以上的部分受压缩高密度区域集中，下部分不明显。

2.2.4　水射流冲击靶板后的流体运动状态分析

根据理论分析，高压水射流撞击到固体表面的瞬间会在液固接触点产生冲击波，冲击波将会从两种介质内部传播开。第一种是以应力波的形式呈球面波的状态在固体中传播，第二种是以反向冲击波的形式沿逆向射流方向在流体中传播。冲击波在射流内部主要以纵波和横波的形式传播。根据波动知识可以知道，横波的传播过程实质上是一系列的连续质点沿着垂直于波动方向的振动，而纵波的传播过程实质上是流体介质中的连续质点沿波动方向来回的振动。冲击波在逆向射流传播时，必然会对射流内部质点产生扰动，改变射流原本无约束的流动状态。因此，冲击扰动势必会改变射流的流场结构，从而最终影响水射流的冲击压力。

大量的文献[36-41]表明，采用 CFD 数值模拟射流的流场是一种可行有效的方法，然而，很少有文献提及采用高速摄像与图像处理的方法来研究射流的流态。本节首先采用高速摄像，获得射流冲击固面的瞬时图像，然后采用数字图像处理的方法，大致提取连续射流冲击固面的瞬间的流态变化。同时，为了验证所获得射流流态的正确性，采用 ALE 方法模拟水射流冲击固面的过程，并采用关键字

*TRHIST 命令记录射流前端一系列质点的运动轨迹。针对不同的固体表面,本节将分别作详细分析。

1)水射流冲击凹面的流态分析

图 2.69 为方形喷嘴、三角形喷嘴、十字形喷嘴与椭圆形喷嘴喷出的射流冲击凹面的瞬间,射流前端流态的对比图。图中不同的灰度代表流体的密集程度,灰度越大的区域,流体的密度越大,相反,灰度越小的区域,流体的密度越小。图中存在多条近似平行于底面的灰度条带,每一个条带为流体密度相等的区域。因此可以用势能场来等同描述灰度条带,即每个条带的势能相等。从图中可以看出,距离射流中心越远的区域,流体密度变化越均匀,不同梯度的密度之间近似呈平行分布。在射流中心附近,流体密度变化较大。每条密度相同的条带在射流中心区域均会向射流反方向凸起,表明射流在中心区域受到较大的扰动。射流中心的密度条带凸起的高度代表射流受到冲击波干扰的范围。通过测量得到,椭圆形喷嘴的密度条带凸起高度最大,约为 10mm,三角形喷嘴与十字形喷嘴略低,而方形喷嘴的密度条带凸起高度最小。实际上,射流冲击凹面的凸起条带高度应大于测量值,因为凹形固体表面凹陷的部分也属于凸起的高度。

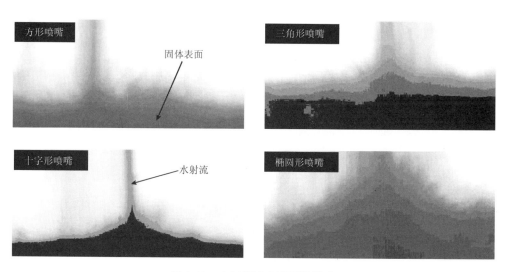

图 2.69　水射流冲击凹面的流态

根据以上的分析,水射流在冲击凹面时,射流中心的质点在接触固面后,由于周围介质的约束作用而无法自由散开,最终造成射流中心密度的增大。通过数值模拟情况可以看出,水射流前端自由表面中心处的流体介质冲击到凹形固体表面后并没有立即自由散开,而是在射流中心作小范围的随机运动,如图

2.70（a）所示。直到持续一段时间后，滞留在中心区域的流体开始自由反射出去。水射流前端自由表面外缘的流体介质冲击到固体表面后，虽然也没有立即自由扩散开，但是其滞留的时间极短。图 2.70（b）为距离射流最前端约 0.5R（R 为水射流的半径）的射流截面上流体的运动轨迹，同样表现出中心区域流体滞留在冲击区域的时间较长、运动轨迹更加复杂，而边缘的流体更容易扩散一些。

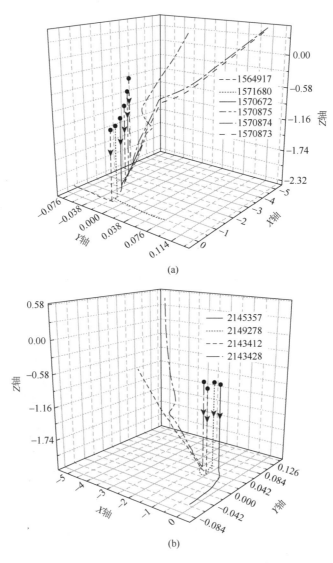

图 2.70　水射流冲击凹面后质点的运动轨迹

2）水射流冲击平面的流态分析

与水射流冲击凹面相比，射流冲击平面的流态更易于观察。如图 2.71 所示为方形喷嘴、三角形喷嘴、十字形喷嘴、椭圆形喷嘴与圆形喷嘴喷出的射流冲击到平面时，流体的流态分布。根据图示，射流冲击平面的密度条带表现得比较紊乱，即使在距离射流中心较远的区域，密度条带变化的梯度也较大。表明水射流冲击平面时，流体运动较为复杂。在射流的中心处，也出现了不同高度的密度带凸起。其中，三角形喷嘴的凸起高度最大，约为 9mm，圆形喷嘴次之，约为 8mm，椭圆形喷嘴、方形喷嘴与十字形喷嘴的凸起高度依次递减。

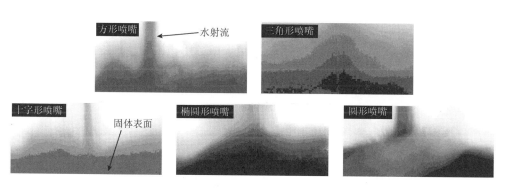

图 2.71　水射流冲击平面的流态

以上分析表明，水射流冲击平面时其前端流体的运动轨迹比较复杂。通过数值模拟跟踪节点轨迹，水射流前端自由表面中心处的流体（图 2.72（a）中的节点 1564917）在冲击接触到固体表面后，首先在冲击点附近随机地作复杂、无规律的小范围运动（包括平动与转动），持续一段时间后，中心处的流体开始沿径向向外流动，最终还出现反向射流的方向反射现象。图 2.72（a）中的节点 1571680～1570873 分别代表射流前端自由表面上从中心处沿径向向外的一系列流体质点。这一系列质点起点处的连线近似为水射流前端剖面的形状。越靠近射流中心处的流体质点，其运动轨迹越复杂。首先，靠近中心处的质点都会作小范围的运动，滞留一段时间后出现反弹现象，反弹一定高度后又迅速降落，随后均匀地沿径向向外流动。从中心处向外，质点的反弹高度与滞留的时间逐渐减小。边界处的流体（质点 1570873）在冲击到固面后，平滑地向外流动，不出现小范围滞留与反弹现象。

图 2.72（b）为距离射流底部 0.5R 处的射流截面上的质点，节点 2145357 为中心质点，2143428 为射流边界质点。该截面的流体冲击到平面时，虽然也作小范围的紊乱运动，但是其幅度与持续时间较射流底面的流体都减弱许多。表明当

射流冲击到该截面时，冲击扰动已经有较大减弱。

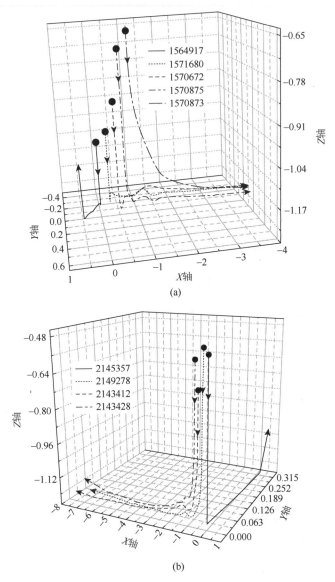

图 2.72　水射流冲击平面后质点的运动轨迹

3）水射流冲击凸面的流态分析

根据动量守恒定理，当一股水射流冲击到凸起表面时，一部分水射流会继续向前运动，其动量改变量较小，只有一小部分水射流会反射。因此，根据理论分析可以推断，水射流冲击凸面时，其流态较凹面与平面应该简单一些。

　　图 2.73 为方形喷嘴、三角形喷嘴、十字形喷嘴、椭圆形喷嘴与圆形喷嘴喷出的水射流冲击到凸起固体表面时，流体流态分布图。图中底部灰度最大的、呈凸起的部分为固体靶板，上部的多条灰度条带代表流体密度相等的区域。从图中可以看出，射流冲击到凸起表面后，一部分流体迅速沿着凸起表面散开，在凸起的侧表面形成一系列密度相等的条带。射流中心的密度条带出现小范围的凸起，但是凸起的高度都较小。最大的密度条带凸起为圆形喷嘴冲击时，大约为 4mm，最小的密度条带凸起为十字形喷嘴冲击时，几乎不产生凸起。

图 2.73　水射流冲击凸面的流态

　　水射流冲击到凸面时，其密度条带的均匀分布表明流体撞击到凸起表面后，流体质点能均匀地扩散开。图 2.74 为数值模拟的流体质点撞击凸起表面后的运动轨迹。根据图示，不论是射流前端自由表面上的流体（图 2.74（a））还是距离射流底部 0.5R 截面上的流体（图 2.74（b）），撞击凸起表面后其运动轨迹均比较平滑，大致沿着凸起表面自由扩散。

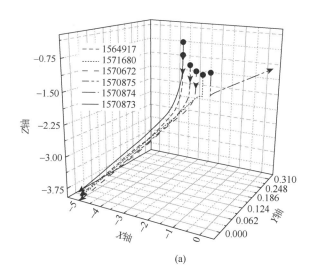

(a)

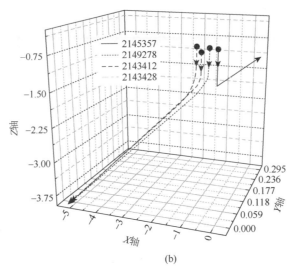

(b)

图 2.74　水射流冲击凸面后质点的运动轨迹

4）水射流冲击斜面的流态分析

斜面与以上三种固体表面最大的区别在于不呈轴对称，这将导致水射流冲击到其表面后的运动轨迹也不呈轴对称。流体撞击后的运动不对称性将最终导致斜面不同的位置受到的冲击压力各异。

图 2.75 为方形喷嘴、三角形喷嘴、十字形喷嘴、椭圆形喷嘴与圆形喷嘴喷出的射流冲击斜面的流态图。根据图示，在射流中心的左侧（即倾斜固体表面的下半部分），流体的密度条带分布较均匀，多条密度条带近似相互平行且平行于斜面。在射流中心的右侧（即倾斜固体表面的上半部分），流体的密度条带分布较为紊乱。密度条带的凸起不在射流的轴心处，而是向轴心右侧移动。但总体来说，流体密度条带的凸起高度与范围较平面与凹面条件下小，但比凸面条件下更明显。

图 2.75　水射流冲击斜面的流态

　　为了研究射流轴心四周流体的运动轨迹，在水射流前端自由表面上，选取射流的中心节点 10997132、斜面向下方向的一系列节点、斜面向上方向的一系列节点与平行斜面的两个节点作为研究对象，绘制这些流体质点撞击斜面后的运动轨迹，如图 2.76（a）所示。根据图示，斜面向下方向的节点运动轨迹平滑。表明这些流体质点在撞击到固体表面后自由地向斜面下方向散开。从中心节点的运动轨迹表明，射流中心流体经过短暂的滞留、反弹后，最终

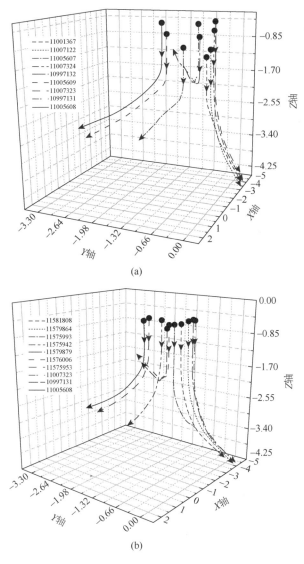

图 2.76　水射流冲击凸面后质点的运动轨迹

跟随流体向下扩散。然而，在斜面向上一方的流体，其运动轨迹变得更加复杂。这些流体在冲击点附近的小范围紊动、反弹的现象更加明显。图 2.76（b）为距离水射流底部 0.5R 处水射流截面上的节点运动轨迹。其运动轨迹大致与射流前端自由表面上的流体运动轨迹相似，只是紊动的幅度与持续时间更弱。

2.2.5 射流速度对冲击特性的影响分析

连续水射流的速度对其冲击特性影响较大，包括对水锤压力的强度、产生水锤压力的区域范围及对水锤压力的持续时间都将产生巨大影响。本节将重点研究水射流的速度对其冲击特性的影响。

1）射流速度对水锤压力强度的影响

水锤压力产生的根本原因在于水射流冲击固体表面产生冲击波，从而导致射流内部产生高度压缩的区域，扰乱流体的运动。以上通过高速摄像和数值模拟的方法分析了水射流冲击凹面、平面、凸面与斜面的过程中，射流内部产生受冲击波扰动的情况。除了以上水锤压力产生的内在机理，影响水锤压力峰值强度的另外一个重要因素便是射流速度。根据理论公式（2.23），水锤压力的强度与水射流的速度呈现二次方的关系。但是，该公式成立的条件是水射流必须是一股前端为圆弧形的标准圆柱体。通过以上的高速摄像图片可以看到，实际工程中的连续水射流形状非常复杂，前端通常不规则，且较为发散。因此，研究连续水射流的速度对水锤压力的影响具有重大的工程意义。

（1）连续水射流冲击凹面。

为了全面的研究射流速度对水锤压力的影响，本节分别研究了不同速度的水射流冲击凹面、平面、凸面与斜面时产生的水锤压力。图 2.77 为射流速度分别为 100m/s、224m/s、316m/s、447m/s、547m/s 与 632m/s 的水射流冲击凹面时，产生的水锤压力随时间的变化情况。

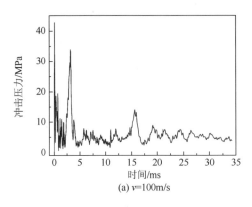
(a) v=100m/s

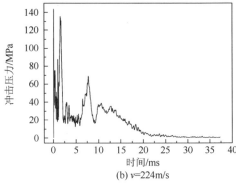
(b) v=224m/s

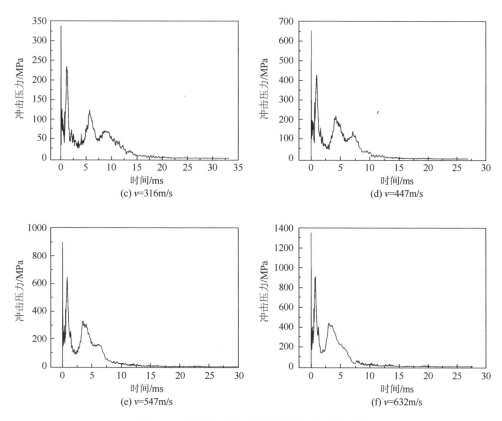

图 2.77　水射流冲击凹面的冲击压力变化曲线

在水射流的冲击下，凹面受到的冲击压力随时间的历程变化较为复杂。首先，当射流接触到凹面时，冲击压力迅速升高至第一个峰值，经过非常短暂的时间后（大约为 100μs 的数量级），冲击压力急剧减小。继续冲击，冲击压力又随着时间增加至第二个峰值，但该峰值压力较第一个峰值压力降低约 50%；经过一段时间（约 2ms），第二个峰值压力迅速衰减。随着水射流的持续冲击，在第二个峰值压力后又继续出现多个压力峰值，但每个峰值压力强度比前一个波峰都有所降低，且持续的时间也较前一个波峰增加。

分析表明，当水射流冲击到凹面时，冲击波对射流内部造成了扰动，且凹面限制约束了流体的自由扩散，导致冲击压力迅速升高。随着冲击的继续，冲击扰动开始减弱，流体沿着凹面开始扩散，导致峰值压力有所降低。根据实验所得数据，本节定义水射流冲击凹面时的第一个峰值压力为水锤压力。图 2.78 为通过实验获得的水锤压力随射流速度的变化曲线。

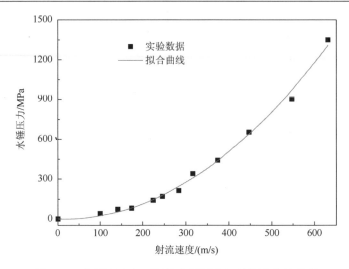

图 2.78　水射流冲击凹面的水锤压力与射流速度的关系

图 2.78 表明，当射流速度较小时，水锤压力变化的幅值不大，当射流速度较大时，水锤压力随速度增加的斜率逐渐增大。通过数学拟合，得到水射流冲击凹面时，水锤压力与射流速度的关系式为

$$P_{wh} = 0.00347v^2 + 0.12531v \qquad (2.100)$$

式中，P_{wh} 为水锤压力，单位为 MPa；v 为射流速度，单位为 m/s。该公式的拟合方差 R^2=0.9966，表明其具有较高的可信度。

（2）连续水射流冲击平面。

当受到水射流冲击的固体表面为光滑的平面时，其受到的冲击压力随时间的变化情况如图 2.79 所示。为了研究射流速度对水锤压力的影响，本书记录了141m/s、245m/s、374m/s、447m/s、557m/s 与 632m/s 的水射流冲击平面时，冲击压力随时间的变化曲线。

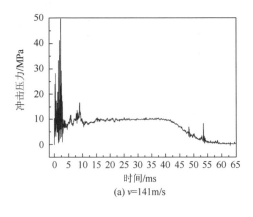

(a) v=141m/s

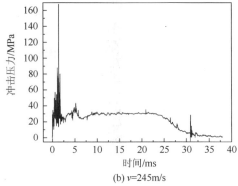

(b) v=245m/s

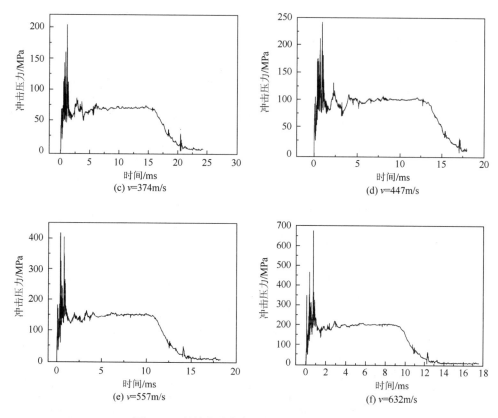

图 2.79　水射流冲击平面的冲击压力变化曲线

与水射流冲击凹面相比较，水射流冲击平面时的冲击压力随时间的变化情况更规律一些。从图 2.79 中可以看出，冲击压力随射流冲击时间可以大致分为三个典型的阶段：①压力骤升阶段，在该阶段，冲击压力随时间迅速升高，至某一峰值压力后，冲击压力急剧减小至某一稳定值；②压力稳定阶段，在该阶段，冲击压力随着射流的持续冲击而保持不变，稳定冲击压力的大小与射流速度有关；③压力衰减阶段，该阶段是由水射流终止冲击导致的压力递减，最终将减小至零。本节定义第一阶段为水射流冲击平面的水锤压力阶段。水射流冲击平面产生的冲击压力随时间的变化情况与理论上水锤压力、滞止压力的变化规律相符，表明了该实验的正确性。

图 2.80 为水射流冲击平面时，水锤压力随射流速度的变化关系曲线。通过拟合曲线，同样表明水锤压力随射流速度增加的斜率逐渐增大，且拟合得到水锤压力与射流速度的二次方关系式如下：

$$P_{\text{wh}} = 0.00211v^2 + 0.4799v \qquad (2.101)$$

式中，P_{wh} 为水锤压力，单位为 MPa；v 为射流速度，单位为 m/s。该公式的拟合方差 $R^2=0.98799$，表明其具有较高的可信度。

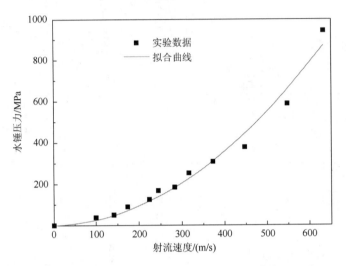

图 2.80　水射流冲击平面的水锤压力与射流速度的关系

（3）连续水射流冲击凸面。

水射流在冲击到凸面时，冲击压力随时间的变化如图 2.81 所示。本节记录了速度分别为 141m/s、245m/s、374m/s、447m/s、547m/s 与 632m/s 的水射流冲击凸面时，冲击压力的变化情况。

从图 2.81 中可以看出，水射流冲击凸面的冲击压力随时间的变化趋势也大致可以分为压力骤升阶段、压力稳定阶段与压力衰减阶段。第一阶段与第二阶段分别对应于水射流冲击的水锤压力阶段与滞止压力阶段。

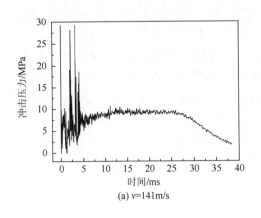
(a) v=141m/s

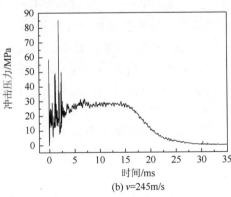
(b) v=245m/s

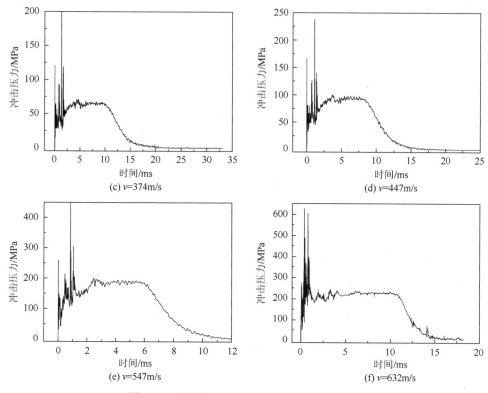

图 2.81　水射流冲击凸面的冲击压力变化曲线

当射流速度较低时，水锤压力阶段的冲击力波动大，表现出不稳定的冲击荷载；随着射流速度的升高，水锤压力阶段的冲击荷载趋于集中、波动变小，且随着射流速度的升高，滞止压力也呈现出更加稳定的现象。

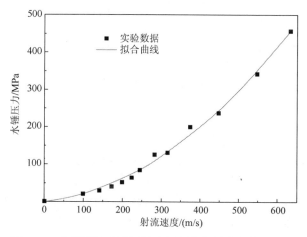

图 2.82　水射流冲击平面的水锤压力与射流速度的关系

图 2.82 为水射流冲击凸起表面时，水锤压力随射流速度的变化曲线。从图中可以看出，两者大致呈二次方函数的关系，具体可以表示为

$$P_{wh} = 0.000963v^2 + 0.11427v \qquad (2.102)$$

式中，P_{wh} 为水锤压力，单位为 MPa；v 为射流速度，单位为 m/s。该公式的拟合方差 $R^2=0.9971$，表明其具有较高的可信度。

（4）连续水射流冲击斜面。

以上三种形状的共同特点是均呈轴对称。为了研究非轴对称表面对水射流冲击动力特性的影响，本节采用 2.2.1 节设计的斜面靶板，记录水射流冲击过程中冲击压力随时间的变化情况。如图 2.83 所示是速度分别为 100m/s、200m/s、547m/s、632m/s 的水射流冲击斜面时，冲击压力的变化曲线。

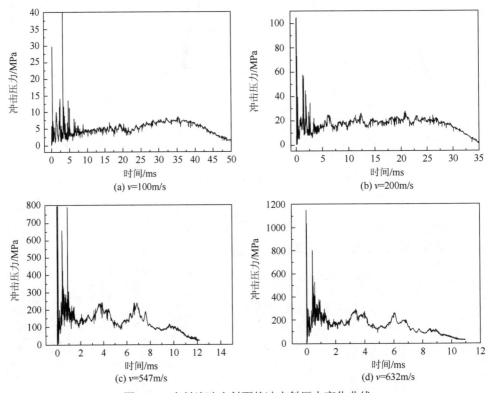

图 2.83　水射流冲击斜面的冲击斜压力变化曲线

为了和前三种情况作对比，图 2.83 中的冲击压力均为射流中心处受到的力。从图中可以看出，在水射流冲击斜面的瞬间，冲击压力随时间变化幅度较大，且波动范围也较大。随着冲击的继续，冲击压力降低。当射流速度较小时，如图 2.83（a）所示的 100m/s，冲击压力降低至某一固定值后保持稳定；射流速度增大后，如图 2.83（d）所示的 632m/s，冲击压力降低后又缓慢升高，达到另一个波峰后又

缓慢降低，如此反复波动。表明当射流速度较低时，水射流冲击斜面的冲击压力历程可以分为两个典型阶段：水锤压力阶段与滞止压力阶段；当射流速度较大时，滞止压力不再明显，定义第一个压力峰值为水锤压力。

图 2.84 为水射流冲击斜面时，水锤压力随射流速度的变化曲线。通过拟合得到如下的二次函数关系：

$$P_{wh} = 0.00145v^2 + 0.08459v \tag{2.103}$$

式中，P_{wh} 为水锤压力，单位为 MPa；v 为射流速度，单位为 m/s。该公式的拟合方差 $R^2=0.9992$，表明其具有较高的可信度。

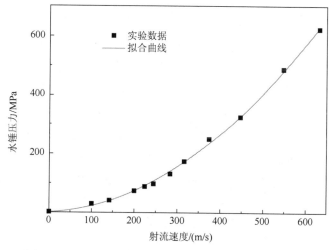

图 2.84 水射流冲击斜面的水锤压力与射流速度的关系

以上分别研究了水射流冲击凹面、平面、凸面与斜面时，水锤压力随射流速度的变化规律。分析表明，水锤压力与射流速度均呈二次方函数的关系：

$$P_{wh} = Av^2 + Bv \tag{2.104}$$

式中，常数 A、B 与固体表面的形状相关，可以通过实验测定获得。图 2.85 对比了水射流冲击不同固体表面时，水锤压力随时间的变化规律。根据图示，在相同速度的射流冲击下，实验获得值较理论计算得到的数值（$P_{wh}=\rho cv$）均小一些；另外，在相同速度的射流冲击下，凹面、平面、斜面、凸面受到的水锤压力大致呈递减的规律。这与 2.1 节和 2.2 节的分析相符，表明凹面受到的射流冲击扰动最大，其次依次为平面、斜面与凸面。另外，根据图 2.85 中的圆形标记，凹面受到的水锤压力随时间的变化存在两个跳跃现象。当射流速度较小，低于约 270m/s 时，水锤压力较平面的小，而当射流速度较大，大于约 920m/s 时，水锤压力居然比理论计算值还大。该现象表面，射流的冲击速度对凹面受到的水锤压力影响非常大。

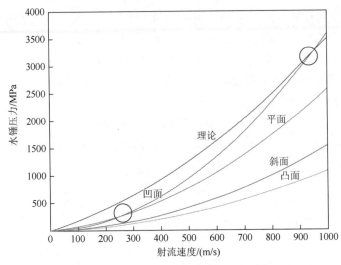

图 2.85 水射流冲击不同表面的水锤压力与射流速度的关系

2）射流速度对水锤压力持续时间的影响

图 2.86 分别研究了连续水射流冲击凸面、斜面、平面与凹面时，水锤压力的持续时间随射流速度的变化规律。根据图示，当射流速度较小时，水锤压力持续的时间较长，且随速度的变化斜率较大；当射流速度较大时，水锤压力持续时间较低速度时的值降低约一个数量级，且随速度的变化斜率较小。根据分析表明，水锤压力的持续时间（τ）与射流速度均呈指数函数的关系：

$$\tau = A\exp\left(-\frac{v}{t}\right) + B \tag{2.105}$$

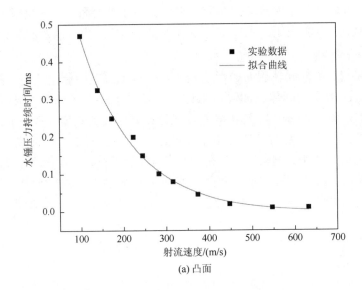

(a) 凸面

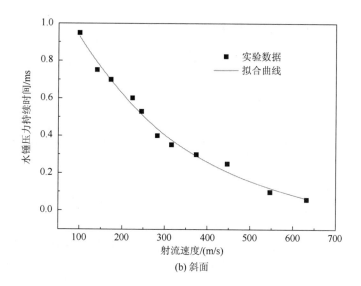

(b) 斜面

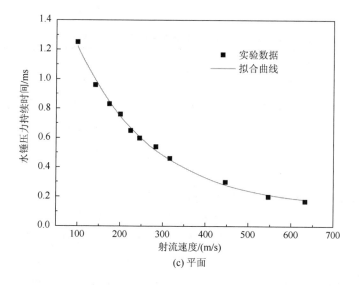

(c) 平面

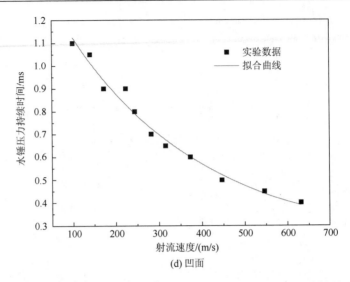

(d) 凹面

图 2.86　水射流冲击不同表面的水锤压力持续时间与射流速度的关系

式中，参数 A、t、B 均是与固体表面形状相关的常数，可以通过实验测定的方法获得。本节通过实验拟合，获得凸面（$30°$）、斜面（$30°$）、平面与凹面（$30°$）条件下的参数 A、t、B 与拟合均方差 R^2，详见表 2.8。

表 2.8　水射流冲击不同表面的拟合参数

表面形状	A	B	t	R^2
凸面	1.02623	−0.00419	127.61224	0.9934
斜面	1.45628	−0.07863	273.07712	0.9866
平面	1.93325	0.12883	175.24204	0.9949
凹面	1.23767	0.22769	310.94537	0.9973

3）射流速度对水射流冲击能量的影响

水射流的冲击动能是判断其冲击性能好坏的重要判据。在采用水射流冲击破岩时，根据岩石断裂的格里菲斯能量准则，水射流的冲击能量将直接影响岩石的碎裂与否。本节通过数值模拟的方法，记录不同速度的水射流（水射流初始直径均为 2mm，射流长度为 30mm）冲击凹面（$30°$）、平面、凸面（$30°$）与斜面（$30°$）时，固体表面受到的冲击能量随时间的变化情况，如图 2.87 所示。

根据图 2.87，不同速度的水射流冲击不同表面时，冲击能量的变化呈现三个典型的规律。

（1）低速度的水射流冲击固体表面，冲击能量随着时间呈近似线性增加。

（2）高速度的水射流冲击固体表面，冲击能量随着时间呈梯度性的线性增加。

（3）在射流速度相同的条件下，$W_{凹面} > W_{平面} > W_{斜面} > W_{凸面}$，$W$ 代表冲击能量。

连续水射流冲击一段时间后，冲击能量的增加变缓，最后趋于某一稳定值。这是由于当数值计算时，固定了水射流的长度，在冲击到某一时刻后，水射流全部消失，所以冲击能量将不再增加。

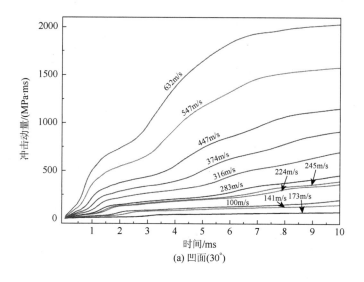

(a) 凹面(30°)

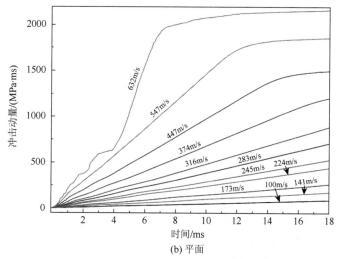

(b) 平面

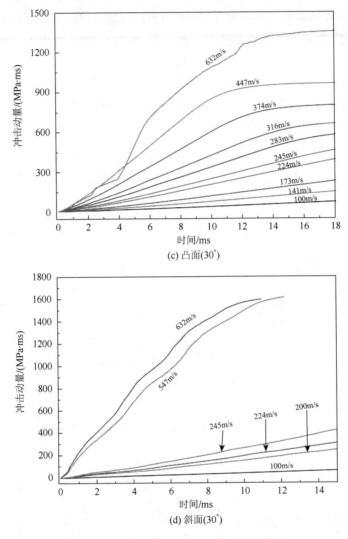

图 2.87   水射流冲击不同表面的冲击能量

2.2.6   水射流形状对冲击特性的影响分析

　　以往的研究均将水射流的形状视为标准的圆柱体，而忽视了射流的形状对其冲击特性的影响。根据以上的分析表明，射流的形状将导致其前端形状各异，使得射流前端受到的冲击扰动存在差异，最终将影响水射流的水锤压力与持续时间。本节利用 2.2.1 节设计的圆形喷嘴、方形喷嘴、十字形喷嘴、三角形喷嘴与椭圆形喷嘴来改变水射流的形状，并采用 PVDF 压力传感器直接测试不同形状水射流的冲击力随时间的变化规律。

本节聚焦于水射流冲击靶板的瞬间冲击压力的变化规律，而对水射流持续冲击阶段产生的冲击力不作过多的考虑。因此，本节采用 2.2.1 节设计的水射流冲击测试系统。水射流每次冲击靶板的时间约为 20ms。同时，为了对比研究，针对每种形状的水射流在同一射流速度条件下，分别对凸面靶板（倾斜角 $30°$）与斜面靶板（倾斜角 $30°$）进行冲击，并记录冲击压力的变化情况。如图 2.88 所示为提取实验数据绘制的冲击压力变化曲线。以下将分别分析水射流冲击凸面与斜面时，射流形状对其冲击特性的影响机制。

当水射流冲击凸面时，在相同的射流速度条件下，不同形状的水射流冲击产生的水锤压力与水锤压力持续时间均不相同。总体来说，$P_{圆形} > P_{方形} > P_{十字形} > P_{椭圆形} > P_{三角形}$，$P$ 代表水锤压力。根据 2.2.3 节的高速摄像分析，圆形喷嘴产生的水射流收敛性最好，其次依次为方形喷嘴、十字形喷嘴、椭圆形喷嘴，而三角形喷嘴喷出的水射流收敛性最差。不同形状的水射流产生的水锤压力大小与相应喷嘴的收敛性好坏基本相符。

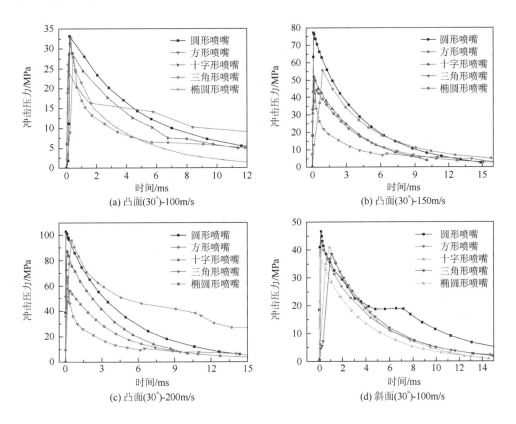

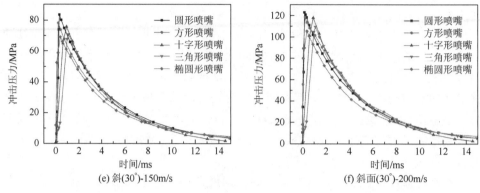

(e) 斜(30°)-150m/s

(f) 斜面(30°)-200m/s

图 2.88　不同形状水射流的冲击压力随时间的变化规律

当水射流冲击斜面时，在相同的速度条件下，不同形状的水射流冲击产生的水锤压力峰值强度变化规律为 $P_{圆形}>P_{方形}>P_{十字形}>P_{三角形}>P_{椭圆形}$。该规律与水射流冲击凸面基本一致，只是三角形喷嘴与椭圆形喷嘴冲击产生的水锤压力大小发生了变化。分析表明，圆形喷嘴、方形喷嘴与十字形喷嘴的形状都呈中心对称，而三角形喷嘴与椭圆形喷嘴只是呈轴对称。这种不呈中心对称的水射流冲击到斜面时，可能导致沿斜面上下两端射流产生的冲击扰动不同，从而影响水锤压力的强度。

2.2.7　靶板角度对冲击特性的影响分析

以上的分析表明，不同形状的固体表面对水射流的冲击特性具有重大影响。因此可以推断，凸面与凹面的形状也将对射流冲击特性产生影响。本节通过改变凸面与凹面的倾斜角度（分别为 10°与 30°）来改变形状。采用收敛性能最好的圆形喷嘴产生水射流冲击靶板，并采用 PVDF 压力传感器测试射流的直接冲击力，如图 2.89 所示。

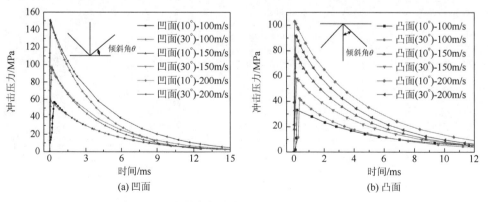

(a) 凹面

(b) 凸面

图 2.89　水射流的冲击压力随时间的变化规律

当水射流冲击凹面时，倾斜角度的改变对冲击压力的影响随着射流速度的增加而改变（图 2.89（a））。当射流速度较小（100m/s）时，水射流冲击 30°倾角的凹面产生的水锤压力明显大于冲击 10°倾斜角产生的水锤压力；然而，冲击压力降低至滞止压力阶段后，两者表现出一致的规律，且在数值上基本相等。当射流速度增大后，水射流冲击 30°倾角的凹面产生的水锤压力与冲击 10°倾斜角产生的水锤压力接近，接近的程度随着射流速度的增加而更加明显；当射流速度增加至 200m/s 时，两者产生的水锤压力几乎相等。

当水射流冲击凸面时，倾斜角度的改变对冲击压力的影响较为显著（图 2.89（b）），具体表现为水射流冲击倾斜角为 10°的斜面时产生的水锤压力明显大于冲击倾斜角为 30°的斜面产生的水锤压力。当射流速度为 100m/s 时，10°倾斜角的斜面产生的水锤压力为 30°倾斜角的斜面水锤压力的 135.7%；当射流速度为 150m/s 时，10°倾斜角的斜面产生的水锤压力为 30°倾斜角的斜面水锤压力的 125.9%；当射流速度为 200m/s 时，10°倾斜角的斜面产生的水锤压力为 30°倾斜角的斜面水锤压力的 113.1%。

分析表明，凹面倾斜角越小，产生的水锤压力峰值越小；凸面倾斜角越大，产生的水锤压力越小。对于凹面和凸面，不同倾斜角造成的冲击压力差异随着射流速度的增加而逐渐减小。当凹面与凸面的倾斜角减小至零时，凹面与凸面便转化为平面。

2.3　高压水射流冲击破碎岩石机理研究

水射流破岩是水射流技术工程应用的一个重要分支，在众多工程领域发挥着至关重要的作用。水射流在冲击破碎岩石材料的过程中具有高效、无尘、低热和低振动等特性。鉴于其独特的优越性，水射流破岩技术广泛地应用于矿山开采、石油钻探、巷道挖掘、岩石切割等有关工程领域[42]。在高压水射流的柔性冲击荷载下，水射流破岩具有脆性岩石应变率大、破碎模式多变、破碎过程短暂、破裂机制复杂等特点，导致工程学术界很难精确表征水射流破岩的内在机理与真实物理过程，从而严重制约了水射流破岩技术的发展。

国内外学者对高压水射流破岩进行了大量研究，逐渐形成了以下学说，如水锤作用、应力波作用、冲击作用、水楔作用、空化作用、脉冲负荷引起的疲劳破坏作用等[43]。Kondo 等将水射流对岩石的冲击力看作准静态的集中荷载，以弹性力学理论为基础建立了岩石破碎的强度判据[44]。Zhou 等[45]运用应力波理论解释了岩石在水射流冲击下出现横向裂纹的现象。Crow[46]认为，在水射流冲击过程中，由压差导致的空化效应是岩石破坏的主要原因。倪红坚等[47]以损伤变量作为岩石破坏的判据，建立了水射流冲击岩石的宏微观损伤耦合模式。廖华林等[48]采用全解耦流固耦合数值分析方法进行了研究，得出水射流破岩机制主要是拉伸和剪切破坏作用。

　　其中，射流冲击应力波理论可以很好地解释超高压水射流作用下岩石宏观破裂现象。文献[49]对超音速射流冲击下岩石的变形与破坏、应力波的作用等进行过大量研究。结论表明，应力波在传播的过程中会形成强大的径向拉力。文献[50]认为冲击应力波的速度对射流的冲击压力影响很大。文献[51]对高压水射流钻孔破岩过程进行了系统的研究。结果表明，高压水射流钻孔破岩初期以应力波作用为主，形成岩石损伤破坏的主体。文献[52]利用数值模拟研究了高压水射流破岩过程中的应力波效应。

　　本书 2.2 节的研究也表明，水射流撞击岩石会产生冲击波。冲击波在岩石中以应力波的形式传播，影响岩石的破碎。本节将从试验与理论方面对射流冲击波与岩石破碎的相互作用展开研究。

2.3.1　水射流冲击破岩机理分析

1）冲击应力波效应

　　根据水射流冲击破碎岩石的宏观效果，可以将裂纹分为三类：①在岩石的顶端产生冲击破碎坑，且在破碎坑周围分布有近似圆形的环形裂纹；②岩石侧面的裂纹；③岩石内部的裂纹。实验现象表明，岩石裂纹的类型与水射流的冲击速度呈现极大的相关性。

　　根据 2.2 节的分析，当水射流前端冲击到岩石表面时会瞬间产生水锤压力。水锤压力的数值与持续时间可以分别通过公式（2.104）与公式（2.105）计算得到，不同速度的水锤压力与持续时间的计算值如表 2.9 所示。

表 2.9　水锤压力与持续时间的计算值

射流速度/（m/s）	157	316	447	547	632	707	774
水锤压力/MPa	127	362	636	894	1146	1394	1635
持续时间/μs	918	447	280	214	181	163	152

　　根据表 2.9 中的计算值，水锤压力的数值极大，即使最小的水锤压力（射流为 157m/s 产生的水锤压力）都可以达到岩石抗压强度的 2~3 倍。如此巨大的瞬时冲击压力作用于岩石，最终会以应力波的形式在岩石内部传播散开。具体来说，冲击波会在岩石表面以瑞利表面波的形式传播，同时以体积波（包括纵波与横波）的形式沿岩石内部传播。其中，横波是一种剪切波，而纵波是压缩波。这将导致岩石内部出现大量由波动而导致的剪切力与拉伸力。同时，不同的波相互作用将

产生相互干涉、反射的效应，导致剪切与拉伸作用增强，如图 2.90 所示。

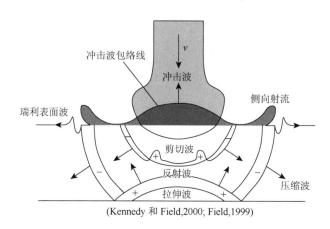

(Kennedy 和 Field,2000; Field,1999)

图 2.90　水射流冲击固体表面的过程示意图

根据岩石表面的裂纹形状，该裂纹可能是由冲击波的剪切分量导致的。当水射流的速度超过岩石破坏的临界速度（157～316m/s）时，冲击应力波的剪切分量将超过岩石的强度极限，岩石中心将产生强制剪切破坏。破碎的岩屑在水射流的冲蚀下剥离变形成中心破碎坑。在岩石表面，瑞利波在传播时会造成较大的径向与周向的拉伸力。一旦这些拉伸力超过岩石的抗拉极限，岩石表面便形成环形裂纹。

在岩石的内部，纵波与横波将分别产生径向拉伸力 σ_r 与周向拉伸力 σ_z。同时，由于岩石试件有限的边界效应，应力波将产生反射，导致 σ_r 与 σ_z 增强。由于应力波是由水射流的冲击产生的，所以 σ_r 与 σ_z 的大小与射流速度相关。一旦射流速度超过岩石破碎临界速度值，σ_r 与 σ_z 将大于岩石的抗拉强度，导致内部产生大量的径向裂纹、周向裂纹与锥形裂纹。这些初始裂纹形成后，由于反射应力波的作用将进一步扩展延伸，并相互连通，形成更宏观的裂纹。同时，当锥形裂纹延伸到岩石侧面时便形成了宏观的横向裂纹。这种现象随着射流速度的增加而更加明显。

当射流速度超过约 600m/s 后，锥形裂纹的平均锥角小于 45°。这意味着锥形裂纹将会沿着岩石底部的方向扩展，并与岩石底部的自由表面连通，形成类似劈裂状的裂纹。这种现象随着射流速度的增加而明显。这就是当射流超过一定值后横向裂纹数量减小的原因。

根据水射流冲击破岩的实验现象分析表明，冲击应力波是岩石破碎的根本原因。以上定性地描述了应力波与裂纹的相互作用机制。为了更明确地了解水射流冲击应力波的传播规律，将运用弹塑性理论建立冲击应力波的波动方程。

高压水射流冲击岩石属于高度局部化的冲击荷载。在水射流的冲击下，岩石材料的应力应变将以球面波的形式传播。假设水射流冲击岩石的模型如下：高压水柱冲击岩石界面 O 点，在 O 点引发应力波波源，并以球面波的形式向岩石材料的半无限大空间传播。球面波的波阵面是一系列同心球面。根据质量守恒可以得到如下方程：

$$\begin{cases} \varepsilon_{\mathrm{r}} = \dfrac{\mathrm{d}u}{\mathrm{d}r} \\ \varepsilon_{\theta} = \dfrac{u}{r} \end{cases} \tag{2.106}$$

式中，ε_{r} 和 ε_{θ} 分别为径向应变与周向应变；u 为质点径向位移；r 为径向距离。根据动量守恒条件，可得到球面波运动方程为

$$\frac{\partial \sigma_{\mathrm{r}}}{\partial r} + \frac{2(\sigma_{\mathrm{r}} - \sigma_{\theta})}{r} = \rho_0 \frac{\partial^2 u}{\partial t^2} \tag{2.107}$$

式中，σ_{r} 和 σ_{θ} 分别为径向应力与周向应力；ρ_0 为介质的初始密度；t 为应力波传播时间。假设岩石材料在损伤之前是弹塑性体，则其本构方程为

$$\begin{cases} \sigma_{\mathrm{r}} = \dfrac{E}{(1+v)(1-2v)}[(1-v)\varepsilon_{\mathrm{r}} + 2v\varepsilon_{\theta}] \\ \sigma_{\theta} = \dfrac{E}{(1+v)(1-2v)}(v\varepsilon_{\mathrm{r}} + \varepsilon_{\theta}) \end{cases} \tag{2.108}$$

式中，v 为泊松比；E 为弹性模量。把式（2.106）代入式（2.108），然后把得到的结果代入式（2.107），可以得到以位移表示的运动方程如下：

$$\frac{E(1-v)}{(1+v)(1-2v)}\left(\frac{\partial^2 u}{\partial r^2} + \frac{2}{r}\frac{\partial u}{\partial r} - \frac{2u}{r^2}\right) = \rho_0 \frac{\partial^2 u}{\partial t^2} \tag{2.109}$$

另外，应力波的波速 c 可以表示为

$$c = \sqrt{\frac{E(1-v)}{\rho_0(1+v)(1-2v)}} \tag{2.110}$$

把式（2.110）代入式（2.109），可以化简为

$$\frac{\partial^2 u}{\partial r^2} + \frac{2}{r}\frac{\partial u}{\partial r} - \frac{2u}{r^2} - \frac{1}{c^2}\frac{\partial^2 u}{\partial t^2} = 0 \tag{2.111}$$

假定水射流的冲击应力波在岩石内传播时，质点的运动是无旋的，引入一个位移势函数 $\Phi(r, t)$，则有

$$u = \frac{\partial \Phi(r,t)}{\partial r} \tag{2.112}$$

把 Φ 代入式（2.111），并对其化简后可以得到

$$\frac{\partial^2}{\partial t^2}(r\Phi) - c^2 \frac{\partial^2}{\partial r^2}(r\Phi) = 0 \tag{2.113}$$

式（2.113）就是水射流冲击岩石过程中，冲击应力波的波动方程，其通解为

$$\varPhi = \frac{f(r-ct)}{r} + \frac{g(r+ct)}{r} \tag{2.114}$$

式中，f 是以 $r-ct$ 为自变量的任意函数；g 是以 $r+ct$ 为自变量的任意函数。两个函数均为二阶连续可微的函数，可以用指定的初始条件来确定。

岩石材料在高压水射流冲击下，首先将会在表面形成一个冲击坑，冲击坑的直径约为水射流柱直径的 2 倍。假设冲击坑是一个以射流中心点 O 点为球心，直径为 $2d$ 的半球体空间，d 为高压水射流柱的直径。高压水射流在冲击坑表面的作用就相当于对半球面施加一个以 O 点为中心的均布荷载 P_0。根据以上假设，则应力波的边界和初始条件可以表达如下：

$$\begin{cases} \varPhi(r,t)=0, t=0 \\ \lim_{t\to+\infty}\varPhi(r,t)=0, t\geqslant 0 \\ \sigma_{\mathrm{r}}=P_0, r=d \end{cases} \tag{2.115}$$

由弹性动力学的理论并结合初始条件和边界值，可以求得位移势函数的解为

$$\varPhi(r,t)=\frac{P_0 d^3}{4rG}\left[1-\exp(-\beta\tau)\times\left(\cos\alpha\tau+\frac{\beta}{\alpha}\sin\alpha\tau\right)\right] \tag{2.116}$$

其中，

$$\begin{cases} \tau = t-(r-d)\sqrt{\dfrac{\rho_0(1+\nu)(1-2\nu)}{E(1-\nu)}} \\ \alpha = \dfrac{2\nu}{d}\sqrt{\dfrac{2E}{\rho_0 E(1-\nu)}} \\ \beta = \dfrac{2E}{d}\sqrt{\dfrac{(1+\nu)(1-2\nu)}{\rho_0 E(1-\nu)}} \end{cases} \tag{2.117}$$

式中，G 为材料的剪切模量。把式（2.110）代入式（2.116），可以得到径向位移表达式为

$$u(r,t)=\frac{P_0 d^3}{4r^2 G\alpha}\left[\alpha-\alpha\exp(-\beta\tau)\times\cos\alpha\tau\frac{r(\alpha^2+\beta^2-\beta)}{c}\exp(-\beta\tau)\sin\alpha\tau\right] \tag{2.118}$$

把式（2.118）对时间 t 进行求导，可以得到应力波的径向速度表达式为

$$v(r,t)=\frac{P_0 d^3}{4r^2 G\alpha}\exp(-\beta\tau)\times[(\alpha\beta-rM)+(\alpha^2+rN)\sin\alpha\tau] \tag{2.119}$$

其中，

$$\begin{cases} M = \dfrac{\alpha(\alpha^2+\beta^2-\beta)}{c} \\ N = \dfrac{\beta(\alpha^2+\beta^2-\beta)}{c} \end{cases} \tag{2.120}$$

式（2.119）和式（2.120）组成了高压水射流冲击应力波的波动方程。运用拉格朗日法来描述应力波的传播过程，即固定描述的对象为某一系列的质点。选取如表 2.10 所示的物理力学参数，利用 MATLAB 进行求解计算，可以得到如图 2.91 所示的质点位移图。

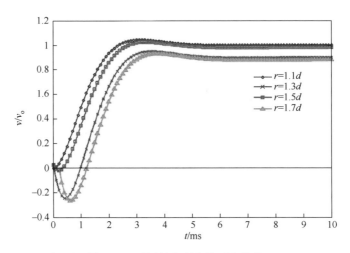

图 2.91　不同径向距离的质点位移

受到高压水射流冲击后，径向距离分别为 1.1d，1.3d，1.5d 和 1.7d 处质点的位移随时间的变化规律如图 2.91 所示，横坐标为冲击时间，纵坐标为质点的位移。从图中可以得出：在受到冲击后的 2.5ms 内，1.1d 和 1.5d 处质点的位移随时间的增加而快速增加，2.5ms 时达到峰值；之后，这两处质点的位移随时间的增加而保持恒定。然而，1.3d 和 1.7d 处质点在受到冲击后的 1.5ms 内，位移出现负值，0.6ms 时达到负向峰值；1.5ms 以后，位移开始表现为正值，并随时间的增加而增大，2.5ms 时达到正向峰值；时间继续增加，位移保持不变。根据弹性力学原理：径向距离为 1.1d 和 1.5d 处的质点一直处于压应力状态；径向距离为 1.3d 和 1.7d 处的质点开始处于拉伸应力状态，之后反变为压应力状态。

2）脉冲效应

通过大量的实验研究发现，大块硬岩在高压脉冲水射流定点的冲蚀作用下，一种是岩块整体宏观断裂，另一种是形成定深冲蚀孔。高压脉冲水射流冲击硬岩最初会在岩石表面形成一个火山口状破碎坑，随后向深部扩展为一个相对直径固定的冲蚀孔。该冲蚀孔的尺寸与脉冲射流的比长、比压相关。冲蚀坑的形成已得到众多学者的研究和论证，被公认为是水锤压力、高速侧向流、冲击动荷载等外载荷引起的[3]，并在和冲蚀作用岩体自由面的欠约束状态的共同作用下，形成以剪切破坏和拉伸破坏为主要破坏形式的片状剥离破碎。破碎坑一般在几个喷嘴直径尺度范围内，延伸冲蚀孔一般在 1.5 倍直径左右。

　　冲蚀坑形成之后，尺度远大于喷嘴直径的宏观断裂可能在接下来的冲蚀作用下随机产生，或一直以冲蚀孔的形式延伸下去，直至射流由于孔深的增加而不再具有冲蚀效力。岩石的主要破坏形式可分为三种形式[53, 54]，即冲蚀作用表面及孔底的局部破碎、冲蚀作用周边的微损伤累积和宏观裂隙扩展下的阶跃式宏观体积破碎。

　　图 2.92 和图 2.93 分别给出了冲蚀孔周边的岩石断口和宏观裂纹。从细观损伤断裂机理分析，脆性岩石在高压水射流的冲蚀破碎下，岩石的断裂形式是沿晶断裂和穿晶断裂的耦合断裂形式[55]。前期的研究也发现，冲击荷载下裂纹扩展和断裂是在瞬间形成的，且由单一裂纹失稳扩展而造成岩石的断裂破坏，裂纹的断口为典型的脆性断口穿晶断裂比例增加[56]。研究的高压脉冲水射流冲蚀花岗岩方块的实验结果证明，高压脉冲水射流是冲击载荷作用的一种，对硬岩产生了与其他冲击载荷相似的断裂形式，并多以单一裂纹造成岩石的宏观断裂，即形成大尺度的阶跃式体积破碎。图 2.94 为高压脉冲水射流作用下典型的单一宏观裂纹失稳类型。据统计，全部发生宏观断裂失稳的花岗岩岩块在实验中产生了类似的破坏形式，且 2/3 以上表现出裂隙的对角线布置的规律，这也同超声波测试的结论是相一致的，同时也突显了冲击应力波在高压脉冲水射流冲蚀岩石中的重要作用。

　　宏观裂隙初步形成后，水射流将进入裂隙的空间，在裂隙的间断产生拉应力集中，使裂隙迅速发展扩大，致使岩石断裂。高压脉冲射流在冲蚀孔内产生的准静态压力一般大于岩石的抗拉强度，由于高频的脉冲作用，疲劳拉伤将作为一种强度极限更低的破坏形式出现。

　　通过以上分析，研究认为对高压脉冲射流作用下初步形成的宏观裂隙，冲击应力波和脉动水楔压力是岩石裂隙扩展直至断裂的主要作用因素。

图 2.92　冲孔周边的径向裂隙和脆性断口

图 2.93　冲蚀坑底部的轴向裂隙

图 2.94　典型的单一裂纹宏观断裂形式

当高压脉冲射流冲击相对射流直径较大的脆性岩块时，岩石在冲蚀作用区域产生局部破碎的同时，也会在冲蚀孔周边的岩石内部形成具有一定规律的损伤与宏观裂隙的延展。不考虑岩石本身物理力学性质的影响，宏观裂隙的延展方向主要与初始裂纹方向和周边微裂纹激发集中区的分布相关。岩块中裂纹的发展和发展到一定程度时所产生的体积破碎，可认为是间断产生的应力波和水楔压力共同作用的结果。

应力波和水楔压力作用在裂缝尖端所产生的拉应力可由相应公式来表示。由于针对应力波和射流压力在裂缝尖端产生的拉应力公式较为繁多，在此，作为对脉冲射流破岩机理的初步分析，只将两种拉应力表达为半椭圆裂隙模型下，关于裂隙坐标、射流压力、主要相关物理力学属性下的函数。应力波产生的拉应力条件可简单表达为

$$\sigma_s(t) = f(r, \theta, E, p, t) \tag{2.121}$$

式中，$\sigma_s(t)$ 为应力波 t 时刻在裂隙尖端所产生的拉伸应力；r 和 θ 为半圆形裂隙模型的坐标表达；E 为岩石的弹性模量；p 为脉冲射流压力。

水楔压力在裂缝尖端所产生的拉伸应力可由下式表示：

$$\sigma_w(t) = g(r, \theta, c_w, p, t) \qquad (2.122)$$

式中，c_w 为水中波速。

将两种拉伸应力在同一时间坐标下叠加后，可以得出该裂缝处的复合拉应力：

$$\sigma(t) = \sigma_s(t) + \sigma_w(t) \qquad (2.123)$$

Steverding 和 Lehnigk[57]的研究给出了能量角度下，单脉冲荷载使材料断裂的条件为

$$\int_0^\tau \sigma^2(t)\mathrm{d}t \geqslant \frac{\pi \gamma E}{c_s} \qquad (2.124)$$

式中，τ 为脉冲的持续时间；c_s 为岩石中纵波速度。由于该式中涉及岩石中波速，所以此公式具有随岩石损伤情况变化而变化的特点。

由格里菲斯断裂理论[58]，对长度为 a 的裂隙，裂纹扩展的条件为

$$\sigma(t)_{\max} = K_\mathrm{I}\sqrt{\frac{\pi}{4a}} \qquad (2.125)$$

式中，$\sigma(t)_{\max}$ 为脉冲射流作用下裂隙尖端形成的最大值；K_I 为断裂韧性。

所以当复合应力同时满足式（2.123）和式（2.124）时，裂隙就会向深部延伸。由于高压脉冲射流的加载形式为连续脉冲，理论上可使裂隙产生疲劳断裂，定义小于常规断裂韧性的疲劳断裂韧性为 K_{IF}，则式（2.125）可表达为

$$\sigma(t)_{\max} = K_{\mathrm{IF}}\sqrt{\frac{\pi}{4a}} \qquad (2.126)$$

于是，式（2.123）与式（2.125）可作为脉冲射流的复合脉动应力场下的裂隙扩展条件。此处的疲劳断裂强度是与加载速率和加载频率等相关的物理量[46, 47]。

以上得出的两个裂隙扩展条件是在针对高压脉冲水射流的加载特点和硬岩的断裂失稳规律下提出的。冲击应力波及水楔压力各自在裂缝尖端产生的应力场随时间的变化规律，可由相应的冲击动力学、应力波理论、水力致裂理论和岩石断裂理论推导得出。建立单一裂隙的二维模型及坐标，分别从能量和断裂因子的角度对复合应力场进行理论分析，为高压脉冲水射流作用下的断裂失稳机理研究开辟了一个新思路。

3）空化效应

根据闻德荪实验研究[59]，圆断面淹没射流主体段断面流速分布满足高斯正态分布：

$$u = u_\mathrm{m} \exp\left(-\frac{r^2}{R^2}\right) \qquad (2.127)$$

因射流各断面动量守恒，

$$\beta_0 \rho \pi r_0^2 \upsilon_0^2 = \int_0^R \rho u^2 2\pi r \mathrm{d}r = \int_0^R \rho u_\mathrm{m}^2 \exp\left(-\frac{2r^2}{R^2}\right) 2\pi r \mathrm{d}r \qquad (2.128)$$

则断面轴心流速满足：

$$\frac{u_\mathrm{m}}{\upsilon_0} = \frac{\sqrt{2}\mathrm{e}}{\sqrt{\mathrm{e}^2 - 1}} \frac{r_0}{R} = 1.521 \frac{r_0}{R} \qquad (2.129)$$

式中，u_m 为轴心流速；υ_0 为射流出口平均流速；β_0 为射流出口的动量修正系数，由于高压水射流必然为紊流，可取 $\beta_0 = 1$；r_0 为射流出口半径；R 为射流半径，$R = 3.4ax = x\tan\theta$；a 为紊流系数；x 为射程，$x = h + S_\mathrm{V}$；h 为切割深度；S_V 为靶距；θ 为射流扩散角度，有

$$R = 3.4a(h + S_\mathrm{V}) = (h + S_\mathrm{V})\tan\theta$$

射流主体段断面流量为

$$Q = \int_0^R u \cdot 2\pi r \mathrm{d}r = \int_0^R u_\mathrm{m} \exp\left(-\frac{r^2}{R^2}\right) 2\pi r \mathrm{d}r$$

$$= \pi u_\mathrm{m} R^2 \left(1 - \frac{1}{\mathrm{e}}\right)$$

冲击压强 p 为

$$p = \frac{P}{A} = \frac{\int_0^R \rho u \mathrm{d}Q}{\pi R^2} = \frac{1}{\pi R^2} \int_0^R \rho u_\mathrm{m}^2 \exp\left(-\frac{2r^2}{R^2}\right) 2\pi r \mathrm{d}r$$

$$= \frac{\rho u_\mathrm{m}^2 (\mathrm{e}^2 - 1)}{2\mathrm{e}^2} \qquad (2.130)$$

$$= \frac{\rho u_\mathrm{m}^2}{2.313}$$

空化射流中，射流对靶体的作用力包括水体的冲击压强和空泡的溃灭压强，即

$$p_\mathrm{m} = p_1 + p_\mathrm{c} \qquad (2.131)$$

式中，p_m 为射流对靶体的总作用力；p_1，p_c 分别表示水体的冲击压强和空泡的溃灭压强；冲击压强 p_1 由式（2.130）求得。当合力 p_m 达到岩石的破坏强度 $[\sigma]$ 时，岩石破坏，有

$$p_\mathrm{m} = p_1 + p_\mathrm{c} \geqslant [\sigma]$$

目前，由于对空泡溃灭压强 p_c 还难以测试，它对靶体的破坏作用取决于空泡溃灭时的位置、同时溃灭的空泡个数、流体的黏性、外压力的大小等因素。基于

此，通过空化水射流岩石破碎实验计算有效空泡溃灭压强，上式取等号，即 $p_1 + p_c = [\sigma]$，并代入式（2.130）得

$$p_c = [\sigma] - p_1 = [\sigma] - \frac{\rho u_m^2}{2.313} \qquad (2.132)$$

式中，p_c 称有效空泡溃灭压强。选用砂岩为冲蚀靶件，其抗压强度为 $[\sigma]=93.15\mathrm{MPa}$。选用文丘里型空化喷嘴，在围压 1MPa、泵压 10MPa 下，进行冲蚀破坏实验。测得射流出口流速为 $\upsilon_0 = 17.436\mathrm{m/s}$，按式（2.132）分析计算得出，本实验条件下有效空泡溃灭压强 p_c 可达到 82.429MPa。

2.3.2　水射流破岩实验研究

1）水射流冲击破岩实验研究

（1）水射流发生装置与实验岩样选择。

实验是在由 OMAX 公司研发生产的 2626 型高精度射流自动数控切割机（图 2.95）上完成的。该仪器的尺寸为 1829mm×2946mm×2413mm，能实现 100～1000m/s 的连续高速射流，并能准确定位喷嘴的位置。选取喷嘴直径ϕ2mm，冲击靶距 3mm，冲击时间 15s，研究非淹没条件下连续高压水射流冲击破碎岩石的效果。在实验过程中，当水射流前端接触到岩石表面时，速度通常低于设定值，需要经过一段时间才能升高至所需值。这是由于射流泵的加压过程是连续渐进的，无法实现跳跃的增压。这种现象将削弱水射流的冲击应力波效应。为了克服水射流加压的过程，首先在岩石上方覆盖一块刚性挡板，待射流速度增加至所需值后迅速抽开挡板。

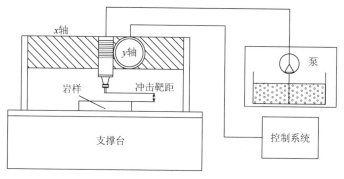

图 2.95　高压水射流切割系统示意图

实验所用砂岩取自某开挖隧道，埋深 50m，地层年代为三叠系上统须家河组，

属于陆相细粒沉积岩，具有良好的横观各向同性。根据砂岩颜色的区别，分别选取三种砂岩：青砂岩（单轴抗压强度 σ_c=68MPa，抗拉强度 σ_t=5.55MPa）、灰砂岩（单轴抗压强度 σ_c=54MPa，抗拉强度 σ_t=2.17MPa）和黄砂岩（单轴抗压强度 σ_c=62MPa，抗拉强度 σ_t=1.91MPa），具体物理力学参数见表 2.10。采用水钻法钻取岩心，然后用湿式加工法逐步磨平两端，将岩样制备成 ϕ50mm×50mm 的圆柱体，并用砂纸对试件表面进行打磨，保证试样端面平整度，并将加工好的试件放置在 105℃恒温箱内烘干 48h。

表 2.10　岩石的物理力学参数

岩石名称	密度/(kg/m³)	弹性模量/GPa	泊松比	声速/(m/s)	剪切模量/GPa	抗拉强度/MPa	抗压强度/MPa	孔隙率/%
青砂岩	2382	54.3	0.25	4316	22.1	5.55	68	9.4
灰砂岩	2271	48.7	0.21	4387	20.1	2.17	54	8.6
黄砂岩	2370	57.6	0.23	4354	11.7	1.91	62	4.1

（2）高压水射流冲击破岩效果。

为了研究高压水射流速度的改变对其冲击破岩效果的影响规律，本节选择速度分别为 157m/s、316m/s、447m/s、547m/s、632m/s、707m/s 和 774m/s 的纯水射流开展冲击岩石的实验。

为了更加精确地观察岩石破碎的宏观效果，本节采用高分辨率的照相机分别从正面与侧面对破碎后的岩石进行拍照，然后采用 MATLAB 软件对所获照片进行二值化数值处理。如图 2.96 所示为不同速度的水射流冲击后，砂岩试样的宏观破碎现象。

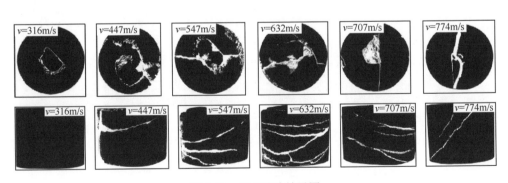

图 2.96　岩石破碎效果图

如图 2.96 所示，水射流的冲击荷载不仅在上表面对岩石造成损伤，并且该损伤一直扩展至岩石侧面的自由边界上。弄清楚这些立体的宏观裂纹将有助于了解水射流冲击岩石的过程中，裂纹的起裂与扩展规律。

经过速度为 157m/s 的水射流冲蚀后，砂岩试样几乎没有产生任何损伤。当射流速度升高至 316m/s 时，在砂岩受到水射流冲蚀的一端产生了一个直径大约为 3mm、深度约为 10mm 的破碎坑，并且在破碎坑的周围产生了近似圆形的环形裂纹。因此可以推断出，水射流冲蚀破碎所选砂岩的临界速度在 157～316m/s。当射流速度继续增加至 447m/s 时，在砂岩侧面开始出现横向裂纹。经过速度为 632m/s 的水射流冲蚀后，岩石瞬间产生了大量相互连接的横向裂纹，并最终出现了大体积破碎；虽然岩石受冲击的一端被冲蚀破碎成岩屑，但是横向裂纹产生的位置却集中在岩石的底部。随着射流速度的继续增加，横向裂纹的数量与尺寸并没有继续增加。当射流速度增加至 774m/s 时，水射流的冲击荷载导致岩石出现了劈裂状的纵向裂纹。具体实验结果见表 2.11。

表 2.11　实验结果统计

射流速度	157m/s	316m/s	447m/s	547m/s	632m/s	707m/s	774m/s
损伤面积/mm²							
黄砂岩	14	160	372	563	745	485	36
灰砂岩	13	144	381	576	772	476	46
青砂岩	11	154	362	547	732	459	50
锥形裂纹长度/mm							
黄砂岩	—	—	24.4	29.6	32.9	34.6	35.5
灰砂岩	—	—	23.1	27.6	31.1	33.5	34.8
青砂岩	—	—	23.4	26.9	30.5	33.2	34.2
锥形裂纹锥角/(°)							
黄砂岩	—	—	76	66	52	56	41
灰砂岩	—	—	74	56	40	41	32
青砂岩	—	—	71	64	42	36	28
横向裂纹数量							
统计平均数	0	1	3	6	10	6	1
损伤深度/mm							
统计平均数	6.8	14.7	23.0	29.4	34.9	39.6	43.9

以上的实验现象表明，水射流冲蚀破碎岩石时，冲击损伤首先在冲击中心产生，随后向岩石内部扩展。岩石顶端损伤的区域随着射流速度的增加而变大。

根据文献[52]，水射流冲击作用下岩石顶端的损伤区域面积（A_d）的修正公式可以表示为

$$A_d = k\rho\pi R^2 \frac{v^5}{(730+v)^3} \tag{2.133}$$

式中，k 为与砂岩性质相关的常量；ρ 为水的密度；R 为水射流的直径；v 为水射流的速度。图 2.97 为岩石顶端损伤面积随射流的变化曲线。根据图示，当水射流速度低于约 632m/s 时，损伤面积随着射流速度的增加而迅速增加；当射流速度继续增加时，岩石顶端受到的损伤面积随射流速度的增加而呈现减小的趋势。

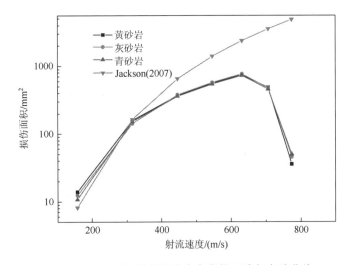

图 2.97　损伤面积随射流速度变化的理论与实验曲线

　　分析表明，两个因素可能导致损伤面积随射流速度的增加而减小。一方面，公式（2.133）是通过脉冲水射流的冲击实验获得的。根据 2.1 节的分析，每次脉冲都将产生冲击扰动，从而产生水锤压力。反复的水锤压力冲击将导致岩石的破碎深度比连续水射流冲击破碎岩石的深度大。另一方面，岩石试件有限的尺寸也是顶部损伤面积减小的原因。由于受到尺寸的限制，高速度的水射流冲击导致岩石产生劈裂状的破坏。

　　给定水射流的初始直径为 2mm，冲蚀时间为 15s，岩石的破碎深度与射流的速度近似呈线性关系，如图 2.98 所示。该现象与 Momber 通过大量的冲蚀实验获得的结论一致[60]。水射流冲击破碎岩石的另一个现象是岩石侧面的破碎规律。岩石侧面的破碎具体表现为宏观的横向裂纹。宏观裂纹的数量随射流速度的变化规律如图 2.98 所示。当速度较低时，岩石侧面没有产生横向裂纹；随着射流速度的

增加，横向裂纹数量逐渐增多，并在射流速度约 600m/s 时达到峰值；然而，继续增加速度，横向裂纹数量却出现急剧减少的趋势。

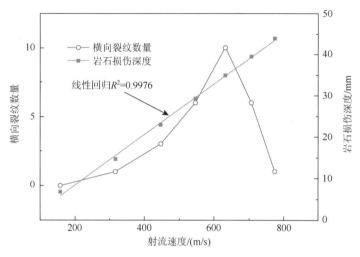

图 2.98　损伤深度与横向裂纹数量随射流速度的变化曲线

实验表明，岩石侧面的横向裂纹是内部裂纹向外扩张的结果。一些内部初始裂纹在扩展的过程中可能互相连通后继续向外扩展。由于岩石的尺寸有限，当内部裂纹扩展至岩石自由表面时便形成侧面的宏观裂纹。根据以上的实验现象，岩石受到水射流冲击后的破碎效果如图 2.99 所示。

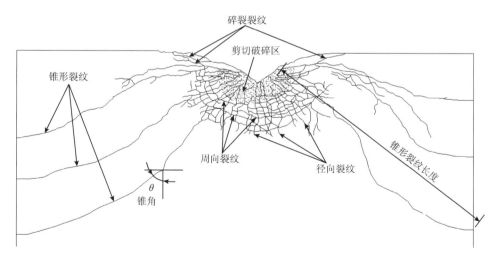

图 2.99　水射流冲击作用下岩石内外不同的裂纹形状

　　根据图示，岩石内部产生的裂纹大致可归纳为三类：径向裂纹、周向裂纹与锥形裂纹。径向裂纹与周向裂纹通常分布在破碎坑的附近，形成一个裂纹高密集度分布的区域。这些裂纹是冲击应力波的剪切分量与拉伸分量共同作用的结果。锥形裂纹与前两者的区别在于：产生于破碎坑的附近且向外扩张。本节采用锥形裂纹的倾斜角与锥形裂纹长度来表征锥形裂纹。倾斜角度随着水射流速度的增加呈现线性减小的趋势，而裂纹长度随着射流速度的增加而逐渐变长，如图 2.100所示。

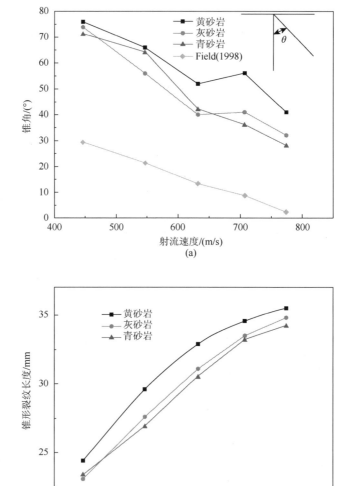

图 2.100　锥形裂纹长度与角度随射流速度的变化曲线

2）高压脉冲射流破硬岩实验研究

（1）实验系统构成与材料。

本实验采用截断式高压脉冲水射流装置，实验系统如图 2.101 所示。实验的主要设备包括高压水泵、液压马达、气动挡板开关等，与第 2 章中针对截断式射流结构特性实验的装备相同。采用了 Stoneage 公司生产的直径分别为 1.75mm、2.08mm 和 3.429mm 的喷嘴，喷嘴入口处带有 8 字形稳流片。为降低不同射流头部结构的影响，本实验采用固定转速 780r/min。系统压力设定为 80MPa，共设计 4 个不同盘孔尺寸或数目的截断式孔盘，用于生成 4 种不同类型的脉冲水射流。为测试岩石在冲蚀过程中岩石内部的损伤演变过程，采用测定超声波纵波波速衰减的方法，对不同射流作用下岩石的损伤进行比较。选用超声波发生器的型号为 OLYMPUS 5077PR。数字示波器（Tektronix TDS 2014）用于数据的显示与采集。冲蚀岩石的实验场地如图 2.102 所示。

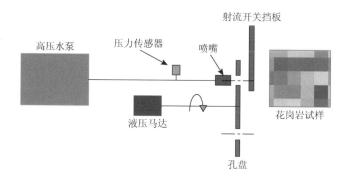

图 2.101　截断式脉冲射流冲蚀花岗岩方块实验系统

图 2.102　冲蚀岩石的实验场地

实验选用边长为 250mm 的花岗岩立方体，其物理力学属性和矿物成分如表 2.12 和表 2.13 所示。

表 2.12　花岗岩物理力学参数

物理力学参量	测试值
抗压强度/MPa	185.2
抗拉强度/MPa	4.5
杨氏模量/GPa	34
断裂韧性/（MPa·m$^{1/2}$）	1.7

表 2.13　岩石矿物成分

矿物名称	石英	斜长石	绿泥石	黑云母	其他
百分比/%	41	32	15	4	8

（2）实验设计。

实验设计 4 个厚度为 10mm 孔盘如图 2.103 所示，在相同系统压力、相同孔盘旋转速度下改变喷嘴直径，用于生成 4 种脉冲射流和一种连续射流。1、2、4 中所用孔盘的盘孔数均为 16 个射流。在设定转速下具有相同的脉冲频率（208Hz），孔盘 3 所获得的脉冲频率为 130Hz。射流喷射位置与孔盘垂直，喷嘴出口至孔盘的距离为 9mm。由于盘孔宽度与间隔宽度不同，射流通过率最小为 16.2%，最大为 81.5%。表 2.14 给出了 4 个孔盘的重要尺寸和工作参数。射流 3 是具有与射流 1 相同功率的连续射流。

图 2.103　用于生成截断式脉冲射流的孔盘

表 2.14　孔盘主要技术尺寸及工作参数表

盘号	孔数	孔宽度/mm	孔间隔宽度/mm	频率/Hz	转速/ (r/min)	射流通过率
1	16	10.20	29.07	208	780	26.0%
2	16	27.72	11.55	208	780	70.6%
3	10	10.20	52.63	130	780	16.2%
4	16	32.00	7.27	208	780	81.5%

　　由于实验涉及工作量较大，本次实验设计未严格按照正交实验的设计原则。每种射流的实验均在同种实验条件下进行 3 次，以降低偶然误差对实验结果的影响。图 2.104 为 5 种类型射流的结构示意图，射流 1 作为本实验重点研究的基准射流，所用喷嘴直径为 3.429mm，频率为 208Hz，射流长度为 634.05mm，射流间隔为 1192.87mm，功率为 72.9kW。射流 2 与射流 1 相比具有相同的频率和能量，射流 3 是与射流 1 具有相同能量的连续射流。射流 4 具有与射流 1 相同的射流长度，但频率较低。射流 5 具有与射流 1 相同的射流直径和频率，但脉冲长度较长。5 种射流类型的具体结构和工作参数如表 2.15 所示。

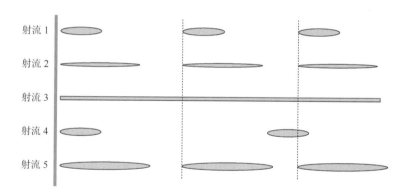

图 2.104　射流脉冲结构的对比示意图

表 2.15　各实验系列设计的主要射流技术参数

编号	盘号	喷嘴直径/mm	脉冲长度/mm	脉冲间隔/mm	有效长度/mm	有效射流体积/mm³	单脉冲体积/mm³	功率/kW
1	1	3.429	634.05	1192.87	315	2909	4382	72.91
2	2	2.08	1386.36	440.56	1193	4053	4382	72.91
3	—	1.75	—	—	—	—	—	73.12
4	3	3.429	634.05	2289.03	315	2909	4382	45.57
5	4	3.429	1648.24	178.69	1329	12275	13748	228.76

测定冲蚀过程中冲蚀孔周边岩石内部损伤情况，布置了 4 对超声波测点。图 2.105 是 4 对测点在岩块上的分布位置，岩块正面测点 1 的中心在射流冲蚀面中心与上边线中点连线的中点，测点 2 为岩块正面中心点与右上方顶点的连线的中点。测点 3 和测点 4 将侧面上与射流冲蚀方向水平面交线段三等分。通过测定冲蚀孔周边具有代表性的位置，来跟踪不同冲蚀作用时间点处岩石内部的损伤情况，探索高压脉冲水射流破岩的损伤分布规律。

实验采用间断冲击岩石试样的办法，获得冲蚀作用岩石试样整个过程中不同时间点处，岩石的主要冲蚀物理量和岩石内部损伤情况。每次实验的总冲蚀时间为 5min，时间间隔为 5s，5s，5s，30s 和 4min。采用气动的挡板开关执行射流的通断。在实验间断的时间内进行冲蚀深度、冲蚀体积、冲孔直径等测量，同时分别在 60s 和 5min 后采用超声波测试岩石试样内部的损伤情况。

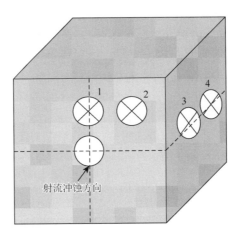

射流冲蚀方向

图 2.105　超声波测点布置示意图

（3）实验结果与讨论。

图 2.106 为脉冲方波经过岩石方块后接收到的波形，该波形储存了大量关于岩石内部的信息。由于测点在岩块前、后面和两侧面呈对称布置，于是接收传感器首先接收直接传播过来的超声波，该波幅值最大，随后可能会接收超声波通过岩石壁面或障碍反射后的波，一般幅值稍小。由于岩石的非均匀性、晶粒尺寸及类型、内部裂纹的影响，波形易被干扰且衰减较大。本测试采用穿透法，脉冲发射时刻为 0。在接收的波形上查找到波形的起始时刻，该时间点为一个完整的超声波在两侧点间的传播时间。岩石与探头直接耦合，则试样中纵波的波速为传输距离与传输时间的比值[61]。图 2.107 标出了某测点在不同冲蚀时间下两个波形的时间差。

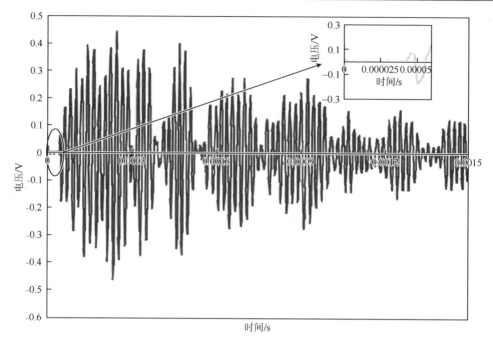

图 2.106　脉冲超声波方波穿过岩石试样后的典型波形

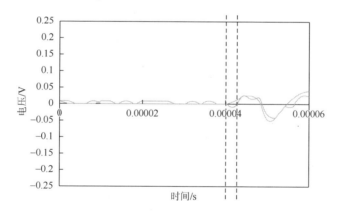

图 2.107　岩石冲击作用前后波形的时间差

　　由于超声波测试涉及工作量大，作为一种在水射流破岩实验中的新尝试，仅对实验 T1a 和实验 T2a 进行超声波波速测量。实验 T1a 和实验 T2a 均未发生宏观断裂，在总共 5s 的冲蚀时间内的冲蚀深度分别为 111mm 和 53mm，冲蚀孔洞的直径约为 13mm。图 2.108 和图 2.109 分别给出了脉冲射流类型 1 冲击作用花岗岩岩块时，超声波纵波速度和损伤变量随时间的变化。由于测点 1 与测点 2 布置在与射流冲蚀方向相同的前后面上，在射流冲蚀作用之前的超声波波速基本相同，而测点 3 与测点 4 的初始超声波速度基本相同，且相对前者速度稍高。这说明了岩石物理力学性质的方向性和冲蚀前内部损伤的不均匀性。冲蚀作用过程中，测点 1 的纵波波速的衰减速度明显低于测点 2 的衰减速度。测点 3 的波速衰减开始与测点 4 的波速衰减相似，在冲蚀时间为 300s 时，测点 3 的波速衰减明显高于测点 4 的波速衰减。这一现象是冲蚀孔周边岩石的损伤主要是在脉冲射流的冲击下，应力波在岩块内部传播所产生的拉伸应力产生的。立方体对角线处一对测点获得的波速衰减高，证明了应力波球状波波震面向侧面传播并反弹，由压缩波变为拉伸波，在对角线附近叠加后形成局部的拉应力集中。在 300s 时冲孔已穿过测点 3 的测量位置，超声波穿过冲孔时将产生衍射现象，导致测得的纵波速度衰减较为明显。

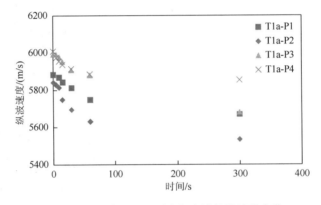

图 2.108　实验 T1a 四测点超声波纵波波速变化

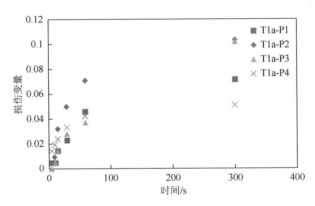

图 2.109　实验 T1a 四测点损伤变量变化

　　图 2.110 和图 2.111 为岩石试样在脉冲射流 2 的冲蚀作用下，300s 内 4 个测点处纵波速度与损伤变量随时间的变化。测点的波速的衰减规律与射流 1 作用下极为相似，同时验证了用于评价和分析这些规律的理论观点。通过将射流 1 和射流

2 分别作用下的损伤情况进行对比，在相同的冲蚀时间点处，射流 1 在冲蚀过程中产生的损伤明显高于射流 2。各个测点的损伤量之比约为 2∶1。射流 1 与射流 2 具有相同的射流功率和相同的频率，喷嘴直径之比为 1.225∶1。由此，说明射流直径对冲蚀效力的影响较大，相同能量和功率的情况下，喷嘴直径越大，冲蚀能力越强。

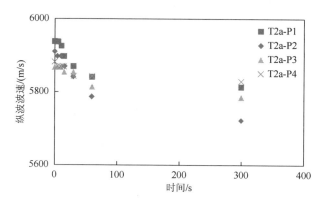

图 2.110　实验 T2a 四测点超声波纵波波速变化

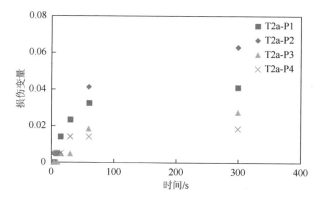

图 2.111　实验 T2a 四测点损伤变量变化

　　本实验研究对设计的每种类型射流均进行了 3～4 次相同实验条件下的冲蚀岩石实验，除连续射流以外的 4 种脉冲射流在实验中均发生了岩石方块的宏观断裂。在间断实验时测试了冲蚀深度、冲蚀体积、冲蚀比能三个主要物理量。在高压脉冲水射流冲蚀硬岩的过程中，最初的 5s 是非常重要的时间阶段，冲蚀区形成局部的片裂破碎，火山口状冲蚀坑在毫秒量级内瞬间产生。冲蚀坑形成后一般不再改变形貌，随后以一个直径相对固定的冲蚀孔向深部发展，直至最大冲蚀深度，或在冲蚀孔深度增长过程中发生宏观断裂，如图 2.112 所示。

(a) 宏观断裂　　　　　　　　　　　　　　　(b) 定深冲蚀孔

图 2.112　花岗岩岩块在高压脉冲水射流作用下的两种破坏形式

图 2.113 给出了各类型射流冲蚀深度随时间的变化，从图中可以较容易看出，射流 5 在第一个 5s 内产生了较大的冲蚀深度，在前 60s 内与射流 2、射流 4 具有几乎相同的冲蚀速率，但随着射流冲蚀时间的增长，射流 5 的冲孔速率明显降低，这说明脉冲间断时间较短，冲蚀孔内的水形成水垫效应，使射流冲蚀效力降低，但有助于冲孔直径的增加。

从 5 种射流的整体冲蚀岩石的主要参量随时间的变化趋势看，冲蚀速率随时间的增长而降低，降低速率先增后减；冲蚀深度和冲蚀体积随时间的变化呈近指数函数式增长；射流冲蚀比能随时间的增长而线性增大，见图 2.113～图 2.115。

射流 2 与射流 1 具有相同的射流功率和频率，不同的射流直径、脉冲长度。从各自的冲蚀效力上看，射流 1 的冲蚀速率和深度在 30s 前小于射流 2 作用下产生的冲蚀速率和冲蚀深度，30s 后两种射流得到完全相反的表现，300s 时射流 1 形成的冲蚀深度为 110mm，约为射流 2 的 2 倍；在冲蚀作用初期，射流 1 生成的冲蚀坑体积明显小于射流 2 形成的冲蚀坑体积，射流 1 冲蚀体积速率的衰减比射流 2 慢；射流 1 的冲蚀比能略大于射流 2 的冲蚀比能，比能随时间的增长率几乎相等。

射流 3 是与射流 1 具有相同射流功率的连续射流，射流 3 的冲蚀深度和体积明显较低，冲蚀速率下降快，在 60s 后，冲蚀深度和体积基本不再增加；在各时间点处，射流的冲蚀比能与其他脉冲射流类型相比最高，随时间的增长速率最高。

射流 4 与射流 1 具有相同的脉冲长度和射流直径，射流 4 具有较大的射流间隔长度，功率和频率是射流 1 的 0.62 倍。在同样的冲蚀时间点处，射流 4 的冲蚀深度高于射流 1 的冲蚀深度，射流 1 的冲蚀深度衰减率稍大于射流 1；射流 4 的冲蚀体积在约 220s 之前一直低于射流 1，由于冲蚀体积增加率随时间衰减较慢，随着时间的增长而超过射流 1 的冲蚀体积；射流 4 的冲蚀比能低于射流 1，比能随时间的增长率慢。

　　射流 5 与射流 1 相比具有相同的射流直径、相同的频率，射流 5 具有较长的射流长度，射流功率较大，是射流 1 的 3.14 倍。与射流 1 相比，初始冲蚀坑的体积和冲蚀深度明显较高，随后冲蚀深度的衰减率明显高于射流 1，在 300s 时刻射流的冲蚀深度增长缓慢；射流 4 的冲蚀体积增长率的衰减较慢，说明冲蚀孔洞直径大于射流 1；射流 5 的冲蚀比能大于射流 4，且冲蚀比能随时间增长的速率较大。

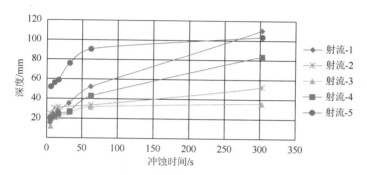

图 2.113　各种实验条件下的深度-时间关系曲线

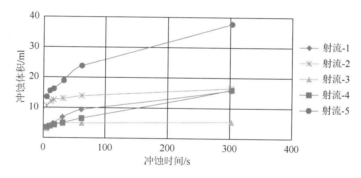

图 2.114　各种实验条件下的冲蚀体积-时间关系曲线

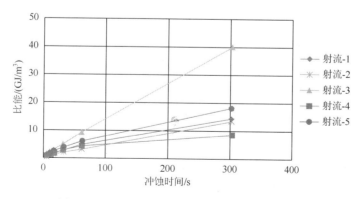

图 2.115　各种实验条件下的比能-时间关系曲线

Farmer 和 Attewell[62]在对连续射流冲蚀岩石的研究中，建立了冲蚀体积与射流和岩石性质关系式：

$$S = kd_c \left(\frac{v_0}{c}\right)^{2/3} \qquad (2.134)$$

$$S = k'Qt \qquad (2.135)$$

式中，S 为冲蚀体积；d_c 为冲孔直径；v_0 为射流速度；c 为岩石中纵波速度；Q 为射流流量；t 为冲蚀时间，k 和 k' 分别为经验系数。

结合实验结果与式（2.134）和式（2.135）分析，发现脉冲射流流量与冲蚀体积和冲孔直径呈正比的关系，如射流 1 与射流 4 及射流 5 的对比。但对于具有相同射流量不同射流直径或连续射流，式（2.134）和式（2.135）却完全不能适用。通过综合评定所设计的 5 种类型射流的结果，发现以下基本规律。

①相同射流功率和频率的基础上，射流直径越大，冲蚀能力越强，引起宏观体积破碎的可能性越大。

②相同脉冲长度，频率越低，比能越小、冲蚀速率越小。

③相同能量下的脉冲射流与连续射流相比，具有较高的冲蚀能力、冲蚀速率，冲蚀比能明显降低。

3）空化水射流冲蚀岩石实验研究

（1）实验装置及实验方法。

①实验装置。

为模拟高环境压力（围压）条件，本实验设计的空化水射流的实验装置采用全密封的高压容器模拟高围压环境，其上设有压力表、减压阀、排水阀，前后观察窗口，并由进水管与高压柱塞泵连接。高压柱塞泵为三柱塞往复泵：流量为 100L/min，压力为 0～35MPa。空化水射流装置如图 2.116（a）和图 2.116（b）所示。

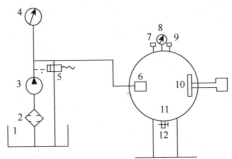

1. 水池；2. 过滤器；3. 柱塞泵；4. 压力表；5. 安全阀；6. 喷嘴；
7. 排气阀；8. 压力表；9. 减压阀；10. 试件；11. 高压容器；12. 排水阀

(a) 空化水射流实验系统

(b) 空化水射流实验装置实物图

图 2.116　空化水射流实验系统图

经实验对比分析[45-48]，采用冲蚀效果较好的缩放型空化喷嘴，而不采用普通收缩喷嘴，如图 2.117（a）所示，普通收缩喷嘴如图 2.117（b）所示。

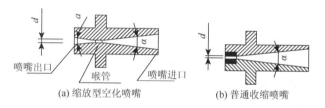

(a) 缩放型空化喷嘴　　　　　　　(b) 普通收缩喷嘴

图 2.117　喷嘴的结构形式

整套实验仪器系统主要包括泵源压力系统、空化水射流系统、数码摄影系统、计算机系统等。采用 500 万像素的数码相机、尼康高速照相机摄取空泡云图片，闪光灯从后观察窗口输入光源，高速照相机拍摄速度 5000fps。实验测试仪器系统结构图见图 2.118。试件选用砂岩、石灰岩、花岗岩三种岩样，试件尺寸 $\phi 50 \times 25$。

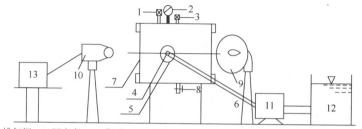

1.排气阀；2.压力表；3.减压阀；4.喷嘴；5.试件；6.进水管；7.观察窗口；8.排水阀；
9.闪光灯；10.高速照相机(数码相机)；11.水泵；12.水池；13.计算机

图 2.118　测试系统结构图

切割深度和宽度采用游标卡尺直接测量，冲蚀时间采用秒表准确计时，冲蚀质量为试件冲蚀前后烘干质量差，由电子天平称重得到。

②实验方法。

实验主要按以下步骤进行。

a. 取样，取砂岩、石灰岩、花岗岩试样数个，尺寸 $\phi 50 \times 25$。烘干，编号，用分析天平称重 m_0。

b. 在不同泵压、不同围压下拍摄空泡云图片；大量的空泡在喷嘴处形成后，由射流带走，空泡随射流运动，形成空泡云。空泡云实为液气（空泡）混合体。

c. 改变泵压、围压及冲蚀时间等空化水射流参数值，用砂岩试样进行空化水射流的冲蚀实验。

d. 改变靶距，并使靶距在空泡云长度内变化，砂岩作为冲蚀试件。

e. 用石灰岩、花岗岩岩石试件重复实验步骤 c、d。

f. 将所有空化水射流冲蚀完成后的试件烘干 m_s，计算冲蚀质量，测量冲蚀深度、冲蚀孔直径，冲蚀质量 $m=m_0-m_s$；从空泡云照片上测量空泡云长度，并计算其实际长度。

g. 数据分析处理。

（2）空化水射流各参数对岩石冲蚀效果的影响实验结果及分析。

①泵压对冲蚀破岩效果的影响。

泵压，是实现射流破碎切割的前提条件，是影响射流破岩效果最主要的独立参数之一。在保持围压为 1.0MPa 恒定不变、靶距为 6mm、冲蚀时间为 3min 的条件下，对砂岩试件进行不同泵压下的空化水射流破碎岩石实验，实验过程中实拍摄到空泡云变化如图 2.119 所示。

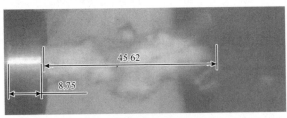

(a) 泵压为10MPa

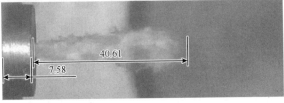

(b) 泵压为12MPa

(c) 泵压为16MPa

图 2.119　同泵压下的空泡云实物图

从图中可知空泡云及喷嘴伸出的图示长度，又已知喷嘴实际伸出长度，根据空泡云实际长度/喷嘴实际伸出长度=图上空泡云长度/图上喷嘴伸出长度，计算空泡云实际长度，见表 2.16。实验过程中，泵压增至 7.0MPa 后，空泡云出现，空泡云长度随泵压的增加而增大，且两者的关系可以较好地拟合成三次曲线 $y=0.01x^3-0.35x^2+4.08x$，如图 2.120 所示。

表 2.16　泵压与空泡云长度关系实验记录表

泵压 P_b/MPa	8	10	12	14	16	18
空泡云长度 L/mm	16.22	16.31	16.77	18.88	19.69	22.78

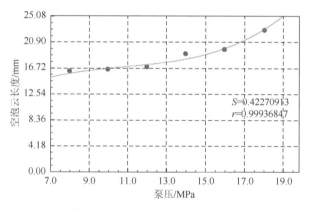

图 2.120　泵压与空泡云长度关系

图 2.121　砂岩试件被冲蚀效果图

砂岩试样冲蚀效果如图 2.121 所示，从图中可以看出，泵压越高，冲蚀效果越佳。泵压各条件下，冲蚀孔的深度、冲蚀质量差异较大，但冲蚀孔形状皆为圆柱状，冲蚀孔直径无较大变化，其值为 10mm 左右。为进一步研究冲蚀效果与泵压的关系，将冲蚀质量 m、冲蚀深度 d 的测试数据（表 2.17 和表 2.18）分别与泵压 P_b 拟合，发现泵压与冲蚀质量、冲蚀深度均能较好地拟合呈二次曲线关系，如图 2.122 和图 2.123 所示。冲蚀质量与泵压关系函数 $m=a+bP_b+cP_b^2$，$a=1.2753929$，$b=-0.28634821$，$c=0.023727679$，$\mathrm{d}m>0$，冲蚀质量随泵压的增加而呈二次曲线关系增加；冲蚀深度与泵压二次函数为 $d=a+bx+cx^2$，$a=9.649$，$b=-1.5449643$，$c=0.099910714$，$\mathrm{d}d>0$，说明冲蚀质量、冲蚀深度随泵压的增加而呈二次曲线关系增加。同时，可以看出，空泡云长度与泵压的关系同冲蚀效果（冲蚀质量、冲蚀深度）与泵压的关系的变化趋势大体一致。

表 2.17　泵压与冲蚀质量关系实验记录表

泵压 P_b/MPa	8	10	12	14	16	18
冲蚀质量 m/g	0.522	0.747	1.184	2.171	2.533	3.881

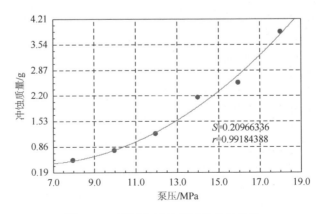

图 2.122　泵压与冲蚀质量的关系曲线

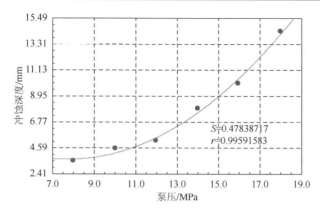

图 2.123　泵压与冲蚀深度关系曲线

表 2.18　泵压与冲蚀深度实验记录表

泵压 P_b/MPa	8	10	12	14	16	18
冲蚀深度 d/mm	3.5	4.59	5.19	7.96	10.03	14.42

②围压对冲蚀破岩效果的影响。

围压是指水射流周围的环境水压。在保持泵压为 18MPa 恒定不变、靶距为 6mm、冲蚀时间为 3min 的条件下，对砂岩试件进行不同围压下的空化水射流破碎岩石实验。

岩样冲蚀效果如图 2.124 所示，从图中可以看出，围压越高，冲蚀效果越差，并且在围压大于 0.5MPa 以后，出现肉眼可见的冲蚀效果，即可测量的冲蚀质量和冲蚀深度。当围压为 1MPa 时，砂岩试件被冲蚀出较深的圆柱状孔；当围压变为 1.3MPa 时，孔深有明显的减小；当围压为 1.9MPa 时，射流仅在砂岩试件上冲出一个小坑，砂岩表面伴有些微崩离；当围压变为 2.6MPa 时，只有砂岩表面有大面积的冲蚀迹印，没有产生冲蚀坑。

如表 2.19 和图 2.125 所示分别为围压与空泡云长度实验记录表和相应的关系图。

图 2.124　不同围压空化水射流冲蚀效果图

表 2.19　围压与空泡云长度实验记录表

围压 P_{cell}/MPa	0.7	1	1.3	1.6	1.9	2.6
空泡云长度 L/mm	14.4	16.88	16.24	15.5	13.67	6.36

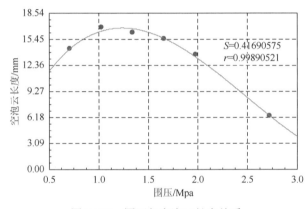

图 2.125　围压与空泡云长度关系

　　将冲蚀质量、冲蚀深度的测试数据（表 2.20 和表 2.21）分别与围压值拟合，拟合结果显示围压与冲蚀质量、冲蚀深度较好地呈二次曲线关系，如图 2.126 和图 2.127 所示。冲蚀质量与围压关系函数为 $m=a+bP_{amb}+cP_{amb}^2$，$a=7.0502408$，$b=-5.2105876$，$c=1.0156364$；冲蚀深度与围压二次函数为 $d=a+bP_{amb}+cP_{amb}^2$，$a=21.207003$，$b=-10.926068$，$c=1.6924395$，冲蚀效果随围压的增加呈二次曲线关系减小。同时，可以看出，空泡云长度与围压的关系同冲蚀效果（冲蚀质量、冲蚀深度）与围压的关系的变化趋势大体一致。

表 2.20　围压与冲蚀深度实验记录表

围压 P_{amb}/MPa	0.7	1	1.3	1.6	1.9	2.6
冲蚀深度 d/mm	14.41	12.13	9.63	7.67	7.1	4.13

表 2.21　围压与冲蚀质量实验记录表

围压 P_{aiiit}/MPa	0.7	1	1.3	1.6	1.9	2.6
冲蚀质量 m/g	3.881	2.891	2.016	1.23	0.864	0.365

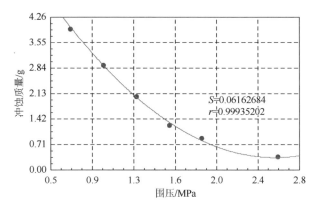

图 2.126　围压与冲蚀质量的关系曲线

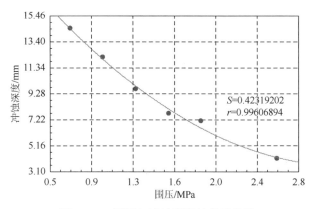

图 2.127　围压与冲蚀深度的关系曲线

以上对空化水射流参数泵压、围压与岩石冲蚀破碎效果的实验结果显示，泵压、围压均与岩石冲蚀效果呈二次曲线关系，泵压、围压与空泡云长度均呈三次曲线关系，说明喷嘴压降影响空化冲蚀效果的独立参数。

对于高环境（高围压）条件，空化数可用下述关系计算：

$$\sigma = 下游压力/喷嘴总压降 = p_2/(p_1 - p_2)$$

喷嘴总压降 p_{d} = 泵压 p_{b} − 围压 p_{cell}，那么 $\Delta p_{\text{d}} = \Delta P_{\text{b}}$，$\Delta p_{\text{d}} = -\Delta P_{\text{cell}}$；$\sigma = \dfrac{k}{P_{\text{d}}}$，

空化效果 $\propto \dfrac{1}{\sigma}$，因此，空化效果 $\propto p_{\text{d}}$，即 Δ 空化效果 $= k\Delta p_{\text{d}}$，也即 Δ 空化效果 $= k\Delta p_{\text{b}} = $

$-k\Delta p_{\text{cell}}$。

那么 Δd、Δm 与 Δ 空化效果为线性关系，也就是说，冲蚀效果随空化效果的变化而变化，空化效果越好，空化水射流冲蚀能力就越强。说明空化水射流冲蚀破碎岩石过程中，空化作用是空化水射流破岩的主要因素，空化效果决定冲蚀效果。

③靶距对冲蚀破岩效果的影响。

靶距是指射流从喷嘴出口到岩石表面的中心距离。在保持泵压为 18MPa、围压为 0.9MPa 恒定不变、冲蚀时间为 3min 的条件下，改变靶距，观察其对冲蚀效果的影响，实验结果如图 2.128 和图 2.129 所示。

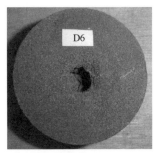

(a) 靶距为6mm　　　　　　　(b) 靶距为9mm　　　　　　(c) 靶距为17.68mm

图 2.128　砂岩试件被冲蚀后的效果图

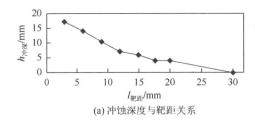
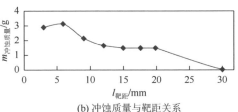

(a) 冲蚀深度与靶距关系　　　　　　　(b) 冲蚀质量与靶距关系

图 2.129　靶距与冲蚀效果的关系曲线

从图 2.128 和图 2.129（a）中可以看出，冲蚀深度随靶距的增加而减小，但由图 2.129（b）喷距与冲蚀质量的关系曲线，可以观察到，随着喷距的增加，冲蚀质量开始是增加的，在喷距增加到一定程度后，冲蚀质量才随之大幅下降。观察空泡云发育，也可以发现空化存在一个空化区域问题。如果靶距太短，空泡尚未发展就溃灭，不会出现空蚀作用或作用很轻；如果靶距太长，空泡虽然已发育长大，但是在到达岩石表面之前就已经溃灭，如图 2.130 所示。所以射流靶距越小，破岩的效果并非就越好，存在最佳靶距。

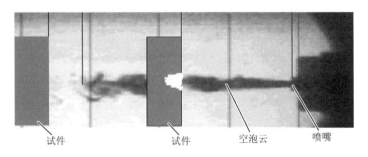

试件　　　　　试件　　　空泡云　　　喷嘴

图 2.130　空泡云冲蚀示意图

实验结果表明，空泡云长度决定有效冲蚀靶距，与岩石冲蚀效果有密切联系。空泡云长度越长，空化效果越好，其关系曲线同冲蚀效果与泵压围压的变化趋势大体相同。数据拟合结果显示，空泡云长度与泵压呈三次曲线增加，与围压呈三次曲线减少，冲蚀效果与泵压、围压关系为二次曲线关系；空泡云长度仅能一定程度地反映空化效果，但不是表征空化作用的最佳物理量。

④冲蚀时间对冲蚀破岩效果的影响。

从砂岩被冲蚀后的效果图 2.131 中可以看到，冲蚀时间为 1s 时，砂岩表面产生了一个很浅的漏斗形坑；冲蚀时间延长至 3s 时，砂岩冲蚀出圆柱状孔，深度明显增加；冲蚀时间延长至 7s 时，砂岩冲蚀出的孔深并没有明显增加，冲蚀形状也与 3s 时大致一样。

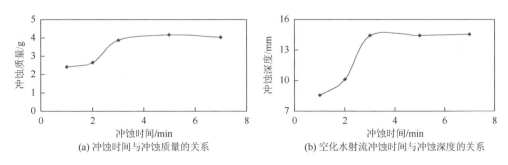

(a) 冲蚀时间与冲蚀质量的关系　　　(b) 空化水射流冲蚀时间与冲蚀深度的关系

图 2.131　冲蚀时间与冲蚀效果的关系曲线

图 2.131（a）是空化水射流冲蚀时间与冲蚀质量的关系曲线，由图可知，随着时间的推移，冲蚀质量增加，增加到一定程度后，冲蚀曲线增加幅度趋于平缓，冲蚀量增加不明显，基本处于一个相对平稳阶段。图 2.131（b）是空化水射流冲蚀时间与冲蚀深度的关系曲线，同样可以看到，随着时间的推移，冲蚀深度增加，增加到一定程度后，冲蚀曲线增加幅度也趋于平缓，冲蚀深度增加不明显，基本处于一个相对平稳阶段。

（3）岩石特性对空化水射流冲蚀破碎效果的影响实验结果及分析。

①各类岩石冲蚀破碎实验结果。

为进一步研究物料特性对空化水射流冲蚀破碎效果的影响，分析空化水射流的冲蚀机理，选用三种不同岩石：砂岩、石灰岩、花岗岩，其物理力学性质如表 2.22 所示，砂岩与石灰岩、花岗岩空隙情况差别较大，砂岩空隙较发育，而石灰岩、花岗岩较致密。

表 2.22　岩石试样性质参数表

岩石名称	空隙情况	抗拉强度/MPa	单轴抗压强度/MPa	天然含水率/%
砂岩	空隙较发育	1.55	93.5	0.4
石灰岩	致密	3.31	106	0.06
花岗岩	较致密，微裂隙	7.0	170	0.03

三种不同岩石空化水射流冲蚀实验结果如表 2.23 所示。实验结果显示砂岩、花岗岩均没有出现冲蚀的现象，而砂岩在泵压 20MPa、围压 1MPa、靶距 6mm 的实验条件下，冲蚀时间为 2min 时，空化声音发生巨变，立即停止实验，厚 25mm 的砂岩已被冲穿，如图 2.132 所示。在完全相同的空化水射流实验条件下，石灰岩却未被冲蚀，仅有冲蚀痕迹，如图 2.133 所示。花岗岩也无任何变化。

砂岩与石灰岩冲蚀效果的巨大差异说明岩石的空隙、裂隙对空化水射流作用影响巨大，这是因为空隙中水的作用。水穿透进入微裂缝，在材料内部造成瞬时的强大压力，其结果在拉伸应力作用下，使微粒从大块材料上破裂出来。

图 2.132　砂岩冲蚀穿透图

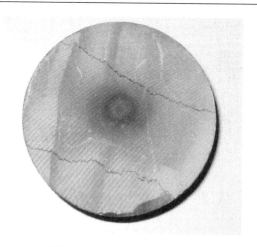

图 2.133　石灰岩冲蚀浅痕图

表 2.23　冲蚀效果记录表

岩石名称	泵压/MPa	围压/MPa	靶距/mm	冲蚀时间/min	冲蚀效果
石灰岩	18	1.0	6	3	有冲蚀痕迹
石灰岩	18	1.0	3	3	有冲蚀痕迹
石灰岩	18	1.0	9	3	无明显变化
石灰岩	20	1.0	3	3	有冲蚀痕迹
石灰岩	20	0.4	3	3	有冲蚀痕迹
石灰岩	22	1.0	6	3	有冲蚀痕迹
石灰岩	22	1.0	3	3	有冲蚀痕迹
石灰岩	22	0.4	3	3	有冲蚀痕迹
石灰岩	22	0.4	3	6	有冲蚀痕迹
砂岩	20	1.0	6	2	冲穿（图 2.132）
花岗岩	20	1	3	3	无明显变化
花岗岩	20	1	6	3	无明显变化
花岗岩	22	0.4	3	3	无明显变化

②岩石在水作用下的特性。

在岩石力学中，水的影响和作用是一个重要的问题，可以认为，天然岩石是固相（矿物颗粒）、液相（主要是水）和气相（主要是空气）组成的三相介质。虽然气相在某些情况下，其作用不容忽视（如油气田的开采），但一般来说，在许多场合下其作用不甚显著，可以把它简化为矿物颗粒-液体（水）系统的两相介质。在加、卸荷载（包括水头的作用）过程中，这一系统中各组成相的自身变化及其相互作用是值得认真研究的课题。但从岩石力学现状来看，一般把它作为单一的固相介质，没有或很少注意它是一种多相介质。总体上，水在岩石中的作用有两方面：一是水的物理化学作用；二是水的力学效应。

对于水的物理化学作用，在工程上用岩石的软化系数表示，就是湿和干的岩石单轴抗压极限强度值之比。几乎所有岩石的软化系数都在 0~1.0。所谓软化系数为 0 的情况就是岩石在水中崩解，无法成型，不能进行湿抗压强度试验。

黏土岩类的泥化问题也与水的物理化学作用有关，特别是黏土岩类的软弱夹层经常遇到这种情况。溶蚀作用主要是指水对可溶性岩石的溶蚀。可溶性岩石有石灰岩、白云岩、石膏和盐岩等。但如果水中含有某些特定的物质，也会对岩石的某些组成矿物起溶蚀作用。例如，二氧化硅在纯水中可以认为是不溶解的，但随着水酸性的提高，它便可以溶解。一般说，二氧化硅在 pH 大于 10 时方能溶解。显然，水的这些物理化学作用，会对岩石的各种力学特性产生重要的影响。

岩石中水的力学效应，主要是指水在岩石中所可能起的力学作用，一般认为，首先是减少作用在岩石固相上的应力，从而降低岩石的抗剪强度，即

$$\tau = C + (\sigma - p_w)\tan\varphi \tag{2.136}$$

式中，τ 为岩石的抗剪强度；σ 为法向应力；p_w 为裂隙水压力；φ 为岩石的内摩擦角；C 为岩石的内凝聚力。

如果 p_w 值很大，以致（$C-p_w$）$\tan\varphi<0$，即出现排斥力（负凝聚力）的情况，当这个数值超过 σ 值时，则将使岩石破坏[3, 52]。在各向受压的情况下，则有

$$(\sigma_1-\sigma_2)^2+(\sigma_2-\sigma_3)^2+(\sigma_1-\sigma_3)^2+\alpha(\sigma_1+\sigma_2+\sigma_3-3p_w)=0 \tag{2.137}$$

式中，σ_1、σ_2、σ_3 分别为最大、中间、最小主应力；α 为系数。

研究结果如下[63-74]。

a. 如果岩石裂隙中的水压力等于三轴试验的围压力 σ_0，则破坏发生在

$$\sigma_1-\sigma_2=R_c \tag{2.138}$$

式中，R_c 为岩石单轴抗压强度。

b. 当仅有空隙水压力 p_w 作用时，即 $\sigma_1=\sigma_2=0$，$p_w\neq0$ 时，则岩石发生破坏的条件为

$$p_w=|R_t| \tag{2.139}$$

式中，R_t 为岩石的单轴抗拉强度。

岩石在很小的应力作用下，在产生弹性变形的同时，就伴随着塑性变形，岩石力学的研究表明，岩石有两种基本破坏类型：一是脆性破坏，它的特点是岩石达到破坏时不产生明显的变形；二是塑性破坏，这时产生明显的塑性变形而不呈现明显的破坏面。通常认为，脆性破坏是应力条件下，岩石中裂隙的产生和发展的结果；而塑性破坏，通常是在塑性流动状态下发生的，由组成物质颗粒间相互

滑移所致。

　　库仑强度理论中，σ 和 τ 分别代表受力单元体的某一平面上的正应力和剪应力，当 τ 达到下列数值时，该单元就会沿此平面发生剪切破坏，即

$$|\tau| = f\sigma + C \tag{2.140}$$

式中，f 为内摩擦系数；C 为凝聚力。若将 σ 用主应力表示，σ_1，σ_2，σ_3，且 $\sigma_2 = \sigma_3$，$\sigma_1 > \sigma_2$，

$$\tau = \frac{\sigma_1 - \sigma_3}{2}\sin 2\theta \tag{2.141}$$

$$\sigma = \frac{\sigma_1 + \sigma_2}{2} - \frac{\sigma_1 - \sigma_3}{2}\cos 2\theta \tag{2.142}$$

式中，θ 为剪破面与最小主应力之间的夹角，即剪破面的法线方向与最大主应力 σ_1 的夹角；内摩擦系数 $f = \tan\varphi$。在库仑准则中，

$$\sigma_1 = R_c + K\sigma_3 \tag{2.143}$$

$$K = [(f^2 + 1)^{0.5} + f]/[(f^2 + 1)^{0.5} - f] \tag{2.144}$$

　　或　　　　　　　　　$K = (1 + \sin\varphi)/(1 - \sin\varphi)$

　　这个准则在 σ-τ 平面上，是一条与 σ 轴的斜率为 $f = \tan\varphi$、与 τ 轴的截距为 c 的直线。剪切面上的正应力和剪应力由应力圆给出（图 2.134）。当此应力圆与直线相切时，便发生破坏，并有

$$2\theta = \frac{\pi}{2} + \varphi \tag{2.145}$$

$$\frac{\sigma_1 - \sigma_3}{2} = \left(C \cdot \cot\varphi + \frac{\sigma_1 + \sigma_3}{2}\right)\sin\varphi \tag{2.146}$$

$$R_c = \frac{2C(1 + \sin\varphi)}{\cos\varphi} \tag{2.147}$$

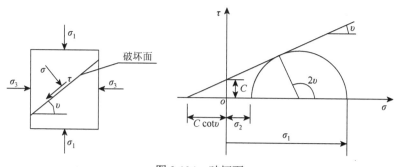

图 2.134　破坏面

　　格里菲斯（A. A. Griffith）认为，由于材料中存在着裂纹，当材料受到拉应力作用时，在不利方位的裂纹尖端产生高度的应力集中，其值大大超过平均拉应力。

当材料所受到的拉应力足够大时，会导致裂纹不稳定扩展而使材料脆性断裂。因此，格里菲斯准则认为：脆性破坏是由于受拉破坏，而不是受剪破坏。格里菲斯准则可表示为

当 $\sigma_1 + 3\sigma_3 < 0$ 时，破坏发生在下列条件：

$$\sigma_3 = R_t, \quad \theta = 0 \tag{2.148}$$

当 $\sigma_1 + 3\sigma_3 \geqslant 0$ 时，破坏发生在下列应力组合条件：

$$(\sigma_1 - \sigma_3)^2 - 8R_t(\sigma_1 + \sigma_3) = 0 \tag{2.149}$$

破坏面与 σ_3 的夹角为

$$\theta = \frac{1}{2}\arccos\frac{\sigma_1 - \sigma_3}{2(\sigma_1 + \sigma_3)} \tag{2.150}$$

③岩石在空化水射流作用下的破坏特性分析。

空化水射流在本实验设备能达到的实验条件下已不能冲蚀破碎灰岩，而对砂岩却表现出巨大的冲蚀能力。现有的空化冲蚀理论中，化学腐蚀理论、电化学理论、热作用理论均不能解释该实验现象。该现象为机械作用理论的完善提供实验依据。机械作用理论认为表面空蚀破坏由空泡溃灭时产生微射流和冲击波的强大冲击作用所致。空泡溃灭，岩石的被冲击区受到巨大的压缩波作用，压缩波收到岩石表面的反射而使岩石处于受拉状态，同时，在射流压力作用下，水射流由岩石表面的裂纹进入岩石内部，岩石空隙和裂纹被水射流充满，当其突然受载而水来不及排出时，岩石空隙或裂隙中产生很高的空隙压力。这种空隙压力减小颗粒之间的压应力，从而降低岩石的抗剪强度，致使岩石的裂隙端部处于受拉状态而破坏岩石的连接。

从力学性质上看，石灰岩单轴抗压强度、抗拉强度略高于砂岩，其空隙、裂隙情况差异巨大，且由水的作用引起其力学性质的变化，因此可以说，空化水射流作用下岩石的破碎是裂纹扩展的结果，空泡溃灭时产生微射流和冲击波加速裂纹的扩展，岩石的抗拉或抗压强度都不能确切地反映岩石对于射流切割破岩的阻力，岩石的裂隙、渗透率等在射流破岩过程中最重要。水射流切割破碎效率取决于岩石的弹性强度及岩石的孔隙度和渗透性。

2.4　高压水射流导引钻头破硬岩机理研究

2.4.1　高压水射流导引钻头破硬岩方法

目前，煤矿井下预抽煤层瓦斯钻孔施工中常用的钻具为硬质合金钻头与 PDC 钻头，为典型的全面钻头。全面钻头可对孔底岩石进行全面破碎，钻进不受回次进尺的限制，可大量节约升降钻具和取心的辅助作业时间，因此在煤矿井下得到

广泛应用。但当遇到坚硬岩石（硬度系数 f 值大于 8）时，该类钻具钻进效率低、钻头磨损快是亟须解决的工程难题之一。

在用全面钻头钻硬岩过程中，孔底中心会出现一个如图 2.135 所示的"凸台" [75, 76]。"凸台"的出现不仅影响钻进效率而且还会导致钻头失效。

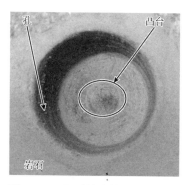

图 2.135　全面钻头钻硬岩成孔图

减小钻头承受载荷、改善刀刃切削环境、降低切削温度是提高传统旋转钻进效率和降低钻头磨损的关键。实现这一目的的有效方法之一便是减弱或消除钻头钻进过程中"凸台"的形成并改善钻头的冷却条件。

磨料射流是磨料与高速流动的水混合而形成的液固两相介质射流，由于磨料微粒的质量比水大且具有锋利的棱角，所以磨料射流对岩石的冲击力和磨削力要比相同条件下的高压水射流大得多。此外，由于磨料在水射流中是不连续的，由磨料组成的高速粒子束对岩石产生高频冲击作用，可以有效破碎硬岩。磨料射流切割最突出的优点便是其柔性、冷加工特性，即刀具与靶体无需直接刚性接触便能实现对靶体的破碎。通过引入磨料射流将其沿钻头轴心方向布置，对加工区域中央位置岩石进行破碎形成先导孔，消除钻进过程中的"凸台"，为钻头后续机械钻削提供自由面，降低刀具受力，彻底解决机械钻进过程中央区域存在空白带的问题，使得常用硬质合金切割刀面能胜任对硬岩的钻削切割，同时保证钻头高效钻进与长寿命工作。

磨料射流联合钻头破岩系统构成如图 2.136 所示。

该装备系统由磨料射流发生系统、煤矿用液压钻进系统两个子系统构成。各子系统的组成及工作原理如下。

磨料射流发生系统主要由高压泵、电机、水箱、磨料罐、溢流阀、节流阀、球阀、混合室及高压胶管等组成。其工作原理如下：水箱内的水经高压泵加压后形成高压水输出，且分成两部分，一部分经球阀通到磨料罐的顶端，对磨料产生一个向下压注的正压力，另一部分经节流阀至混合室，磨料罐的底端出液口通过球阀与混合室相连，高压水从混合室喷出时，导致混合室内压力降低而形成负压，同时，磨料罐内的磨料在上面正压力的作用下注入混合室，并卷入高速水流中，与水均匀混合，形成磨料射流。此过程中磨料的通断由球阀的开关控制，磨料浓度由节流阀调节。

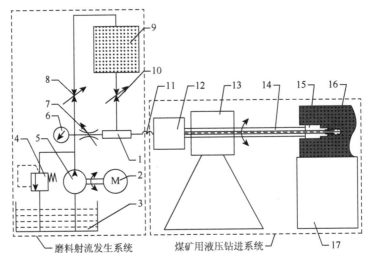

1. 混合室；2. 电机；3. 水箱；4. 溢流阀；5. 高压泵；6. 压力表；7. 节流阀；8和10. 气动球阀；9. 磨料罐；11. 高压胶管；12. 输水器；13. 钻机；14. 钻杆；15. 钻头；16. 岩石；17. 岩石固定平台

图2.136　磨料射流导引钻头破碎硬岩系统结构图

煤矿用液压钻进系统主要由输水器、钻机、钻杆、钻头及高压胶管等组成。系统工作时，加压后的磨料射流经输水器和钻杆，从钻头前端的磨料喷嘴喷出，对岩石进行冲蚀，同时由钻机实现钻头的进退、旋转功能，驱动钻头对岩石进行机械破碎。

如图2.137所示为磨料射流联合钻头钻进硬岩示意图。使用的方法步骤如下。

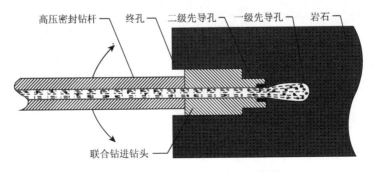

图2.137　磨料射流钻头钻进示意图

（1）在磨料射流钻头的二级两翼破碎齿开始钻进硬岩前，由磨料喷嘴喷出的磨料射流对目标岩石进行冲蚀，在轴心处形成一级先导孔。

（2）矿用液压钻进系统驱动钻头钻进，由磨料射流钻头的二级两翼破碎齿对一级先导孔四周岩石进行破碎，形成二级先导孔。

（3）钻进系统继续驱动钻头钻进，由磨料射流钻头的三级三翼破碎齿对二级先导孔四周岩石进行破碎，形成终孔。

2.4.2　高压水射流导引钻头破硬岩机理

1）传统全面钻头钻孔刀具的破岩过程

如图 2.138 所示，钻头回转钻进岩石等脆性材料时的显著特点是在刀具作用下以跳跃式的剪切破碎为主，形成跃进式破岩过程。该过程可分为如下三个阶段。

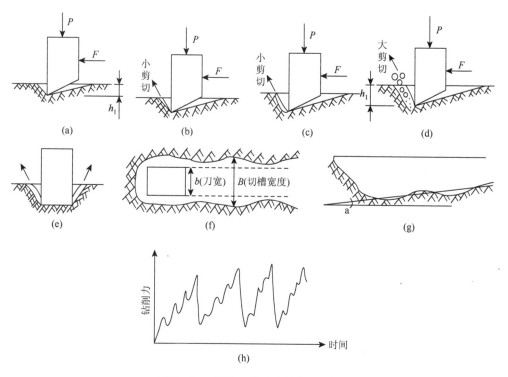

图 2.138　钻孔刀具破岩过程示意图

（1）刀具在垂直载荷 P 的作用下吃入岩石，在岩石表面产生小块破碎，水平载荷 F 减小，继续前移，碰撞刃前岩石（图 2.138（a））。

（2）刀具刃前接触岩石面积很小，对前方岩石产生较大的挤压力，压碎刃前岩石，随着 F 增大，岩石产生小的剪切破碎（图 2.138（b））。继续向前推进可能重复产生多次小剪切，形成的岩屑向自由面崩出（图 2.138（c））。

（3）当刀具前端接触岩石面积较大时，前进受阻。一方面刀具继续挤压前方岩石，另一方面 F 急剧增大，当 F 达到极限值时，迫使岩石沿剪切面产生大的剪切破碎，并在刃尖前留下一些被压实的岩粉，然后 F 突然减小（图 2.138（d））。

刀具重复着上述碰撞、压碎、小剪切、大剪切的循环过程不断向前推进。在每次循环中，刀具两侧的岩石也会和刃前岩石一样，分别产生一组类似的小剪切体和大剪切体，使切槽断面近似呈梯形（图 2.138（e））。由于钻进过程是在孔底局部夹持和小剪切、大剪切交替出现的条件下进行的，故孔底和切槽边沿都是粗糙不平的，且有规律地变化着（图 2.138（f））。整个破碎过程沿倾角为 a 的螺旋面向前推进（图 2.138（g））。

综上所述，在钻头回转钻进岩石等脆性材料跃进式破碎过程中，每次跃进基本上都遵循"碰撞—压碎—小剪切—大剪切"的四阶段原则，切削力与钻进时间存在波动变化关系（图 2.138（h）），刀具承受的力是按此四阶段顺序逐步增加的，在大剪切前的一瞬间载荷最大，而当大剪切体崩裂时，载荷瞬时下降。

2）传统全面钻头钻孔刀具的受力分布（图 2.139）

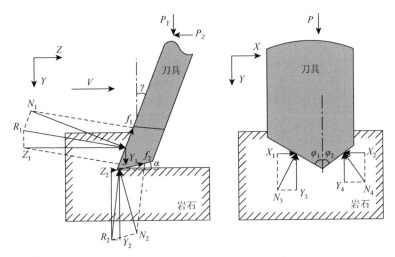

图 2.139　钻孔刀具破岩过程受力示意图

尽管切削破岩过程中破岩刀具受力为一个在三维空间（刀具切割方向、切割深度方向和刀具横向）内变化的复杂分布载荷，但相关研究结果表明，为了对切削刀具受力的构成及影响因素进行定性分析，用作用在刀刃上的集中力代替分布力进行计算是可行的。

如图 2.139 所示，刀具在上述破岩过程中切割片承受的力包括切削表面岩石作用在前刀面上的正压力 N_1 和岩屑对前刀面的摩擦力 f_1；已加工表面岩石作用在后刀面上的反向压力 N_2 和摩擦力 f_2。切割片两侧的侧面岩石作用在侧刀面上的侧向反力 N_3 和 N_4 及平行于 Z 轴的侧面岩石与侧刀面的摩擦力 $\mu_3 N_3$ 和 $\mu_3 N_4$。

使用静力学力的分解与合成方法，分别将前刀面、后刀面和侧刀面上的合力投影到 X、Y、Z 坐标轴，则按力的平衡原理可得切削力在三个轴上的分力分别为

$$\begin{cases} Z = Z_1 + Z_2 + \mu_3(N_3 + N_4) \\ Y = Y_1 + Y_2 + Y_3 + Y_4 \\ X = X_2 - X_1 \end{cases} \tag{2.151}$$

式中，

$$\begin{cases} Z_1 = N_1(\cos\gamma + \mu_1\sin\gamma) \\ Z_2 = N_2(\mu_2\cos\alpha - \sin\alpha) \\ Y_1 = N_1(\sin\gamma - \mu_1\cos\gamma) \\ Y_2 = N_2(\cos\alpha + \mu_2\sin\alpha) \\ Y_3 = N_3\sin\varphi_1 \\ Y_4 = N_4\sin\varphi_2 \\ X_1 = N_3\cos\varphi_1 \\ X_2 = N_4\cos\varphi_2 \end{cases} \tag{2.152}$$

将式（2.152）代入式（2.151）即可得钻进岩石过程中切割片在三个方向上的受力 F_c、F_n 和 F_o 的表达式分别为

$$\begin{cases} F_c = Z = N_1(\cos\gamma + \mu_1\sin\gamma) + N_2(\mu_2\cos\alpha - \sin\alpha) + \mu_3(N_3 + N_4) \\ F_n = Y = N_1(\sin\gamma - \mu_1\cos\gamma) + N_2(\cos\alpha + \mu_2\sin\alpha) + N_3\sin\varphi_1 + N_4\sin\varphi_2 \\ F_o = X = N_4\cos\varphi_2 - N_3\cos\varphi_1 \end{cases} \tag{2.153}$$

式中，γ 为刀具前角；α 为刀具后角；μ_1、μ_2、μ_3 分别为岩屑与前刀面、切削表面岩石与后刀面、侧面岩石与侧刀面的摩擦系数；φ_1、φ_2 分别为切割片左、右侧尖角；F_c 称为刀具切割阻力，刀具就是通过克服该力对岩石做功破碎岩石的；F_n 称为穿透阻力，刀具便是克服该力的作用使其在一定切割深度下仍具有穿透能力；F_o 称为侧向阻力，该力对切割效率与刀具寿命具有不利影响，因此在设计刀具时应尽量避免该力的产生。

从静态角度考虑，钻进过程中切割片所受的合力 F 应为上述 F_c、F_n 与 F_o 的

矢量和，即

$$F = F_c + F_n + F_o \qquad (2.154)$$

钻孔刀具破岩过程中所承受的力主要由 F_c、F_n 与 F_o 构成，且得出各力的理论计算公式（2.153），但该方法仅从静力学角度对刀具受力进行推算，不涉及岩石破坏机理，也不区分用什么准则判断岩石破碎的发生，仅对刀具受力的定性分析有一定参考作用。利用此式计算刀具受力，必须首先知道 N_1、N_2、N_3、N_4、μ_1、μ_2 和 μ_3，然而这些未知量均需通过实验确定，无现成的规范或经验表格可供查询，因此该方法不能用来对刀具受力进行预估。

3）全面钻头钻进运动与能量特性分析（图 2.140）

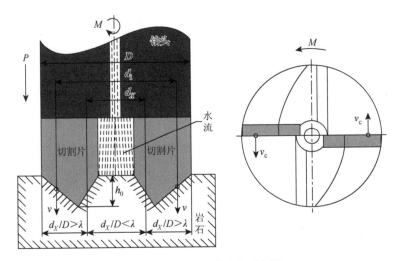

图 2.140　全面钻头破岩示意图

如图 2.140 所示为常用全面钻头破岩示意图。钻头旋转钻进过程中，在轴向载荷 P 作用下，钻头切割片吃入岩石，然后在扭矩 M 的作用下围绕轴线回转，切削-剪切一层厚度为 h_0 的岩石。假设钻头的切削刃由 n 点组成，则在此过程中切割片上每点按螺距为 h_0 的螺旋线运动，切削刃上某点 i 在某一时刻 t 的垂直坐标为

$$z_i = h_0 \cdot n \cdot t \qquad (2.155)$$

式中，n 为钻头转速。

若钻头共有 m 个切割片，则

$$z = m \cdot h_0 \cdot n \cdot t \qquad (2.156)$$

式中，$mh_0 = h$ 是钻头每转一圈时的进尺；坐标 z 就是 t 时间内钻头的钻进深度。

由此可得钻头的钻进速度为

$$v = \frac{\mathrm{d}z}{\mathrm{d}t} = hn \qquad (2.157)$$

被分析点的圆周速度为

$$v_{\mathrm{c}} = \pi n d_i \qquad (2.158)$$

式中，d_i 为被分析点 i 处切削刃的作用半径。

则被分析点的绝对速度为

$$v_{\mathrm{a}} = \sqrt{v^2 + v_{\mathrm{c}}^2} = n\sqrt{(2\pi d_i)^2 + h^2} \qquad (2.159)$$

此外，钻头破碎岩石做功由垂直方向做功（穿透力做功）和切线方向做功（扭矩做功）两部分组成，钻头旋转一周所做总功等于两部分之和。

则 i 点旋转一周所做总功为

$$W_{\mathrm{d}} = W_{\mathrm{F}} + W_{\mathrm{M}} \qquad (2.160)$$

式中，W_{d} 为被分析点 i 点旋转一周所做总功；W_{F} 为 i 点穿透力做功；W_{M} 为 i 点扭矩做功。

$$W_{\mathrm{F}} = P h_0 \qquad (2.161)$$

式中，P 为 i 点切削刃产生的穿透力。

$$W_{\mathrm{M}} = 2\pi M = 2\pi F_{\mathrm{c}} d_i \qquad (2.162)$$

式中，F_{c} 为 i 点切削刃产生的切割力。

钻头旋转钻进破碎岩石可理解为机械能转化为表面能的过程。从能量守恒出发，设钻头旋转一周切割片 i 点破碎厚度为 h_0 的岩石所需破碎功为 W_{P}，则在岩石破碎的临界状态有

$$W_{\mathrm{d}} = W_{\mathrm{P}} = W_{\mathrm{F}} + W_{\mathrm{M}} = P h_0 + 2\pi F_{\mathrm{c}} d_i \qquad (2.163)$$

由式（2.159）与式（2.163）可知，在钻头轴线上（ $d = 0$ ），圆周速度为零，绝对速度 $v_{\mathrm{a}} = v = nh$，表明钻头轴心切削刃对岩石无切削作用；扭矩做功 W_{M} 为零，钻头做功 $W_{\mathrm{P}} = W_{\mathrm{d}} = W_{\mathrm{F}}$，表明钻头中心的岩石完全由穿透力做功破碎。随着 d 值的增大，圆周速度 v_{c} 不断增大，速度 v 对绝对速度 v_{a} 的影响减小，同时，扭矩做功逐渐增加，穿透力做功相应减弱，当切削刃上某点扭矩做功能够克服岩石抗剪强度时，由于岩石抗剪强度远低于抗压强度，该点作用下的岩石将优先实现剪切破碎，此时，穿透力做功主要为钻进提供轴向进给。

如图 2.140 所示，设切削刃上由扭矩做功实现对岩石剪切破坏的起始点为有效钻削临界点，且

$$d_X / D = \lambda \qquad (2.164)$$

式中，d_X 为临界点直径；λ 为与岩石性质有关的常数；D 为切削刃最大直径。

可见，全面钻头钻进过程中，切削刃上各点对岩石做功的能量源是不同的，以有效钻削临界点为界，可将孔底岩石分为两个破碎区：$d_X/D > \lambda$ 区，该区域内的切削刃以切割力做功为主；$d_X/D < \lambda$ 区，该区域内的切削刃则以穿透力做功为主。根据能量守恒原理，有 $W_P = W_d$，即破碎两区域内岩石的破碎做功具有不同属性，从而导致不同区域内岩石具有不同的破碎机理。不同区域岩石的具体破碎机理由刀具结构决定，下面将开展相关内容的详细讨论。

4）传统全面钻头破岩特点

由全面钻头的运动与能量特性分析可知，在如图 2.141 所示的传统全面钻进中，钻头对孔底岩石的破坏可分为 $d_X/D > \lambda$ 与 $d_X/D < \lambda$ 两个破碎区，刀具对不同破碎区内岩石的破碎具有不同特点。

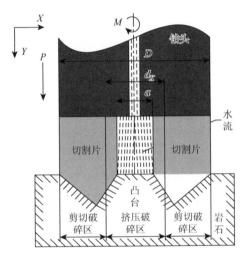

图 2.141　全面钻头破岩机理示意图

（1）当 $d_X/D > \lambda$ 时，切削刃在轴向载荷 P 的作用下吃入岩石一定深度，而主要靠扭矩作用下产生的切向力 F 做功。该区域内的岩石主要受剪应力的作用，且随刀具前角和岩石特性的变化而变化，当切削刃对岩石的剪切作用足以克服岩石抗剪强度时，岩石将发生剪切破坏（图 2.142（a））。本节定义该区域为剪切破碎区，在该区域内切削刃能实现对岩石的有效切削。

（2）当 $d_X/D < \lambda$ 时，切削刃仍然在轴向载荷 P 的作用下吃入岩石一定深度，但由于该区域内切削刃的圆周速度对绝对速度的影响较弱，在扭矩作用下产生的切向力做功不足以对岩石实施剪切破坏，而是主要依靠切割片的后刀面在轴向载荷作用下产生侧压力对岩石做功，克服岩石抗压强度对岩石实施挤压破坏（图 2.142（b））。本节定义该区域为挤压破碎区，在该区域内切削刃不能实现对岩石的有效切削。

（3）由于岩石抗剪强度远小于抗压强度的力学特性，所以在相同的能量下，剪切破碎区内岩石较挤压破碎区内岩石更容易被刀具破碎，即挤压破碎区岩石的破碎速度将滞后于剪切破碎区岩石，最终将在挤压破碎区内形成一锥形岩柱，即 2.4.1 节所述的"凸台"，该"凸台"的形成除了与常数 λ 有关，还与两切割片间距 a 有关（市场调研表明，绝大多数全面钻头切割片之间均存在一个大小不等的间距 a），因为无切削刃对该区域内岩石进行破碎，从而进一步增大了"凸台"的大小、形成速度与破碎难度。

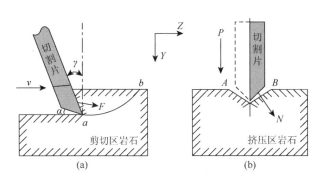

图 2.142　全面钻头破岩计算模型

5）传统全面钻头受力计算

由上面分析表明，传统全面钻头对孔底岩石的破坏可分为两个破碎区，分别为距离轴心一定距离的剪切破碎区和钻头轴心附近的挤压破碎区。其中，剪切破碎区岩石为克服抗剪强度的剪切破碎，可按莫尔-库仑强度理论对刀具受力进行计算；挤压破碎区岩石为克服抗压强度的挤压破碎，可按挤压破碎理论对刀具受力进行计算。下面即选用不同的岩石破坏准则分别建立各区域的刀具受力计算模型，最终获取钻头的受力情况。

（1）剪切破碎区（$d_X/D > \lambda$）刀具受力计算。

如图 2.143 所示为剪切破碎区刀具受力计算模型，利用该模型进行计算前，首先作出如下假设。

①钻头切削刃宽度比切割深度大，且破岩过程中岩石无侧向断裂和流动，即应力沿切削刃宽度方向呈均匀分布。

②破裂线为圆弧形，该弧线在起始点 a 处的切线为水平线。

③切削刃是锋利的，破岩过程中只有前刀面接触岩石。

④切削作用下的破碎面遵守莫尔-库仑准则。

在以上假设条件下即可将该区域内的切削破岩问题看作平面应力问题，通过求破碎面的剪应力与拉应力推算刀具受力。

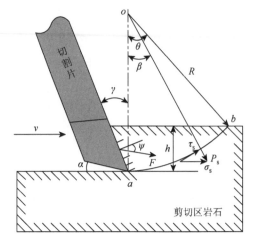

图 2.143　剪切区刀具破岩计算模型

根据切削过程中刀尖处受力最大及自由面应力为零的边界条件，破碎面上某点的应力与其和刀尖的距离有关，因此，可将破碎面（$\overarc{ab}$）上的载荷以极坐标的形式表示如下：

$$P_t = P_o B_1 [R(\theta - \beta)]^n \tag{2.165}$$

式中，P_o 为由力平衡方程式所确定的常数；B_1 为剪切破碎区切削刃的宽度；R 为 $\overarc{ab}$ 的圆弧半径；θ 为 $\overarc{ab}$ 所对应的圆心角；β 为从刀尖 a 到 $\overarc{ab}$ 上任意点对应的圆心角；n 为应力分布系数，与刀具前角 γ 有关，根据文献[77]，其取值为 $n = 11.3 - 0.18\gamma$。

根据力的平衡原理，破碎面 $\overarc{ab}$ 上的合力应等于刀具受力 F，即

$$F = \int_0^\theta P dA = P_o B_1 R^n \int_0^\theta (\theta - \beta)^n R d\beta \tag{2.166}$$

式中，dA 为破碎面积分微元。

对式（2.166）求积分可得

$$P_o = -\frac{(n+1)F}{B_1 R^{(n+1)} \theta^{(n+1)}} \tag{2.167}$$

将式（2.167）代入式（2.166），并令 $\beta = 0$，可得破碎面起端 a 处的载荷 P_a 的表达式：

$$P_a = \frac{(n+1)F}{B_1 R \theta} \tag{2.168}$$

载荷 P_a 在破碎面上的垂直分力和切向分力为

$$\sigma_a = \frac{(n+1)F}{B_1 R \theta} \sin(\psi - \gamma) \tag{2.169}$$

$$\tau_{\mathrm{a}} = \frac{(n+1)F}{B_1 R \theta} \cos(\psi - \gamma) \tag{2.170}$$

式中，ψ 为岩石与刀具之间的摩擦角。

按莫尔-库仑准则[78]，岩石破碎的条件为

$$\pm \tau_n = \tau_{\text{剪}} - \sigma_n \tan \psi_{\mathrm{T}} \tag{2.171}$$

式中，$\tau_{\text{剪}}$ 为岩石抗剪强度；ψ_{T} 为岩石内摩擦角。

当 $\psi - \gamma > 0$ 时，τ_n 取负值。令 $\tau_n = \tau_{\mathrm{a}}$，$\sigma_n = \sigma_{\mathrm{a}}$，将式（2.169）与式（2.170）代入式（2.171），整理可得

$$F = \frac{B_1 \tau_{\text{剪}} R \theta}{n+1} \cdot \frac{1}{\cos(\psi - \gamma) - \tan \psi_{\mathrm{T}} \sin(\psi - \gamma)} = \frac{B_1 \tau_{\text{剪}} R \theta}{2(n+1)} \cdot \frac{\cos \psi_{\mathrm{T}}}{\cos(\psi - \gamma - \psi_{\mathrm{T}})} \tag{2.172}$$

由图 2.143 中的几何关系可得

$$R = \frac{h}{1 - \cos \theta} \tag{2.173}$$

$$B_1 = \frac{D - d_X}{2} \tag{2.174}$$

式中，h 为切割深度。

将式（2.173）与式（2.174）代入式（2.172）可得

$$F = \frac{\tau_{\text{剪}} h \theta (D - d_X)}{4(n+1)(1 - \cos \theta)} \cdot \frac{\cos \psi_{\mathrm{T}}}{\cos(\psi - \gamma - \psi_{\mathrm{T}})} \tag{2.175}$$

对式（2.175）中的 θ 微分求极值，可得极值时的 θ 为

$$\theta = \frac{1}{\cos \theta / 2} \tag{2.176}$$

将式（2.176）代入式（2.177）可得刀具受力的表达式为

$$F = \frac{\tau_{\text{剪}} h (D - d_x)}{4(n+1) \cos \theta \sin \theta / 2} \cdot \frac{\cos \psi_{\mathrm{T}}}{\cos(\psi - \gamma - \psi_{\mathrm{T}})} \tag{2.177}$$

式中，θ 值由式（2.176）确定。

该力在水平方向上的分力为剪切破碎区刀具承受的切割阻力 F_{c1}，即

$$F_{\mathrm{c1}} = F \cos(\psi - \gamma) = \frac{\tau_{\text{剪}} h (D - d_X)}{4(n+1) \cos \theta \sin \theta / 2} \cdot \frac{\cos \psi_{\mathrm{T}} \cos(\psi - \gamma)}{\cos(\psi - \gamma - \psi_{\mathrm{T}})} \tag{2.178}$$

该力在垂直方向上的分力为剪切破碎区刀具承受的穿透阻力 F_{n1}，即

$$F_{\mathrm{n1}} = F \sin(\psi - \gamma) = \frac{\tau_{\text{剪}} h (D - d_X)}{4(n+1) \cos \theta \sin \theta / 2} \cdot \frac{\cos \psi_{\mathrm{T}} \sin(\psi - \gamma)}{\cos(\psi - \gamma - \psi_{\mathrm{T}})} \tag{2.179}$$

（2）挤压破碎区（$d_X/D < \lambda$）刀具受力计算。

如图 2.144 所示为挤压破碎区刀具受力计算模型。在该区域内，切削刃在轴向载荷的作用下，通过切割片的后刀面对两切割片之间的岩石施以正压力 N，在其竖直分量 N_Y 和水平分量 N_Z 作用下，中间岩石由压应力和剪应力破坏。

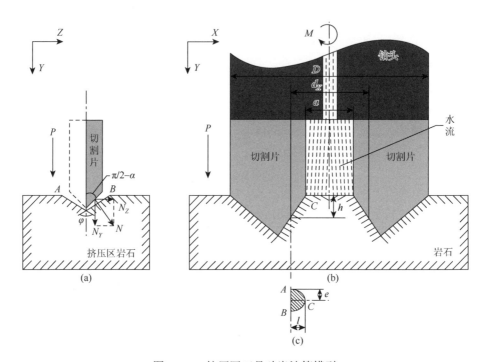

图 2.144　挤压区刀具破岩计算模型

文献[79]研究表明，钎子、单齿、盘刀等工具在静压、冲击或滚压的载荷下作用于岩石表面，造成接触体周围岩石的破碎，形成破碎坑，其轴向穿透力（推力）P 与刀具压入岩石自由面上的破碎面积 A_n 成正比，即

$$P = R_n A_n \qquad (2.180)$$

式中，R_n 为比例系数，类似于刀具压入半无限体岩石的压入强度，与岩石的单轴抗压强度 $\sigma_{\text{压}}$ 有关。令

$$K_n = \frac{R_n}{\sigma_{\text{压}}} \qquad (2.181)$$

式中，K_n 为压入系数，与岩石性质有关，试验确定其数值为 $K_n = 0.47 \sim 0.7$，软岩取小些，硬岩取大些（大理岩取 0.53，花岗岩取 0.67，石灰岩取 0.43）。

如图 2.144（a）所示，刀具压入岩石形成破碎坑，沿破碎坑轴线方向取其端面为漏斗形，漏斗两边夹角为岩石破碎角，用 φ 表示，其大小与刀具参数和载荷大小无关,仅与岩石性质、自由面形状、自由面数量有关[80]。大理岩的 $\varphi = 140° \sim 156°$,花岗岩的 $\varphi = 142° \sim 150°$,石灰岩的 $\varphi = 154° \sim 160°$。

由于岩石的不均质性,绝大多数漏斗是不对称的,所以,按如图 2.144(c)所示的对称漏斗计算的岩石破碎角和实际情况是有差异的,但统计资料表明,按对称漏斗计算的 φ 值的可信度可达 85% 以上。因此,可将 A_n 看作两条抛物线围成的面积的 1/2(图 2.144(c)中的阴影部分)。

根据投影定理及刀具的几何结构可得

$$\begin{cases} l = \dfrac{d_X - a}{2} \\ \mathrm{e} = h \tan \dfrac{\varphi}{2} \end{cases} \tag{2.182}$$

式中,a 为钻头两切割片之间的间距。

$$A_n = \frac{4}{3} le = \frac{2}{3} h (d_X - a) \tan \frac{\varphi}{2} \tag{2.183}$$

根据力的平衡原理,并将式(2.181)与式(2.183)代入式(2.180)即可得挤压破碎区切割片承受的穿透阻力 F_{n2} 为

$$F_{n2} = P = \frac{2}{3} K_n \sigma_{压} h (d_X - a) \tan \frac{\varphi}{2} \tag{2.184}$$

(3)传统全面钻头受力计算。

设该全面钻头共有 m 枚切割片,由以上分析可得,旋转钻进过程中,钻头的穿透阻力 F_n 与切割阻力 F_c 的计算式可表示如下:

$$\begin{cases} F_n = m(F_{n1} + F_{n2}) \\ F_c = m F_{c1} \end{cases} \tag{2.185}$$

将式(2.178)、式(2.179)与式(2.184)代入式(2.185)可得

$$\begin{cases} F_n = m \left[\dfrac{\tau_{剪} h (D - d_X)}{4(n+1) \cos \theta \sin \theta / 2} \cdot \dfrac{\cos \psi_T \sin(\psi - \gamma)}{\cos(\psi - \gamma - \psi_T)} + \dfrac{2}{3} K_n \sigma_{压} h (d_X - a) \tan \dfrac{\varphi}{2} \right] \\ F_c = m \dfrac{\tau_{剪} h (D - d_X)}{4(n+1) \cos \theta \sin \theta / 2} \cdot \dfrac{\cos \psi_T \cos(\psi - \gamma)}{\cos(\psi - \gamma - \psi_T)} \end{cases} \tag{2.186}$$

由上述分析结果与式(2.186)可以得出以下五个结论。

① 影响传统全面钻头受力的因素是多方面的,主要包括岩石性质($\tau_{剪}$、$\sigma_{压}$、K_n、ψ_T、ψ、φ 等)、钻头的几何结构与参数(γ、D、d_X、n、a、m 等)及钻进参数(h)三类。

② 钻头受力随钻头直径、切割深度的增加而增加。

③钻头受力随岩石强度的提高而增加，即高强度的岩石需要的破碎力更大。

④按破岩机理的不同，传统旋转钻头对孔底岩石的破碎分剪切破碎区与挤压破碎区两个区域进行，前者主要为剪切破碎，后者为挤压破碎。

⑤"凸台"的存在是旋转钻进与其他机械切削方式相比而独有的特征，且钻机提供的轴向载荷绝大部分消耗在对该"凸台"的破碎上。

（4）"凸台"消除后钻进刀具受力计算。

如图 2.145 所示，使用一种装备（如冲击钻）预先消除"凸台"形成"先导孔"后，后续钻头的机械扩孔只需破碎剪切破碎区的岩石。

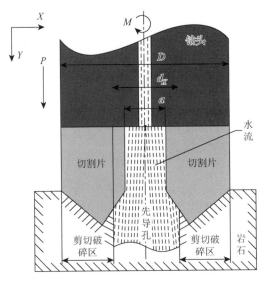

图 2.145　"凸台"消除后钻头破岩机理示意图

由前面的分析可知此时刀具受力可表示为

$$\begin{cases} F_n' = m\dfrac{\tau_{\text{剪}}h(D-d_X)}{4(n+1)\cos\theta\sin\theta/2}\cdot\dfrac{\cos\psi_{\text{T}}\sin(\psi-\gamma)}{\cos(\psi-\gamma-\psi_{\text{T}})} \\[4mm] F_c' = m\dfrac{\tau_{\text{剪}}h(D-d_X)}{4(n+1)\cos\theta\sin\theta/2}\cdot\dfrac{\cos\psi_{\text{T}}\cos(\psi-\gamma)}{\cos(\psi-\gamma-\psi_{\text{T}})} \end{cases} \qquad (2.187)$$

对比式（2.186）与式（2.187）可见，由于岩石的抗压强度远远大于抗剪强度，"凸台"消除后刀具所承受的穿透阻力较"凸台"存在时将有大幅度降低。根据力的平衡原理，在相同能量作用下，刀具穿透阻力的降低即意味着刀具破岩所需穿透力的减小，因而可取得更高的钻进效率。同时，刀具受力的大幅度减小对降低刀具磨损具有至关重要的意义。

6）磨料射流联合钻头钻进受力计算

磨料射流导引钻头钻进过程中钻头对孔底岩石的作用可分为两个破碎区，分别为距离轴心一定距离的剪切破碎区和钻头轴心附近的拉伸破碎区。其中，剪切破碎区岩石的破碎机理与传统全面钻头相同，均为克服岩石抗剪强度的剪切破碎，可按莫尔-库仑强度理论对刀具受力进行计算；拉伸破碎区岩石的破碎可分为两部分，一部分为机械刀具接触岩石前，由磨料射流冲蚀破碎形成的直径为 b 的"先导孔"；另一部分为机械刀具对"先导孔"周边（$d_X/D < \lambda$ 范围）岩石的机械破碎。其中，岩石在磨料粒子冲击下形成由侧向-扩展裂纹与径向-中间裂纹构成的裂纹系统，该裂纹系统的发育于岩石内部形成由圆形截面与 V 形剖面构成的倒锥体孔洞，同时于孔洞周边构造出一定范围的损伤区，促使磨料射流破岩始终处于"冲蚀-损伤"交替进行的动态过程中。该区域岩石为刀具在"先导孔"裸露壁面形成的自由面引导下，克服岩石抗拉强度对岩石实施拉伸破坏，可按 Evans 的拉伸破碎理论对刀具受力进行计算。本节以下即根据破碎区的不同，选用不同破坏准则建立各区域的刀具受力计算模型，最终获取磨料射流钻头的受力情况。

（1）剪切破碎区（$d_X/D > \lambda$）刀具受力计算。

剪切破碎区岩石的破碎机理与传统全面钻头破岩相同，均为刀具克服岩石抗剪强度的剪切破碎，可按莫尔-库仑强度理论计算。剪切破碎区，刀具受力情况表述如下。

刀具受力的表达式为

$$F = \frac{\tau_{剪} h(D - d_X)}{4(n+1)\cos\theta\sin\theta/2} \cdot \frac{\cos\psi_{\mathrm{T}}}{\cos(\psi - \gamma - \psi_{\mathrm{T}})} \tag{2.188}$$

该力在水平方向上的分力为剪切破碎区刀具的切割阻力，即

$$F_{\mathrm{c1}} = F\cos(\psi - \gamma) = \frac{\tau_{剪} h(D - d_X)}{4(n+1)\cos\theta\sin\theta/2} \cdot \frac{\cos\psi_{\mathrm{T}}\cos(\psi - \gamma)}{\cos(\psi - \gamma - \psi_{\mathrm{T}})} \tag{2.189}$$

该力在垂直方向上的分力为剪切破碎区刀具的穿透阻力，即

$$F_{\mathrm{n1}} = F\sin(\psi - \gamma) = \frac{\tau_{剪} h(D - d_X)}{4(n+1)\cos\theta\sin\theta/2} \cdot \frac{\cos\psi_{\mathrm{T}}\sin(\psi - \gamma)}{\cos(\psi - \gamma - \psi_{\mathrm{T}})} \tag{2.190}$$

（2）拉伸破碎区（$d_X/D < \lambda$）刀具受力计算。

根据 Evans 按拉伸理论建立的计算切削力方法，本节建立的拉伸破碎区刀具受力计算模型如图 2.146 所示。为了对该模型进行求解，首先作出如下假设。

①破碎线为圆弧线，该弧线在 a 点的切线为铅垂线，并假设力 N 通过 c 点。

②破碎是由拉应力引起的，按最大拉应力理论判定破碎的界线。

③切削刃进入岩石的半刃宽度 e' 比切削厚度 e 小得多，可以忽略不计。

④破碎面拉应力的合力通过圆弧的圆心且等分圆弧角。

⑤不考虑岩石与刀具间摩擦角的影响，即力 N 与切削刃垂直。

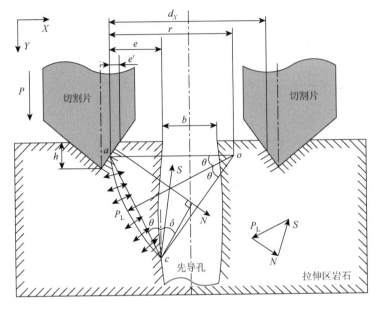

图 2.146　拉伸区刀具破岩计算模型

设破碎线 $\overset{\frown}{ac}$ 上的总拉应力为 P_L，则可按下式积分求得其数值

$$P_L = \sigma_{拉} r \int_{-\theta}^{\theta} \cos\beta \mathrm{d}\beta = 2\sigma_{拉} r \sin\theta \tag{2.191}$$

式中，$\sigma_{拉}$ 为岩石的抗拉强度；r 为破碎线圆弧半径；β 为 $\overset{\frown}{ac}$ 上微元元素所对应的角度；θ 为破碎线的圆弧半角。

在忽略侵深的条件下，求过 c 点的力矩，由平衡原理可得

$$N\frac{e}{\sin\theta}\cos(\theta+\delta) = P_L r \sin\theta \tag{2.192}$$

式中，N 为切削刃对岩石的正压力；e 为切削厚度。

由图 2.146 中的几何关系可得

$$r\sin\theta = \frac{1}{2}\frac{e}{\sin\theta} \tag{2.193}$$

$$e = \frac{d_X - b}{2} \tag{2.194}$$

联立式（2.191）～式（2.193）可得

$$N = \frac{\sigma_{拉}(d_X - b)}{4\sin\theta\cos(\theta+\delta)} \tag{2.195}$$

由图 2.146 的几何关系可得推力 F 为

$$F = 2N\sin\delta = \frac{\sigma_{拉}(d_X - b)\sin\delta}{2\sin\theta\cos(\theta+\delta)} \qquad (2.196)$$

对式（2.196）求极值可得

$$\theta = \frac{1}{2}\left(\frac{\pi}{2} - \delta\right) \qquad (2.197)$$

将式（2.197）代入式（2.196）可得

$$F = \frac{\sigma_{拉}(d_X - b)\sin\delta}{1 - \sin\delta} \qquad (2.198)$$

式（2.198）为钻进过程中切割片破碎拉伸破碎区岩石时所需的推力，由上述假设可知，该式是在忽略岩石与刀具间摩擦角的影响条件下建立的，但实际 F 受岩石与刀具间摩擦角的影响，对此 Evans 的处理方法如下：建立计算模型时，略去岩石与刀具间摩擦角的影响，最后将其影响考虑进结论中去。本书也采取这一处理方法，设岩石与刀具的摩擦角为 ψ，用 $(\delta+\psi)$ 代替式（2.198）中的 δ 值，以保证模型计算值接近或大于实际切削所需的推力，即

$$F = \frac{\sigma_{拉}(d_X - b)\sin(\delta+\psi)}{1 - \sin(\delta+\psi)} \qquad (2.199)$$

由作用力与反作用力原理可得拉伸破碎区切割片穿透阻力为

$$F_{n3} = F = \frac{\sigma_{拉}(d_X - b)\sin(\delta+\psi)}{1 - \sin(\delta+\psi)} \qquad (2.200)$$

（3）磨料射流钻头受力计算。

设磨料射流钻头共有 m 枚切割片，则由上述分析可知，磨料射流钻头钻进过程中，钻头的穿透阻力 F_n'' 与切割阻力 F_c'' 的计算式可表示为

$$\begin{cases} F_n'' = m(F_{n1} + F_{n3}) \\ F_c'' = mF_{c1} \end{cases} \qquad (2.201)$$

将式（2.178）、式（2.179）与式（2.200）代入式（2.201）可得钻进过程中的刀具受力为

$$\begin{cases} F_n'' = m\left[\dfrac{\tau_{剪}h(D-d_X)}{4(n+1)\cos\theta\sin\theta/2} \cdot \dfrac{\cos\psi_{T}\sin(\psi-\gamma)}{\cos(\psi-\gamma-\psi_{T})} + \dfrac{\sigma_{拉}(d_X-b)\sin(\delta+\psi)}{1-\sin(\delta+\psi)}\right] \\ F_c'' = m\dfrac{\tau_{剪}h(D-d_X)}{4(n+1)\cos\theta\sin\theta/2} \cdot \dfrac{\cos\psi_{T}\cos(\psi-\gamma)}{\cos(\psi-\gamma-\psi_{T})} \end{cases} \qquad (2.202)$$

此外，在磨料射流的冲蚀作用下，不仅能够形成宏观破碎坑（"先导孔"），还对孔周一定范围内岩石具有损伤作用，进而改变该范围内岩石的物理力学特性。设经磨料射流损伤后的"先导孔"周围岩石的抗剪与抗拉强度分别为 $\tau_{剪}'$、$\sigma_{拉}'$，

则磨料射流钻头钻进过程中的受力最终可表示为

$$\begin{cases} F_{\mathrm{n}}''' = m\left[\dfrac{\tau_{\text{剪}}' h(D-d_X)}{4(n+1)\cos\theta\sin\theta/2} \cdot \dfrac{\cos\psi_{\mathrm{T}}\sin(\psi-\gamma)}{\cos(\psi-\gamma-\psi_{\mathrm{T}})} + \dfrac{\sigma_{\text{拉}}'(d_X-b)\sin(\delta+\psi)}{1-\sin(\delta+\psi)} \right] \\ F_{\mathrm{c}}''' = m\dfrac{\tau_{\text{剪}}' h(D-d_X)}{4(n+1)\cos\theta\sin\theta/2} \cdot \dfrac{\cos\psi_{\mathrm{T}}\cos(\psi-\gamma)}{\cos(\psi-\gamma-\psi_{\mathrm{T}})} \end{cases} \quad (2.203)$$

由上述分析结果与式（2.203）可以得出以下四个结论。

①影响磨料射流钻头受力的因素是多方面的，除了岩石性质（$\tau_{\text{剪}}$、$\sigma_{\text{压}}$、K_{n}、ψ_{T}、ψ、φ 等）、钻头的几何结构与参数（γ、D、d_X、n、a、m 等）及钻进参数（h）等与传统全面钻进相同的影响因素，还包括磨料射流的射流参数（射流压力、流量，磨料粒径、浓度等）及磨料射流与机械刀具的配合参数（射流冲蚀靶距等涉及磨料喷嘴沿机械刀具轴心安装位置的参数），因为钻进过程中这些参数对"先导孔"的成孔与否、孔径大小（b）及对孔周岩石的损失程度（$\tau_{\text{剪}}'$、$\sigma_{\text{拉}}'$ 等）具有重要影响，进而影响刀具的受力。

②钻头受力随钻头直径、切割深度的增加而增加，这与传统全面钻进相似。

③钻头受力随岩石强度的提高而增加，即高强度的岩石需要的破碎力更大，这也与传统全面钻进相似。

④按破岩机理的不同，磨料射流钻头对孔底岩石的作用分剪切破碎区与拉伸破碎区两个区域进行，前者主要为剪切破碎，后者主要为冲蚀拉伸破碎。

（4）刀具受力对比分析。

对比磨料射流钻头受力（式（2.203））、传统全面钻头受力（式（2.186））及完全消除"凸台"后钻进刀具受力（式（2.187））可知，尽管磨料射流导引钻头钻进中刀具承受的穿透阻力高于"凸台"完全消除后刀具承受的穿透阻力，但在磨料射流强大冲蚀作用形成的"先导孔"诱导下，后续钻进过程中拉伸破碎区的岩石为克服抗拉强度的拉伸破碎，由于岩石抗拉强度远低于抗压、抗剪强度，拉伸破碎区岩石的破碎将超前于剪切破碎区岩石，可将"先导孔"的孔径扩大至覆盖整个传统全面钻进中的非有效切削区（$d_X/D<\lambda$ 区域），保证钻机提供的载荷绝大部分用于岩石的有效切削上。同时，磨料射流损伤作用也会降低岩石强度。因此，刀具受力与传统全面钻头受力相比大幅度降低。这便是磨料射流钻头能够在实现有效钻进硬岩的同时保证刀具使用寿命的根本原因。

2.4.3　高压水射流导引钻头破硬岩实验

磨料射流联合钻头钻进实验是根据磨料射流导引钻头破碎硬岩系统工作原理，在重庆大学煤矿灾害动力学与控制国家重点实验室现有的煤层瓦斯抽采模拟实验台基础上，引入自主研制的磨料射流发生装置与岩石钻进测试系统在室内搭建的磨料射流导引钻头破碎实验系统装置上完成的。

实验装置连接示意图与部分实物图分别如图 2.147～图 2.149 所示。该实验系统主要由磨料射流发生系统、煤矿用液压钻进系统和岩石钻进测试系统三个子系统构成。

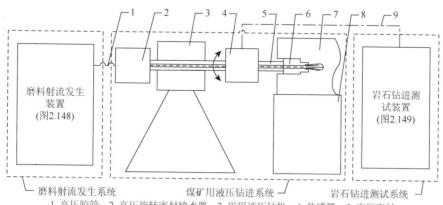

1. 高压胶管；2. 高压旋转密封输水器；3. 矿用液压钻机；4. 传感器；5. 高压密封钻杆；6. 钻头；7. 岩石；8. 岩石固定平台；9. 信号电缆

图 2.147　实验系统装置连接示意图

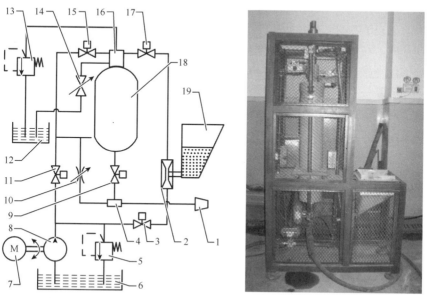

1. 喷嘴；2. 射流泵；3、9、11、15和17. 电磁气动球阀；4. 混合室；5和13. 溢流阀；
6. 水箱；7. 电动机；8. 泵；10. 节流阀；12. 沉淀池；14. 高压球阀；16. 阀座；18. 磨料罐；
19. 料斗

图 2.148　磨料射流发生装置连接示意图

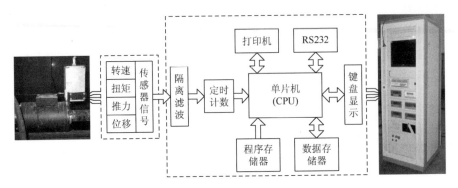

图 2.149 岩石钻进测试装置工作原理图

实验结果如下。

（1）推力与扭矩分析。

选取完成的 3 组有效对比实验中的 1 组为例进行推力与扭矩对比分析。不同条件下，推力和扭矩在稳定钻进阶段持续 20s 内的对比情况分别如图 2.150 和图 2.151 所示。图中每条曲线上 20 个点的值为该时刻点前 1s 内采集的 10 个数据的平均值，图中曲线为对 20 个点的拟合曲线，该曲线并不能准确描述该时间段内推力或扭矩的实际值，本书这样处理只为使图形更加直观、易读。

由图 2.150 与图 2.151 可知，虽然钻削过程中推力和扭矩都有一定的波动，但仍可以看出，在现有技术条件下推力在 2.8~3.0t，扭矩在 240~270N·m，而在联合钻进条件下推力在 2.4~2.3t，扭矩在 190~220N·m。由此可见，在联合钻进条件下，较现有技术条件下推力和扭矩均会处于一个更低的区间内。

为了对实验数据进行定量分析，计算两类实验条件下推力和扭矩的平均值及降低幅度，计算结果如表 2.24 所示。

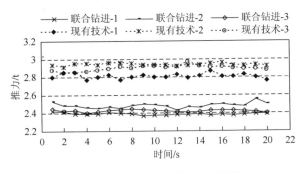

图 2.150 不同条件下推力对比图

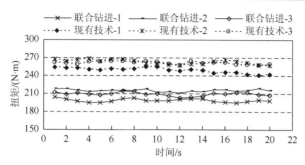

图 2.151　不同条件下扭矩对比图

表 2.24　不同条件下推力与扭矩量化对比分析表

		推力			扭矩		
		均值/t	标准差(±)	降幅/%	均值/(N·m)	标准差(±)	降幅/%
1 组	现有技术	2.8102	0.0281		249.0994	4.2163	
	联合钻进	2.3905	0.0128	14.9	198.8621	2.7307	20.2
2 组	现有技术	2.9400	0.0130		263.0548	3.8000	
	联合钻进	2.4832	0.0275	15.6	215.4107	2.0040	18.1
3 组	现有技术	2.8985	0.0286		261.1818	2.2867	
	联合钻进	2.4246	0.0127	16.3	209.3707	2.9935	19.8

由表 2.24 可以看出，在磨料射流联合条件下，推力和扭矩均有一定幅度的降低，但扭矩降低的幅度要高于推力。这主要是由于联合钻进中磨料射流消除了"凸台"，形成"先导孔"，在减小切削面积的同时，消除了切削刃与"凸台"表面产生的摩擦，大大降低了由摩擦而产生的周向力，所以，随切削面积的减小，尽管推力与扭矩均有降低的趋势，但扭矩作为钻头所受周向力的宏观表现，将具有更大的降低幅度。本次实验在磨料射流联合条件下，与现有技术相比，对推力降低的幅度约为 15%，对扭矩降低的幅度约为 20%。这与 Colorado 矿业学院于 1978 年在第四届水力切割会议上发表的文章得出的采用高压水射流辅助切割岩石时，截齿上的推力和切割力均显著减小的结论是一致的。推力与扭矩的降低具有如下益处：一方面低的钻削力即意味着低的钻头磨损率；另一方面较低的钻削力也意味着岩石对钻机等施工机械的反作用力较低，如此便可降低对施工机械的设计要求，在如煤矿井下等施工环境中，施工机械在减小体积与降低重量上的微小突破，对该机械设备的推广应用都有重大的推动作用。

（2）钻进速度分析。

从实验获取的位移记录曲线上读取每次实验中稳定钻进阶段 20s 内的位移值，该值为 20s 内钻孔深度的准确值，取 3 次实验结果的平均值作为该组的实验结果。完成的 6 组实验的钻进深度对比情况如图 2.152 所示。

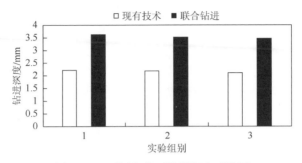

图 2.152　不同条件下钻进深度对比图

图 2.152 表明，本次完成的 3 组对比实验中，相同时间内，第 2 类实验较第 1 类实验的钻孔深度有明显增加，说明联合钻进具有高于现有技术条件下的钻进速度。本实验条件下，在相同钻进条件与时间内，针对同一种硬岩，联合钻进的钻进深度较现有技术增加约 63%。相关工业试验也表明，射流辅助机械破岩能增加机械钻速和降低钻进成本，具有巨大的发展潜力。美国海湾石油公司于 20 世纪 70 年代在西德克萨斯的硬质岩石中进行了磨料射流辅助机械钻井的现场试验，试验用射流压力为 55～100MPa，使用的磨料为质量浓度为 3%～10%的钢粒，取得了磨料射流辅助钻进条件下的钻进速度较传统钻进方法快 3～7 倍的有益效果。因此，针对传统技术难以破碎的硬岩，磨料射流导引钻头破碎硬岩方法是经济可行的。

（3）刀具磨损分析。

如图 2.153 所示，完成对比实验后对钻头磨损情况进行了对比观察。

(a) 现有技术　　　　　　　　　　　　(b) 联合钻进

图 2.153　不同条件下钻头磨损情况对比图

观察发现，完成 3 组对比实验后（钻头实际工作时间约 15min），第 1 类实验所用钻头在切削刃的内侧出现少量缺口，而第 2 类实验所用钻头的切削刃形貌保持完好，由此也说明联合钻进可实现降低刀具磨损、延长刀具使用寿命的目的。

与现有技术相比，磨料射流联合钻头钻进技术，推力降低的幅度约为 15%，扭矩降低的幅度约为 20%，钻进深度增加约 63%。针对传统技术难以破碎的硬岩，磨料射流导引钻头破碎硬岩不失为一种行之有效、经济可行的新方法。

2.5　高压水射流增透抽采理论

2.5.1　高压水射流冲击煤体动态损伤特征

煤体既是一种地质材料，也是一种典型的孔隙裂隙介质，大量的、尺度不一的、随机分布的孔隙裂隙可以看作煤体的初始损伤。在高压脉冲水射流冲击载荷作用于含有初始损伤的煤体时，将产生两种效应：①材料刚度的劣化；②应力波能量的耗散。煤体中的不连续界面同时又作为一种"能量屏障"使得裂纹扩展常中止于此，只有当更多的能量提供给介质时才有可能产生新的裂纹。煤体的动态损伤及其演化是一个能量耗散过程，不同冲击载荷下煤体的损伤程度反映断裂时损伤能量耗散的大小。冲击压缩与拉伸（或卸载）损伤相互影响，两者均与应变率效应有关[81, 82]。

1）高压水射流作用下煤体动态损伤模型

在体积拉伸状态下，根据岩石冲击损伤耗散能与声波衰减系数的关系、等效体积模量和裂纹密度的关系及超声波衰减系数与材料中的裂纹密度的关系[83]，基于能量平衡原理、逾渗理论和损伤力学理论，可将损伤参量 D 表示成声波衰减系数 α 与应变率 ε 的函数，通过 α、ε 的演化来揭示损伤发展规律，岩石的动态损伤采用体积应力准则和最大主应力准则来联合判断，即

$$\begin{cases} D = \dfrac{8\alpha}{9h}\left(\dfrac{1-\bar{v}^2}{1-2v}\right)\left(\dfrac{\sqrt{20}K_{\mathrm{IC}}}{\rho C \varepsilon}\right)^{2/3} & (\sigma_{\mathrm{H}} > 0) \\ D = 1(\sigma_{\mathrm{H}} > 0, \sigma_{\max} > \sigma_{\mathrm{t}}) \end{cases} \qquad (2.204)$$

式中，h——常数；

v——泊松比，$\bar{v} = v\exp\left(-\dfrac{16}{9}\beta C_{\mathrm{d}}\right)$，其中 β 为常数，控制材料的卸载和重加载行为，C_{d} 为裂纹密度；

K_{IC}、C——材料的断裂韧性和纵波波速；

ρ、σ_{H}、σ_{t}——密度、体积应力和抗拉强度。

在体积压缩状态下，基于 RDA 模型的应变率效应耦合原则可得损伤演化方程为

$$\begin{cases} \dot{D} = \lambda\dot{W}/(1-D)(\sigma_{\mathrm{H}} > 0) \\ D = 1(\sigma_{\mathrm{H}} < 0, \sigma_{\max} \geqslant \sigma_{\mathrm{t}}) \end{cases} \qquad (2.205)$$

式中，λ——损伤敏感参数；

$\dot{W}$——压缩塑性功；

D——拉伸损伤，$\dot{D}=\dfrac{\partial D}{\partial t}$。

在体积压缩状态下，材料的屈服强度服从与应变率有关的莫尔-库仑准则，即

$$\sigma_{\mathrm{s}}=[\sigma_0(1+C_1\ln\varepsilon_{\mathrm{P}})+C_2P][1-D] \tag{2.206}$$

式中，σ_0——静态屈服强度；

C_1、C_2——应变率影响参数、围压常数；

ε_{P}、P——塑性应变率、压力。

2）冲击动态损伤对煤体刚度的劣化

拉伸时的损伤演化将影响材料压缩时的屈服强度，而压缩时的损伤将影响材料拉伸时的刚度，冲击损伤引起材料刚度的劣化表现为

$$\sigma_{ij}=3K(1-D)\varepsilon\delta_{ij}+2G(1-D)e_{ij} \tag{2.207}$$

式中，σ_{ij}——应力张量；

K、G——未损伤岩石的体积模量、剪切模量；

δ_{ij}、e_{ij}——单位张量、应变偏量张量。

2.5.2　高压水射流造缝卸压效应

高压水射流沿钻孔径向方向切割并在煤体中切割出圆盘式孔槽，由于孔槽的割缝深度远大于割缝宽度，其径向面积大于其轴向面积，孔槽在钻孔的轴向方向上对煤体形成一个卸压面。煤体在卸压面上受力很小或不受力的作用，但其在其他方向上仍受到应力作用，其受力状态由原来的三向受力转变为两向受力状态，煤体在两向受力状态下受到一个挤压作用。在割缝的卸压作用下，煤体的变形分为 3 个特征阶段：屈服前阶段、屈服后阶段和破坏失稳阶段。①屈服前阶段。初始割缝阶段，煤体应力减小，煤体内部的原生裂隙开始扩展，由于卸压量小，煤体内部应力低于屈服应力，未发生破裂，裂隙扩展的速率较小。②屈服后阶段。随着割缝深度的增加，缝槽周围煤体不断释放，屈服应力降低，在煤体应力达到屈服强度时，煤体应变速率增大，黏聚力减小，内部裂隙增加。③破坏失稳阶段。煤体内部结构发生破坏，煤体的残余强度降低，承受载荷能力减小，而煤体内部裂隙仍在不断发育扩展。

1）孔槽方向应力分布

为分析射流割缝作用下孔槽周围煤体的应力分布，进行如下假设：①煤体为连续均匀介质；②煤体为各向同性；③煤体为完全弹性体；④孔槽的位移和变形量忽略不计。

基于以上假设，考虑孔槽的割缝宽度远小于割缝深度，其径向变形与轴向变形的相互影响很小，把孔槽应力分布问题转化为两个平面问题来分析，即其径向方向和轴向方向，如图 2.154 所示。在煤巷割缝钻孔中，认为孔槽径向剖面垂直

于水平面，则在无限大平面上，平面无限远处受到垂直压力 σ_v 和侧向水平地应力 σ_h 的作用，在水平面方向上受到轴向水平地应力 σ_H 的作用。

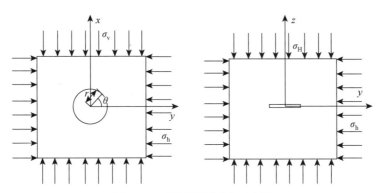

图 2.154　孔槽平面受力示意图

（1）孔槽径向方向应力分布。

考虑煤体为小变形弹性体，则线性叠加原理是适用的。孔槽总的应力状态可以通过先研究各应力状态分量对孔槽应力的影响，而后叠加的方法来得出结果。孔槽受力的力学模型分解见图 2.155。孔槽所受的应力状态可在圆柱面坐标系中用径向应力 σ_r、切向应力 σ_θ、轴向应力 σ_z 及剪应力 $\tau_{\theta z}$ 来表示。

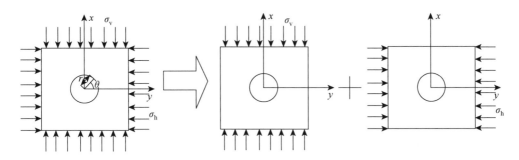

图 2.155　孔槽力学模型分解图

垂直应力 σ_v 引起的应力：

$$\begin{cases} \sigma_r = \dfrac{\sigma_v}{2}\left(1-\dfrac{R^2}{r^2}\right)-\dfrac{\sigma_v}{2}\left(1+\dfrac{3R^4}{r^4}-\dfrac{4R^2}{r^2}\right)\cos 2\theta \\[3mm] \sigma_\theta = \dfrac{\sigma_v}{2}\left(1+\dfrac{R^2}{r^2}\right)+\dfrac{\sigma_v}{2}\left(1+\dfrac{3R^4}{r^4}\right)\cos 2\theta \\[3mm] \tau_{r\theta} = \dfrac{\sigma_v}{2}\left(1-\dfrac{3R^4}{r^4}+\dfrac{2R^2}{r^2}\right)\sin 2\theta \end{cases} \tag{2.208}$$

式中，R 为割缝半径；r 为极坐标半径。

侧向水平地应力 σ_h 引起的应力：

$$\begin{cases} \sigma_r = \dfrac{\sigma_h}{2}\left(1-\dfrac{R^2}{r^2}\right)+\dfrac{\sigma_h}{2}\left(1+\dfrac{3R^4}{r^4}-\dfrac{4R^2}{r^2}\right)\cos2\theta \\[3mm] \sigma_\theta = \dfrac{\sigma_h}{2}\left(1+\dfrac{R^2}{r^2}\right)-\dfrac{\sigma_h}{2}\left(1+\dfrac{3R^4}{r^4}\right)\cos2\theta \\[3mm] \tau_{r\theta} = -\dfrac{\sigma_h}{2}\left(1-\dfrac{3R^4}{r^4}+\dfrac{2R^2}{r^2}\right)\sin2\theta \end{cases} \quad (2.209)$$

轴向水平地应力 σ_H 引起的应力：

$$\sigma_z = \sigma_H - 2\upsilon(\sigma_H-\sigma_v)\left(\dfrac{R}{r}\right)^2\cos2\theta \quad (2.210)$$

孔槽周围煤体应力分布：

$$\begin{cases} \sigma_r = \dfrac{\sigma_h+\sigma_v}{2}\left(1-\dfrac{R^2}{r^2}\right)+\dfrac{\sigma_h-\sigma_v}{2}\left(1+\dfrac{3R^4}{r^4}-\dfrac{4R^2}{r^2}\right)\cos2\theta \\[3mm] \sigma_\theta = \dfrac{\sigma_h+\sigma_v}{2}\left(1+\dfrac{R^2}{r^2}\right)-\dfrac{\sigma_h-\sigma_v}{2}\left(1+\dfrac{3R^4}{r^4}\right)\cos2\theta \\[3mm] \sigma_z = \sigma_H - 2\upsilon\left(\sigma_H-\sigma_v\right)\left(\dfrac{R}{r}\right)^2\cos2\theta \end{cases} \quad (2.211)$$

孔槽周边的径向应力 $\sigma_r = 0$，随着 r 的增大，σ_r 逐渐增大，并逐渐趋向于煤体的原始应力；周边的切向应力 $\sigma_\theta = (1-2\cos2\theta)\sigma_h+(1+2\cos2\theta)\sigma_v$，随着 r 的增大而逐渐减小，并逐渐趋向于煤体的原始应力，切向应力 σ_θ 的大小随着 θ 变化，使孔槽周边切向应力不相等，切向应力最大值与 σ_h/σ_v 有关。

（2）孔槽轴向应力分布。

孔槽轴向方向上可以将其简化成一个矩形断面，其受力示意图和应力分布规律如图 2.156 所示。从图中可以看出，孔槽长边中央呈现拉应力，边缘处拉应力最大，往围岩深部发展，应力逐渐减小且转变为压应力，并逐渐过渡到原岩应力状态，孔槽深度越大，拉应力也越大。孔槽短边有较大的压应力，在周边处最大，往远处发展逐渐恢复到原岩应力状态。

矩形断面孔槽轴向形状最容易出现受拉区，受力状态差，对周围煤体卸压大，易破坏周围煤体，尤其当孔槽长边与原岩最大主应力垂直时，会出现较大的拉应力，对周围煤体破坏最明显，效果最好。

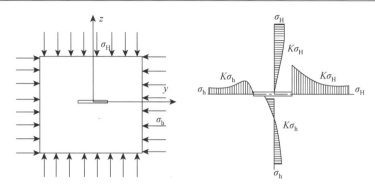

图 2.156　孔槽轴向剖面及其应力分布图

　　从以上应力状态分析看出，孔槽在径向应力和切向应力的分布状态与钻孔的应力状态基本一致，孔槽在轴向上断面面积突然变大，轴向方向上应力形成一个卸压范围，这是与钻孔应力分布最大区别。因为割缝深度远大于割缝宽度，孔槽径向方向和轴向方向上存在卸压范围的不均匀性，在孔槽周围形成一个椭圆体的卸压区域。

　　2）射流造缝煤体卸压规律

　　高压水射流割缝对周围煤体的卸压作用受到地应力和本身尺寸的很大影响，以下分析煤体埋深、孔槽深度、孔槽宽度、割缝间距等因素对孔槽卸压效果的影响，以及多孔槽的整体卸压效果。

　　孔槽卸压影响范围模拟是一个三维空间问题。建立一个 15m×15m×15m 的三维模型，X 方向为煤层水平方向，Y 方向为巷道掘进方向，Z 方向为煤层垂直方向，钻孔沿 Y 轴方向贯穿整个模型，在模型中间位置开挖因脉冲水射流割缝形成的割缝空间（图 2.157）。

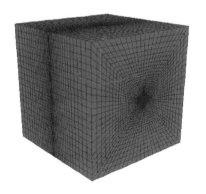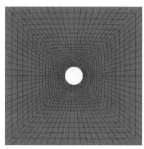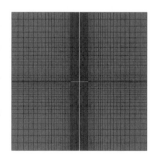

图 2.157　模型几何特征和网格方式

煤体力学参数是影响割缝模拟效果的重要影响参数。在 FLAC 3D 软件中采用莫尔-库仑模型对煤体计算，密度、体积模量、剪切模量、摩擦角、黏聚力和剪胀角是对模型定义的主要参数，如表 2.25 所示。

表 2.25　模型参数取值

密度/ (kg/m³)	体积模量 /GPa	剪切模量 /GPa	摩擦角/(°)	黏聚力/MPa	剪胀角/(°)	抗拉强度 /MPa
1450	1.67	1.25	18	1.07	12	0.5

（1）单个孔槽煤体应力变化规律分析。

现对煤体埋深为 400m、割缝深度为 1m、割缝宽度为 0.05m 的单个孔槽进行卸压效果分析。垂直钻孔轴线经过割缝中心的截面为截面 1，经过钻孔轴线的水平截面为截面 2，经过钻孔轴线的竖直截面为截面 3，如图 2.158 所示。

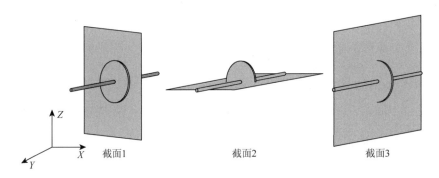

图 2.158　截面定义图

在煤体中，煤体应力下降到一定值时，煤体渗透率骤然增加，增加煤体透气性，利于瓦斯排放。研究孔槽周围煤体应力的变化规律，能更好地确定煤体透气性的变化规律和煤体应力的卸压程度。一般当应力变化不超过 5%时便可忽略其卸压影响效果。

煤体割缝后，在孔槽周围煤体中形成卸压区，对着煤体所处位置远离割缝孔槽，对应的应力集中系数迅速降低，说明孔槽对于其周围较近距离内煤体的卸压较为充分，但随着煤体离孔槽的距离增加，卸压效果迅速降低。图 2.159 中孔槽的轴向应力集中系数明显大于径向应力集中系数，说明孔槽轴向卸压效果优于径向效果。孔槽轴向卸压效果能使钻孔段的卸压范围和卸压效果大大增加，达到增加单个钻孔影响范围的目的。

煤体割缝后应力会重新分布，局部区域出现应力集中现象，当该区域的应力超过煤体的强度时，煤体会进入塑性或破坏状态。煤体在塑性或破坏状态时，煤体强度明显下降，有效应力快速减小，裂隙大量扩张，增加煤体渗透率，利于瓦斯的排放，减少突出潜能，大大降低该区域的突出危险性。在塑性区域内，聚集的弹性能和瓦斯能很少，突出的可能性很低，是孔槽卸压效果最好的区域。

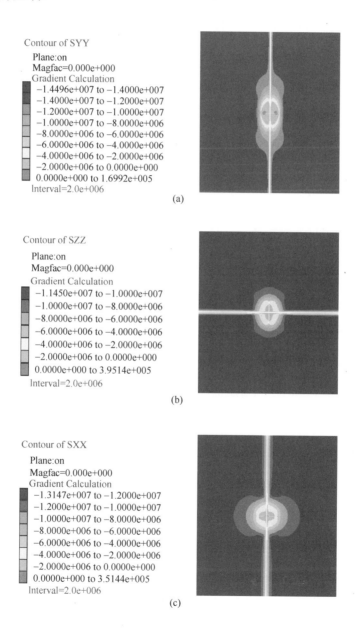

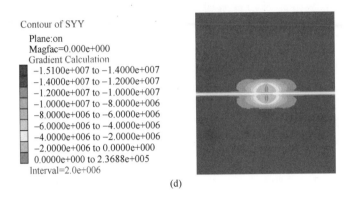

(d)

图 2.159　单个孔槽应力分布云图（后附彩图）

图 2.160（a）～图 2.160（c）为截面 1、截面 2、截面 3 塑性区域图，在截面 1 中塑性区域近似圆形，由于割缝深度远大于割缝宽度，其塑性破坏沿着孔槽外边缘破坏；在截面 2 和截面 3 上塑性区域近似椭圆，由于 Y 方向上卸压面积大，其卸压距离大于 X 方向和 Z 方向。在塑性区边缘区域，X 方向应力降低到 7.6MPa，降低 39.49%，Y 方向应力降低到 9.3MPa，降低 25.95%，Z 方向应力降低到 8.3MPa，降低 20.72%，在塑性区内，卸压效果较好。高应力区域，以塑性区范围来布置钻孔和孔槽，能更好地整体卸除高应力区域，减少高应力带来的危害性。

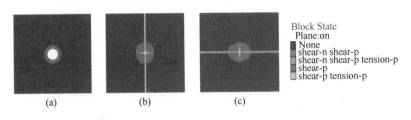

图 2.160　塑性区区域图（后附彩图）

（2）影响孔槽周围煤体应力变化规律的因素。

煤体埋深 H、割缝深度 R、割缝宽度 d 和割缝间距 L 都是影响孔槽卸压效果和合理布置的主要因素，研究清楚上述因素对煤体卸压效果的影响，得出合理的孔槽尺寸参数和布置方式，能有效减少高压水射流割缝时间。

①煤体埋深的影响。

煤体埋藏的深度 H 直接决定地应力对煤体作用力的大小，埋藏深度增加，地应力也随之增大，如图 2.161 所示。埋深增加后，应力卸压区面积都在增大，卸压效果更明显。说明由于煤体强度变化不大，孔槽周边应力越大，煤体的卸压破坏越严重，应力卸压程度越大，影响范围越广。

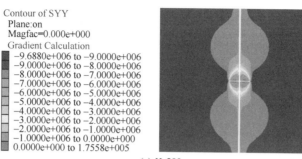

(a) H=200m

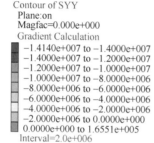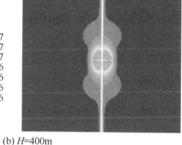

(b) H=400m

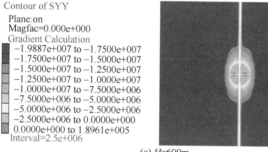

(c) H=600m

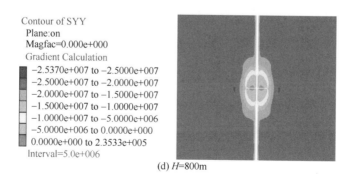

(d) H=800m

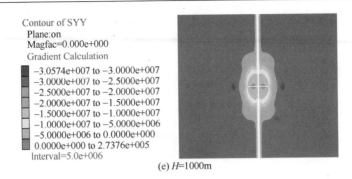

(e) H=1000m

图 2.161　截面 2 在不同埋深情况下 Y 方向应力云图（后附彩图）

②割缝深度的影响。

为了解割缝深度与卸压效果的关系，在埋深为 400m，割缝宽度为 0.05m 的条件下，分析割缝深度分别为 1.0m、1.5m、2.0m、2.5m、3m 的卸压区域范围和应力卸压体积，确定其卸压效果，如图 2.162 和图 2.163 所示。

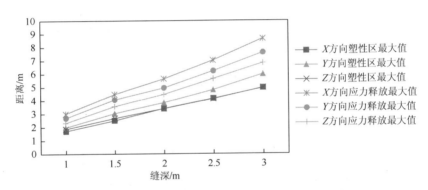

图 2.162　割缝深度和卸压区域范围最大值的关系

从图 2.162 中看出，随着割缝深度的增加，卸压区域的范围都在增大，与割缝深度呈正比关系。割缝深度增大，卸压区体积随之增大，体积增长呈指数形式，卸压效果增长明显，说明增大割缝深度是提高孔槽卸压范围的一种有效途径。割缝深度增加，应力分布规律基本一致，其卸压面积随着割缝深度的增加明显变大，孔槽周边煤体应力集中程度基本不变，割缝深度的增加不会引起周边煤体过度的应力集中而形成高应力区域。由曲线拟合得到割缝半径 R 和卸压区域体积关系式为

$$\begin{cases} V_x = 18.62\mathrm{e}^{0.774R} \\ V_y = 17.01\mathrm{e}^{0.778R} \\ V_z = 14.63\mathrm{e}^{0.798R} \\ V_s = 15.94\mathrm{e}^{0.750R} \end{cases} \quad 1\mathrm{m} \leqslant R \leqslant 3\mathrm{m} \qquad (2.212)$$

Contour of SYY

Plane:on
Magfac=0.000e+000
Gradient Calculation
　−1.4402e+007 to −1.4000e+007
　−1.4000e+007 to −1.2000e+007
　−1.2000e+007 to −1.0000e+007
　−1.0000e+007 to −8.0000e+006
　−8.0000e+006 to −6.0000e+006
　−6.0000e+006 to −4.0000e+006
　−4.0000e+006 to −2.0000e+006
　−2.0000e+006 to 0.0000e+000
　0.0000e+000 to 4.0306e+005
Interval=2.0e+006

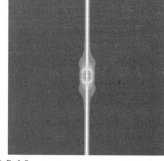

(a) R=1.0m

Contour of SYY

Plane:on
Magfac=0.000e+000
Gradient Calculation
　−1.4450e+007 to −1.4000e+007
　−1.4000e+007 to −1.2000e+007
　−1.2000e+007 to −1.0000e+007
　−1.0000e+007 to −8.0000e+006
　−8.0000e+006 to −6.0000e+006
　−6.0000e+006 to −4.0000e+006
　−4.0000e+006 to −2.0000e+006
　−2.0000e+006 to 0.0000e+000
　0.0000e+000 to 2.4676e+005
Interval=2.0e+006

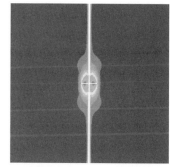

(b) R=1.5m

Contour of SYY

Plane:on
Magfac=0.000e+000
Gradient Calculation
　−1.4140e+007 to −1.4000e+007
　−1.4000e+007 to −1.2000e+007
　−1.2000e+007 to −1.0000e+007
　−1.0000e+007 to −8.0000e+006
　−8.0000e+006 to −6.0000e+006
　−6.0000e+006 to −4.0000e+006
　−4.0000e+006 to −2.0000e+006
　−2.0000e+006 to 0.0000e+000
　0.0000e+000 to 1.6551e+005
Interval=2.0e+006

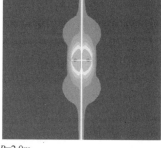

(c) R=2.0m

Contour of SYY

Plane:on
Magfac=0.000e+000
Gradient Calculation
　−1.4445e+007 to −1.4000e+007
　−1.4000e+007 to −1.2000e+007
　−1.2000e+007 to −1.0000e+007
　−1.0000e+007 to −8.0000e+006
　−8.0000e+006 to −6.0000e+006
　−6.0000e+006 to −4.0000e+006
　−4.0000e+006 to −2.0000e+006
　−2.0000e+006 to 0.0000e+000
　0.0000e+000 to 1.2054e+005
Interval=2.0e+006

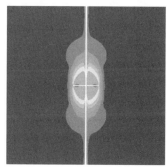

(d) R=2.5m

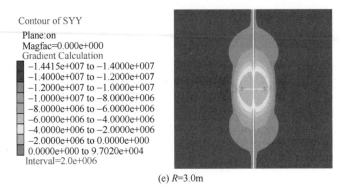

(e) R=3.0m

图 2.163　不同割缝深度应力云图（后附彩图）

③割缝宽度的影响。

割缝宽度是孔槽尺寸的关键参数之一，在埋深为 400m，割缝深度为 1.0m 的情况下，分析割缝宽度分别为 0.03m、0.04m、0.05m、0.06m、0.07m 的最大释放范围和释放应力体积，确定其卸压效果，如图 2.164 和图 2.165 所示。在 0.03～0.07m 的割缝宽度，随着割缝宽度的增加，孔槽的卸压范围和卸压区域体积增加并不明显。

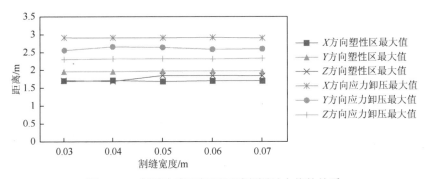

图 2.164　割缝宽度和卸压区域范围最大值的关系

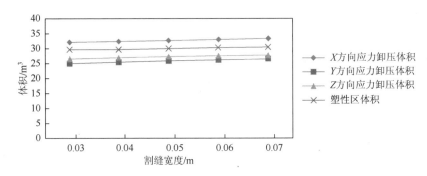

图 2.165　割缝宽度和卸压区域体积的关系

④割缝间距的影响。

割缝间距的合理取值决定孔槽在钻孔中的布置数量，影响一个割缝钻孔的施工时间，如果布置间距过短会使施工时间过长，如果布置间距过长会出现卸压盲区，可能导致突出事故。在埋深为 400m、割缝深度为 1.0m、割缝宽度为 0.05m的情况下，分析割缝间距为 2m、3m、4m、5m、6m 的卸压效果。

割缝间距在 2～6m，随着割缝间距的增加，Y 方向应力卸压体积增加，增加速率降低，说明割缝间距过近时，两个孔槽之间的应力卸压区域有重叠，在间距拉远的过程中，其重叠区域越来越少，卸压体积越来越大，这点可以从图 2.166中看出。

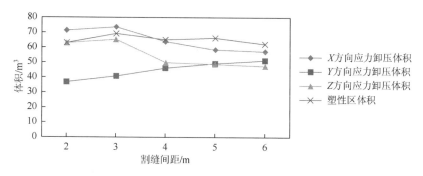

图 2.166　割缝间距和卸压区域范围体积的关系

X 方向和 Z 方向应力卸压体积随间距增加呈倒 V 形分布，先增加再减小，割缝间距为 3m 时卸压体积值最大。卸压体积出现一个增加的趋势说明割缝间距过近，在 X 和 Z 方向也会出现应力卸压重叠区域，而出现减小趋势说明割缝间距过远后，其孔槽之间的相互卸压影响会减小，使其卸压体积减小，卸压效果减弱。曲线拟合割缝间距 L 和卸压区域体积 V 关系式如下：

$$\begin{cases} V_x = -0.659L^4 + 11.90L^3 - 76.86L^2 + 203.2L - 112.3 \\ V_y = 0.207L^4 - 3.543L^3 + 21.3L^2 - 48.86L + 74.23 \\ V_z = -1.91L^4 + 32.06L^3 - 192.5L^2 + 479.8L - 352.5 \\ V_s = -1.151L^4 + 18.85L^3 - 111.6L^2 + 281.3L - 185.5 \end{cases} \quad 2\text{m} \leqslant L \leqslant 6\text{m} \qquad (2.213)$$

在埋深为 400m、割缝深度为 1.0m、割缝宽度为 0.05m 的情况下，其 Y 方向塑性区卸压最大值 1.971m，Y 方向应力卸压最大值为 2.637m，也就是说割缝间距可以达到 5m 以上，但是从图 2.167 中可以看出，5m 割缝间距不是最优的卸压效果，3m、4m 的割缝间距的卸压效果均优于 5m，因此在现场布置割缝间距时，应在 Y 方向应力卸压最大值基础上适当缩短距离，能达到最优的卸压效果。

⑤孔槽卸压范围。

影响卸压范围主要因素为地应力和割缝深度，割缝宽度对卸压范围影响很小，割缝间距的变化主要体现为双孔槽卸压体积的变化，对单孔槽的卸压范围影响很小，通过均匀设计得出的回归方程，卸压范围随着埋深和割缝深度增加而增加，与单因素分析结果一致，此方程确定煤体对卸压范围。

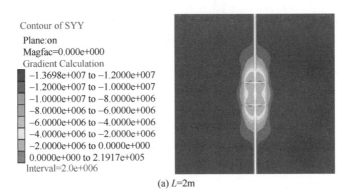

(a) L=2m

(b) L=3m

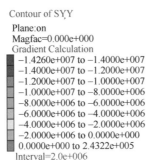
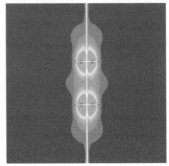

(c) L=4m

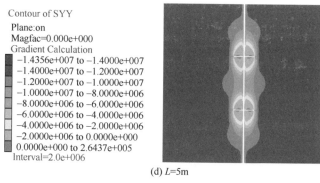

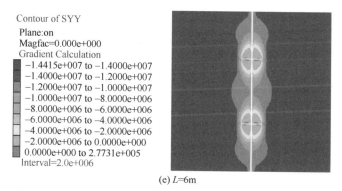

图 2.167　截面 2 在不同埋深情况下 Y 方向应力云图（后附彩图）

$$\begin{cases} X = -3.187 + 0.00373H + 3.693R \\ Y = -2.041 + 0.00285H + 2.974R \quad 200\text{m} \leqslant H \leqslant 1000\text{m}, \ 1\text{m} \leqslant R \leqslant 3\text{m} \\ Z = -1.516 + 0.00345H + 2.202R \end{cases} \quad (2.214)$$

（3）多孔槽煤体应力场变化规律分析。

针对煤巷掘进中煤层赋存条件不同，分析多孔槽在相互影响的情况下进行整体卸压规律。模型选取在埋深 400m 处，孔槽尺寸为割缝深度 1.0m、割缝宽度 0.05m、割缝间距 4m 的情况下对多孔槽整体卸压效果进行分析，如图 2.168 和图 2.169 所示。

由图 2.168 和图 2.169 可知，交叉割缝更能有效卸压周围煤体的应力，减小卸压盲区，使其应力卸压体积明显增大，卸压效果远优于单个孔槽。交叉割缝使得孔槽之间钻孔的卸压范围增大，卸压效果增强，割缝间距增加时，也能达到较好的卸压效果。因此交叉割缝方式是一种合理、有效的整体卸压煤层的孔槽布置方式。

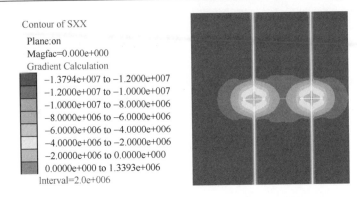

图 2.168　平行孔槽模型 X 方向应力云图（后附彩图）

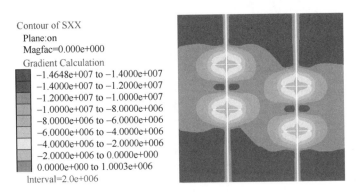

图 2.169　交叉孔槽模型 X 方向应力云图（后附彩图）

2.5.3　空化声震效应强化瓦斯解吸渗流机理

1）空化声震效应促进煤层瓦斯解吸机理分析

空化声震效应中的机械振动效应和热效应对于促进煤层瓦斯解吸起主导作用[84-86]，其中机械振动效应可改变煤层瓦斯有效应力和瓦斯压力，使得吸附解吸平衡状态打破，朝着有利于瓦斯解吸的方向发展；空化声震的热效应可转化为煤层系统的热能，提高煤层系统的温度，进而为瓦斯解吸提供活化能。

（1）空化声震机械振动效应促进煤层瓦斯解吸模型。

空泡溃灭时所产生的空化声震，相当于向煤体中辐射大功率声波，声波的波型为纵波，其波的传播方向与质点的振动方向一致，这样就会使煤体介质受到交替变化的拉应力和压应力作用，从而使煤体产生相应交替变化的伸长和压缩弹性形变，质点产生疏密相间的纵向振动。在声波的振动作用下，多孔介质的煤体毛细管半径发生时大时小的变化，有利于煤层瓦斯从过渡孔隙中解吸扩散；在声波的振动作用下，煤岩骨架和其中的流体也产生振动，由于骨架和流体的密度不同，产生的加速度和振幅不同，使流体-固体界面产生相对运动，达到一定的程度就有撕裂的趋势，使气体和煤岩的附着力减弱，有利于气体从煤体中解吸。

空泡溃灭时的脉冲序列的声压谱为

$$P(\omega) = P_0(\omega)\left(1 + \sum_{k=1}^{n} a^k e^{-\omega i k \tau_0}\right) \tag{2.215}$$

在振动效应中，假定煤体为各向同性的绝热物体，忽略散射衰减和黏滞衰减，只考虑扩散衰减，则煤层中空泡溃灭产生的球面声波的声强 J 与至声源距离的平方 l^2 成反比，即可表示为

$$J = \frac{J_0}{l^2} \tag{2.216}$$

式中，J_0——初始声强，W/cm^2；

l——传播距离，cm。

根据声强与声压的关系式 $J = P^2/2\rho c$，则距离声源 l 处煤层中声震引起的附加应力为

$$P_{l煤} = \frac{P_0(\omega)\left(1 + \sum_{k=1}^{n} a^k e^{-\omega i k \tau_0}\right)}{l} \tag{2.217}$$

假定煤层中瓦斯为理想气体，煤层中的微裂隙总是在各个方向贯通的，则距离声源 l 处瓦斯中的声震附加应力为

$$P_{l瓦} = P_0(\omega)\left(1 + \sum_{k=1}^{n} a^k e^{-\omega i k \tau_0}\right) \tag{2.218}$$

根据文献[85]，孔隙压力与解吸量呈抛物线关系：

$$Q = a_1 P^2 + b_1 P + c_1 \tag{2.219}$$

有效应力与解吸量呈负指数形式递减，其关系式为

$$Q(\bar{\sigma}) = A\bar{\sigma}^{-B} \tag{2.220}$$

式中，Q——瓦斯解吸量，cm^3；

P——煤层气孔隙压力，MPa；

$\bar{\sigma}$——煤层有效应力，MPa；

a_1、b_1、c_1、A、B——拟合系数。

联立式（5.218）和式（5.219）及空化声震引起的孔隙压力表达式，则煤层在空化声震的机械振动作用下，孔隙压力改变引起的煤层瓦斯解吸的关系式为

$$Q(p_0, P_0(\omega)) = a_1\left[p_0 + P_0(\omega)\left(1 + \sum_{k=1}^{n} a^k e^{-\omega i k \tau_0}\right)\right]^2 + b_1\left[p_0 + P_0(\omega)\left(1 + \sum_{k=1}^{n} a^k e^{-\omega i k \tau_0}\right)\right] + c_1$$

$$\tag{2.221}$$

空化声震的机械振动作用下，煤层有效应力改变引起煤层瓦斯解吸的关系模型为

$$\begin{cases} Q(\bar{\sigma}) = A\bar{\sigma}_{ij}^{-B} \\ \bar{\sigma}_{ij} = \sigma_{ij} - p \\ \sigma_{ij} = \sigma_{0ij} + P_{煤} \\ p = p_0 + P_{瓦斯} \\ P_{煤} = \dfrac{P_0(\omega)\left(1 + \sum\limits_{k=1}^{n} a^k \mathrm{e}^{-\omega i k \tau_0}\right)}{l} \\ P_{瓦斯} = P_0(\omega)\left(1 + \sum\limits_{k=1}^{n} a^k \mathrm{e}^{-\omega i k \tau_0}\right) \end{cases} \qquad (2.222)$$

即

$$Q(\sigma_{0ij}, p_0, P_0(\omega)) = A\left[\sigma_{0ij} - p_0 + \left(\frac{1}{l} - 1\right)P_0(\omega)\left(1 + \sum_{k=1}^{n} a^k \mathrm{e}^{-\omega i k \tau_0}\right)\right]^{-B} \qquad (2.223)$$

联合式（2.221）和式（2.223）即得到空化声震作用下，机械振动作用对煤层瓦斯解吸特性影响的关系模型：

$$\begin{cases} Q(p_0, P_0(\omega)) = a_1\left[p_0 + P_0(\omega)\left(1 + \sum\limits_{k=1}^{n} a^k \mathrm{e}^{-\omega i k \tau_0}\right)\right]^2 + b_1\left[p_0 + P_0(\omega)\left(1 + \sum\limits_{k=1}^{n} a^k \mathrm{e}^{-\omega i k \tau_0}\right)\right] + c_1 \\ Q(\sigma_{0ij}, p_0, P_0(\omega)) = A\left[\sigma_{0ij} - p_0 + \left(\dfrac{1}{l} - 1\right)P_0(\omega)\left(1 + \sum\limits_{k=1}^{n} a^k \mathrm{e}^{-\omega i k \tau_0}\right)\right]^{-B} \end{cases}$$

$$(2.224)$$

（2）空化声震热效应促进煤层瓦斯解吸模型。

如果溃灭的空泡中含有一定量的永久气体，则空泡溃灭结束时气体的温度必然很高，溃灭过程瞬间结束，以致热交换不足以使空泡内的气体被周围的水冷却，因而在水的冲击作用下，这些热的气体与煤体接触时，热能迅速传播到煤层中。

空化噪声声波辐射是一种能量的辐射，当声波穿过含瓦斯煤体时，由煤体的黏滞性造成质点之间的内摩擦而吸收一定的能量，这部分能量将转变为热能，使煤体的局部温度升高，从而使煤体的平均温度升高，有利于降低煤对瓦斯气体的吸附量和提高煤储层的渗透率。加上解吸是一个吸热过程，声波辐射可以为瓦斯的解吸不断提供能量，使解吸过程得以持续。又因热效应使煤体温度升高，从而加大自由气体分子的碰撞，为气体脱附提供能量，瓦斯气体分子的热运动越剧烈，其动能越高，吸附瓦斯分子发生脱附的概率越大，瓦斯对煤体的吸附性越弱。

假定声波在多孔介质中传播的能耗全部转化为热能，则热流密度为

$$q = \frac{1}{2}u_0^2\sqrt{\frac{\omega\rho\mu}{2}} \qquad (2.225)$$

式中，u_0——振动平面的质点速度，m/s；

ω——振动角频率，s^{-1}；

ρ——流体密度，kg/m^3；

μ——动力黏度，Pa·s；

q——为热流密度，W/m^2。

煤吸附解吸时，解吸吸附量可用 Langmuir 方程表达式为

$$Q = \frac{abP}{1+bP} \qquad (2.226)$$

式中，Q——吸附体量，ml/g；

a——Langmuir 吸附常数，ml/g；

b——Langmuir 压力常数，MPa^{-1}；

P——气体压力，MPa。

将 $a = \dfrac{V_0 \Sigma}{N\delta_0}$，$b = \dfrac{K_t}{Z_m f_x} e^{\frac{\bar{E}}{RT}} \bar{E}$ 代入式（2.226）：

$$Q(p,T) = \frac{\dfrac{V_0 \Sigma}{N\delta_0} \cdot \dfrac{K_t}{Z_m f_x} e^{\frac{\bar{E}}{RT}} \bar{E} \cdot p}{1 + \dfrac{K_t}{Z_m f_x} e^{\frac{\bar{E}}{RT}} \bar{E} \cdot p} \qquad (2.227)$$

式中，V_0——标准状态下气体摩尔体积；

Σ——煤体的比表面积；

N——阿伏伽德罗常量，6.02×10^{23} 个/mol；

δ_0——1 个吸附位的面积，nm^2/位；

K_t——根据气体运动论得出的参数；

Z_m——完全的单分子层中每平方厘米所吸附的气体分子数；

$\bar{E}$——解吸活化能；

f_x——与表面垂直的吸附气体的振动频率；

R——气体常数；

T——煤体温度。

声压的定义公式：

$$p = \rho c w A \cos(wt - \phi) = \rho c u_0 \qquad (2.228)$$

式中，w——振动的角频率，$w = 2\pi f$；

ρ——介质密度；

c——介质中的声速；

A——质点位移的振幅；

u_0——质点振动的速度。

由式（2.215）、式（2.225）、式（2.227）和式（2.228），可得空化声震热效应的瓦斯解吸模型：

$$
\begin{cases}
Q(p,T)=\dfrac{V_0\Sigma}{N\delta_0}\cdot\dfrac{K_t}{Z_m f_x}\mathrm{e}^{\frac{\overline{E}}{RT}}\overline{E}\cdot p\Big/\left(1+\dfrac{K_t}{Z_m f_x}\mathrm{e}^{\frac{\overline{E}}{RT}}\overline{E}\cdot p\right)\\[3mm]
q=\dfrac{1}{2}u_0^{\,2}\sqrt{\dfrac{\omega\rho\mu}{2}}\\[3mm]
P(\omega)=P_0(\omega)\left(1+\sum_{k=1}^{n}a^k\mathrm{e}^{-\omega ik\tau_0}\right)\\[3mm]
p=\rho c u_0
\end{cases}
\tag{2.229}
$$

2）空化声震效应促进煤层瓦斯渗流机理分析

空化声震主要是通过机械振动效应、热效应和致裂损伤效应来促进煤层瓦斯渗流的。空化声震的施加，机械振动效应降低煤层骨架的应力，致裂损伤效应提高煤层的孔隙度，煤层系统温度升高促进煤层瓦斯解吸，它们共同作用强化煤层瓦斯的渗流。

（1）空化声震机械振动效应促进煤层瓦斯渗流模型。

在空化声波作用下，煤基质中的孔隙和裂隙产生时大时小的变化，煤基质中的有效应力发生时大时小的变化，有利于煤层瓦斯的渗流。

Harpalani 和 Chen[87]根据煤样渗透率变化值与有效应力变化的关系，在总结前人实验的基础上，提出下述表达形式：

$$
K=A\cdot10^{-B\bar{\sigma}_{ij}}
\tag{2.230}
$$

式中，K——绝对渗透率，$10^{-3}\mu m^2$；

　　　A、B——与煤样相关的常数；

　　　$\bar{\sigma}_{ij}$——煤样的有效应力，MPa。

由式（2.222）和式（2.230）和空化声震附加应力下的煤层骨架的有效应力和空隙压力方程，可得空化声震机械振动效应下煤层瓦斯渗流模型：

$$
\begin{cases}
K(\bar{\sigma}_{ij})=A\cdot10^{-B\bar{\sigma}_{ij}}\\[2mm]
\bar{\sigma}_{ij}=\sigma_{ij}-p\\[2mm]
\sigma_{ij}=\sigma_{0ij}+P_{1煤}\\[2mm]
p=p_0+P_{1气}\\[2mm]
P_{1煤}=\dfrac{P_0(\omega)\left(1+\sum_{k=1}^{n}a^k\mathrm{e}^{-\omega ik\tau_0}\right)}{l}\\[4mm]
P_{1气}=P_0(\omega)\left(1+\sum_{k=1}^{n}a^k\mathrm{e}^{-\omega ik\tau_0}\right)
\end{cases}
\tag{2.231}
$$

（2）空化声震热效应促进煤层瓦斯渗流模型。

文献[88]研究得出，轴向应力、孔隙压力、围压一定，渗透率随温度的升高而增大，呈线性关系，实验结果如图 2.170 所示，其机理为温度升高，煤样孔隙、裂隙膨胀，煤样渗透率增大，气体分子运动速度加快，有利于气体渗流。

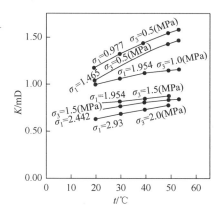

图 2.170 渗透率 K 与温度 t 曲线

随温度的升高，煤样产生膨胀，体积增大，裂隙和孔隙增多，煤样的渗透率增加。文献[89]研究温度对煤样渗透率的影响，研究得出，随温度的升高，煤样的渗透率非线性增加，其表达式为

$$k(\sigma, T) = k_0(1+T)^m e^{-B\bar{\sigma}} \tag{2.232}$$

式中，B——实验常数；

    k_0——初始渗透率；

    $\bar{\sigma}$——平均的有效应力。

由式（2.215）、式（2.225）、式（2.228）和式（2.232），则可得空化声震热效应下的渗透率模型：

$$\begin{cases} k(\sigma_{0ij}, T) = k_0(1+T)^m e^{-B\bar{\sigma}} \\ q = \dfrac{1}{2}u_0^{\ 2}\sqrt{\dfrac{\omega\rho\mu}{2}} \\ P(\omega) = P_0(\omega)\left(1 + \displaystyle\sum_{k=1}^{n} a^k e^{-\omega ik\tau_0}\right) \\ p = \rho c u_0 \end{cases} \tag{2.233}$$

（3）空化声震致裂损伤效应促进煤层瓦斯渗流模型。

煤体的动态损伤及其演化是一个能量耗散过程，不同冲击载荷下煤体的损伤程度反映断裂时损伤能量耗散的大小。冲击压缩与拉伸（或卸载）损伤相互影响，两者均与应变率效应有关。

在体积拉伸状态下，根据岩石冲击损伤耗散能与声波衰减系数的关系、等效体积模量与裂纹密度的关系及超声波衰减系数与材料中的裂纹密度的关系，基于能量平衡原理、逾渗理论和损伤力学理论，可将损伤参量 D 表示成声波衰减系数 α 与应变率 ε' 的函数，通过 α，ε' 的演化来揭示损伤发展规律，岩石的动态损伤采用体积应力准则和最大主应力准则来联合判断，即

$$\begin{cases} D = \dfrac{8\alpha}{9h}\left(\dfrac{1-\bar{v}^2}{1-2v}\right)\left(\dfrac{\sqrt{20}K_{\mathrm{IC}}}{\rho C\varepsilon'}\right)^{2/3} (\sigma_{\mathrm{H}} > 0) \\ D = 1(\sigma_{\mathrm{H}} > 0, \sigma_{\max} \geqslant \sigma_{\mathrm{t}}) \\ \bar{v} = v\exp\left(-\dfrac{16}{9}\beta C_{\mathrm{d}}\right) \end{cases} \tag{2.234}$$

式中，h、β——常数；

　　　v、C_{d}——泊松比、裂纹密度；

　　　K_{IC}、C——材料的断裂韧性和纵波波速；

　　　ρ、σ_{H}、σ_{t}——密度、体应力和抗拉强度。

在体积压缩状态下，基于 RDA 模型的应变率效应耦合原则可得损伤演化方程为

$$\begin{cases} \dot{D} = \lambda\dot{W}/(1-D) \\ D = 1(\sigma_{\mathrm{H}} < 0, \sigma_{\max} \geqslant \sigma_{\mathrm{t}}) \end{cases} \tag{2.235}$$

式中，λ——损伤敏感参数；

　　　$\dot{W}$——压缩塑性功率；

　　　D——拉伸损伤，$\dot{D} = \dfrac{\partial D}{\partial i}$。

Harpalani 和 Chen[87]通过实验发现煤样的渗透率和体积应变的关系式：

$$\Delta k = \alpha\left(\frac{\Delta V_{\mathrm{m}}}{V_{\mathrm{m}}}\right) \tag{2.236}$$

式中，Δk——渗透率变化量；

　　　α——随煤的类型和特征而变化的参数；

　　　$\Delta V_{\mathrm{m}}/V_{\mathrm{m}}$——相对体积变化量。

联立式（2.234）~式（2.236），则可得空化声震致裂损伤效应下的渗透率影响模型：

$$
\begin{cases}
\Delta k - \alpha\left(\dfrac{\Delta V_\mathrm{m}}{V_\mathrm{m}}\right) \\[2mm]
D = \dfrac{8\alpha}{9h}\left(\dfrac{1-\bar{v}^2}{1-2v}\right)\left(\dfrac{\sqrt{20}K_\mathrm{IC}}{\rho C \varepsilon'}\right)^{\!\frac{2}{3}} \quad (\sigma_\mathrm{H} > 0) \\[2mm]
\dot{D} = \lambda \dot{W}/(1-D)\,(\sigma_\mathrm{H} < 0)
\end{cases}
\tag{2.237}
$$

3）空化声震效应促进瓦斯解吸与渗流实验

空化射流声震效应促进瓦斯解吸与渗流实验装置由空化射流发生系统、吸附解吸缸、气体供给系统、测试系统四部分组成，如图 2.171 所示。其中空化射流发生系统由柱塞泵、空化腔、空化喷嘴等部分组成；吸附解吸缸设计的气压可达 6MPa，能进行高低压甲烷气的吸附解吸实验；气体由高压瓦斯气瓶通过减压阀减压供给；测试部分包括高低压吸附测试、解吸测试等。

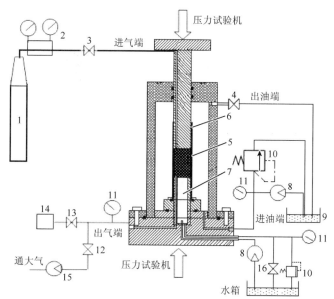

1. 高压甲烷气瓶；2. 减压阀；3、4、12、13、16. 高压阀；5. 煤样；6. 热收缩管；
7. 空化腔；8. 液压泵；9. 油箱；10. 溢流阀；11. 压力表；14. 放水瓶；15. 真空泵

图 2.171　空化声震作用下甲烷气解吸实验装置示意图

（1）空化声震效应和热效应测试实验。

将振动加速度传感器安装在空化腔的顶部，分别测试空化射流振动加速度时域波形和振动加速度振动频域功率，通过改变预先设计的泵压、围压，共测试 25 个组合，其中图 2.172 和图 2.173 显示了泵压 5MPa、围压 0.1MPa、空化数 0.0192 的振动加速度时域波形图和振动频域功率谱图，振动加速度时域波形图中纵轴代表振动加速度幅值，横轴代表记录时间，振动频域功率谱图中纵轴代表振动加速度的幅值，横轴代表频率。

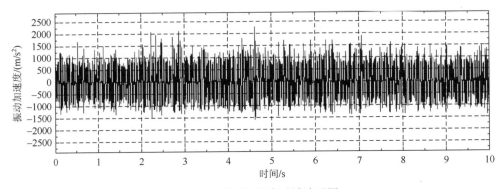

图 2.172　振动加速度时域波形图

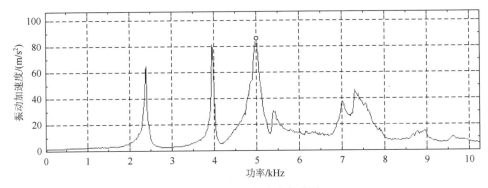

图 2.173　振动频域功率谱图

将温度传感器安装在空化腔内部下表面、型煤试件上表面、型煤试件中部 A，B，C 三点，设定泵压 15MPa，围压 0.3MPa，测试空化射流热效应产生的温度随时间的变化，如图 2.174 所示。

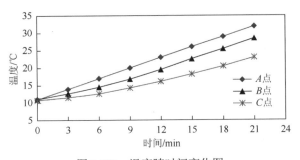

图 2.174　温度随时间变化图

对 25 组测试振动加速度时域波形图、振动频域功率谱图和 3 组温度随时间变化图进行分析，可以得到以下结论。

①空化射流声震效应振动加速度绝对值在 0～6000m/s²，当泵压从 5MPa 增加到 25MPa 时，振动加速度先增加后减小，15MPa 和 20MPa 时，振动加速度较大；当围压增加时，振动加速度减小。

②对空化射流声震效应的频率进行统计分析，气穴溃灭时声震效应振动的频段很宽，在 2000～10000Hz 均有影响，由于不同直径大小的空泡发生作用时对应着不同的振动频率，较大的空泡瞬间溃灭时产生的声震效应频率较低，较小的空泡瞬间溃灭时产生的声震效应频率较高，说明空化射流中空化气泡直径在尺度上有很大差异，尤其在 5400～6800Hz 出现了一段振动频率的峰值，说明气泡在此溃灭半径范围内的存在更加集中。振动频率越集中，对煤层瓦斯解吸渗流影响越显著。

③空化射流声震效应主要是气泡的高频行为，空化数较低时，虽然气泡的数量极大，但由于此时围压很小，气泡的成长空间很大，所以基本以大尺度气泡为主，空化声震效应频率同气泡尺度成反比，此时声震效应振动频率较低，只有少数小尺度气泡溃灭时发出高频声震效应。

④高压水流经过空化喷嘴形成空化水射流后会产生热效应，一方面，主要是由于高压射流经过空化喷嘴以后形成大量空泡，运动至正压区迅速溃灭，在气泡溃灭的过程中，会产生高温；另一方面由于空泡溃灭的局部高压产生强烈的声震效应，当声波穿过物质时，由于物质的黏滞性造成质点之间的内摩擦（内耗）而吸收一定量的声能，这部分声能将转变为热能，使物质的局部温度升高。

（2）空化射流声震效应促进瓦斯解吸试验。

本实验选择未加空化射流、最小空化数 0.0038（泵压 25MPa，围压 0.1MPa）、最大空化数 0.1098（泵压 5MPa，围压 0.5MPa）及空化数为 0.0200（泵压 15MPa，围压 0.3MPa）4 个实验条件，进行煤样瓦斯解吸实验，最终得到未加空化以及不同空化数下解吸量与解吸时间的关系曲线，如图 2.175 所示。

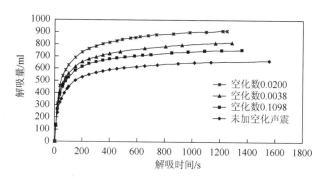

图 2.175　不同空化数下解吸量与时间的关系曲线

分析实验结果，可以得出以下结论。

①空化射流的声震效应提高煤体吸附瓦斯解吸量和解吸速度，缩短煤体瓦斯解吸时间。

②空化射流的空化数与解吸量的关系呈非线性关系，随着空化数的增加，解吸量存在最大值。空化声震的作用下，同一煤样在相同的外加条件——地应力（轴压4MPa，围压2MPa）和瓦斯压力0.5MPa下与未加空化声震相比，当空化数为0.0038时，解吸量增加22.6%；当空化数为0.1098时，解吸量增加13.4%；当空化数为0.0200时，解吸量增加36.9%。

③空化射流的空化数与解吸时间呈非线性关系，随着空化数的增加，煤样解吸时间存在最小值。空化声震使得煤样解吸的时间明显减少，同一煤样在相同的外加条件下，与未加空化声震的煤样解吸时间相比，当空化数为0.0038时，解吸时间缩短16.4%；当空化数为0.1098时，解吸时间缩短12.5%；当空化数为0.0200时，解吸时间缩短19.6%。

2.5.4　高压水射流造缝对煤层渗透率的影响

瓦斯在煤体内的流动主要取决于煤体的渗透性，在影响煤层渗透性的各种因素中，应力起着重要的作用。煤层采掘后，由于集中压力的作用，部分煤体压缩变形，孔隙率降低，妨碍瓦斯渗透，或由于卸压作用，部分煤体伸张变形，在煤层中形成新的裂隙，使煤的渗透性增加。

1）高压水射流造缝增加煤体瓦斯涌出自由面

采用高压水射流对煤体造缝，煤体中形成圆盘状缝槽。钻孔暴露煤体由最初的圆柱体变化为圆盘状缝槽。水射流造缝槽后，增加了煤体的暴露面积。

将单位煤体暴露面积下瓦斯流动视为单项稳定流动。

在单项稳定流动状态下，瓦斯涌出量不随时间而变化，而主要取决于煤层原始瓦斯压力和煤体暴露处瓦斯压力之差，因而单位煤体暴露面积瓦斯涌出量为

$$q = -\lambda \frac{\mathrm{d}P}{\mathrm{d}x} \tag{2.238}$$

式中，λ——煤层透气系数，$\mathrm{m^2/(MPa^2 \cdot d)}$，$\lambda = K/(2\mu p_n)$；

　　　K——煤层透气率，$\mathrm{m^2}$；

　　　μ——瓦斯动力黏度，$\mathrm{Pa \cdot s}$；

　　　p_n——标准大气压力，MPa；

　　　P——瓦斯压力的平方，$\mathrm{MPa^2}$；$P = p^2$。

单一钻孔下，水射流造缝后煤体暴露面积增量为

$$\Delta A = 2\pi(R^2 - r^2) + 2\pi l(R - r) \tag{2.239}$$

式中，ΔA——煤体暴露面积增量；

    R——水射流造缝缝槽半径；

    r——钻孔半径；

    l——水射流造缝缝槽宽度。

故在水射流对煤体造缝形成缝槽后，仅从瓦斯流动的角度考虑，瓦斯涌出增加量为

$$Q = \Delta A \cdot q = [2\pi(R^2 - r^2) + 2\pi l(R - r)] \cdot \left(-\lambda \frac{\mathrm{d}P}{\mathrm{d}x}\right) \qquad (2.240)$$

2）高压水射流造缝引起裂隙演化提供瓦斯流动通道

通过数值模拟，得到高压水射流造缝后，缝槽周围煤体的裂隙演化过程如图 2.176 所示。图 2.177 为缝槽周围煤体裂隙数量。

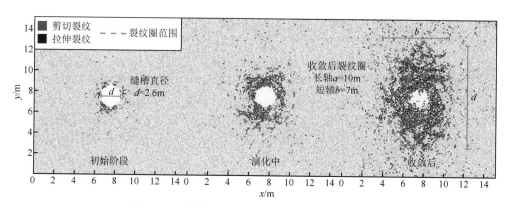

图 2.176 缝槽周围煤体裂隙演化（后附彩图）

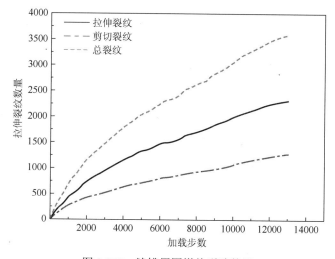

图 2.177 缝槽周围煤体裂隙数量

在高压水射流作用下切缝，煤体通常经历3种状态的演变[90]。

①钻孔切缝前，煤体中含有以断续的非贯通节理裂隙为主的分布缺陷，即"初始损伤"；②开始切缝时，切缝周围应力逐渐释放，应力状态重新分布，导致切缝周围围岩主应力差增大，引起某些方向的裂纹开裂、扩展，煤体损伤逐渐累积并派生出新的拉剪裂隙，应力峰值很高的短脉冲可形成短裂隙，而能量相同应力峰值较低的长脉冲，却能形成比较长的裂隙；③在持续的脉冲作用下，切缝周围扩展裂纹逐渐发展，部分初始裂隙相互连接，形成缝槽周边裂隙网络。

煤体裂隙网络的形成，为瓦斯的流通提供通道，增加了煤体渗透率。

3）高压水射流造缝引起应力改变影响瓦斯渗透率

针对应力对煤层渗透率影响的研究，国内外学者作出了相应的研究，得出高压振荡射流对煤体内渗透率的影响可以表述为[87, 91]

$$K = f(p_r, p) \tag{2.241}$$

煤体内有效应力 σ^T 为

$$\sigma^T = p_r - p \tag{2.242}$$

可得高压水射流所施加载荷对煤层渗透率的影响为

$$K = K_0 \exp[3c_f(p_r - p)] \tag{2.243}$$

一般认为，瓦斯在煤层内流动近似为线性渗流，即瓦斯的流动与煤层中的瓦斯压力 p 的梯度成正比，并符合达西定律，可得高压水射流作用下的瓦斯运动微分方程：

$$v_i = -\frac{\rho}{\mu}\left(K_{i1}\frac{\partial \psi}{\partial x_1} + K_{i2}\frac{\partial \psi}{\partial x_2} + K_{i3}\frac{\partial \psi}{\partial x_3}\right), \ i = 1, 2, 3 \tag{2.244}$$

式中，v_i——瓦斯渗流速度；

ρ——瓦斯密度；

μ——运动黏性系数；

ψ——流动势，$\psi = p_g + \rho g x_3$，p_g 为瓦斯压力。

这里假设 v_i 和位势梯度各分量之间仍然维持线性关系。考虑流体在各向异性介质中的性质，提出一种特殊假设方式，式（2.244）可以写成一个单一矩阵方程：

$$\begin{pmatrix} v_1 \\ v_2 \\ v_3 \end{pmatrix} = -\frac{\rho}{\mu}\begin{pmatrix} K_{11} & K_{12} & K_{13} \\ K_{21} & K_{22} & K_{23} \\ K_{31} & K_{32} & K_{33} \end{pmatrix}\begin{pmatrix} \dfrac{\partial \psi}{\partial x_1} \\[2mm] \dfrac{\partial \psi}{\partial x_2} \\[2mm] \dfrac{\partial \psi}{\partial x_3} \end{pmatrix} \tag{2.245}$$

考虑坐标轴的旋转，则 **K** 在此转动下将发生改变。对此转变研究表明，如果矩阵是对称的，则坐标轴旋转到某一特定位置时将产生对称的对角线型 **K**。

如果

$$K_{ij} = K_{ji}, \quad i=1,2,3, \quad j=1,2,3 \tag{2.246}$$

则 **K** 可采取下列形式：

$$\mathbf{K}' = \begin{pmatrix} K_1 & 0 & 0 \\ 0 & K_2 & 0 \\ 0 & 0 & K_3 \end{pmatrix} \tag{2.247}$$

和 **K'** 对应的这一组特定的坐标轴的方向称为多孔介质的主轴。假设煤体具有相互正交的主轴，则在主轴平行的坐标系中，推广的达西定律采取下列形式：

$$v_i = -K_i \frac{\rho}{\mu} \frac{\partial \psi}{\partial x_i} \tag{2.248}$$

瓦斯在煤层中流动时，根据物理量守恒定理推出，煤层瓦斯连续性方程为

$$-\nabla \cdot \hat{\Omega} + G = \frac{\partial \Gamma}{\partial t} \tag{2.249}$$

式中，∇ ——散度算子；

$\hat{\Omega}$ ——单元体通量密度；

G ——流体源；

Γ ——流体浓度。

在连续性方程中，质量通量密度起着 $\hat{\Omega}$ 的作用，而流体质量浓度起着浓度的作用，于是

$$\hat{\Omega} = \rho \hat{v} \tag{2.250}$$

$$\Gamma = \phi \rho \tag{2.251}$$

式中，ϕ ——煤层孔隙度。

现在连续性方程可采取下列形式：

$$-\nabla \cdot (\rho \hat{v}) + G = \phi \frac{\partial \rho}{\partial t} \tag{2.252}$$

瓦斯在煤层中流动时，可以认为没有瓦斯源汇的流动，所以忽略 G。对于煤层，根据达西定律，v_i 可以通过位势梯度的分量表示出来，则连续方程变为

$$-\nabla \cdot (\rho \hat{v}) = \phi \frac{\partial \rho}{\partial t} \tag{2.253}$$

对于瓦斯在煤体中流动，煤层瓦斯压缩性比液体大得多，因此，应采用真实气体的状态方程：

$$\rho = \frac{p}{ZRT} \tag{2.254}$$

由此可得

$$\frac{\rho}{\rho_0} = \frac{p_{\mathrm{g}}}{p_0}\frac{Z_0 T_0}{ZT} \tag{2.255}$$

式中，T——煤层中瓦斯的热力学温度；

　　　　T_0——大气温度；

　　　　Z——煤层中压缩因子；

　　　　Z_0——一个大气压下瓦斯压缩因子，一般取为1。

将式（2.248）和式（2.255）代入式（2.253）得

$$-\nabla \cdot \left[-\frac{\left(\rho_0 \dfrac{p_{\mathrm{g}}}{p_0}\dfrac{z_0 T_0}{ZT}\right)^2}{\mu} \left(K_1\frac{\partial \psi}{\partial x_1} + K_2\frac{\partial \psi}{\partial x_2} + K_3\frac{\partial \psi}{\partial x_3}\right) \right] = \phi \frac{\partial \left(\rho_0 \dfrac{p_{\mathrm{g}}}{p_0}\dfrac{z_0 T_0}{ZT}\right)}{\partial t} \tag{2.256}$$

式（2.256）为煤层中瓦斯作为真实气体的渗流方程。此时，没有受到外力扰动，当高压水射流对煤体进行冲击时，煤体渗透率改变式（2.243）为高压水射流对煤层渗透的影响，代入式（2.256）为

$$-\nabla \cdot \left[-\frac{\left(\rho_0 \dfrac{p_{\mathrm{g}}}{p_0}\dfrac{z_0 T_0}{ZT}\right)^2}{\mu} K_0 \left(\begin{array}{c} \mathrm{e}^{-3c_{\mathrm{f}}(p_{r_{x1}}-p_{x1})}\dfrac{\partial \psi}{\partial x_1} + \mathrm{e}^{-3c_{\mathrm{f}}(p_{r_{x2}}-p_{x2})}\dfrac{\partial \psi}{\partial x_2} \\[2mm] + \mathrm{e}^{-3c_{\mathrm{f}}(p_{r_{x3}}-p_{x3})}\dfrac{\partial \psi}{\partial x_3} \end{array} \right) \right] = \phi \frac{\partial \left(\rho_0 \dfrac{p_{\mathrm{g}}}{p_0}\dfrac{z_0 T_0}{ZT}\right)}{\partial t} \tag{2.257}$$

式中，$p_{r_{x1}}$，$p_{r_{x2}}$，$p_{r_{x3}}$ 分别为高压水射流对煤体载荷的三个主轴的分量。

式（2.257）则为高压水射流作用煤体内瓦斯渗流方程。从方程中可以看出，高压水射流能够改变煤体的有效应力，有效应力是煤体孔隙的变形、破裂的直接应力，为煤体的孔隙、裂隙的相互贯通提供动力源，从而增大了煤层渗透率，为提高煤层瓦斯抽采奠定基础。

4）高压水射流冲击作用下煤基质收缩影响瓦斯渗透率

高压水射流对煤体的冲击力，主要来自高压水射流喷嘴产生的高速水流对煤体产生的应力波[9, 92]；当射流冲击煤体的压缩应力波传播到煤体的自由表面时，对瓦斯渗流有两方面影响：一方面，导致煤体的有效应力发生变化，引起煤体孔隙、裂隙的变化，当瓦斯发生解吸时，煤炭颗粒的表面张力和基质微孔隙表面自由能增加，煤基质就会收缩，其体积变小，进而扩大了孔隙、裂隙的尺寸；另一方面，孔隙率的变化会引起瓦斯渗透系数的变化[93]。

假定煤基质压缩是线弹性压缩过程，则煤体中的孔隙体积增量 $\mathrm{d}\varepsilon_{\mathrm{p}}$ 为

$$\mathrm{d}\varepsilon_{\mathrm{p}} = \frac{\mathrm{d}\varepsilon_{ij}}{\phi} - \left(\frac{1-\phi}{\phi}\right)\mathrm{d}\varepsilon_{\mathrm{v}} \tag{2.258}$$

式中，$\mathrm{d}\varepsilon_{ij}$——煤体体积应变增量；

$\qquad$ $\mathrm{d}\varepsilon_{\mathrm{v}}$——煤基质收缩引起的应变增量；

$\qquad$ ϕ——煤层孔隙度。

在单轴向应变条件下，孔隙体积增量 $\mathrm{d}\varepsilon_{\mathrm{p}}$ 引起煤体孔隙度的变化为

$$\phi=\left[\frac{1}{M}-(1-\phi)f\gamma\right](\mathrm{d}S-\mathrm{d}P_{\mathrm{L}})+\left[\frac{K}{M}-(1-\phi)\right]\gamma\mathrm{d}P_{\mathrm{L}}-\left[\frac{K}{M}-(1-\phi)\right]\alpha\mathrm{d}T \qquad (2.259)$$

式中，M——煤体轴向约束模量；

$\qquad$ S——上覆岩层压力；

$\qquad$ γ——煤基质的可压缩性；

$\qquad$ P_{L}——孔隙压力；

$\qquad$ T——温度；

$\qquad$ α——煤颗粒的热膨胀系数。

由 $\phi\ll1$，$\mathrm{d}S=0$，式（2.259）可简化为

$$-\mathrm{d}\phi=-\frac{1}{M}\mathrm{d}P_{\mathrm{L}}+\left(\frac{K}{M}+f-1\right)r\mathrm{d}P_{\mathrm{L}}-\left(\frac{K}{M}-1\right)\alpha\mathrm{d}T \qquad (2.260)$$

温度的变化影响煤基质收缩状态，引起孔隙中瓦斯吸附情况发生变化，进而导致孔隙压力的变化。其中温度与孔隙压力有如下关系：

$$\alpha\mathrm{d}T\equiv\frac{\mathrm{d}}{\mathrm{d}P_{\mathrm{L}}}\left(\frac{\varepsilon_{\ell}\beta P_{\mathrm{L}}}{1+\beta P_{\mathrm{L}}}\right)\mathrm{d}P_{\mathrm{L}} \qquad (2.261)$$

式中，β、ε_{ℓ}——Langmuir 型曲线中的参数。

将式（2.261）代入式（2.260）可得

$$-\mathrm{d}\varphi=-\frac{\mathrm{d}P_{\mathrm{L}}}{M}+\left(\frac{K}{M}+f-1\right)\gamma\mathrm{d}P_{\mathrm{L}}-\left(\frac{K}{M}-1\right)\frac{\mathrm{d}}{\mathrm{d}P_{\mathrm{L}}}\left(\frac{\varepsilon_{\ell}\beta P_{\mathrm{L}}}{1+\beta P_{\mathrm{L}}}\right)\mathrm{d}P_{\mathrm{L}} \qquad (2.262)$$

假设煤层渗透率与煤层孔隙度呈立方关系：

$$\frac{k}{k_0}=\left(\frac{\phi}{\phi_0}\right)^3 \qquad (2.263)$$

式中，k——煤层渗透率，$10^{-3}\mu\mathrm{m}^2$；

$\qquad$ k_0——煤层初始渗透率，$10^{-3}\mu\mathrm{m}^2$。

根据以上的分析，由 Palmer-Mansoori 模型的假设，联立式（2.260）和式（2.263），当高压脉冲水射流所施加载荷为 p 时，对煤层渗透率的影响为

$$k=k_0\exp[3c_{\mathrm{f}}(p-p_{\mathrm{g}})] \qquad (2.264)$$

式中，c_{f}——煤基质压缩系数，MPa^{-1}。

2.6　参 考 文 献

[1]　Pianthong K，Zakrzewski S，Behnia M，et al. Supersonic liquid jets：their generation and shock wave characteristics[J]. Shock Waves，2002，11（6）：457-466.

[2]　Soh W K，Khoo B C，Yuen W Y D. The entrainment of air by water jet impinging on a free surface[J]. Experiments in fluids，2005，39（3）：498-506.

[3]　Field J E. ELSI conference：invited lecture：liquid impact：theory，experiment，applications [J]. Wear，1999，233：1-12.

[4]　陆朝晖. 高压脉冲水射流流场结构的数值模拟及破硬岩机理研究[D]. 重庆：重庆大学，2012.

[5]　Abramovich G，Schindel L. General properties of turbulent jets[M]. Cambridge：MIT press，1963.

[6]　Albertson M L，Dai Y B，Jensen R A，et al. Diffusion of submerged jets[J]. Transactions of the American Society of Civil Engineers，1950，115（1）：639-664.

[7]　Crow S C，Champagne F H. Orderly structure in jet turbulence [J]. Journal of Fluid Mechanics，1971，48（3）：547-591.

[8]　Kuethe A M. Investigations of turbulent mixing regions[D]. Pasadena：California Institute of Technology，1933.

[9]　沈忠厚. 水射流理论与技术[M]. 东营：石油大学出版社，1998：137-140.

[10]　李晓红，卢义玉，向文英，等. 水射流理论及在矿业工程中的应用[M]. 重庆：重庆大学出版社，2007：39-40.

[11]　董志勇. 冲击射流[M]. 北京：海洋出版社，1997：30-46.

[12]　Taylor J F，Grimmett H L，Comings E W. Isothermal free jets of air mixing with air[J]. Chemical Engineering Progress，1951，47（4）：175-180.

[13]　大桥昭，柳井田勝哉. The fluid mechanics of capsule pipeline. Analysis of the required pressure gradient for both hydraulic and pneumatic capsules[J]. 日本機械学会論文集 B 編，1985，51（470）：3145-3154.

[14]　柳井田勝哉. The Breakup of a High-Speed Liquid Jet in Air[J]. 大阪府立工業高等専門学校研究紀要，1982，16：7-16.

[15]　Guha A，Barron R M，Balachandar R. An experimental and numerical study of water jet cleaning process[J]. Journal of Materials Processing Technology，2011，211（4）：610-618.

[16]　Bush W B，Krishnamurthy L. Asymptotic analysis of the fully developed region of an incompressible，free，turbulent，round jet[J]. Journal of Fluid Mechanics，1991，223：93-111.

[17]　Leach S J，Walker G L，Smith A V，et al. Some aspects of rock cutting by high speed water jets [and discussion][J]. Philosophical Transactions of the Royal Society of London A：Mathematical，Physical and Engineering Sciences，1966，260（1110）：295-310.

[18]　Heymann F J. High-speed impact between a liquid drop and a solid surface[J]. Journal of Applied Physics，1969，40（13）：5113-5122.

[19]　钟声玉，廖其奠，朱勇. 喷嘴结构对高压水射流性能影响的研究[J]. 水动力学研究与进展 A 辑，1987，4：42-51.

[20]　Barker C R，Selberg B P. Water jet nozzle performance tests[C]. Canterbury：4th International Symposium on Jet Cutting Technology，1978，A1.

[21]　Yule A J. Large-scale structure in the mixing layer of a round jet[J]. Journal of Fluid Mechanics，1978，89（3）：413-432.

[22]　易灿，李根生. 喷嘴结构对高压射流特性影响研究[J]. 石油钻采工艺，2005，27（1）：16-19.

[23]　胡鹤鸣. 旋转水射流喷嘴内部流动及冲击压强特性研究[D]. 北京：清华大学，2008.

[24]　沈娟. 高压水射流喷嘴的设计及其结构优化[D]. 苏州：苏州大学，2014.

[25]　赵艳萍. 基于天然气藏增产改造关键设备喷嘴的优化设计与实验研究[D]. 重庆：重庆大学，2010.

[26]　左伟芹. 前混合磨料射流磨料加速机理及分布规律[D]. 重庆：重庆大学，2012.

[27]　禹言芳，李春晓，孟辉波，等. 不同形状喷嘴的射流流动与卷吸特性[J]. 过程工程学报，2014，14（4）：549-555.

[28]　许小红，武海顺. 压电薄膜的制备[M]. 北京：科学出版社，2002.

[29]　Kawai H. The piezoelectricity of poly（vinylidene fluoride）[J]. Japanese Journal of Applied Physics，1969，8（7）：975.

[30]　Gong W J，Wang J M，Gao N. Numerical simulation for abrasive water jet machining based on ALE algorithm[J]. The International Journal of Advanced Manufacturing Technology，2011，53（1-4）：247-253.

[31]　Hallquist J O. LS-DYNA theory manual[M]. Livermore Software Technology Corporation，2006.

[32]　Hallquist J O，Manual L S D T. Livermore Software Technology Corporation[J]. Livermore，1998.

[33]　Benson D J. Momentum advection on a staggered mesh [J]. Journal of Computational Physics，1992，100（1）：143-162.

[34]　Benson D J. Computational methods in Lagrangian and Eulerian hydrocodes[J]. Computer Methods in Applied Mechanics & Engineering，1992，99（2-3）：235-394.

[35]　Sou A，Hosokawa S，Tomiyama A. Effects of cavitation in a nozzle on liquid jet atomization[J]. International journal of heat and mass transfer，2007，50（17）：3575-3582.

[36]　Liu H，Wang J，Kelson N，et al. A study of abrasive waterjet characteristics by CFD simulation[J]. Journal of Materials Processing Technology，2004，153（1）：488-493.

[37]　杨国来，周文会，刘肥. 基于 FLUENT 的高压水射流喷嘴的流场仿真[J]. 兰州理工大学学报，2008，2：49-52.

[38]　王洪伦，龚烈航，姚笛. 高压水切割喷嘴的研究[J]. 机床与液压，2005，4：42-43，55.

[39]　康勇，王晓川，卢义玉，等. 磨料射流辅助三翼钻头破岩实验研究[J]. 中国矿业大学学报，2012，41（2）：212-218.

[40]　卢义玉，沈晓莹，汤积仁，等. 磨料水射流钻头破岩过程的力学分析[J]. 中国矿业大学学报，2012，41（4）：531-535.

[41]　卢义玉，李晓红，向文英. 空化水射流破碎岩石的机理研究[J]. 岩土力学，2005，26（8）：1233-1237.

[42]　林晓东，卢义玉，汤积仁，等. 前混合式磨料水射流磨料粒子加速过程数值模拟[J]. 振动与冲击，2015，（16）：19-24，47.

[43]　黄飞. 水射流冲击瞬态动力特性及破岩机理研究[D]. 重庆：重庆大学，2015.

[44]　Kondo M，Fuji K，Syoji H. On the destruction of molar specimens by submerged water jets[C]. Cambridge：The Second International Symposium on Jet Cutting Technology，1974：69-88.

[45]　Zhou Q L，Li N，Chen X，et al. Analysis of water drop erosion on turbine blades on a nonlinear liquid-solid impact model [J]. International Journal of Impact Engineering，2009，36（9）：1156-1171.

[46]　Crow S C. A theory of hydraulic rock cutting [J]. International Journal of Rock Mechanics & Mining Sciences & Geomechanics Abstracts，1973，10（6）：567-584.

[47]　倪红坚，王瑞和，葛洪魁. 高压水射流破岩的数值模拟分析[J]. 岩石力学与工程学报，2004，23（4）：550-554.

[48]　廖华林，李根生，牛继磊. 淹没条件下超高压水射流破岩影响因素与机制分析[J]. 岩土力学与工程学报，2008，27（6）：1243-1250.

[49]　Bowden F P，Brunton J H. The deformation of solids by liquid impact at supersonic speeds [J]. Royal Society of

London Proceedings，1961，263（1315）：433-450.

[50]　Heymann F J. On the shock wave velocity and impact pressure in high-speed liquid-solid impact[J]. Journal of Fluids Engineering，1968，90（3）：400-402.

[51]　王瑞和，倪红坚. 高压水射流破岩钻孔过程的理论研究[J]. 石油大学学报：自然科学版，2003，27（4）：44-47.

[52]　司鹄，王丹丹，李晓红. 高压水射流破岩应力波效应的数值模拟[J]. 重庆大学学报，2008，31（8）：942-950.

[53]　Bieniawski Z T. Mechanism of brittle fracture of rock：part I-theory of the fracture process [J]. International Journal of Rock Mechanics and Mining Science and Geomechanics Abstracts，1967，4（4）：395-406.

[54]　Forman S，Secor G. The mechanics of rock failure due to water jet impingement[J]. Old SPE Journal，1974，14（1）：10-18.

[55]　Atkinson B K. Fracture Mechanics of Rock [M]. London：Elsevier，1987.

[56]　Springer G S. Erosion by liquid impact [M]. Manhattan：John Wiley& Sons，1976.

[57]　Steverding B，Lehnigk S H. The fracture penetration depth of stress pulses[J]. International Journal of Rock Mechanics & Mining Sciences & Geomechanics Abstracts，1976，13（3）：75-80.

[58]　Field J E. Brittle fracture：Its study and application[J]. Contemporary Physics，1971，12（1）：1-31.

[59]　闻德苏. 工程流体力学（水力学）[M]. 北京：高等教育出版社，1991.

[60]　Momber A W. Deformation and fracture of rocks due to high-speed liquid impingement[J]. International Journal of Fracture，2004，130（3）：683-704.

[61]　Winkler K W，Plona T J. Technique for measuring ultrasonic velocity and attenuation spectra in rocks under pressure[J]. Journal of Geophysical Research Atmospheres，1982，87（B13）：10776-10780.

[62]　Farmer I W，Attewell P B. Rock penetration by high velocity water jet A review of the general problem and an experimental study[J]. International Journal of Rock Mechanics & Mining Science & Geomechanics Abstracts，1965，2（2）：135-142.

[63]　向文英，卢义玉，李晓红，等. 空化射流在岩石破碎中的作用实验研究[J]. 岩土力学，2006，27（9）：1505-1508.

[64]　向文英，李晓红，卢义玉，等. 空化射流效应的实验研究[J]. 中国机械工程，2006，17（13）：1388-1391.

[65]　卢义玉，冯欣艳，李晓红，等. 高压空化水射流破碎岩石的试验分析[J]. 重庆大学学报：自然科学版，2006，29（5）：88-91.

[66]　卢义玉，李倩，李晓红，等. 空化水射流空泡云长度的试验研究[J]. 流体机械，2006，34（5）：9-11.

[67]　陶振宇. 岩石力学原理与方法[M]. 北京：中国地质大学出版社，1991.

[68]　范钦珊，殷雅俊. 材料力学——普通高等院校基础力学系列教材[M]. 北京：清华大学出版社，2004.

[69]　孔祥言. 高等渗流力学[M]. 合肥：中国科学技术大学出版社，2010.

[70]　陶振宇，窦铁生. 关于岩石水力模型[J]. 力学进展，1994，（3）：409-417.

[71]　张国，麻凤海. 裂隙岩体水力特性及其对边坡稳定性的影响[J]. 辽宁工程技术大学学报：自然科学版，1998，（4）：348-352.

[72]　Bai M，Elsworth D，Roegiers J C. Multiporosity/multipermeability approach to the simulation of naturally fractured reservoirs[J]. Water Resources Research，1993，29（29）：1621-1634.

[73]　Zhao Y，Jin Z，Sun J. Mathematical model for coupled solid deformation and methane flow in coal seams[J]. Applied Mathematical Modelling，1994，18（6）：328-333.

[74]　Barton N，Bandis S，Bakhtar K. Strength，deformation and conductivity coupling of rock joints[J]. International Journal of Rock Mechanics & Mining Sciences & Geomechanics Abstracts，1985，22（3）：121-140.

[75]　Lu Y，Tang J，Ge Z，et al. Hard rock drilling technique with abrasive water jet assistance [J]. International Journal of Rock Mechanics & Mining Sciences，2013，60（2）：47-56.

[76]　汤积仁. 磨料射流导引钻头破碎硬岩方法及机理[D]. 重庆：重庆大学，2013.

[77]　卡明斯. 采矿工程手册 2：采矿方法与地下开采[M]. 北京：冶金工业出版社，1982.

[78]　蔡美峰. 岩石力学与工程[M]. 北京：科学出版社，2002.

[79]　余静. 滚压破岩机理和参数计算[J]. 金属矿山，1981，（4）：6-10.

[80]　徐小荷，余静. 岩石破碎学[M]. 北京：煤炭工业出版社，1984.

[81]　廖识. 煤巷掘进中脉冲水射流割缝煤体应力场变化规律研究[D]. 重庆：重庆大学，2012.

[82]　高文学，刘运通. 岩石动态损伤的数值模拟[J]. 北京工业大学学报，2000，26（6）：5-10.

[83]　李晓红，卢义玉，赵瑜，等. 高压脉冲水射流提高松软煤层透气性的研究[J]. 煤炭学报，2008，33（12）：1386-1390.

[84]　McKee C R，Bumb A C，Koenig R A. Stress-dependent permeability and porosity of coal[C]. Tuscaloosa：Proc.，Coalbed Methane Symposium，1987，183.

[85]　周东平. 空化水射流声震效应促进煤层瓦斯解吸渗流机理研究[D]. 重庆：重庆大学，2010.

[86]　唐巨鹏. 煤层气赋存运移的核磁共振成像理论和实验研究[D]. 阜新：辽宁工程技术大学，2006.

[87]　Harpalani S，Chen G. Effects of Gas Production on Porosity and Permeability of Coal，Symposium on Coalbed Methane Research and Development in Australia[M]. Beamish B B，Gamson P D. Townsville：James Cook University of North Queensland，1992：67-79.

[88]　孙培德. 煤层气越流的固气耦合理论及其计算机模拟研究[D]. 重庆：重庆大学，1998.

[89]　程瑞端，陈海焱，鲜学福. 温度对煤样渗透系数影响的实验研究[J]. 煤炭工程师，1998，（1）：13-16.

[90]　倪红坚，王瑞和，白玉湖. 高压水射流破碎岩石的有限元分析[J]. 石油大学学报（自然科学版），2002，26（3）：37-40.

[91]　柯林斯 R E. 流体通过多孔材料的流动[M]. 北京：北京工业出版社，1984.

[92]　王肖钧. 高速碰撞中的有限元方法及其应用[J]. 爆炸与冲击，1993，13（4）：296-304.

[93]　张广洋，胡耀华，姜德义. 煤的瓦斯渗透性影响因素的探讨. 重庆大学学报（自然科学版），1995，18（3）：27-30.

第3章 高压水射流造缝增透成套装备

3.1 高压水射流造缝增透成套装备组成

高压水射流造缝增透成套装备主要由钻机、乳化泵、自动切换式切缝器、高压密封输水器、气渣分离器、高压密封双动力螺旋排渣钻杆、自激振荡钻头、高压脉冲水管、高压脉冲水管连接装置和高压密封装置等组成，如图 3.1 所示。

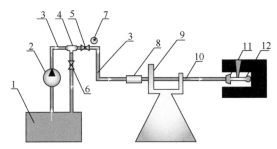

1. 水箱；2. 乳化泵；3. 高压脉冲水管；4. 三通；5. 截止阀1；6. 截止阀2(泄压阀)；7. 减震压力表；8. 高压密封输水器；9. 钻机；10. 高压钻杆；11. 自动切换式切缝器；12. 钻头

图 3.1 高压水射流造缝增透成套装备示意图

3.2 磨料射流辅助破硬岩钻头

目前，煤矿井下穿层钻孔施工仍主要选用硬质合金钻头与 PDC 钻头。当遇到硬岩时，常用的解决途径是利用硬质合金钻头制造简单、加工成本低的优势，采用多回次钻进方案。显然，该方案大大增加起下钻具、更换钻头等辅助作业时间，严重影响钻孔施工进度，同时尽管单个钻头的加工成本较低，但在消耗量上的剧增对施工成本也是不小的挑战。因此，开发出一种能用于硬岩钻进的高效、低廉、长寿命钻进技术与装备已成为亟须解决的工程难题之一。

3.2.1 磨料射流导引钻头研制

减小钻头承受载荷、改善刀刃切削环境、降低切削温度是提高传统旋转钻进效率和降低钻头磨损的关键。实现这一目的的有效方法之一便是减弱或消除钻头钻进过程中"凸台"的形成并改善钻头的冷却条件。

　　磨料射流导引钻头破碎硬岩方法的根本目的是在保证刀具寿命前提下实现硬岩的高效破碎，为此在煤矿井下全面钻进常用的硬质合金钻头基础上设计磨料射流钻头[1]，如图 3.2 所示。该钻头由磨料喷嘴、两翼齿和三翼齿三部分组成。其中，磨料喷嘴沿两翼齿轴线安装，通过铜钎焊固定，由其喷射的磨料射流对目标岩石进行冲蚀，形成一级先导孔；两翼齿由两枚切割片和两翼钻头体组成，切割片沿两翼钻头体圆周方向成 180° 角布置，通过铜钎焊固定，在其作用下对一级先导孔周围岩石进行破碎，形成二级先导孔；三翼齿由三枚切割片和三翼钻头体组成，切割片沿三翼钻头体圆周方向成 120° 角布置，通过铜钎焊固定，在其作用下对二级先导孔周围岩石进行破碎，形成终孔。切割片为 YG8 材质，两翼齿与三翼齿通过螺纹连接。

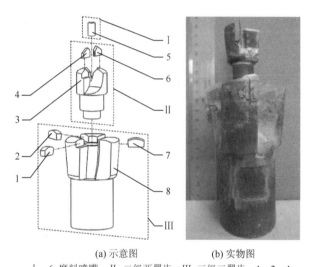

(a) 示意图　　　　　　(b) 实物图
Ⅰ、6.磨料喷嘴；Ⅱ.二级两翼齿；Ⅲ.三级三翼齿；1、2、4、
5、7.切割片；3.两翼钻头体；8.三翼钻头体

图 3.2　磨料射流钻头示意图与实物图

　　该磨料射流钻头钻进过程如图 3.3 所示，具体步骤如下。

　　（1）在磨料射流钻头的二级两翼破碎齿开始钻进硬岩前，由磨料喷嘴喷出的磨料射流对目标岩石进行冲蚀，在轴心处形成一级先导孔。

　　（2）矿用液压钻进系统驱动钻头钻进，由磨料射流钻头的二级两翼破碎齿对一级先导孔四周岩石进行破碎，形成二级先导孔。

　　（3）钻进系统继续驱动钻头钻进，由磨料射流钻头的三级三翼破碎齿对二级先导孔四周岩石进行破碎，形成终孔。

　　需要指出的是，根据不同钻进施工需求，还可使用类似的方法在常用 PDC 钻头基础上研制出适用于磨料射流导引钻头破碎硬岩施工的磨料射流钻头，用于对适合 PDC 钻头钻进地层的钻进。

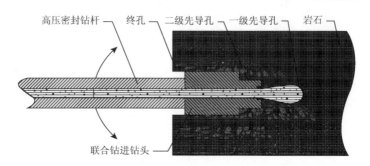

图 3.3 　磨料射流钻头钻进示意图

3.2.2 　磨料射流导引钻头穿硬岩层钻进工艺

　　为降低施工成本、简化系统装备，研制磨料射流导引钻头钻进装备的出发点便是最大限度地利用煤矿井下现有设备。因此，所有设备的连接都是在原有钻孔装备系统的基础上增加新设备。煤矿井下钻孔施工时，需要的设备主要有钻机、钻杆、钻头、乳化泵等。在此基础上，增加自主设计研发的磨料射流发生装置[2]、高压旋转密封输水器，更换自主设计研发的磨料射流钻头、高压密封钻杆及高压胶管、管路连接装置等。为了使系统安全可靠、操作方便，所有自主研发设备均采用防爆设计，并研发乳化泵与磨料射流发生装置的远程控制器，将其布置在钻机操作台附近，保证系统操作安全。系统装备连接示意图如图 3.4 所示。

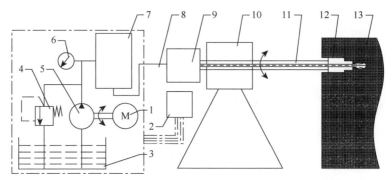

1. 电机；2. 远程控制器；3. 水箱；4. 溢流阀；5. 高压泵；6. 压力表；7. 磨料射流发生装置；8. 高压胶管；
9. 高压旋转密封输水器；10. 矿用液压钻机；11. 高压密封钻杆；12. 磨料射流钻头；13. 岩层

图 3.4 　联合钻进系统装备连接示意图

　　针对煤矿井下传统钻进技术穿岩层钻孔时，常遇到部分硬岩层而使钻进效率低，钻头磨损严重，导致频繁更换钻头、降低经济钻速、增加施工成本问题。利用磨料射流导引钻头钻进方法可高效破碎硬岩，设计出磨料射流导引钻头穿硬岩层钻进工艺[3]，即利用一套装备，在一个钻进回次内，传统旋转钻进与磨料射流导引钻头钻进交替进行以实现高效钻进。具体工艺流程如图 3.5 所示。

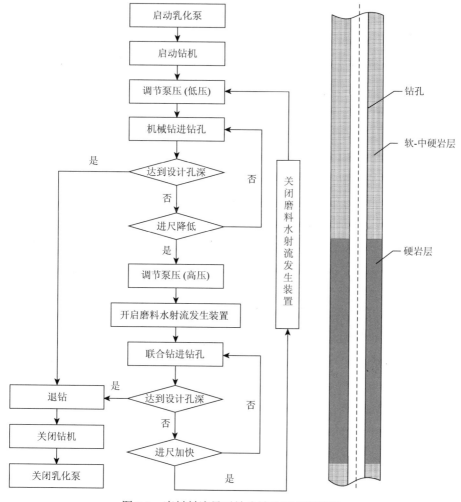

图 3.5　磨料射流导引钻头钻进工艺流程图

　　钻进软-中硬岩层时，采用低压水冷却条件下的传统钻进技术；当出现进尺缓慢、钻进困难现象时即表明钻孔前方遭遇坚硬岩层，此时增大泵压，开启磨料射流发生装置，开始向磨料射流钻头供给磨料，即采用磨料射流联合钻进技术；当进尺出现明显加快现象时即表明钻孔已顺利穿越坚硬岩层进入软-中硬岩层，此时关闭磨料射流发生装置，降低泵压，即继续采用低压水冷却条件下的传统钻进技术；当再次遇到坚硬岩层出现进尺缓慢时，重复以上步骤，直至达到设计钻孔深度。

3.3　自动切换式切缝器

　　自动切换式切缝器（图 3.6 和图 3.7）在该系统中主要完成煤层的切缝工作；主要由压力切换阀芯、自激振荡喷嘴和破碎刀片组成[4]。进行瓦斯预抽孔钻进时，系统压力处于较低状态，此时通过压力切换阀芯控制高压水从出水口流出，流向钻头辅助钻进。进入煤层之后，升高系统压力，压力切换阀芯控制高压脉冲水流向喷嘴，形成高压水射流对煤层进行切割，从而实现自动切换式切缝器辅助钻进与切缝功能自动转换。根据现场煤层赋存条件，自动切换压力可以通过调节压力切换阀芯来实现；辅助钻进时水压控制在 2.0～5.0MPa，切换压力控制在 4.0～5.5MPa。

　　对煤层进行切缝时，煤体会因高压水射流冲击而大块掉落，切缝器的破碎刀片会随着钻杆的旋转对大块煤体进行破碎、研磨成粉末状颗粒，从而保证煤渣的顺利排出，确保切缝的顺利进行。

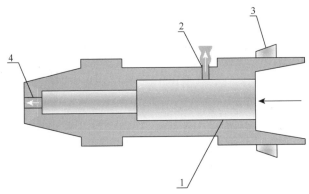

1. 压力切换阀芯；2. 自激振荡喷嘴；3. 破碎刀片；4. 出水口

图 3.6　自动切换式切缝器示意图

图 3.7　自动切换式切缝器实物图

3.3.1　煤层割缝器喷嘴结构设计

　　煤层割缝器为该系统设备中的关键部件，其主要由割缝喷嘴、破碎刀片、阀芯、回流截止球及割缝器本体结构组成。割缝喷嘴是煤层割缝器的关键部件，其性能好坏直接影响高压水射流割缝增透效果。然而，割缝喷嘴流道与常规喷嘴流道不同，且喷嘴的总长受限制，同时高压水经过割缝器内部进入喷嘴过程中，流动方向和流道横截面积都发生突变，这就导致割缝喷嘴流道内外部流场特点与常规喷嘴相比必然会有所不同。因此，必须对喷嘴进行设计，使其达到最佳的割缝效果。

　　为了进一步提高射流效果，又考虑加工工艺要求，在高压水射流煤层割缝喷嘴 Nikonov 喷嘴的设计基础上，利用数学插值方法使得喷嘴内部流道趋于光滑曲线。在数学上，光滑程度的定量描述如下：函数（曲线）的 n 阶导数存在且连续，则称该曲线具有 n 阶光滑性，如果在原有煤层割缝 Nikonov 喷嘴设计结构上有规律地插入 n 个折点使折线趋向于平滑的曲线，把喷嘴流道设计成流线型喷嘴，就能提高射流品质[5]。综合考虑现阶段的加工技术手段和经济效益，为提高割缝器在煤矿中的割缝范围，提高煤层气抽采效率，从提高射流质量和加工方便容易实现出发，提出并设计双梯度带直线段圆锥收敛型喷嘴，如图 3.8 所示。

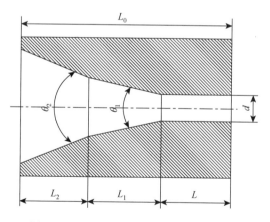

图 3.8　双梯度带直线段圆锥收敛型喷嘴

3.3.2　割缝器喷嘴布置方式优化设计

　　喷嘴在割缝器上布置方式也是影响割缝深度的主要因素之一，但是对布置方式的研究还不是很多，因此对其整体设计还需要进一步的研究。

1）割缝器喷嘴布置个数优化

本节的割缝器喷嘴流道为常规收敛型结构，根据工程射流动力学可以得到射流流量与压力、喷嘴当量直径的关系简化表达式：

$$q_{t} = 2.1d_{a}^{2}\sqrt{p} \qquad (3.1)$$

式中，q_{t}——射流流量，L/min；

　　　p——射流压力，MPa；

　　　d_{a}——喷嘴当量直径，mm。

式（3.1）得出的是理论流量 q_{t}，通过喷嘴的实际流量比理论值小。实际流量为理论流量 q_{t} 乘以流量系数 μ，即

$$q = \mu \cdot q_{t} \qquad (3.2)$$

根据文献[6]显示，对于带直线段出口的收敛型喷嘴，μ 可取 0.95，将 μ 代入式（3.2）并联立式（3.1）可得

$$d_{a} = 0.7\sqrt{\frac{q}{p^{\frac{1}{2}}}} \qquad (3.3)$$

根据煤矿现场水力割缝实际泵压选择 15～25MPa，流量 100～180L/min，本模拟实验选择泵压为 20MPa、流量为 100L/min，代入式（3.3）计算得到喷嘴当量直径 d_{a} 为 3.4mm。

单个喷嘴直径与当量直径关系式如下：

$$d_{a} = \sqrt{n \cdot d^{2}} \qquad (3.4)$$

式中，n——喷嘴个数；

　　　d——单个喷嘴直径，mm。

根据以上理论分析，在保证当量直径相等的条件下，本节选择割缝器的喷嘴布置方案如表 3.1 所示。

表 3.1　割缝器喷嘴方案

喷嘴类型	喷嘴个数	当量直径/mm	喷嘴直径/mm	收敛角/(°)
收敛型	1	3.4	3.4	30
收敛型	2	3.4	2.4	30

喷嘴垂直安装于割缝主体上，其中双喷嘴割缝器的两个喷嘴为对称布置，单、双喷嘴割缝器结构如图 3.9 所示。

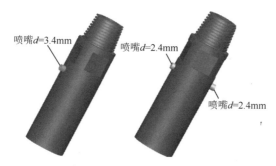

图 3.9 单、双喷嘴割缝器

2）割缝器喷嘴安装角度优化

在当量直径相同的情况下，割缝器安装两个喷嘴，其射流质量要优于单一配置的割缝器，但是为了更好地优化割缝器整体结构，还需考虑水射流冲击角度对切割煤体能力的影响。

在水射流切割理论中，水射流的冲击角度是指在切割平面内，水射流的冲击方向与喷嘴至表面垂线之间的夹角[7, 8]。在不考虑喷嘴和靶体相对静止的情况下，水射流垂直冲击物料即冲击角为 0°，将得到较大的切割深度[9-13]。在高压水射流割缝中，水射流的冲击角度还与喷嘴的旋转速度有关[14-19]，这是由于切割过后水射流将携带切下的煤体切屑以一定的速度冲刷煤体，从而使切割深度进一步加大。此外，还可以增加与煤体的接触时间。为了验证割缝器喷嘴安装角度对割缝效果的影响，在模拟割缝试验中设置以下四种安装方式，即喷嘴安装向割缝器旋转方向倾斜夹角 α 分别为 0°、5°、10°、15°，如表 3.2 所示。其安装示意图如图 3.10 所示。

表 3.2 割缝器喷嘴方案

喷嘴类型	喷嘴个数	单喷嘴直径/mm	喷嘴收敛角/(°)	喷嘴安装角度/(°)
收敛型	2	2.4	30	0
收敛型	2	2.4	30	5
收敛型	2	2.4	30	10
收敛型	2	2.4	30	15

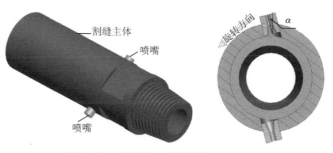

图 3.10 带倾角双喷嘴割缝器示意图

3.4　高压密封输水器

高压密封输水器[20]是连接高压水管与钻杆的装置，主要用于旋转机构的高压脉冲水输送，实现输送过程中密封、无泄漏。设计的高压密封输水器主要由固定盘、密封垫、进水口、旋转定子和出水口等部分组成，如图 3.11 所示，输水器实物图如图 3.12 所示。

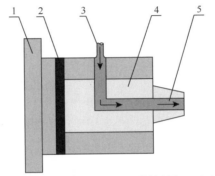

1. 固定盘；2. 密封垫；3. 进水口；4. 旋转定子；5. 出水口

图 3.11　高压密封输水器示意图

图 3.12　高压密封输水器实物图

高压密封输水器由连接在外壳的钻杆接头上装配的动环作为旋转件，由通过防转止动销安装在主轴上的静环作为静止件，在辅助 O 型密封圈、补偿

弹簧、轴承、端盖等零件的配合下构成。高压密封输水器的纵向剖面图如图 3.13
所示。

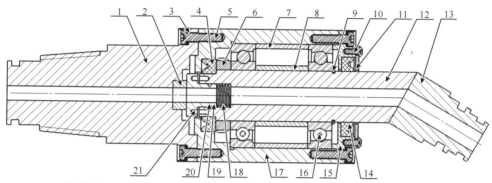

1. 钻杆接头；2. 动环；3. 弹簧垫片；4、14. 油封；5、10. 螺钉；6. 锁紧螺母；7. 外衬套；
8. 内衬套；9. 轴用挡圈；11. 挡圈；12. 主轴；13. 管接头；15. 端盖；16. 轴承；17. 外壳；
18. 补偿弹簧；19. 静环；20. 辅助O型密封圈；21. 防转止动销

图 3.13　高压密封输水器的纵向剖面图

如图 3.13 所示，在钻杆接头上装配动环作为旋转件，在主轴上通过防转止动
销安装静环作为静止件，静环的右端通过 O 型圈密封地安装在主轴左端的沉孔内，
由补偿弹簧压住，左端与动环配合，在补偿弹簧的弹性力和防转止动销的导向作
用下，将静环和动环的配合端面沿轴向压紧，形成旋转密封摩擦副，实现传输介
质在接触端面沿径向的密封，在密封高压水对静环右端面的压力和辅助 O 型密封
圈密封作用配合下，高压水只能沿轴向依次通过静环和动环，实现高压水在旋转
件间的持续传输。

静环通过沿主轴圆周方向对称布置的两个防转止动销安装在主轴的左端，两
端面间有一个配合间隙（约 1mm），用以补偿加工与装配误差，保证旋转密封摩擦
副的良好接触。同时，静环上安装有辅助 O 型密封圈，该 O 型密封圈保证静环能
密封地安装在主轴左端的沉孔内。此外，静环右端面的环形面积及其左端面与动
环的接触面积均存在一个最优值，该值依据现场使用条件（如密封介质特性、密
封压力等）由设计时的理论计算给出。动环通过过盈配合安装在钻杆接头的右端，
工作过程中与钻杆接头及外壳一起旋转。

静环与动环分别由不同材质材料制造，其中一件选用软材质材料（如锡青铜），
另一件选用硬材质材料（如不锈钢），具体配对方式依据现场使用条件（如密封介
质特性、密封压力、工作寿命等）进行选择；补偿弹簧的导引由主轴左端用于安
装静环的沉孔孔壁完成，其装配时的预压缩量存在一个最优值，该值依据现场使
用条件（如密封介质特性、密封压力等）由设计时的理论计算给出，并经成品出
厂检测验证；外壳借助两个轴承轴向固定在主轴上，能够保证旋转件与静止件同

轴度，实现输水器在高速运转时内部结构永不"抱死"；钻杆接头上开有至少一个泄漏孔，排除输水器在正常工作过程中允许的微量泄漏介质，同时保证输水器在密封结构突然失效情况下的绝对安全。

输水器中的旋转定子随着钻杆的旋转而旋转，而输水器的外壳固定于钻机卡盘，所以旋转定子与外壳之间需要用耐摩擦的且密封性能较好的密封装置耦合，以保证高压密封输水器在长时间运作下仍能实现高压密封性能。

旋转输水器采用机械密封技术原理，达到泄漏量少、摩擦阻力小和使用寿命长的工艺要求。采用轴承实现旋转件与静止件之间的相对运动，能实现输水器在高速运转条件下内部结构永不"抱死"，具有结构简单合理、运行平稳可靠、易于维修的优点。

3.5　高压密封钻杆

3.5.1　高压水密封钻杆

高压水密封钻杆用于高压水射流辅助钻头钻孔、风排钻孔技术等煤岩钻孔作业中，其作用是传输钻机的旋转动力和给进动力，并作为水、风等介质由孔外动力设备进入孔底钻头处的通道。一般矿用钻杆大多采用锥螺纹的过盈配合或公接头顶部和母接头连接的端面进行密封。

目前，一般仅靠锥螺纹密封的钻杆能承受 0.5～3MPa 的水压，但由于锥螺纹在不断拆卸钻杆的情况下有磨损，所以其密封能力会随磨损程度的增加而降低。在公接头顶部和母接头连接的端面放入密封圈进行密封，会使密封能力提高，但密封圈在密封两断面的挤压下容易变形失效，频繁更换密封圈使钻孔效率降低，并增加钻孔成本。对于特殊加工的密封方式，由于对精度要求较高，且施工过程中磨损严重，工业推广性较差。

为提高钻杆的耐压能力、延长密封圈使用寿命，同时使操作更加简便，研制一种新型高压水密封钻杆，该钻杆主体由公接头、中间管、母接头三部分焊接而成，如图 3.14 所示。置于公接头直轴段的 O 型密封圈与下一钻杆母接头直轴孔段的轴面紧密接触实现径向密封，在与旋紧的锥螺纹共同作用下可以承受 50MPa 的高压水而不发生泄漏。具有弹性的 O 型密封圈在钻杆连接前紧贴放置于公接头的环形沟槽，不易脱落，使得操作更加简便。另外，公接头直轴段轴面与母接头直轴孔段轴面间距离相对固定，连接后 O 型密封圈不会因过度挤压而损坏。较其他高压密封钻杆具有结构简单、操作方便、成本低等优点。同时，本高压水密封钻杆适应性强，也适用于风排等其他钻孔作业。

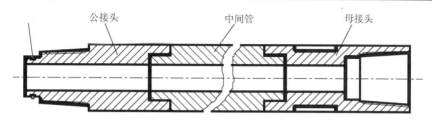

公接头　　　　　中间管　　　　　母接头

图 3.14　高压水密封钻杆示意图

3.5.2　高压密封双动力螺旋排渣钻杆

高压密封双动力螺旋排渣钻杆[21]的钻杆主体由公接头、中间管和母接头三部分依次焊接而成，实物图如图 3.15 所示。公接头与下一钻杆的母接头连接的连接端依次由直轴段和外锥螺纹连接组成，在直轴段上有一个环形沟槽，槽内设置有 O 型密封圈；母接头与上一钻杆的公接头连接的连接端依次由直轴孔段和内锥螺纹连接组成；钻杆连接后公接头的直轴段轴面与下一钻杆的母接头直轴孔段轴面适度挤压 O 型密封圈形成径向密封，公接头的外锥螺纹和下一钻杆的母接头的内锥螺纹旋紧连接；母接头的直轴孔段轴面与上一钻杆的公接头直轴段轴面适度挤压 O 型密封圈也形成径向密封，母接头的内锥螺纹与上一钻杆的公接头的外锥螺纹旋紧连接，在两者共同作用下可以承受 30～50MPa 的高压水而不发生泄漏。公接头的外锥螺纹和母接头的内锥螺纹的锥度为 $3.5°～4.5°$，螺距为 4.5～5.5mm。

图 3.15　高压密封双动力螺旋排渣钻杆图

该密封钻杆外径为 50mm，长度为 750mm，在径向密封和锥螺纹的辅助密封的联合作用下可以承受 50MPa 的高压水，而不发生泄漏。由于具有弹性的 O 型密封圈与环形沟槽紧密连接，不易脱落，操作简便。两钻杆连接后公接头直轴段轴面与母接头直轴孔段轴面间距相对固定，不会导致 O 型密封圈因过度挤压而失效，使得密封圈寿命提高 20 倍。O 型密封圈采用普通橡胶标准件，具有取材方便、成本低等优点。

3.6　气渣分离装置

目前针对干式钻孔过程中瓦斯超限和粉尘积聚的问题，主要采用在施钻区域喷雾降尘的方法，除尘效果较好，但是降尘用水量较大，造成工作面大量积水，并且回风巷道中瓦斯浓度高，易发生瓦斯超限。目前，孔口除尘的其他工艺设备包括多级无动力孔口除尘器、钻孔除尘器、矿用湿式孔口除尘器等钻孔除尘装置都存在体积大、快速拆装困难且难以有效解决瓦斯超限问题。

为了解决坑道内采用干式钻进施工钻孔过程中产生的钻渣和钻孔内涌出瓦斯在巷道中产生的安全隐患问题，基于压气引射原理、喷雾除尘技术设计气动式气渣分离装置，该装置由瓦斯粉尘捕捉器、连接软管、高压管道、气动引射器、降尘喷头、降尘分离桶、瓦斯连接管道和瓦斯抽采管道等组成，如图 3.16 所示，其结构简单，既能高效率除尘，又能有效防止瓦斯超限发生。

气动式气渣分离装置中的瓦斯粉尘捕捉器具有良好的密封性，有效防止瓦斯粉尘涌入巷道中；瓦斯粉尘捕捉器与气动引射器之间的连接软管可以根据需要加长，解决频繁移动分离桶的问题；气动引射器采用井下既有的压风作为动力，增大孔口与引射器入口的压力差，使混合气流在连接软管内流动顺畅；根据涌出瓦斯量和产生的粉尘量可以更换引射器喷嘴或者调节喉嘴距以改变引射器的吸入压力和吸气量；降尘分离桶内采用喷雾降尘，可以根据粉尘量开启降尘水雾喷头，有效减少降尘用水；涌出瓦斯进入瓦斯抽采管道，不仅有效防止瓦斯超限，还可作为清洁能源加以利用。

图 3.16　气渣分离装置

气渣分离装置是气体、固液体分离设备，用于钻孔中瓦斯气体与水、煤渣的分离。通过多级分离，利用闪蒸、重力沉降、凝聚、除尘等原理，有效地将钻孔中涌出的瓦斯从水渣中分离出来，接入瓦斯抽放管道，达到降低钻孔瓦斯浓度、防止钻进中瓦斯超限的目的。

（1）闪蒸、重力沉降。

钻孔中的气水渣混合物由装置中的进渣器进入采集器内，造成瞬时降压，实现瓦斯与水渣分离，同时将水渣中部分瓦斯解吸出来。出口气相中含饱和水，进入抽气器中进行下一步气液分离；而游离水和固体渣会由于重力作用分离出来，经下部排渣器排出，完成气体与固液体初步分离，如图 3.17 所示。

（2）凝聚。

初步分离的瓦斯气体，经由 $\phi 25$mm 的进气管进入集气管，通过管壁降温，实现气水分离，瓦斯通过抽气接头接入瓦斯抽放管道排出，冷凝水通过连接管进入排渣筒排出，如图 3.18 所示。

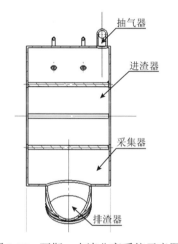

图 3.17　瓦斯、水渣分离系统示意图

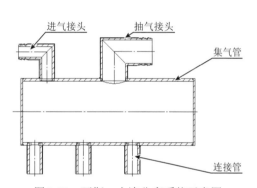

图 3.18　瓦斯、水渣分离系统示意图

（3）除尘。

钻孔钻进过程中采用风排排渣，将会产生大量煤尘，而在气渣分离装置的采集器处安装有两个口径为 2mm 的雾化喷嘴，在钻孔过程中能在采集器里面产生雾化水雾，起到降尘作用并加速煤尘的聚集，利于煤渣与气体的迅速分离，提高瓦斯抽采速度。雾化喷嘴结构图如图 3.19 所示。

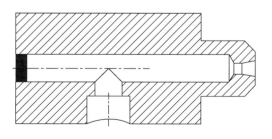

图 3.19　雾化喷嘴结构图

利用结构优化后的喷嘴和直径 50mm、可承受 30～50MPa 高压脉冲水的密封螺旋钻杆，以实现自动切换式切缝器的高效能冲击煤体及煤渣的顺畅排出，形成高压水射流造缝增透系统装置及工艺。该技术采用的自动切换式割缝器，钻进时轴向喷嘴产生射流预破碎煤岩辅助钻进，割缝时径向喷嘴产生高聚能射流束能够在煤层中形成深度裂缝，从而实现瓦斯预抽区域消突成套技术。

3.7　参考文献

[1] 卢义玉，汤积仁，沈晓莹，等. 一种破碎硬岩钻头及对硬岩进行破碎的方法：中国，201110175053. 3[P]. 2011-12-07.

[2] 卢义玉，汤积仁，林晓东，等. 一种磨料自动供给装置及使用方法：中国，201310076496. 6[P]. 2013-03-11.

[3] 汤积仁. 磨料射流导引钻头破碎硬岩方法及机理[D]. 重庆：重庆大学，2013.

[4] 刘勇. 高压脉冲水射流增透技术在煤矿石门揭煤中的应用研究[D]. 重庆：重庆大学，2009.

[5] 何枫，谢峻石，杨京龙. 喷嘴内部流道型线对射流流场的影响[J]. 应用力学学报，2001，18（4）：114-119.

[6] 袁恩熙. 工程流体力学[M]. 北京：石油工业出版社，2005.

[7] 戴光清，吴燕华，刘齐宏. 乳化空气泡示踪粒子在 PIV 测速中的应用[J]. 四川大学工程学报，2000，32（1）：1-3.

[8] Shavlovsky D S. Hydrodynamics of high pressure fine continuous jets[C]. Proceedings of the 1st International Symposium of Jet Cutting Technology，BHRA Fluid Engineering，Cranfield，1992：A6-A81.

[9] 李永，李小明，张波涛，等. 水泵进水池内部流动 PIV 实验的深入分析[J]. 工程热物理学报，2002，23（2）：190-192.

[10] 李连超，常近时. 大型供水泵站吸水池模型流场 PIV 测量[J]. 中国农业大学学报，2002，7（4）：100-103.

[11] Proceedings of 1st to 11th International Symposium on Jet Cutting Technology，Qrganised and Sponsored by BHRA，1972-1992.

[12] 董守平. 三维 PIV 透视成像粒子定位的可确定性[J]. 流体力学实验与测量，2000，（2）：108-114.

[13] 王灿星，林建忠. 三维射流 PIV 图像处理方法的研究及其精度分析[J]. 实验力学，2000，（1）：68-76.

[14] 汤积仁，卢义玉，孙惠娟. 磨料水射流切割可视化 BP 神经网络模型研究[J]. 四川大学学报（工程科学版），2013，45（3）：164-170.

[15] 司鹄，谢延明，李晓红. 磨料水射流作用下岩石损伤场的数值模拟[J]. 岩土力学，2011，32（3）：937-939.

[16] 刘会霞，丁圣银. 水射流切割模型及其性能分析[J]. 农业机械学报，2006，37（11）：122-124.

[17] 张军，赵德安，李雪峰，等. 超高压水射流切割声音特征提取与喷嘴移动速度控制[J]. 机械工程学报，2013，18（49）：184-189.

[18] 刘佳亮，司鹄. 高压水射流破碎高围压岩石损伤场的数值模拟[J]. 重庆大学学报，2011，34（4）：41-42.

[19] 向文英，卢义玉，李晓红，等. 空化射流在岩石破碎中的作用实验研究[J]. 岩土力学，2006，27（9）：1505-1508.

[20] 卢义玉，汤积仁，葛兆龙. 高压旋转密封输水器：中国，201210039369. 4[P]. 2012-07-04.

[21] 夏彬伟，卢义玉，杜鹏，等. 高压水密封双动力螺旋钻杆：中国，201210298077. 2[P]. 2012-12-26.

第4章　高压水射流网格化造缝增透技术

4.1　高压水射流造缝增透关键参数

4.1.1　破煤岩压力

1. 射流冲击煤体表面受力分析

水射流冲击钻孔周围煤体表面时，射流将改变方向，在其原来的喷射方向上就失去一部分动量。这部分动量将以作用力的形式传递到煤体表面上。连续射流的打击力，是指射流对煤体冲击时的稳定冲击力——总压力。首先，本节研究理想水射流对煤体表面的作用力。所谓理想水射流是指射流断面恒定不变，断面内速度分布均匀，射流的性质不随物体离喷嘴距离加大而改变。

水射流冲击钻孔周围煤体表面的两种形状如图 4.1 所示，射流作用在煤体表面上的打击力为[1]

$$F = \rho Q v - \rho Q v \cos\varphi = \rho Q v (1 - \cos\varphi) \tag{4.1}$$

式中，ρ——水的密度，$\mathrm{kg/m^3}$；

Q——射流流量，$\mathrm{m^3/s}$；

v——射流速度，$\mathrm{m/s}$；

φ——水射流冲击煤体表面后离开煤体表面的角度，$(°)$。

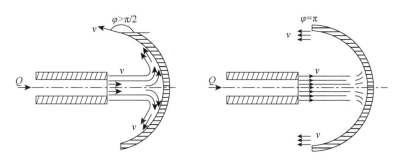

图 4.1　水射流冲击钻孔周围煤体表面的两种形状

式（4.1）表明，射流对煤体表面的打击力，不仅与射流密度、速度有关，而且与射流离开煤体表面时的角度 φ 有关，角度 φ 取决于钻孔周围待切割煤体表面形状。图 4.1 分别表示 $\varphi > \pi / 2$ 和 $\varphi = \pi$ 时的情况。这时水射流对煤体表面的作用力在 $\rho Q v \sim 2\rho Q v$，由式（4.1）可知，当 $\varphi = \pi$ 时总打击力 F 达到最大值，即 $F = 2\rho Q v$，经过整理可得

$$F = \pi d^2 p \tag{4.2}$$

式中，F——射流打击力，N；

$\qquad$ d——喷嘴直径，mm；

$\qquad$ p——射流压力，MPa。

显然，公式（4.2）只是射流作用于煤体表面的理论最大打击力。它仅反映打击力与射流基本参数间的定性关系。由于射流的扩散及空气阻力等因素的影响，射流作用于煤体表面的打击力要远小于最大理论打击力。实际上水射流的速度及结构随着喷嘴与煤体表面的距离发生变化，对煤体表面的打击力也随之发生变化。研究表明，射流对煤体表面的冲击力开始随着喷距的增加而增加，当喷距达到某一位置时打击力达到最大值，以后随着喷距的增加打击力逐渐减弱。打击力的最大值与上述理论值大致相当，达到最大冲击力的喷距在 100 倍喷嘴直径左右，而喷嘴出口附近的冲击力只有 $(0.6 \sim 0.85)F$。

必须指出的是，上述射流对煤体的打击力并不能直接表征射流对煤体的破碎能力，真正起决定作用的是射流作用于煤体表面时单位面积上的作用力。

忽略紊动射流冲击煤体时流量的变化，并认为射流垂直作用于煤体，当射流与煤体接触时速度降为 0。根据动量定理，径向距离为 r 时，射流作用于煤体的作用力可以表示为

$$F_r = -\rho[\pi(r+\mathrm{d}r)^2 - \pi r^2]u = -4\rho u \pi \mathrm{d}r \tag{4.3}$$

射流冲击煤体时，其作用区域为冲击区，贝尔陶斯认为圆形紊动冲击射流冲击区的作用范围为 $r/H \approx 0.22$，其中 H 为喷嘴出口处到煤体的作用距离，则在此作用范围内，射流作用于煤体的作用力为

$$
\begin{aligned}
F &= \int_0^{0.22H} F_r \mathrm{d}r = \int_0^{0.22H} -4\rho u \pi r \mathrm{d}r \\
&= 24.8\rho \pi d u_0 \left(0.02H^3 - 0.02H^3 \mathrm{e}^{-\frac{4.884}{H}} - 0.0099H^2 \mathrm{e}^{-\frac{4.884}{H}} \right)
\end{aligned} \tag{4.4}
$$

则射流作用于单位面积的作用力为

$$F' = \frac{F}{\pi(0.22H)^2} \tag{4.5}$$

2. 水射流破煤岩的门限压力

对高压水射流破煤机理的分析表明，射流对煤体的破坏准则有剪切破坏强度

理论、拉伸破坏强度理论和损伤破坏强度理论。

对于直接破坏的单元，煤体损伤破坏的门限应力值服从剪切破坏准则和拉伸破坏准则，即

最大拉应力：$|\sigma_3| \geqslant T_0$，T_0 为单元的抗拉强度；

最大剪应力：$|\tau| = \sigma \cdot \mathrm{tg}\varphi + C$。

对于不能直接破坏的高强度的失效准则，可由岩体的非均质性，通过逾渗理论得到。设非均质岩体的微元强度服从韦伯分布，则岩体单元抗压强度分布函数为[2]

$$P(R_c) = m R_{c0}^{-1}(R_c / R_{c0})^{m-1} \exp[-(R_c / R_{c0})^m] \tag{4.6}$$

式中，m——岩体的非均质系数；

　　　R_c——单元抗压强度；

　　　R_{c0}——岩体单元的平均抗压强度。

设在某一级载荷作用下已破坏的微元体数目为 N_f，定义统计损伤变量为已破坏的微元体数目与总微元体数目 N 之比，即 $D = N_f / N$，这样在任意区间 $[R_c, R_c + \mathrm{d}R_c]$ 内已破坏的微元数目为 $NP(R_c)\mathrm{d}R_c$，当加载到某一水平 R_c 时，已破坏的微元数目为

$$N_f(R_c) = \int_0^{R_c} NP(R_c)\mathrm{d}R_c = N\left\{1 - \exp[-(R_c / R_{c0})^m]\right\} \tag{4.7}$$

得到用损伤变量 D 表示的非均质岩体损伤变量演化方程[3]为

$$D = N_f / N = 1 - \exp[-(R_c / R_{c0})^m] \tag{4.8}$$

根据逾渗理论，当该岩体中破坏单元比例超过一定值时，则认为这部分单元是游离的，即剥离岩体而失效。设 M_f 为逾渗理论值，则得出水射流作用下，煤体的破坏准则为 $D \geqslant M_f$，将式（4.8）代入得

$$R_c \geqslant R_{c0}[-\ln(1 - M_f)]^{1/m} \tag{4.9}$$

当水射流冲击压力大于 R_c 时，煤体中将有比例超过 M_f 的单元破坏，由逾渗理论知岩体将破坏。否则，岩体不能破坏。因此，R_c 为水射流冲击破碎非均质岩体的门槛压力 p_m，即

$$p_m = R_{c0}[-\ln(1 - M_f)]^{1/m} \tag{4.10}$$

3. 破岩压力的确定

当高压水射流冲击煤岩时，射流的动量以作用力的形式传递到煤岩的表面，连续射流对煤岩表面的连续作用力，形成对煤岩打击的稳定冲击力。假设水射流垂直作用于煤岩，即水射流的动量全部以作用力的形式作用于煤岩表面，则煤岩所受的总作用力为[4]

$$F = \rho Q u = J \tag{4.11}$$

式中，ρ——水的密度；

$\quad\quad Q$——射流流量；

$\quad\quad u$——射流速度。

振荡射流作用在煤体的作用力为

$$p_r = p_{x,m}(1 - 3h^2 + 2h^3) = \frac{3}{20}\frac{b^2 J}{p_w x^2}(1 - 3h^2 + 2h^3) \tag{4.12}$$

所以射流在煤岩的总作用力为

$$F = \int_0^s p_r \mathrm{d}s = \int_0^R 2\pi r p_{x,m}(1 - 3h^2 + 2h^3)\mathrm{d}r = J \tag{4.13}$$

根据里夏特经验常数，$b = 15.174$。

由射流的作用半径 R 大于射流的半宽度 b，可得射流半径内的作用力 F_b 为

$$F_b = \int_0^b 2p_{r,m}(1 - 3h^2 + 2h^3)\mathrm{d}r = \frac{JR^2}{0.039x^2} \tag{4.14}$$

射流的动量保持不变，故射流在沿射流方向各断面上的动量为从喷嘴喷出的初始动量，初始动量为

$$J = \int_S r u_x^2 \mathrm{d}S = 2p_r p_w R_0^2 \tag{4.15}$$

进而得到

$$F_b = 6.19 p_w R_0^2 \tag{4.16}$$

即射流半宽度范围内，煤岩单位面积所受的作用力为

$$\bar{F}_b = \frac{F_b}{S_b} = \frac{F_b}{p_w b^2} = \frac{p_w R_0^2}{0.015x^2} \tag{4.17}$$

式中，P——高压脉冲水射流的脉冲峰值，其值为 $2.5p_w$。

假设煤的临界破坏压力为 F_p，要使高压水射流能起到破煤岩的效果，则需要 $P \geqslant F_p$，即有

$$p_w \geqslant \frac{0.015 F_b x^2}{R_0^2} \tag{4.18}$$

式中，p_w——喷嘴出口压力；

$\quad\quad F_b$——煤岩破坏临界压力；

$\quad\quad x$——高压水射流射程；

$\quad\quad R_0$——喷嘴半径。

4.1.2　破煤岩流量

煤粒在水中运动时，水和煤粒之间存在速度的非平衡，如果水介质的瞬时速

度为 $u_c(t)$，而煤粒在此时的速度为 $u_p(t)$，通常 $u_c(t) > u_p(t)$，这个速度差 $u_c(t) - u_p(t)$ 称为滑移速度。在滑移速度的作用下，煤粒将加速运动，有 $u_p(t)$ 接近 $u_c(t)$ 的趋势。在两相中，把上述速度逼近过程称为速度松弛过程，并用松弛时间来表示松弛过程的特点。

可将煤粒在水中的受力分为两类：①与流体-颗粒的相对运动无关的力；②依赖与流体-颗粒间相对运动的力，后者可分为沿相对方向的力（纵向力）和垂直于运动方向的力（侧向力）。

1）第一类力分析

煤粒在随孔内水排出钻孔过程中所受力属于第一类的力有重力、浮力和惯性力，分别为 $\frac{1}{6} p d_p^3 r_p g$、$\frac{1}{6} p d_p^3 r_c g$ 和 $-\frac{1}{6} p d_p^3 r_p \frac{du_{py}}{dt}$，其中 r_c、r_p、d_p 分别为水的密度、煤粒的密度、煤粒的直径。

2）第二类力分析

煤粒在随孔内水排出钻孔过程中所受力属于纵向力的有惯性力、阻力、附加质量力和 Basset 力，惯性力、阻力和附加质量力分别为 $-\frac{1}{6} p d_p^3 r_p \frac{du_p}{dt}$、$-\frac{1}{8} p c_D d_p^2$ $\cdot r_c (u_c - u_p)^2$ 和 $-\frac{1}{12} p d_p^3 r_c x$，其中 u_c、u_p 分别为某一时刻水和煤粒的速度，c_D 是煤粒的阻力系数，$c_D = \frac{24}{Re} f(Re)$，定义 $x = \frac{du_p}{dt} - \frac{du_c}{dt}$。在煤粒与水的运动过程中，仅在加速运动初期需考虑 Basset 力，其余阶段可忽略不计。

煤粒在随孔内水排出钻孔过程中所受力属于侧向力的是升力、Magnus 力和 Saffman 力。对于球形颗粒，升力系数 $c_l = 0$，对于非球形颗粒，每个颗粒虽有不为零的升力，但颗粒群中由于颗粒取向的随机性，这些力相互抵消，故两相流中通常都不考虑升力；对于 Magnus 力，除非流体运动中颗粒旋转很强，否则 Magnus 力可以忽略；除了在煤粒大小的尺度内速度有显著变化，同时雷诺数较大，否则 Saffman 力可忽略。

根据以上分析，煤粒的受力分析只需考虑附加质量力、阻力、重力和浮力，即煤粒在孔内的运动只考虑钻杆方向和重力方向的运动，可将煤粒在钻孔内的运动分解成沿钻孔方向和垂直于钻孔方向。

在等截面均匀管道中可近似认为滑移速度是恒定的，将附加质量力忽略，根据牛顿第二定律，可得[5]

$$\frac{1}{6} p d_p^3 r_p \frac{du_p}{dt} = -\frac{1}{8} p c_D d_p^2 r_c (u_c - u_p)^2 + \frac{1}{6} p d_p^3 (r_p - r_c) \sin \alpha \tag{4.19}$$

式中，α ——钻孔角度。

为了简化计算，可用斯托克斯阻力系数公式代替阻力，即

$$F = 3pd_p(u_c - u_p)m \tag{4.20}$$

可以推出：

$$\frac{du_p}{dt} = \frac{u_c - u_p}{t} + \frac{r_p - r_c}{r_p}g\sin\alpha \tag{4.21}$$

在时间 t 内煤粒沿钻孔方向运动的距离为

$$S = \int_0^t u_p dt = \int_0^t \left(1 - e^{-\frac{t}{\tau}}\right)\left(\frac{u_c}{\tau} + \frac{\rho_p - \rho_c}{\rho_p}g\sin\alpha\right)\tau dt \tag{4.22}$$

假设煤岩被高压水射流破碎后，在钻头和水的作用下，以煤粒的形式从钻孔排出，并假设煤粒在重力作用下垂直于钻杆方向运动，从钻杆表面开始，且达到与孔内水与孔壁段时，煤粒已排出钻孔，由于此段厚度极小，此时由牛顿运动公式：

$$\frac{(D-d)}{2} = \frac{1}{2}\frac{r_p - r_c}{r_p}g\cos\alpha t^2 \tag{4.23}$$

式中，D——钻孔直径，

d——钻杆直径。

若煤粒已经排出钻孔，假设此时钻孔深度为 L，则有 $S \geqslant L$，即

$$S = \left(\sqrt{\frac{(D-d)r_p}{(r_p - r_c)g\cos\alpha}} + te^{\frac{\sqrt{\frac{(D-d)r_p}{(r_p - r_c)g\cos\alpha}}}{t}} - t\right)\left(u_c + \frac{r_p - r_c}{r_p}gt\sin\alpha\right) \geqslant L \tag{4.24}$$

由式（4.24）可得

$$u_c \geqslant \frac{L}{\sqrt{\frac{(D-d)r_p}{(r_p - r_c)g\cos\alpha}} + te^{\frac{\sqrt{\frac{(D-d)r_p}{(r_p - r_c)g\cos\alpha}}}{t}} - t} - \frac{r_p - r_c}{r_p}gt\sin\alpha \tag{4.25}$$

由流量公式：

$$Q = uA = \frac{u_c p(D^2 - d^2)}{4} \tag{4.26}$$

若要保证排渣的顺畅性，则流量需满足：

$$Q \geqslant \frac{L}{t + \tau e^{-\frac{t}{\tau}}} - \frac{\rho_p - \rho_c}{\rho_p}g\tau\sin\alpha\frac{\pi(D^2 - d^2)}{4} \tag{4.27}$$

式中，$t = \sqrt{\dfrac{(D-d)r_p}{(r_p - r_c)g\cos\alpha}}$。

4.1.3　喷嘴直径

1. 喷嘴直径的选择

喷嘴直径的选择应从两方面进行考虑：一是喷嘴直径要足够大，使射流携带足够的能量，同时满足钻孔内破煤和排渣需求，现场试验和研究表明[6]，射流流量大于 70L/min 时，能基本保障水射流切缝过程中的排渣通畅；二是保证射流流量的长时间连续稳定供给，目前最常用的矿用乳化泵流量有 80L/min、125L/min 和 200L/min，因此选择喷嘴直径时应保证射流流量小于 200L/min。

前面提到，射流流量与喷嘴直径和射流压力之间的数值表达式如下：

$$q = 2.1d^2\sqrt{p} \tag{4.28}$$

当射流压力为 25MPa 时，射流流量与喷嘴直径之间的关系如表 4.1 所示。

表 4.1　不同喷嘴直径下的射流流量

喷嘴直径/mm	射流流量/（L/min）	喷嘴直径/mm	射流流量/（L/min）
2.0	42	3.2	108
2.2	51	3.4	121
2.4	60	3.6	136
2.6	71	3.8	152
2.8	82	4.0	168
3.0	95	4.2	185

2. 不同直径喷嘴的内部流场数值模拟

在射流压力等其他条件不变的条件下，采用 FLUENT 数值模拟软件对不同喷嘴直径下的喷嘴轴向动压分布情况进行数值模拟，并就喷嘴直径 d 对切缝性能的影响进行分析。

1）几何模型建立及网格划分

根据喷嘴的几何尺寸，建立的物理模型如图 4.2 所示，网格划分如图 4.3 所示。

图 4.2　喷嘴流场二维模型

图 4.3 网格划分示意图

对物理模型进行如下约束：①流体是连续的、不可压缩的理想流体；②流体流动过程中为定常流动；③短距离内射流不考虑自身重力影响；④射流经由喷嘴进入空气中，即气液两相流。

2）数值模拟结果及分析

在 25MPa 压力下，不同直径喷嘴的轴向动压分布如图 4.4 所示。

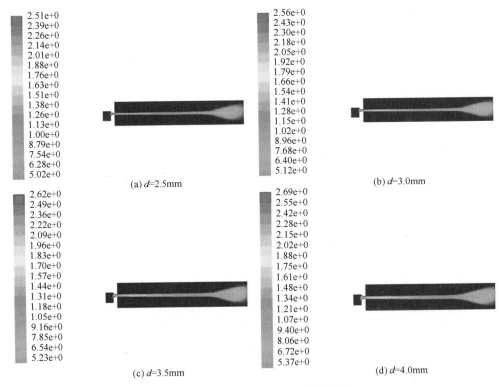

图 4.4 喷嘴轴向动压分布（后附彩图）

由图 4.4 可知，射流经由喷嘴进入空气后，保持相当长度的收敛段，在喷嘴结构和射流压力不变的条件下，随着喷嘴直径的加大，射流直径也随之增大，在相同截面位置的轴向动压也明显升高，表明增加喷嘴直径能显著提高射流携带的能量，在相同靶距的情况下提高破煤的效果，增加切缝的宽度。通过对比还可以发现，增加喷嘴直径能提高射流收敛段的长度，这就表明喷嘴直径的增加，可以改善射流末端的聚能性，同时提高截面上的轴向动压，也就是说，随着喷嘴直径的增加，切缝深度也会随之增大，喷嘴直径由 2.5mm 增加至 3.0mm 时可以明显观察到这一点。但是，喷嘴直径的增加也有一定的限度，并不是越大越好，喷嘴直径由 3.0mm 增加到 4.0mm 时，收敛段并未增加，只是射流末端轴向动压的横截面积变大，这就表明喷嘴直径超过一定值后，对切缝深度的增加并不明显，只能增加切缝宽度，而研究表明[7]，切缝宽度超过 0.012m 后，对煤层卸压效果影响甚微。故确定最优喷嘴直径为 3mm。

4.1.4　喷嘴转速和切割时间

1. 喷嘴转速和切割时间对切缝深度的影响分析

喷嘴转速和切割时间对切缝深度影响取决于喷嘴横移速度和重复切割次数的综合影响。大量水射流切割实验表明[8, 9]，喷嘴横移速度越小，则射流冲击物料的时间越长，切缝深度越大；随着横移速度的增加，切缝深度明显下降，但当横移速度增加到一定程度时，最终的切缝深度变化不大。射流冲击煤岩体时，煤岩体的初始破坏发生在极短时间，随后切缝深度不断增加，而切缝深度的增长率随冲击时间增长而逐渐减小。

实验得出不同横移速度下的切缝深度如表 4.2 所示[10]，数据拟合得出切缝深度关系式：

$$h_1 = k_2 v^{\alpha_1} \tag{4.29}$$

式中，k_2——比例系数；

v——喷嘴横移速度；

α_1——与射流压力有关的指数。

表 4.2　不同喷嘴横移速度下的切缝深度

横移速度/（mm/s）	150	120	100	90	70	60
切缝深度/mm	60	91	124	143	187	切穿

综合考虑水射流切割深度与射流压力和横移速度的关系，切缝深度可表示为

$$h_1 = k v^{\alpha_1} (p - p_c) \tag{4.30}$$

式中，k——系数，表示单位横移速度下的值。

苏联采矿研究所实验表明，在一个缝槽内切缝时，最初的几次切割起主要作用，这时切缝次数对切缝深度的影响显著。此后，若再增加切缝次数，切缝深度虽有所增加，但增量较小；切割深度达到某一数值后，切割深度将不再受切缝次

数的影响，第 J 次切缝深度与第一次切缝深度之间的关系可用下式表示：

$$h = h_1 J^{\alpha_2} \tag{4.31}$$

式中，h——重复 J 次切割所得到的切缝深度；

$\quad\quad h_1$——第一次切缝深度；

$\quad\quad \alpha_2$——指数。

由公式（4.30）和公式（4.31）可以得到切缝总深度与射流压力、喷嘴横移速度、重复切割次数的关系表达式：

$$h = J^{\alpha_2} k v^{-\alpha_1} (p - p_c) \tag{4.32}$$

理论分析发现，喷嘴横移速度越小，重复切割次数越多，切缝深度越大。但在水射流煤层切缝的现场应用过程中，低速切割和足够次数的重复切割（足够次数的重复切割是指切缝深度不再随切割次数增加发生明显变化）难以同时实现，这是因为低速切割的本质就是提高单次切缝的时间，而足够次数的重复切割则是对单次切缝时间的进一步延长，即使不考虑单次切缝时间过长引起的钻孔排渣问题，由于现场环境限制，供水和排水也难以满足切缝需求，如果长时间持续切割，大部分矿井都难以满足高压水连续供给和排放问题。故需要选取最优的切缝速度和合理的切割次数，既达到最大的切缝深度，又能有效降低能耗。

2. 最优转速和切割时间实验

转速 n 和喷嘴横移速度 v 之间可相互转化：

$$h = k \left(\frac{n\pi r}{30} \right)^{-\alpha_1} (p - p_c)(nt)^{\alpha_2} \tag{4.33}$$

式中，k——比例系数，与喷嘴的转速有关；

$\quad\quad r$——射流靶距，$r = (D_0 - d_0)/2$，D_0 为钻孔直径，d_0 为切缝器外径；

$\quad\quad \alpha_1$——正指数；

$\quad\quad n$——转速；

$\quad\quad t$——切缝时间。

由公式（4.33）可知，在切割时间 t 一定的前提下，射流转速对切缝深度的影响起着截然相反的作用，具体表现为，n 越大，初始切缝深度越小，重复切割次数越多，两者之间存在一个理论最优值，使得切缝总深度 h 达到最大。因此，需要模拟水射流旋转切割煤体进行实验，以求出最优转速。

1）实验设备

水射流煤层切缝相似模拟实验台能较真实地模拟水射流切缝的现场情况，其主要设备包括 BRW200/31.5 乳化液泵、ZDY750 液压钻机、高压密封输水器、高压密封钻杆、切缝器，各设备实物及系统装置连接如图 4.5 和图 4.6 所示。

图 4.5　BRW200/31.5 乳化液泵

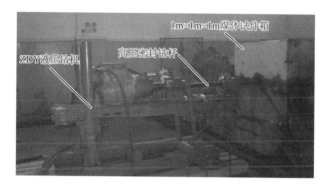

图 4.6　高压水射流切缝系统装置

待切割煤体是煤炭颗粒、水泥、沙按 10∶4∶1 的比例加入水后混合制作而成，并填入 1m×1m×1m 煤体试件箱中压实，自然风干 28d 以上，煤的坚固性系数 f 为 0.21，抗拉强度约为 0.08MPa。

2）实验结果及分析

射流压力 p=10MPa，喷嘴直径 d=3mm，射流靶距 r=12.5mm 时，不同转速下煤体的切缝深度如表 4.3 所示，不同转速下的煤体切缝深度的变化曲线如图 4.7 所示，由表 4.3 和图 4.7 可以发现，在转速不变的条件下，切缝深度随着切缝时间的增加而增加，但增长速率逐渐减小，最终达到某一极限值并趋于稳定。转速越高，初始一段时间内的切缝深度越大，其增长速率也越高，这与前面分析提到的喷嘴横移速度越低，切缝深度就越大的结论相矛盾。通过对比分析，认为这是由于水射流对钻孔周围煤体进行旋转切缝过程中，对煤体的作用形式发生改变，由连续水射流的普通冲击变成具有周期性频率的"水锤"，产生类似于高压水射流的振荡效应，从而提高破煤效率。此外，转速越低，单次切割煤体时间也越长，"水垫"的阻碍作用也越大，因而在切缝前期，重复切缝次数对切缝深度的影响因子要大于单次冲击时间，提高转速有利于增加切缝深度。但是，转速的增加应有一定的阈值，并不是越大越好。转速越高，切缝深度达到峰值的时间越短，即切缝效率越高，但切缝深度可以达到的阈值却呈现先递增后衰减的趋势，这就表明在切缝的后期，单次冲击时间对切缝深度的影响因子要大于重复切缝次数，煤体主要在水射流的准静压作用下发生破坏。

表 4.3　不同转速下的煤体切缝深度

时间/min	切缝深度/mm			
	30r/min	40r/min	50r/min	60r/min
0.5	170	290	370	430
1.0	220	350	420	440
1.5	260	380	440	450
2.0	290	400	450	460
2.5	330	420	460	460
3.0	340	440	470	—
3.5	350	450	470	—
4.0	360	450	—	—

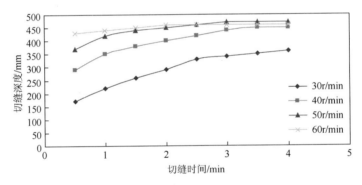

图 4.7　不同转速下的煤体切缝深度对比曲线

4.1.5　抽采半径

抽采半径作为瓦斯预抽钻孔布置的重要依据，根据圆形紊动射流理论和 Loland 损伤模型建立高压水射流割缝半径模型，并结合线性渗流理论和低速非线性渗流理论，建立煤层缝槽周边瓦斯不同流态区域半径模型，最终确定煤层割缝后瓦斯抽采半径由割缝半径、瓦斯线性渗流区域半径和低速非线性渗流区域半径三部分组成，如图 4.8 所示。

高压水射流单位面积煤体所受射流作用产生的应力为

$$\overline{F} = \frac{F}{\pi(0.22H)^2} = 512.4\rho d u_0 \left(0.02H - 0.02He^{-\frac{4.884}{H}} - 0.099e^{-\frac{4.884}{H}} \right) \tag{4.34}$$

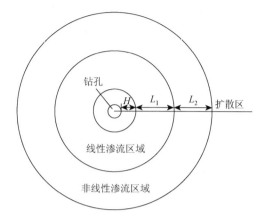

H——高压水射流割缝半径；L_1——线性渗流区；L_2——非线性渗流区

图 4.8　缝槽周围瓦斯渗流区域

煤体的破坏采用 Loland 数学模型[11]，Loland 模型认为在到达应力峰值前（$\varepsilon \leq \varepsilon_p$），材料中裂纹仅在体元内萌生和扩展，并保持在一个较低的限度内，此时的损伤演变方程为

$$
\begin{cases}
\tilde{\sigma} = E\varepsilon / (1 - D_0) \\
\sigma = \tilde{\sigma}(1 - D) \\
D = D_0 + C_1 \varepsilon^{\beta}
\end{cases}
\tag{4.35}
$$

在达到峰值应力之后（$\varepsilon_p \leq \varepsilon \leq \varepsilon_u$），裂纹在破坏区内不稳定扩展，此时损伤演变方程为

$$
\begin{cases}
\tilde{\sigma} = E\varepsilon_p \\
\sigma = \tilde{\sigma}(1 - D) \\
D = D(\varepsilon_p) + C_2(\varepsilon - \varepsilon_p)
\end{cases}
\tag{4.36}
$$

式中，$\beta = \sigma_p / (E\varepsilon_p - \sigma_p)$；$C_1 = \varepsilon_p(1 - D_0)/(1 + \beta)$；$C_2 = [1 - D(\varepsilon_p)]/\varepsilon_u \varepsilon_p$；$\varepsilon$ 为煤体拉伸应变；ε_u 为极限应变；ε_p 为应力峰值点的应变值；σ_p 为煤体峰值应力；$\tilde{\sigma}$ 为考虑损伤效应的有效应力；E 为煤体的弹性模量；D_0 为初始损伤，为 $D(\varepsilon_p)$ 达到应力峰值时的损伤。

由式（4.35）和式（4.36）可得不同应变阶段煤体所受应力为

$$
\begin{cases}
\sigma = \tilde{\sigma}(1 - D_0 - C_1 \varepsilon^{\beta}) & (\varepsilon \leq \varepsilon_p) \\
\sigma = \tilde{\sigma}\left\{1 - \left[D_0 + C_1 \varepsilon_p^{\beta} + C_2(\varepsilon - \varepsilon_p)\right]\right\} & (\varepsilon_p < \varepsilon \leq \varepsilon_u)
\end{cases}
\tag{4.37}
$$

假设高压水射流冲击煤体时，煤体为单轴受力状态，根据库仑准则，当煤体所受剪切力超过其抗剪强度时，煤体即发生破坏：

$$
|\tau| = c + \sigma \tan \varphi
\tag{4.38}
$$

将式（4.37）代入式（4.38）中，可以得到煤体发生损伤破坏时的有效应力值 $\tilde{\sigma}$：

$$\tilde{\sigma} = \frac{\tau - c}{\tan\varphi\left\{1 - \left[D_0 + C_1\varepsilon_p^\beta + C_2(\varepsilon - \varepsilon_p)\right]\right\}} \tag{4.39}$$

联立式（4.39）和式（4.36）即可得到煤体发生损伤破坏时的临界应力值：

$$\sigma = \frac{(\tau - c)(1 - D_0)}{\tan\varphi\left\{1 - \left[D_0 + C_1\varepsilon_p^\beta + C_2(\varepsilon - \varepsilon_p)\right]\right\}} \tag{4.40}$$

随着靶距的增加，紊动射流流速和射流冲击力均呈指数衰减，当靶距 $H=R$ 时，射流冲击力等于煤体发生损伤破坏临界值，此时 H 即为射流割缝半径。

$$\begin{aligned}\frac{F}{\pi(0.22H)^2} &= 22904.28\rho d\sqrt{P} \times \left(0.02H - 0.02He^{-\frac{4.884}{H}} - 0.099e^{-\frac{4.884}{H}}\right)\\[2mm] &= \frac{(\tau - c)(1 - D_0)}{\tan\varphi\left\{1 - \left[D_0 + C_1\varepsilon_p^\beta + C_2(\varepsilon - \varepsilon_p)\right]\right\}}\end{aligned} \tag{4.41}$$

式中，P 为泵压。公式中关于煤体的参数 c、τ、φ、ε_p、E 等，对于硬煤可以直接进行测试，对于软煤和破碎煤体，由于制样及测试上的困难，所以本节采用 Hoek-Brown 经验准则确定其中的 c、φ 值[12]。σ_p（单位 MPa）约为煤体坚固性系数 f 的 10 倍，煤的 f 值可采用国家标准进行测定[13]。由于软煤抗拉强度很低，且拉应变一般都低于 10^{-4}[14]，所以可以忽略煤体拉伸应变 ε。单轴抗压强度、弹性模量 E 和峰值应变 ε_p 通过以下公式进行计算得到[15]。孔隙率采用 Poremaster33 高压孔隙仪测得，并认为孔隙率即为煤体初始损伤 D_0。

$$E = 0.4029R_0 + 3.4724 \tag{4.42}$$

$$\varepsilon_p = \frac{\sigma_p}{E} \tag{4.43}$$

式中，R_0 为煤体镜质组反射率。

瓦斯在缝槽周边煤体中流动时，根据瓦斯的流动形态将缝槽周围煤层中的瓦斯流动区域分为线性渗流区、低速非线性渗流区和扩散区，并认为扩散区的瓦斯运移对抽采无影响[15]。

根据达西定律[16]可得

$$v = 10^{-3}\frac{K\Delta P}{\mu L_1} \tag{4.44}$$

式中，v——渗流速度，m/s；

　　　K——渗透率，μm^2；

　　　μ——瓦斯的动力黏度，$mPa \cdot s$；

　　　ΔP——压力差，MPa；

L_1——瓦斯流动距离，m。

卡佳霍夫[17]提出了目前公认较为合理的雷诺数表达式，并认为 $Re=10^{-4}$ 为线性渗流和非线性渗流的分界线：

$$Re = 10^{-4} \frac{v\sqrt{K}\rho}{17.50\mu\phi^{3/2}} \tag{4.45}$$

式中，ρ——流体的密度，g/cm^3；

ϕ——孔隙度。

将式（4.44）代入式（4.45）即可得到线性渗流区域的半径 L_1：

$$L_1 = \frac{10^{-15}\rho\Delta P K^{3/2}}{17.50u^2\phi^{3/2}Re} \tag{4.46}$$

瓦斯在低透气性煤层中流动时，由于煤孔隙径小于瓦斯分子平均自由程，瓦斯分子与孔隙壁会发生碰撞，此类碰撞对渗流规律的影响在宏观上表现为"滑脱效应"[15]。吴凡和孙黎娟[18]通过天然岩芯的实验发现气体滑脱效应是有条件的，在更低速的条件下气体存在启动压力梯度（λ_B）。当压力梯度大于启动压力梯度时，煤层中瓦斯运移以低速非线性渗流为主；当压力梯度低于启动压力梯度时，瓦斯仅以扩散方式运移。考虑气体滑脱效应的低速非线性渗流定律[19]可得

$$V = \begin{cases} \dfrac{K}{\mu}\left(1+\dfrac{2b}{P_1+P_2}\right)\dfrac{\Delta P}{L}, & \dfrac{\Delta P}{L} > \lambda_B \\ 0, & \dfrac{\Delta P}{L} \leqslant \lambda_B \end{cases} \tag{4.47}$$

式中，P_1，P_2——流入端和流出端的瓦斯压力；

b——Klinkenberg 常数。

此外，郭红玉和苏现波通过实验研究了瓦斯气体启动压力梯度与煤体渗透率关系[20]

$$\lambda_B = 0.0113K^{-0.33034} \tag{4.48}$$

在低速非线性渗流区域内，当式（4.45）中 $v=0$ 时的 L_2 值即为非线性渗流区瓦斯运移的最大距离，此时

$$L_2 = \Delta p / \lambda \tag{4.49}$$

由式（4.46）和式（4.49）即可算出瓦斯抽采半径 $R=H+L_1+L_2$。

现场实验地点选择在中梁山北矿+70NEC4-C5 区域 17#钻场附近区域，对 K_{10} 煤层进行高压水射流割缝后瓦斯抽采半径考察，钻孔布置示意图如图 4.9 所示。通过计算，K_{10} 煤层割缝半径 $H=1.57m$，线性渗流区 $L_1=3.24m$，K_{10} 煤层启动压力梯度 $\lambda_B=0.425MPa/m$。非线性渗流区 $L_2=4.55m$。通过以上分析，当抽采负压为 35kPa 时，离钻孔中心 4.81m 范围内为线性渗流区域，4.81～9.36m 为低速非线性渗流的区域，9.36m 以外为扩散区域。

　　根据《防治煤与瓦斯突出规定》，本书采用瓦斯压力低于 0.74MPa 作为考察指标。结合中梁山北矿+70mNC 抽采巷围岩条件及瓦斯地质情况，确定瓦斯压力考察孔布置在 17#钻场及走向上。本次试验布置割缝孔 1 个（5#），考察孔 8 个（1#、2#、3#、4#、6#、7#、8#、9#），其中 6#孔兼作压力考察孔和割缝半径考察孔。

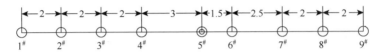

图 4.9　钻孔布置示意图（单位：m）

　　测压钻孔按照标准进行施工，钻孔施工顺序如下：先施工考察孔 8 个（1#、2#、3#、4#、6#、7#、8#、9#），施工完后立即封孔安表，待瓦斯压力稳定后再施工割缝孔（5#），5#孔于 2012 年 8 月 7 日（第 64 天）进行割缝，割缝时考察孔 6#孔出水，说明割缝半径达到 1.5m。割缝后各考察孔瓦斯压力变化如图 4.10 和图 4.11 所示。

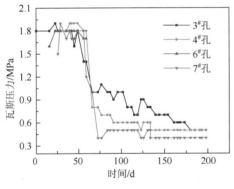
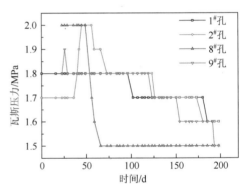

图 4.10　3#、4#、6#、7#孔压力变化图　　　图 4.11　1#、2#、8#、9#孔压力变化图

　　割缝孔（5#孔）割缝后，距离割缝孔较近的 4#、6#、7#考察孔的瓦斯压力出现大幅降低，并很快降至 0.74MPa 以下。说明割缝后未经抽采，瓦斯自然排放半径可达 4m。5#孔于 2012 年 8 月 10 日起接抽，经过 48d 的抽采，距割缝孔 5m 的 3#孔瓦斯压力降至 0.74MPa 以下。截至 2012 年 10 月 19 日，距割缝孔 5m 半径范围内瓦斯压力已经达标，9m 内瓦斯压力降低超过 10%，表明割缝后瓦斯有效抽采半径达到 5m，瓦斯抽采影响半径达到 9m，与理论计算结果较为相符。

4.1.6　割缝工艺

　　高压水射流切缝系统在石门揭煤切缝时主要分为辅助钻进瓦斯抽放孔和煤体

切缝两个步骤。辅助钻进瓦斯抽放孔时，该系统压力较低，自动切换式切缝器处丁关闭状态，全部射流通过自激振荡喷嘴形成高压水射流对煤岩体进行预破碎。瓦斯抽放孔钻进完毕，即瓦斯抽放孔穿过煤层全厚。钻进停止钻机保持旋转状态，升高系统压力，自动切换式切缝器处于工作状态，对煤体进行切缝。待切缝完毕，推出钻杆进行下一缝隙的切割。具体步骤如图 4.12 所示。

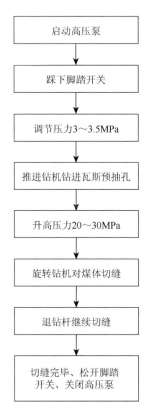

图 4.12　高压射流割缝工艺流程图

辅助钻孔和切缝实施注意事项如下。

（1）应做好充分的准备工作。

在保证各设备连接稳妥之后，还要检查供水、供电、排水、排渣和瓦斯监控等系统的工作状况是否良好，以保证钻进、切缝作业的顺利实施和实施过程的安全。

（2）钻孔、切缝过程中，注意观察返水和返渣情况，当返水、返渣情况异常时，采取适当调整钻进速度和水的流量等措施，以防发生卡钻现象等使工作不能正常进行。

4.2 工程应用

4.2.1 快速石门揭煤技术

石门揭煤是一项危险性大、技术难度高的工作，其诱导突出的危险性大，同时发生突出后的突出强度、瓦斯涌出量和波及范围较其他类型的突出大，严重影响矿井的安全生产和高产高效，对井下作业人员的生命财产安全也造成极大威胁。

针对传统石门揭煤技术措施中存在的技术工艺复杂、钻硬岩困难、钻孔密度大、消突达标时间长、经济成本高等问题，本节研究并提出以高压水射流网格化造缝增透技术为基础的快速石门揭煤技术，现场应用结果显示，该石门揭煤技术可明显提高钻孔瓦斯抽采量，有效减少瓦斯预抽孔的数量和石门揭煤时间，使石门揭煤期间的突出危险性大大降低，该技术的示意图如图 4.13 所示。

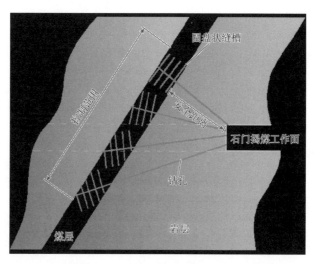

图 4.13　快速石门揭煤技术示意图

1. 工程应用区域概况

1）煤层赋存情况

松藻煤矿位于重庆西部綦江县境内，面积 135km²，煤系地层为二叠纪龙潭煤组，煤系地层平均厚度为 73.4m，含煤 6～14 层，可采煤层 3～5 层，均属于近距离煤层。除了 8 号煤层全区稳定，其余均局部可采。8 号层平均煤厚 2.5m 左右，其余均为薄煤层，煤厚 0.9m 左右。煤层倾角为 22°～35°，属于倾斜煤层。各煤层均属于富硫、中灰的无烟煤，煤层顶、底板为砂质泥岩、黏土泥岩，透水、透气性较差，属于煤与瓦斯突出矿井。

+175N2#石门巷道形状为三心拱，裸体巷道，掘进断面为 10.151m²，净断面为 9.6m²，位于延深二区+175 阶段，对应地表位置为"坪子"偏北以东的坡地地带，地表高程为 725.3m，石门埋深 548.2m，石门对应地表径流条件好，无汇水洼地或地表水体存在。该石门已掘 50m，距待揭 K_1 煤层底板垂距 10.3m，具体位置如图 4.14 所示。根据已掘的石门巷道和该石门附近的+175 水

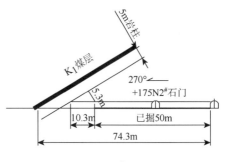

图 4.14　+175N2#石门煤层位置

平茅口巷情况分析，预计石门处所揭 K_1 煤层没有地质构造变化影响，但因为铝土泥岩与茅口不整合接触，故石门所揭 K_1 煤层底板有折曲变化影响。该石门对应处煤层构造简单，煤层走向 355°，倾角 31°，煤层平均厚度 1.3m，煤层坚固性系数 $f=0.38$。+175 主石门巷道形状为三心拱，裸体巷道，掘进断面为 12.473m²，净断面为 10.1m²，其位置、埋深、所揭煤层以及煤层赋存情况与+175N2#石门相同。

2）煤层瓦斯概况

K_1 煤层瓦斯含量 19.96m³/t，2 个石门预抽钻孔控制区域瓦斯含量分别为 47264.38m³、47648.42m³，K_1 煤层原始透气性系数为 0.038473m²·MPa⁻²·d⁻¹。施工时，分别对两个石门部分钻孔进行取样，测试 K_1 值和钻屑量 S 值，同时记录钻孔瓦斯动力现象，如表 4.4 所示。最大值分别为 $K_{1max}=0.85$ml/g·min^{1/2}、$S_{max}=12$kg/m。根据最大瓦斯解吸指标 K_1 值换算瓦斯压力为 1.12MPa。

从表 4.4 中可以看出，通过取样测试，2 个石门揭煤点的 K_1 煤层坚固度系数 f、钻屑瓦斯解吸特征 K_1 值，均存在小于或超过《防治煤与瓦斯突出规定》确定的临界指标 $f=0.5$；$K_1=0.5$ml/g·min^{1/2}。此外，上述 2 个石门均发生部分钻孔喷孔现象，且煤层坚固度系数 $f=0.38$，表明其所揭 K_1 煤层瓦斯含量高，并具有自喷能力，突出危险性较大。

表 4.4　+175N2#石门和+175 主石门瓦斯参数测试值

地点		取样测试值 K_1 值/（ml/g·min^{1/2}）、S 值/（kg/m）、动力现象									
+175N2#石门	孔号	11	12	13	16	17	20	21	22	25	26
	K_1 值	0.75	0.81	0.26	0.74	0.85	0.49	0.186	0.73	0.36	0.351
	S 值	11	12	7	10	10	10	10	11	7	7
	动力现象	喷孔	喷孔		喷孔	喷孔		喷孔	喷孔		
+175 主石门	孔号	18	20	22	29	31	32				
	K_1 值	0.73	0.421	0.703	0.414	0.441	0.357				
	S 值	8	8	0	1	9	8				
	动力现象	喷孔		喷孔		喷孔					

2. 现场工程应用

1）瓦斯预抽孔设计

根据 K_1 煤层赋存特点及+175N2#石门地质条件,在该石门共布置直径为70mm瓦斯预抽孔 32#个（编号 1#～32#）,选择其中的 10 个（分别为 11#、12#、13#、16#、17#、20#、21#、22#、25#、26#）预抽孔进行高压脉冲水射流切缝。预抽孔布置如图 4.15 和图 4.16 所示；切缝孔具体参数如表 4.5 所示。

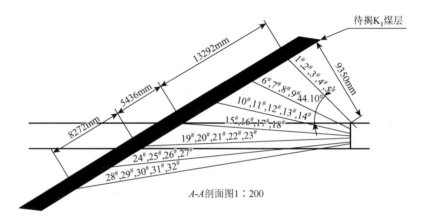

A-A剖面图1：200

图 4.15　预抽孔布置剖面图

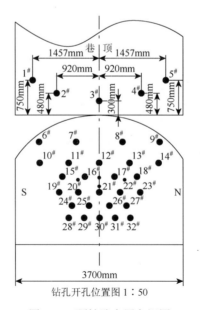

钻孔开孔位置图1：50

图 4.16　预抽孔布置主视图

表 4.5　切缝孔布置参数

孔号	与石门中线夹角/(°)	预抽孔倾角/(°)	孔深	
			岩孔段/m	煤孔段/m
11#	20.00	11.93	15.75	2.15
12#	0.00	12.67	14.84	2.03
13#	20.00	11.93	15.75	2.15
16#	9.73	3.76	18.64	2.49
17#	9.73	3.76	18.64	2.49
20#	13.85	−1.89	22.78	2.97
21#	0.00	−1.95	22.20	2.88
22#	13.85	−1.89	22.87	2.97
25#	7.06	−6.05	26.39	3.25
26#	7.06	−6.05	26.39	3.25

在对比石门+175 主石门设计直径为 70mm 瓦斯预抽孔 36 个，如图 4.17 和图 4.18 所示。

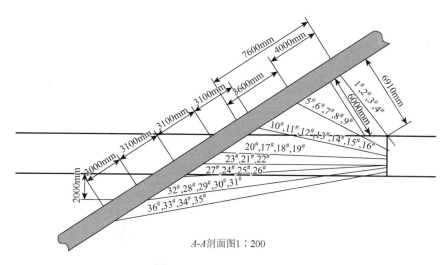

A-A剖面图1:200

图 4.17　预抽孔布置剖面图

2）石门揭煤过程

+175N2#石门于 2008 年 6 月上旬开始实施瓦斯预抽孔钻进，从石门底部依次向顶部施工，同时对设计切缝孔进行高压水射流切缝，切缝参数如表 4.6 所示。到 6 月下旬预抽孔钻进、切缝工作完成并封孔，采用矿井固定泵站抽采瓦斯。截止到 2008 年 9 月 9 日，抽放 81d，经过鉴定抽采瓦斯各项指标已达到石门揭煤要

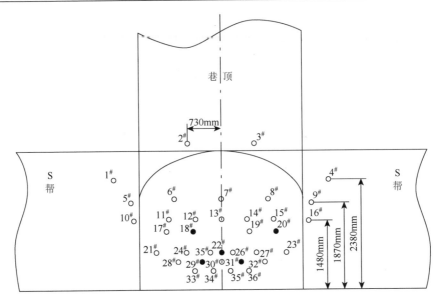

图 4.18　预抽孔布置主视图

求。9 月 10 日开始对石门采用揭 K_1 煤层 5m、3m、1.5m 岩柱,过煤门穿层,过煤门的措施揭开 K_1 煤层,截止到 10 月 9 日过完煤门,用时 30d。

　　+175 主石门与+175N2# 石门同时开始预抽孔施工,采用普通工艺进行预抽孔钻进。于 2008 年 6 月下旬钻进完毕并封孔,采用矿井固定泵站抽采瓦斯,截止到 2008 年 11 月 23 日预抽瓦斯 148d。经过鉴定抽采瓦斯各项指标已达到石门揭煤要求。11 月 25 日开始对石门采用揭 K_1 煤层 5m、3m、1.5m 岩柱,过煤门穿层,过煤门的措施揭开 K_1 煤层,截止到 2009 年 1 月 3 日过完煤门,用时 67d。

表 4.6　高压水射流切缝情况

孔号	煤孔长/m	压力/MPa	切缝时间/min	切出煤量/t	现象
11#	1.1	23	21	0.6	喷孔严重
12#	2.7	22	25	0.7	喷孔严重
13#	0.8	22	20	0.8	喷孔严重
16#	1	20	30	0.8	喷孔严重
17#	0.8	23	35	0.7	喷孔严重
20#	1.5	23	30	0.6	稍微喷孔
21#	1.7	25	35	0.6	喷孔严重
22#	1.5	26	30	0.5	喷孔严重
25#	3.2	22	30	0.7	喷孔严重
26#	3.8	23	35	0.8	稍微喷孔

3. 应用效果分析

1）瓦斯预抽孔单孔浓度、流量分析

在+175N2#石门钻孔施工完毕后，采用 FKWY-4.5 型封孔器进行封孔，其余石门采用玛丽散，封孔器长度＞2.0m。所有预抽孔通过ϕ100mm 的管道汇入阶段茅口抽采系统进行抽放。为便于效果考察，+175N2#石门将高压脉冲水射流切缝孔与其余预抽孔分别用汇流管连接，并分别设置测点进行抽放参数测定。+175 主石门采用与+175N2#石门相同的工艺封孔，并采用相同的抽放方式进行瓦斯抽放，同时对瓦斯抽放参数进行测试。

利用高压脉冲水射流对预抽孔进行切缝时，会影响切缝孔相邻预抽孔周围瓦斯赋存状态，改善其瓦斯预抽效果。为了对比切缝孔和未切缝孔单孔浓度、流量，在相同的负压条件下对切缝孔 12#、16#、17#、21#、25#孔及相对影响较小的未切缝孔 1#、2#、3#、4#、5#孔进行对比，结果如图 4.19～图 4.21 所示。

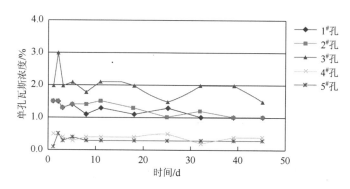

图 4.19　未切缝孔单孔瓦斯浓度

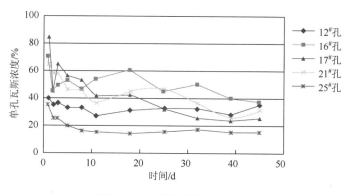

图 4.20　切缝孔单孔瓦斯浓度

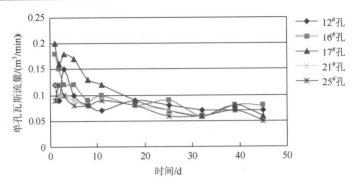

图 4.21　切缝孔单孔瓦斯流量

从图 4.20 中可以看出，切缝孔最大单孔浓度为 85%，所选 5 个切缝预抽孔平均单孔瓦斯浓度分别为 32.8%、49.9%、45.2%、44.8%、19.3%。从图 4.21 中可以看出未切缝孔最大单孔浓度为 3%，所选 5 个未切缝孔平均单孔瓦斯浓度分别为 1.2%、1.28%、2%、0.4%、0.3%。在瓦斯抽采的前 45 天，所有切缝孔平均单孔瓦斯浓度为 38.4%，未切缝孔为 1.04%，可以得出切缝孔单孔瓦斯浓度相对未切缝孔提高了 35.8 倍。

2）石门预抽瓦斯量及瓦斯流量衰减系数

钻孔流量衰减系数是表示钻孔瓦斯流量随时间延长呈衰减变化的系数，是用来衡量瓦斯抽放难易的参数。计算方法是测定初始瓦斯流量 Q_0，经过时间 t 以后，测定其流量 Q_t，因钻孔瓦斯流量按负指数规律衰减，则有

$$Q_t = Q_0 e^{-\partial t} \tag{4.50}$$

式中，∂——钻孔流量衰减系数，d^{-1}；

　　　Q_0——钻孔初始瓦斯流量，m^3/min；

　　　Q_t——经过 t 时间的钻孔瓦斯流量，m^3/min；

　　　t——时间，d。

在 +175N2# 石门及 +175 主石门所揭 K_1 煤层经过检测属于较难抽采煤层。经 +175N2# 石门过高压脉冲水射流切缝后预抽瓦斯 81d，共抽出瓦斯纯量 34329.6m^3，评差后 25747.2m^3，石门揭煤瓦斯预抽孔控制范围内的瓦斯预抽率为 45.42%，预抽面积扩大到 1456.35m^2。该石门所有瓦斯预抽孔第 1 天纯瓦斯流量为 0.63m^3/min，第 80 天纯瓦斯流量为 0.45m^3/min，平均瓦斯流量为 0.575m^3/min。瓦斯流量变化曲线及拟合曲线如图 4.22 所示。根据瓦斯流量衰减公式拟合，得出 K_1 煤层瓦斯流量衰减系数为 0.0072d^{-1}，根据原煤炭工业部《矿井瓦斯抽放管理规范》对未卸压的原始煤层的抽放难易程度的划分，衰减系数介于 0.003～0.05d^{-1} 时属于可以抽放煤层，说明在该石门 K_1 煤层已经由较难抽采煤层转化为可以抽放煤层。

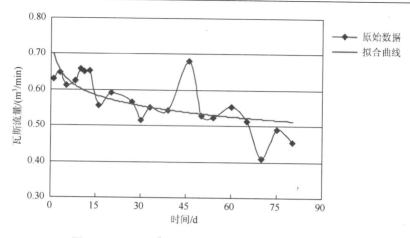

图 4.22　+175N2#石门瓦斯流量变化曲线及拟合曲线

在+175 主石门，瓦斯预抽 148d，共抽出瓦斯 6752.2m³，瓦斯抽采率为 14.17%。平均瓦斯抽采量为 0.0335m³/min，瓦斯预抽面积为 715.35m²。可以看出，经过高压脉冲水射流切缝后瓦斯预抽率提高 2.2 倍，预抽时间缩短 54.7%，预抽面积增加 1.035 倍。

3）瓦斯解吸指标

K_1 值是判断煤与瓦斯突出的综合指标，当 $K_1>0.5$ 时，具有突出危险，必须采取防突措施，当 $K_1<0.5$ 时，则不具有突出危险，可以进行石门揭煤。表 4.7 列出了+175N2#石门与+175N 主石门实施瓦斯预抽孔时的 K_1 值，从表中数据可以判断煤层具有突出危险。在+175N2#石门，经过高压脉冲水射流切缝后 3 天对 K_1 煤层 K_1 值继续进行检测。从表 4.7 中可以看出，+175N2#石门在切缝后 3 天 K_1 值大大减小，最大值为 0.46ml/g·min$^{1/2}$，符合石门揭煤条件。而在+175N 主石门 K_1 值并没有明显减小，仍不符合石门揭煤的要求。

表 4.7　+175N2#石门切缝后和+175 主石门瓦斯参数测试值

地点		取样测试 K_1 值/（ml/g·min$^{1/2}$）								
+175N2#石门	孔号	11#	12#	13#	16#	17#	20#	21#	22#	25#	26#
	K_1 值	0.37#	0.39#	0.12#	0.32#	0.46#	0.24#	0.21	0.18	0.36	0.12
+175 主石门	孔号	18#	20#	22#	29#	31#	32#				
	K_1 值	0.68	0.381	0.69	0.3	0.421	0.259				

4）揭煤防突工程量、揭煤时间

+175N2#石门在 2008 年 9 月 10 日开始实施揭 K_1 煤层，至 2008 年 10 月 9 日过完 K_1 煤层煤门，仅用时 30d。在其实施 5m、3m、1.5m 岩柱预测，以及 K_1 煤层过煤门穿层预测、过煤门本层预测期间，共计施工预测钻孔 41 个、钻尺 434.6m。通过取样测试，其 K_{1max}=0.193ml/g·min$^{1/2}$、S_{max}=10kg/m，未出现预测超标。

+175 主石门于 2008 年 11 月 25 日开始实施揭 K_1 煤层，至 2009 年 1 月 3 日过完 K_1 煤层煤门，用时 67d。在其实施 5m、3m、1.5m 岩柱预测，以及 K_1 煤层过煤门穿层预测、过煤门本层预测期间，共计施工预测钻孔 77 个、钻尺 1287.3m。通过取样测试，其 K_{1max}=0.43ml/g·min$^{1/2}$、S_{max}=12kg/m，未出现预测超标。

通过对比分析可以得出，采用高压脉冲水射流切缝的+175N2$^{\#}$石门与+175 主石门相比，揭煤时间缩短 44.8%，钻孔数量减少 53.2%，钻尺减少 33.7%，K_{1max} 降低 44.9%。

4.2.2　穿层钻孔预抽煤巷条带瓦斯技术

针对传统穿层钻孔预抽煤层瓦斯技术中存在的穿硬岩层钻进困难、钻头磨损严重、煤层卸压增透范围小、瓦斯抽采效率低等问题，提出穿层钻孔预抽煤巷条带瓦斯技术，即采用高压水射流技术，首先在底板岩巷施工上向穿层钻孔，选择不同间距的穿层钻孔进行割缝，实现割缝钻孔与穿层钻孔的网络化协同布置，破除钻孔的瓶塞效应，增大煤层的卸压范围，提高煤层的透气性，最终达到强化瓦斯抽采效果的目的。

现场应用结果显示，该技术可有效提高钻孔的钻进速度，降低钻头消耗量，使煤层的卸压范围、透气性和瓦斯抽采量显著增加，可有效防止煤与瓦斯突出、瓦斯异常涌出等瓦斯灾害事故的发生。

1. 工程应用区域概况

重庆某矿位于渝黔省市交界附近，1964 年 4 月建井，1970 年正式投产，核定生产能力为 1.80Mt/a；井田走向 8.0km、倾斜宽 5.2km，井田面积 40.5km^2；矿井服务年限 68 年，开采 M_6、M_7、M_8 等三个煤层。选取矿井 W2704S 回风巷掘进条带的下段进行高压水射流割缝钻孔布置优化试验。W2704S 回风巷位于矿井西区+350 水平下山部分，掘进于 M_7 煤层中。试验点 M_7 煤层平均厚度 1.3m，倾角 7°~12°；煤层透气性系数 0.011mD，瓦斯压力 2.16MPa，瓦斯含量 19.1~22.5m^3/t，属于典型低透气性突出煤层；M_7 煤层底板标高 190~290m、地面标高 734~766m，煤层底板与瓦斯巷顶板的水平距离 21.3m、垂直距离 52.4m，上部 M_6 煤层及下部 M_8 煤层均未回采。W2704S 回风巷设计掘进断面 11.1m^2、净断面 9.6m^2，煤巷断面尺寸如图 4.23 所示。其中，W2704S 回风巷掘进前，在底板抽采巷即 W_8 瓦斯巷施工煤巷条带预抽钻孔进行区域防突。

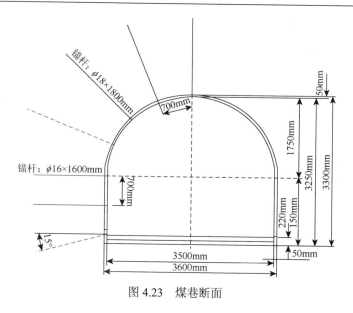

图 4.23　煤巷断面

2. 煤巷条带钻孔布置

1）煤层割缝缝槽尺寸

W2704S 回风巷位于 M_7 煤层，M_7 煤层平均厚度为 1.3m，靠近顶、底板处的煤层较坚硬，而中间煤层较软。为使煤层上、下部分都能得到充分卸压，一般在煤层中间位置进行割缝。根据所取原煤煤样的物理力学性质测试结果，结合现场试验，确定 M_7 煤层在泵压 25MPa 时的割缝缝槽半径为 1.5m、缝槽高度为 0.33m。

2）条带钻孔布置

W2704S 回风条带钻孔布置图如图 4.24 所示，钻孔参数如表 4.8 所示。其中，方形实心标记的钻孔进行割缝。

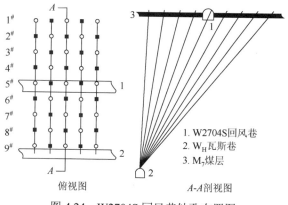

1. W2704S回风巷
2. W_H瓦斯巷
3. M_7煤层

俯视图　　　　　　A-A剖视图

图 4.24　W2704S 回风巷钻孔布置图

表 4.8　钻孔布置参数

钻孔编号	倾角/(°)	方位角/(°)	钻孔深度/m
1#	52.03	0	68.74
2#	55.45	0	65.78
3#	59.21	0	63.09
4#	63.27	0	60.69
5#	67.64	0	58.59
6#	72.3	0	56.87
7#	77.21	0	55.56
8#	82.33	0	54.67
9#	87.57	0	54.23

采用 ZY-750C 型钻机施钻，钻孔直径为 ϕ75mm；钻孔控制范围均大于巷道两侧轮廓线外 15m，终孔于 M_7 煤层顶板 0.5m 处，满足防突规定对条带钻孔的布孔要求。其中，乳化泵型号为 BRW200/31.5，割缝压力约 25MPa，割缝时间为 40~80min；钻孔割缝后，采用水泥砂浆封孔，封孔深度 5m，封孔后并入抽采管道接抽。

3. 应用效果分析

煤巷条带区域防突措施检验达标后实施煤巷的掘进，记录 W2704S 回风巷的月掘进情况，如表 4.9 所示。

W2704S 回风条带区域防突检验达标后对 W2704S 回风巷进行掘进。由表 4.9 可知，7 个月内 W2704S 回风巷共掘进 563m，月平均掘进进尺 80.4m，且掘进中未出现预兼排孔超标、喷孔及瓦斯超限等情况，实现了煤巷的快速、连续掘进；而采用常规钻孔布置工艺的 W2704N 回风巷（W2704S 回风巷、W2704N 回风巷均服务于矿井 W2704 综采对拉工作面）的月平均掘进进尺约 30m，且掘进中碛头瓦斯涌出量较大，常需补充局部防突措施并进行防突检验，因此煤巷掘进速度慢、掘进效率低。该钻孔布置工艺有效解决煤巷的快速、连续掘进问题，从而缓解矿井存在的采掘失衡问题。

表 4.9　W2704S 回风巷掘进情况

月份	掘进进尺/m	瓦斯超限、喷孔等
1	35	无
3	58	无
4	103	无

续表

月份	掘进进尺/m	瓦斯超限、喷孔等
5	87	无
6	101	无
7	99	无
8	80	无
累计	563	无
平均	80.4	无

4.2.3　煤巷掘进钻割一体化技术

　　煤巷掘进钻割一体化技术的核心就是对煤巷超前预抽孔进行钻进割缝，增加煤体的暴露面积，增大煤体裂隙率和裂隙连通率，改变煤体的应力分布，使单孔瓦斯抽采有效范围增大，以达到卸压增透防突的效果，该技术的示意图如图 4.25 所示。

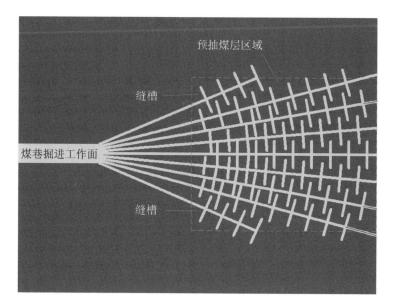

图 4.25　煤巷掘进钻割一体化技术示意图

　　煤巷掘进钻割一体化技术可有效解决传统煤巷掘进防突技术中存在的消突区域短、执行措施循环数多、抽采时间长和影响采掘接替进度等问题，使超前钻孔数量明显减少，有效缩短瓦斯抽采时间，从而提高煤巷掘进效率和作业安全性，彻底解决煤巷掘进期间瓦斯超限的问题，防止煤与瓦斯突出事故的发生，实现煤巷掘进的安全、高效、经济局部消突。

1. 工程应用区域概况

平煤五矿的己$_{16\text{-}17}$煤层是有突出危险性煤层，该煤层的瓦斯压力为1.7MPa，瓦斯含量为17.4m³/t，该煤层厚度为1.2～4.0m，平均厚度为2.8m，煤层倾角为12°～26°，平均角度为15°。该煤层赋存较为稳定，地质构造简单，煤层透气性差，瓦斯不易释放。

22302工作面机巷位于己$_{16\text{-}17}$煤层，22302机巷走向长度为759m，垂深594～674m，掘进断面13.6m²。为保障22302机巷的安全、高效掘进，防止瓦斯超限和突出事故的发生，在22302工作面机巷掘进期间采用煤巷掘进钻割一体化技术。

2. 钻孔布置方案

通过现场测定，确定己$_{16\text{-}17}$煤层的有效割缝影响半径为2.5m，故终孔间距按5m设计，钻孔布置示意图如图4.26所示，钻孔参数如表4.10所示。

钻孔布置方案中考虑钻孔的初始位置较近，在割缝过程中为了防止钻孔之间贯通，影响割缝后钻孔有效影响半径，防止重叠的区域交叉和减少割缝时间，钻孔割缝间距采取交错缝。

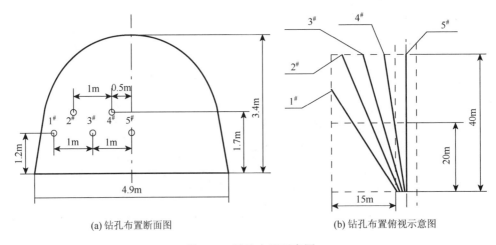

(a) 钻孔布置断面图　　　　　　　(b) 钻孔布置俯视示意图

图4.26　钻孔布置示意图

表4.10　单循环掘进面钻孔及割缝参数表

孔号	孔径/mm	孔深/m	水平角/(°)	倾角/(°)	割缝间距/m	割缝次数	第一次割缝后退距离/m
1#	89	32.77	−26.7	3.7	3.96	4	0.00
2#	89	42.23	−18.0	0.4	3.96	3	1.98
3#	89	41.01	−12.3	−1.4	3.96	6	0.00

续表

孔号	孔径/mm	孔深/m	水平角/(°)	倾角/(°)	割缝间距/m	割缝次数	第一次割缝后退距离/m
4#	89	40.25	−6.2	−3.3	3.96	3	1.98
5#	89	40.00	0.0	−5.0	3.96	6	0.00

注：水平角沿巷道中心方向为 0°，顺时针为正；倾角以水平面为 0°，上仰为正

3. 现场实施过程

根据五矿己 $_{16-17-22302}$ 工作面进风巷掘进面钻割一体化实施方案，于 2010 年 11 月 29 日开始对超前钻孔进行钻进，钻进、割缝工作一起实施。钻孔工作分为两部分进行，首先采用压风辅助螺旋钻杆排渣的方式钻进钻孔，待到达孔深后在后退钻杆进行水射流割缝工作，12 月 4 日完成。割缝钻孔具体施工情况如表 4.11 所示。

表 4.11　己 $_{16-17}$ 煤层高压水射流割缝参数

孔号	钻孔深度/m	割缝压力/MPa	割缝平均时间/min	割缝次数
1#	35.3	18～22	16	4
2#	39.2	17～20	15	3
3#	41.3	19～23	16	7
4#	40.4	18～20	17	3
5#	39.7	19～24	18	6

超前钻孔、割缝施工作业开始于 11 月 29 日 8：00 班，结束于 12 月 4 日 16：00 班，除去影响工作时间 6 个班，实际作业时间为 11 个班，钻孔割缝时间一般为 15～20min，割缝压力一般为 18～24MPa。

于 12 月 5 日在现场进行采样，采用测定残余瓦斯含量 W 进行效果检验，于 12 月 7 日得出测定结果，测定结果如下：取样深度 20m 位置处 W 值为 2.3498m³/t，取样深度 40m 位置处 W 值为 3.1269m³/t，均小于临界值 8m³/t，判定为无突出危险。

在 12 月 8 日开始进行巷道掘进，掘进期间共执行 7 次防突指标测试，q 值为 1.4～2.4L/min，S 值为 2.7～3.2kg/m，均小于临界值 5L/min 和 6kg/m，判定为无突出危险。在 12 月 8～16 日巷道掘进期间的瓦斯含量分别为 0.08%～0.21%，均未出现瓦斯超限现象，于 12 月 16 日，40m 巷道全部安全掘进完毕。

4. 应用效果分析

1）掘进工作面钻割一体化技术防突效果检验

为了检验钻割一体化技术在掘进工作面执行措施后的防突效果，采用残余瓦斯含量为主要指标进行效果检验。残余瓦斯含量采用直接法测定，通过井下现场

定点取煤芯解吸、实验室常压解吸、粉碎解吸及地面实验室作出工业性分析值来确定残余瓦斯含量。此次分别在距离掘进头 20m 和 40m 处采集煤样,并最终测得取样深度 20m 残余瓦斯含量为 2.3498m³/t,取样深度 40m 处残余瓦斯含量为 3.1269m³/t,均小于临界值 8m³/t,判定为无突出危险,如表 4.12 所示。

表 4.12　己 16-17 煤层残余瓦斯含量

取样深度/m	残余瓦斯含量/(m³/t)	W 指标临界值/(m³/t)
20	2.3498	8.0000
40	3.1269	8.0000

2）钻孔数量对比分析

在五矿己 16-17—22302 工作面进风巷掘进面的区域防突措施按原设计,需在迎头施工 1 排 10 个钻孔,行间距为 250mm,在采用钻割一体化技术之后,迎头布置 5 个 2 排三花孔,行间距 500mm,排间距 500mm,减少打孔数 5 个,占原设计迎头钻孔的 50.0%。实验地点钻孔数原、现设计对比如表 4.13 所示。

表 4.13　钻孔数量对比

状态　　　　　　　　　　　煤层	己 16-17—22302 工作面进风巷
原设计孔数	10
现设计孔数	5
减少/%	50.0

从表 4.13 中可以看出,对比原有防突措施的数据,采用钻割一体化技术之后,五矿己 16-17—22302 工作面进风巷执行钻孔数量减少 50%。

3）执行措施时间

五矿己 16-17—22302 工作面进风巷实施钻割一体化技术,施工、割缝时间为 11 个班。校检指标为残余瓦斯含量 W 小于 8m³/t,达到区域防突效果。从钻孔数量和执行防突措施的过程来看,钻割一体化技术减少执行防突措施的工程量,缩短执行防突措施的时间,表 4.14 为原有执行防突措施的实施时间与实施钻割一体化技术执行防突措施的时间对比。

表 4.14　时间对比

参数　　　　　　　　　　　试验点	五矿己 16-17—22302 工作面进风巷
原有执行措施时间/班	17
水力割缝执行措施时间/班	11
减少/%	35.3

从表 4.14 中可以看出，对比原有防突措施的数据，采用钻割一体化技术之后，五矿己 $_{16\text{-}17\text{-}22302}$ 工作面进风巷执行防突措施的时间减少 35.3%。

4.2.4　顺层钻孔预抽煤层瓦斯技术

我国西南地区的煤层松软，瓦斯含量高，在钻进过程中极易出现塌孔、喷孔和卡钻等现象，煤层长钻孔成孔率低，空白带瓦斯无法快速消除，难以保证煤层瓦斯预抽的需要。针对西南地区复杂的煤层和地质条件，提出顺层钻孔预抽煤层瓦斯技术，如图 4.27 所示。该技术是在松软煤层采煤工作面的进、回风巷，沿煤层的硬分层或顶底板中钻孔，钻孔完成后，利用高压水射流破煤岩动力特性，从钻孔末端开始对煤体进行割缝，在煤体中割出半径为 1～2m 的圆盘状缝隙，增大煤体暴露面积，以达到增加松软煤层透气性、提高长钻孔成孔率和瓦斯抽采率的目的，防止瓦斯灾害事故的发生，保障矿井的安全生产。

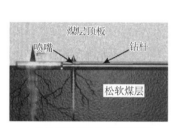
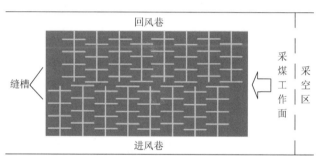

(a) 松软煤层长钻孔成孔示意图　　　　　(b) 采煤工作面钻孔布置示意图

图 4.27　顺层钻孔预抽煤层瓦斯技术示意图

1. 工程应用区域概况

工程应用区域选择在四川省某煤与瓦斯突出矿井，该矿的 K_1 煤层位于龙潭组第一段（P2l1）第二亚段中部，层位稳定；煤层总厚度为 0.09～4.37m，平均厚度为 2.18m，有效厚度为 0.09～3.98m，有效平均厚度 1.88m，f 值为 0.2，属于松软煤层。K_1 煤层一般含夹石 2～4 层。煤层瓦斯含量为 18.22m^3/t，透气性系数为 0.023m^2/（MPa^2·d），属于难抽采煤层。

2. 钻孔布置

综合该煤层赋存特征、水文地质条件及顶底板特征，采用沿走向水平钻孔。在煤层顶板与煤层分层处钻孔 5 个，并用高压脉冲水射流切割煤层，钻孔分别标

为 D_1、D_2、D_3、D_4 和 D_5；为进行对比实验，在抽放巷的同一侧采用常规钻孔技术钻孔 5 个，分别记为 d_1、d_2、d_3、d_4 和 d_5，钻孔布置方式示意图如图 4.28 所示。

图 4.28　钻孔布置示意图

3. 应用效果分析

原工艺和新工艺的钻进深度对比图如图 4.29 所示，在煤层顶板与煤层分层处钻孔，钻孔基本穿透煤层全厚，平均孔深为 138.2m，为原工艺的 2.7 倍。

经过高压脉冲水射流切缝后，每个缝切出煤量约为 0.5t。在瓦斯抽放第 10 天，收集分析瓦斯参数，结果如图 4.30（a）所示，采用高压脉冲水射流切缝后，平均

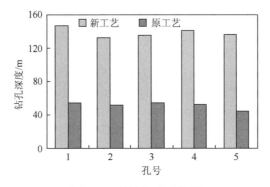

图 4.29　钻进深度对比图

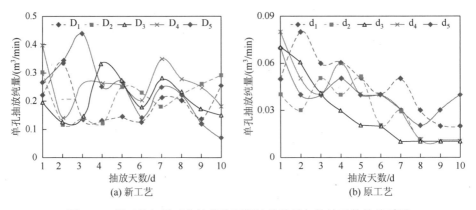

图 4.30　新工艺与原工艺的单孔瓦斯抽放纯量与抽放天数的关系图

单孔瓦斯的抽放纯量为 0.19～0.26m^3/min，采用原工艺钻孔，结果如图 4.30（b）所示，平均单孔瓦斯的抽放纯量为 0.03～0.05m^3/min，可见采用高压脉冲水射流割缝后，瓦斯抽放纯量提高 5.2 倍以上。

4.3　参　考　文　献

[1]　黄小波. 高压水射流煤层切缝技术关键参数优化[D]. 重庆：重庆大学，2012.

[2]　常宗旭，邵保平. 煤岩体水射流破碎机理[J]. 煤炭学报，2008，33（9）：983-987.

[3]　曹文贵，方祖烈，唐学军. 岩石损伤软化统计本构模型之研究[J]. 岩石力学与工程学报，1998，17（6）：628-633.

[4]　梁冰，章梦涛，潘一山，等. 瓦斯对煤的力学性质及力学响应影响的实验研究[J]. 岩土工程学报，1995，17（5）：12-18.

[5]　刘勇，卢义玉，李晓红. 等. 高压脉冲水射流顶底板钻孔提高煤层瓦斯抽采率的应用研究[J]. 煤炭学报，2010，35（7）：1115-1119.

[6]　卢义玉，葛兆龙，李晓红. 脉冲射流切缝技术在石门揭煤中的应用研究[J]. 中国矿业大学学报，2010，（1）：55-58.

[7]　张其智，林柏泉，孟凡伟，等. 高压水射流割缝对煤体扰动影响规律研究及应用[J]. 煤炭科学技术，2011，39（10）：49-51，57.

[8]　沈忠厚. 水射流理论与技术[M]. 东营：石油大学出版社，1998.

[9]　王瑞和. 磨料射流旋转切割套管试验及工程计算模型[J]. 中国石油大学学报（自然科学版），2010，34（2）：56-66.

[10]　冯欣艳. 高压水射流切缝提高煤层透气性的实验研究[D]. 重庆：重庆大学，2008.

[11]　Loland K E. Continuous damage model for load-response estimation of concrete[J]. Cement and Concrete Research，1980，10（3）：395-402.

[12]　张浪. 煤与瓦斯突出预测的一个新指标[J]. 采矿与安全工程学报，2013，30（4）：66-620.

[13]　煤炭科学研究总院开采设计研究分院，煤炭科学研究总院检测研究分院. GB/T 23561.12—2010. 煤的坚固性系数测定方法[S]. 北京：中国标准出版社，2010.

[14]　齐庆新，毛德兵，范韶刚，等. 直接单轴拉伸条件下煤的弹脆塑性分析[C]//中国岩石力学与工程学会第七次学术大会论文集. 西安，2002：181-185.

[15]　Pan J N，Meng Z P，Hou Q L，et al. Coal strength and Young's modulus related to coal rank，compressional velocity and maceral composition[J]. Journal of Structural Geology，2013，54：129-135.

[16]　李晓平. 地下油气渗流力[M]. 北京：石油工业出版社，2008.

[17]　卡佳霍夫. 油层物理基础[M]. 张朝琛，译. 北京：石油工业出版社，1958.

[18]　吴凡，孙黎娟. 气体渗流特征及启动压力规律的研究[J]. 天然气工业，2001，21（1）：82-84.

[19]　冯文光. 油气渗流力学基础[M]. 北京：科学技术出版社，2007.

[20]　郭红玉，苏现波. 煤储层启动压力梯度的实验测定及意义[J]. 天然气工业，2010，30（6）：52-54.

第5章　煤矿井下水力压裂增透技术

煤矿井下水力压裂是目前我国煤层气开发的关键技术之一[1, 2]。确定煤层起裂与扩展压力的大小及其影响因素，对于优化煤矿井下水力压裂工艺设计及提高煤层气抽采效率具有重要意义。

根据国内外众多学者的研究结果，影响水力压裂裂缝起裂与扩展的因素分为内因和外因。内因指煤岩体本身物理力学性质对水力压裂裂缝起裂与扩展的影响，主要包括煤岩体强度、泊松比、弹性模量、孔隙率、孔隙压力等；外因指地应力、煤岩层赋存条件、地质构造、压裂钻孔布置方式等外部因素对水力压裂裂缝起裂与扩展的影响。

5.1　不同类型煤体的起裂机理

煤体的物理力学性质，一方面，受到煤体形成过程中沉积年代、环境及成煤物质等因素影响，造成煤体组成的非均质性和物理力学性质的各向异性；另一方面，在煤体的形成时期和形成以后受各种构造应力的作用，所以在煤体中产生了一系列层理、节理、裂隙和断层。这些弱面使煤体的完整性和均匀性受到破坏，从上述特点可知，不同类型煤体的物理力学性质差异性极大。以往对煤体水力压裂起裂机理的研究，大多根据油气储层压裂理论，统一将煤体受力-变形-破坏过程归结为弹性或弹塑性，这种基于经典力学的本构理论不足以表达不同类型煤体的起裂机理。本节根据煤体宏观和微观结构特征，以及在水压作用下的起裂特点对煤体进行划分，采用弹性力学、断裂力学、土力学等理论建立不同结构煤体的水力压裂起裂模型及起裂准则[3]。

5.1.1　适用于水力压裂的煤体结构划分

煤体结构指煤层在地质历史演化过程中经受各种地质作用后表现的结构特征。人们对煤体结构的认识及其分类最早是从煤矿安全角度提出的。20 世纪初，采矿专家已经对煤与瓦斯突出点位置的地质构造特征进行观测和描述。Briggs 于1920~1921 年注意到英国西威尔士无烟煤田的煤与瓦斯突出多位于强烈变形的断层带附近和褶皱带内，突出煤层是所谓的"软煤（soft coal）"。

　　国外研究煤体结构始于 20 世纪 20 年代，苏联和波兰对此较为重视，对煤体的破坏程度、光泽、微裂隙密度、间距等作过详细的研究。20 世纪 80 年代，河南理工大学最早强调研究煤体结构的重要性，90 年代对煤体结构研究已逐渐成为瓦斯地质学科的核心内容。

　　对于煤体结构的分类方法，有些从煤体构造出发，对煤体进行分类，主要参照构造岩相关研究；有些从煤与瓦斯突出规律出发，分类反映煤体破坏与瓦斯突出的关系。总的来说，一方面，从纯地质学角度研究煤体的结构类型及形象；另一方面，从煤与瓦斯突出灾害防治角度，研究煤体的形象、结构、类型及其与瓦斯参数和突出之间的关系[4-7]。

　　在早期的研究中，人们采用宏观和显微方法对煤体结构进行观察，宏观方法即肉眼现场观测和手标本观察，显微方法包括光学显微镜观察和扫描电子显微镜下的形象分析。就研究成果而论，煤体结构分类问题既是煤体研究水平的集中反映，也是煤体研究的重点课题。煤体结构的分类主要有两种，一是宏观类型，二是扫描电子显微镜下的显微类型。

　　肉眼条件下可识别的结构和构造特征是煤的宏观结构、构造类型的划分依据。大多数分类方案及其研究目的是基于煤与瓦斯突出问题。构造煤研究早期，人们根据颗粒特征把煤分为正常结构煤、粒状结构煤、纤维状结构煤和扭曲状结构煤[8]。1958 年，苏联矿业研究所依据煤中裂隙的密度、组合方式、裂隙面特征，同时考虑光泽和手试强度，把煤体分为非破坏煤、破坏煤、强烈破坏煤（片状煤）、粉碎煤（粒状煤）、全粉煤（土状煤）五类。

　　由于历史的因素，我国的煤与瓦斯突出研究多源于苏联，所以苏联的煤体分类在我国影响很大。我国煤炭科学研究总院抚顺研究所通过对突出煤的长期观察研究，提出依据煤的破坏类型和力学性质的分类方案；中国矿业大学（1979）按煤的突出难易程度和煤体的破坏程度将煤分为原生构造煤、碎裂煤和构造煤三类。20 世纪 70 年代后期，以焦作矿业学院（现河南理工大学）瓦斯地质研究所为主的一大批地质工作者涉足瓦斯突出的理论与应用研究，总结我国突出煤层的构造特征，并以原武汉地质学院煤田地质教研室按照煤体破坏类型的五类划分法为基础，根据煤体结构的宏观特征，以构造煤分类为基础，以突出难易程度为依据，将煤体结构划分为四种类型；彭立世依据煤体结构的宏观特征、力学和突出参数，给出煤体结构定量划分指标。与上述两种方案比较，后者把 Ⅳ、Ⅴ 类煤进行合并，以便于井下鉴别。这一方案在煤田地质勘探与突出矿井的生产中得到地质人员的广泛应用。

　　对于煤层水力压裂起裂机理的研究，采用河南理工大学瓦斯地质研究所根据煤体宏观和微观结构特征的四类分法较为合适，即原生结构煤、碎裂结构煤、碎粒结构煤和糜棱结构煤，如表 5.1 所示。

原生结构煤（即原生煤，也称为非构造煤）是指煤层未受到构造运动影响，保留了原有构造特征、沉积结构，煤层原生层理清晰、完整，仅有少量发育的外生裂隙和内生裂隙，如图 5.1 所示。原生结构煤体的成分、结构、构造、裂隙清晰可辨。煤岩学中，煤的成分、结构、构造一般是对原生结构煤而言的，并且具有宏观和显微之分。

碎裂结构煤是煤层受构造应力作用后破碎形成的块状煤，如图 5.2 所示。煤受力后，产生不同方向的裂隙，并沿裂隙面分割成碎块，碎块之间没有大的位移，碎块仍保持着尖棱角状，煤仅在一些剪性裂隙表面被磨成细粉。碎裂结构煤体常位于原生结构煤体与碎粒结构煤体的过渡部位。

图 5.1　原生结构煤

图 5.2　碎裂结构煤

图 5.3　碎粒结构煤

碎粒结构煤是煤层受应力作用相互位移摩擦，破碎成粒状，并被重新压紧的煤，如图 5.3 所示。在地质构造活动过程中，颗粒由于相互摩擦，颗粒的大小在 1mm 以上。碎粒结构煤体原生层理不清，裂隙较为发育，常紧靠碎裂结构煤体和分布，并与煤层顶底板具有一定距离，也常位于煤层断裂带的中心位置。

糜棱结构煤是煤层受构造应力作用破碎成细粒状，并被重新压紧的产物，如图 5.4 所示。在地质构造活动过程中，颗粒由于相互摩擦，不但失掉棱角，而且磨得很细，颗粒一般小于 1mm。糜棱结构煤体的原生层理完全被破坏，无法看到煤层原生层理和节理，同时滑移面、摩擦面很多，煤体呈鳞片状、透镜体状，极易捻成粉末。

图 5.4　糜棱结构煤

表 5.1　煤体结构分类及结构特征

煤体结构类型 （四类分法）	结构	破碎程度	f 值
原生结构煤	由不同煤岩组分形成的条带状结构	呈现较大的保持棱角状的块体，块体间无相对位移；坚硬，难以用手掰开	>0.75
碎裂结构煤	棱角状结构，粒径 3～10mm，颗粒间有位移	煤体被多组互相交切的裂隙切割，未见揉皱镜面；较硬，用手可掰成小块	0.5～1.0
碎粒结构煤	粒状结构，颗粒物无明显棱角，粒径为 1～3mm，粒间有煤粉等填充物	煤体沿多组节理面滑移而呈现多级镜面或束状擦痕迹；硬度较低，用手易捻碎成碎粒，搓之有颗粒感	0.25～0.5
糜棱结构煤	多呈煤粉状，粒径小于 1mm，带状结构完全被破坏	硬度低，搓之易成粉末，无颗粒感	<0.3

5.1.2　原生结构煤体的起裂机理

原生结构煤体结构完整，只具有原生裂隙，断口性质为参差阶状、贝状、波浪状，煤体强度较高，用手难以掰开。原生结构煤体的起裂机理与油气地层压裂类似，压裂钻孔在高压水作用下，在钻孔壁面产生新的裂缝并扩展延伸。对起裂机理的研究主要采用弹性力学结合煤岩体强度理论。首先，根据钻孔周围地应力场和钻孔内壁液体压力在钻孔周围产生的应力场，计算在钻孔形状所等效出的边界条件下近孔区域的应力状态，再根据材料强度理论确定极限液体压力，作为起裂压力。因此，第一个关键问题是将煤层-钻孔系统抽象成弹性力学中相应可解的空间形式，并求出在该形式下井壁上任意一点的应力状态。根据目前煤矿井下压裂实施情况，共有三种等效模型可供选择。

1）厚壁筒模型

把压裂钻孔视作内外壁受均布压力作用的厚壁筒（图 5.5），这种形式可归属为弹性力学中的三维应变问题的极坐标解，其特点是考虑压裂钻孔的圆柱状效应。该模型适于煤层与顶底板岩石应力差较大，而水平地应力各向差异不大的薄煤层。

2）点源模型

把压裂钻孔视作内外壁受均布压力作用的中空圆球（图 5.6），这种形式为空间三维问题的球坐标形式，其特点是考虑三维空间影响，但忽略了钻孔的圆柱效应。该模型适用于三维应力相差不大的厚煤层。

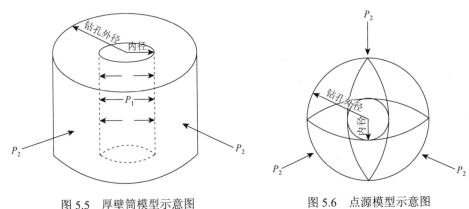

图 5.5　厚壁筒模型示意图　　　　　图 5.6　点源模型示意图

3）椭圆孔模型

把压裂钻孔视为受非等水平方向应力作用的椭圆柱体，该模型的优点在于考虑了钻孔椭圆度、两个水平方向上的应力差及射孔效应对起裂的影响。该模型适于已知最大与最小地应力或射孔方位及长度的情况。

由于西南地区煤层普遍较薄，在压裂实施中也大多不采用油气压裂中的射孔技术，所以，对于煤矿井下压裂起裂模型的选取，采用厚壁筒模型较为合适。

为简化分析，假设压裂过程可以视为在弹性体中完成。首先，建立以垂直地应力 σ_v，水平最大地应力 σ_H，水平最小地应力 σ_h 的坐标系（σ_H，σ_h，σ_v），并以 σ_v 为轴按右手定则旋转角度 β，变为坐标系（$\sigma_{H'}$，$\sigma_{h'}$，$\sigma_{v'}$）；然后再以 $\sigma_{h'}$ 为轴，按右手定则旋转角度 α，得到坐标系（X，Y，Z），如图 5.7 所示，压裂钻孔的倾斜角为 α，方位角为 β。

钻孔的应力状态由地应力和钻孔内水压引起的应力共同作用。根据叠加原理，在钻孔孔壁上任意点的应力应为以上两种应力的叠加。由于在现场穿层钻孔压裂施工中，压裂钻孔孔底一般穿过煤层进入顶板岩层，故仅考虑钻孔在孔壁处的起裂问题，为便于分析钻孔的应力状态及影响起裂压力的影响因素，将三维钻孔应力问题简化为沿 X-Y 平面的二维钻孔应力问题，如图 5.8 所示。

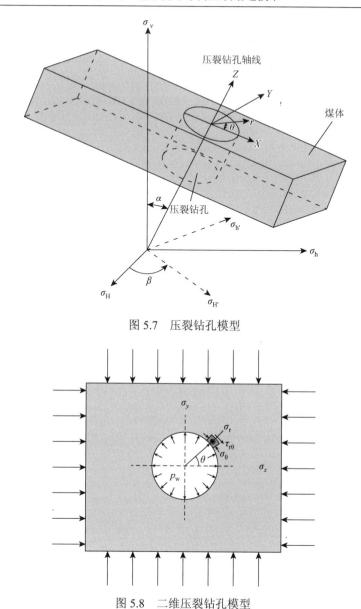

图 5.7 压裂钻孔模型

图 5.8 二维压裂钻孔模型

（1）由水压 p_w 引起的应力。

取拉应力为负，压应力为正。由水压在孔壁上引起的应力为

$$\sigma_r = p_w$$
$$\sigma_\theta = -p_w \tag{5.1}$$

（2）由地应力分量引起的应力。

由地应力分量 σ_x、σ_y、σ_{xy} 在钻孔孔壁引起的应力分量为

$$\sigma_r = 0$$
$$\sigma_\theta = \sigma_x(1 - 2\cos 2\theta) + \sigma_y(1 + 2\cos 2\theta) - 4\sigma_{xy}\sin 2\theta \tag{5.2}$$
$$\sigma_{r\theta} = 0$$

在钻孔内水压和地应力的共同作用下，由式（5.1）和式（5.2）根据叠加原理，水力压裂钻孔应力场为

$$\sigma_r = p_w$$
$$\sigma_\theta = \sigma_x(1 - 2\cos 2\theta) + \sigma_y(1 + 2\cos 2\theta) - 4\sigma_{xy}\sin 2\theta - p_w \tag{5.3}$$
$$\tau_{r\theta} = 0$$

由于煤体的抗拉强度远小于拉剪及抗压强度，当钻孔周围的切向应力等于煤体的抗拉强度时，煤体发生破裂。因此，煤体断裂失效准则可采用最大拉应力理论，即

$$|\sigma_\theta| \geqslant \sigma_t \tag{5.4}$$

式中，σ_t 为煤体的抗拉强度。

将式（5.3）代入式（5.4）中，即

$$|\sigma_x(1 - 2\cos 2\theta) + \sigma_y(1 + 2\cos 2\theta) - 4\sigma_{xy}\sin 2\theta - p_w| \geqslant \sigma_t \tag{5.5}$$

暂不考虑正负号，只考虑数值大小，并且根据 Bradley 的研究表明，煤岩体的抗拉强度较小，当分析水力压裂起裂参数时，可以视为 0。因此起裂压力 p_w 可求得

$$p_w \geqslant \sigma_x(1 - 2\cos 2\theta) + \sigma_y(1 + 2\cos 2\theta) - 4\sigma_{xy}\sin 2\theta \tag{5.6}$$

起裂角度 θ 可由下式获得

$$\frac{\partial p_w}{\partial \theta} = 0$$
$$\frac{\partial^2 p_w}{\partial \theta^2} = 0 \tag{5.7}$$

地应力分量 σ_x、σ_y、σ_{xy} 可用地应力 σ_H、σ_h、σ_v 表示为

$$\sigma_x = \sigma_H \cos^2\alpha \cos^2\beta + \sigma_h \cos^2\alpha \sin^2\beta + \sigma_v \sin^2\alpha$$
$$\sigma_y = \sigma_H \sin^2\beta + \sigma_h \cos^2\beta \tag{5.8}$$
$$\sigma_{xy} = \cos\alpha \sin\beta \cos\beta(\sigma_h - \sigma_H)$$

将式（5.8）代入式（5.6）整理可得

$$p_w \geqslant (\sigma_H \cos^2\alpha \cos^2\beta + \sigma_h \cos^2\alpha \sin^2\beta + \sigma_v \sin^2\alpha)(1 - 2\cos 2\theta)$$
$$+ (\sigma_H \sin^2\beta + \sigma_h \cos^2\beta)(1 + 2\cos 2\theta) - 4\cos\alpha \sin\beta \cos\beta(\sigma_h - \sigma_H)\sin 2\theta \tag{5.9}$$

式（5.9）适用于任意角度的压裂钻孔起裂压力计算。下面针对水平钻孔和垂直钻孔这两种特例进行分析。

水平钻孔分析钻孔轴向沿最小水平主应力方向和垂直于最小水平主应力方向两种情况，即 $\alpha-90^\circ$，$\beta-90^\circ$ 和 $\alpha=90^\circ$，$\beta=0^\circ$，由式（5.9）可得起裂压力计算式为

当 $\alpha=90^\circ$，$\beta=90^\circ$ 时，$p_w \geq \sigma_v(1-2\cos2\theta)+\sigma_H(1+2\cos2\theta)$ （5.10）

根据式（5.10）可知，若 $\sigma_H > \sigma_v$，钻孔起裂位置位于 $\theta=90^\circ$ 和 270°，起裂压力 $p_w=3\sigma_v-\sigma_H$；若 $\sigma_H < \sigma_v$，钻孔起裂位置位于 $\theta=0^\circ$ 和 180°，起裂压力 $p_w=3\sigma_H-\sigma_v$。

当 $\alpha=90^\circ$，$\beta=0^\circ$ 时，$p_w \geq \sigma_v(1-2\cos2\theta)+\sigma_h(1+2\cos2\theta)$ （5.11）

根据式（5.11）可知，若 $\sigma_h > \sigma_v$，钻孔起裂位置位于 $\theta=90^\circ$ 和 270°，起裂压力 $p_w=3\sigma_v-\sigma_h$；若 $\sigma_h < \sigma_v$，钻孔起裂位置位于 $\theta=0^\circ$ 和 180°，起裂压力 $p_w=3\sigma_h-\sigma_v$。

对于垂直钻孔而言，$\alpha=0^\circ$，$\beta=0^\circ$，即当 $\alpha=0^\circ$，$\beta=0^\circ$ 时，

$$p_w \geq \sigma_H(1-2\cos2\theta)+\sigma_h(1+2\cos2\theta)$$ （5.12）

根据式（5.12）可知，钻孔起裂位置位于 $\theta=0^\circ$ 和 180°，起裂压力 $p_w=3\sigma_h-\sigma_H$。

5.1.3　碎裂结构煤体的起裂机理

碎裂结构煤体断口性质参差、多角，硬度中等，用手极易剥成小块；总体次生节理面多且不规则，与原生节理呈网状节理，尚未失去层状，较有次序，条带明显，有时扭曲、有错动，有挤压特征。由于煤体被次生节理所分割，整体力学性质发生很大变化，当高压水作用时一般不会在完整煤块上产生新裂缝，而是在原生裂隙或次生裂隙的基础上扩展延伸。因此采用断裂力学理论对碎裂结构煤体的起裂机理开展研究较为合适。

按裂纹尖端的位置与应力的方向的关系，一般可以分为三种加载形式，如图 5.9 所示。第 I 型称为张开型，第 II 型称为滑开型，第Ⅲ型称为撕开型。

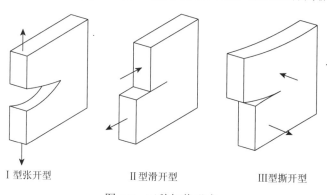

I 型张开型　　　　II 型滑开型　　　　Ⅲ型撕开型

图 5.9　三种加载形式

　　由于煤体内裂隙分布一般呈三维随机分布，为研究方便，本节以如图 5.10 所示的平面闭合单裂纹为研究对象，研究在裂纹内部水压作用下裂纹的断裂模式及临界扩展水压计算。

　　如图 5.10 所示的闭合裂纹受远场水平地应力 σ_1 和 σ_3 作用，其中 $\sigma_1 > \sigma_3$；裂纹与 σ_1 方向的相交角为 α，裂纹长度为 $2L$，裂纹内作用有水压力 P_w。根据应力状态分析，可得裂纹面上的正应力 σ_α 和剪应力 τ_α 分别为

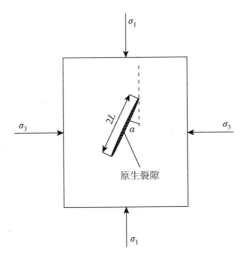

图 5.10　含单裂纹计算模型

$$\sigma_\alpha = \frac{\sigma_1 + \sigma_3}{2} - \frac{\sigma_1 - \sigma_3}{2} \cos 2\alpha - p_w \tag{5.13}$$

$$\tau_\alpha = \frac{\sigma_1 - \sigma_3}{2} \sin 2\alpha \tag{5.14}$$

　　由式（5.13）和式（5.14）可知，裂纹扩展失稳为断裂力学中的 Ⅰ-Ⅱ 复合型断裂问题，但究竟属于拉剪复合还是压剪复合，则决定于裂纹面法向正应力是拉力还是压力。

　　当裂纹表面的法向正应力为拉应力时，裂纹的扩展问题为 Ⅰ-Ⅱ 拉剪复合型。国内外众多学者对拉剪断裂进行了一系列富有成效的研究工作，建立了相应的断裂准则，但由于岩石的拉剪断裂机理较为复杂，拉剪断裂破坏准则还没有一套普遍接受的准则。本节应用文献[9]～文献[11]对拉剪条件下的 Ⅰ-Ⅱ 复合型断裂采用如下判据：

$$K_I + K_{II} = K_{IC} \tag{5.15}$$

式中，K_I 为 Ⅰ 型裂纹应力强度因子；K_{II} 为 Ⅱ 型裂纹应力强度因子；K_{IC} 为 Ⅰ 型裂纹的断裂韧度。

根据断裂力学理论，裂缝尖端应力强度因子为

$$K_{\mathrm{I}} = -\sigma_\alpha \sqrt{\pi L} \qquad K_{\mathrm{II}} = \tau_\alpha \sqrt{\pi L} \tag{5.16}$$

因此，将式（5.13）、式（5.14）和式（5.16）代入拉剪 I - II 复合型裂纹的破坏准则式（5.15），整理可得裂缝失稳扩展的临界水压 p_{w} 的表达式为

$$p_{\mathrm{w}} = \frac{K_{\mathrm{I\,C}}}{\sqrt{\pi L}} - \frac{\sigma_1 - \sigma_3}{2}(\cos 2\alpha + \sin 2\alpha) + \frac{\sigma_1 + \sigma_3}{2} \tag{5.17}$$

由式（5.17）可知，裂缝失稳扩展的临界水压 p_{w} 一方面受岩石本身的 I 型裂纹的断裂韧度的影响，另一方面与裂纹长度、水平主应力差、最小水平主应力及裂纹与 σ_1 方向的相交角有关。

为便于分析相交角和水平地应力差对临界扩展水压 p_{w} 的影响，令侧压系数 $n = \dfrac{\sigma_3}{\sigma_1}$，同时定义 $p'_{\mathrm{w}} = \dfrac{p_{\mathrm{w}} - \dfrac{K_{\mathrm{I\,C}}}{\sqrt{\pi L}}}{\sigma_1}$，则式（5.17）可得

$$p'_{\mathrm{w}} = \frac{n-1}{2}(\cos 2\alpha + \sin 2\alpha) + \frac{n+1}{2} \tag{5.18}$$

式（5.18）一方面反映地应力场大小与临界扩展水压的关系，另一方面反映裂纹方位对临界扩展水压的影响。

p'_{w} 与裂纹方位及侧压系数的关系如图 5.11 所示。从图中可以看出，随着侧压系数的增大，临界水压增大。随着裂纹与 σ_1 方向夹角的增加，临界扩展水压的变化具有明显的方向性，呈现出先减小后增大的趋势，当相交角 $\alpha = 22°$ 左右时，

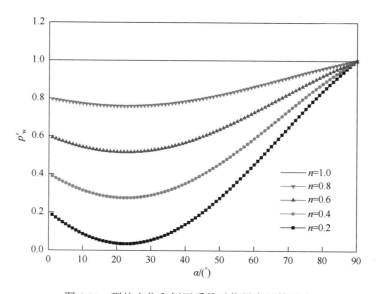

图 5.11　裂纹方位和侧压系数对临界水压的影响

裂纹的临界扩展水压最小。当 $\alpha = 90^\circ$ 时，裂纹的临界扩展水压最大，说明在一定地应力条件下，裂纹水平时最不容易发生扩展。在 $n-1$，即 $\sigma_1 - \sigma_3$ 的条件下，裂纹表面的剪应力为零，说明在这种应力条件下，各个方向上裂纹的应力状态相同，临界扩展水压不随裂纹的方位发生变化。

当裂纹表面的法向正应力为压应力时，裂纹的扩展问题为Ⅰ-Ⅱ压剪复合型。对于压剪断裂问题的研究，国内外众多学者进行了大量富有成效的研究工作。Parton 和 Morozov[12]在 1978 年利用格里菲斯能量准则研究了脆性材料在压剪断裂过程中裂纹扩展方向与裂纹原有方位的关系。Lajtal 的研究认为，裂纹受压剪应力作用时，不仅受到拉应力集中和压应力集中，并且产生了与受力方向垂直的正剪切裂纹。众多研究者将线弹性断裂力学的现有原理直接用于岩石的断裂问题，对压剪断裂机理的解释为Ⅰ型和Ⅱ型的复合断裂，但对于受压应力作用时产生的负 K_1 值的物理意义一直无法进行合理解释。Gdoutos[13]利用应变能密度理论解释裂纹压剪断裂时，虽然回避了负 K_1 的问题，但发现试验结果与理论解之间存在明显的误差。于骁中等[14, 15]都指出，目前的能量准则无法反映拉应力与压应力的数学判别。朱珍德和郭海庆[16]认为负 K_1 对裂纹压剪应力状态下的扩展有遏制作用，并同时利用莫尔-库仑强度理论，建立了压剪断裂起裂准则：

$$\lambda_{12}K_{\mathrm{I}} + K_{\mathrm{II}} = K_{\mathrm{IIC}} \tag{5.19}$$

式中，λ_{12} 为压剪系数，是岩石在压缩状态下Ⅱ型断裂韧度与Ⅰ型断裂韧度的比值；K_{IIC} 为压缩状态下的剪切断裂韧度，可由标准试验测定。

裂纹在压剪应力状态下，既受到垂直于裂纹面的压应力 σ_α 的作用，又受到平行于裂纹面的剪应力 τ_α 的作用。因此，在裂纹内部会存在与剪应力 τ_α 方向相反的摩擦阻力的作用，其大小为

$$F = C + f\sigma_\alpha \tag{5.20}$$

式中，C 为裂纹面上的黏聚力；f 为裂纹面上的摩擦系数。

因此，作用在裂纹平面的有效剪应力为

$$\tau_\alpha^e - \tau_\alpha - F = \frac{\sigma_1 - \sigma_3}{2}\sin 2\alpha - C - f\left(\frac{\sigma_1 + \sigma_3}{2} - \frac{\sigma_1 - \sigma_3}{2}\cos 2\alpha - p_c\right) \tag{5.21}$$

将式（5.21）代入式（5.16）中 K_{II} 的表达式，可得

$$K_{\mathrm{II}} = \left[\frac{\sigma_1 - \sigma_3}{2}\sin 2\alpha - C - f\left(\frac{\sigma_1 + \sigma_3}{2} - \frac{\sigma_1 - \sigma_3}{2}\cos 2\alpha - p_c\right)\right]\sqrt{\pi L} \tag{5.22}$$

因此，根据压剪断裂起裂准则式（5.19），整理后可得水压裂缝扩展的临界水压 p_c 的表达式，即

$$p_c = \dfrac{K_{\mathrm{IIC}} + \lambda_{12}\sqrt{\pi L}\left(\dfrac{\sigma_1+\sigma_3}{2} - \dfrac{\sigma_1-\sigma_3}{2}\cos 2\alpha\right) - \left[\dfrac{\sigma_1-\sigma_3}{?}\sin 2\alpha - C - f\left(\dfrac{\sigma_1+\sigma_3}{2} - \dfrac{\sigma_1-\sigma_3}{2}\cos 2\alpha\right)\right]\sqrt{\pi L}}{\lambda_{12}\sqrt{\pi L} + f\sqrt{\pi L}}$$

$$= \dfrac{K_{\mathrm{IIC}}/\sqrt{\pi L} + C}{\lambda_{12} + f} + \dfrac{\sigma_1+\sigma_3}{2} - \dfrac{\sigma_1-\sigma_3}{2}\left(\cos 2\alpha + \dfrac{\sin 2\alpha}{\lambda_{12} + f}\right)$$

（5.23）

为便于分析相交角和水平地应力差对临界扩展水压 p_c 的影响，令侧压系数

$n = \dfrac{\sigma_3}{\sigma_1}$，同时定义 $p_c' = \dfrac{p_c - \dfrac{K_{\mathrm{IIC}}/\sqrt{\pi L} + C}{\lambda_{12} + f}}{\sigma_1}$，则式（5.23）可整理为

$$p_c' = \dfrac{1+n}{2} - \dfrac{1-n}{2}\left(\cos 2\alpha + \dfrac{\sin 2\alpha}{\lambda_{12} + f}\right)$$

（5.24）

p_c' 与裂纹方位及侧压系数的关系如图 5.12 所示。计算时引用朱珍德的数据，压剪系数 $\lambda_{12} = 0.3$，摩擦系数 $f = 0.365$。从图 5.12 中可以看出，压剪复合断裂的临界扩展水压分布规律与拉剪复合断裂时规律基本相同，临界扩展水压的极小值位于 $\alpha = 28°$，临界扩展水压的变化幅度随测压系数的增大而减小，侧压系数越接近 $n=1$，其临界扩展水压越大。

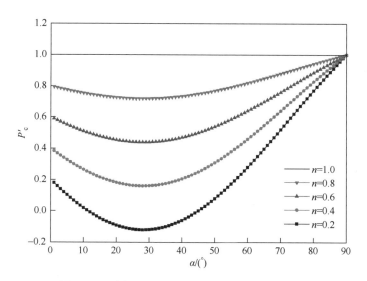

图 5.12　裂纹方位和侧压系数对临界水压的影响

5.1.4　碎粒及糜棱结构煤体的起裂机理

碎粒及糜棱结构煤体较为相似，其赋存状态和分层特点呈现透镜状、团块状，

与上下分层呈构造不整合接触，光泽暗淡，原生结构遭到破坏，煤被揉搓捻碎成粉末或粉尘，煤变为土状，类似型煤，主要粒级在 1mm 左右。因此，对于碎粒及糜棱结构煤体的起裂问题，将其视为土体，通过土力学相关理论研究高压水与煤体作用较为合适。

根据土力学相关理论，碎粒及糜棱结构煤体的起裂过程经历先压密再劈裂的过程，高压水在煤体中的流动过程可以分为三个阶段：鼓泡压密阶段、劈裂流动阶段和被动煤体压力阶段。

1）鼓泡压密阶段

压裂液在初始注入阶段，所具备的能量不大，不能劈裂煤体，因此压裂液最初都聚集在钻孔孔底附近，形成沿压裂管的椭球形泡体，随着后续压裂液的不断注入及压力的不断增大，泡体将逐渐向四周扩张并继续挤压煤体，如图 5.13 所示的 OA 段。当煤体受到压缩而屈服以致流动破坏时，煤体就会被注水压力所劈开，而水力压裂理论认为，当煤体单元中的水压力等于作用于此单元上的外压力时，煤体处于临界状态；当水压力超过临界值时，煤体中出现裂缝。因此，此刻钻孔内的水压力即认为是煤体的起裂压力，即图 5.13 中的 A 点。

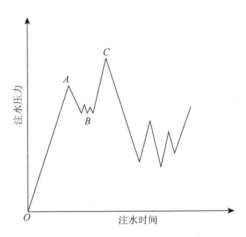

图 5.13　高压水在煤体中的流动过程

2）劈裂流动阶段

当压力大到一定程度（A 点）时，压裂液就会劈裂煤体产生流动。此时由于乳化泵的供水流量小于吃水流量，因此压力自动降落，直至供水与返水平衡。如果压裂孔邻近煤分层界面在水压作用下呈片状体，压裂液将沿劈裂裂缝流动，并自然地寻找煤层软弱处劈裂发展（图 5.13 中 AB 段）。这一阶段压力值先很快降低，并持续在一个低压值波动，即图 5.13 中的 B 点。由于压裂液在煤层软弱处形成的压力推动裂缝迅速发展，在裂缝尖端出现应力集中，此时压力虽然较低，但能使裂缝迅速扩展。

　　3）被动煤体压力阶段

　　当裂缝发展到一定程度时，注水压力又开始上升，煤层中主应力方向发生变化，水平方向主应力转化为被动煤体压力状态，这时需要有更大的注水压力才能使煤体中的裂缝加宽，出现第二个压力峰值，即图 5.13 中的 C 点。

　　图 5.14 为研究团队在重庆某煤矿实施穿层钻孔水力压裂试验的压力-时间曲线图。煤体坚固性系数 0.3～0.4，按照焦作矿业学院煤体四类划分方法为典型的糜棱结构煤体，从图 5.14 中可以看出，其压裂过程大体与采用土力学理论分析的过程相近，可分为鼓泡压密阶段、劈裂流动阶段和被动煤体压力阶段，说明采用土力学相关理论对碎粒及糜棱结构煤体的压裂机理进行分析是基本适用的。

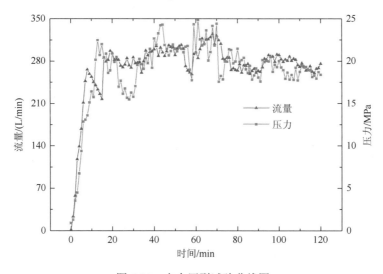

图 5.14　水力压裂试验曲线图

　　碎粒及糜棱结构煤体的起裂过程主要是煤体在受压后的变形、屈服直到破坏被劈裂的过程。基于以上分析，进行如下假设及简化。

　　（1）煤体是各向同性均匀的理想弹塑性体，钻孔在无限大的煤体中扩张，钻孔扩张前在煤体中受到各个方向的压力相同。

　　（2）煤体在鼓泡压密阶段可以视为轴对称平面应变圆孔问题；钻孔周围煤体应力分为三个区域：流动区、软化区和弹性区，如图 5.15 所示，图中 r_0 为钻孔半径，r_e 为钻孔煤壁受水挤压扩孔后的半径，$r_f - r_e$ 为流动区区域，$r_y - r_f$ 为软化区区域，P_0 为远场煤体应力；P_u 为作用在钻孔内壁上的注水压力。

　　（3）煤体的破坏符合莫尔-库仑屈服准则，应力-应变关系采用简化的应变软化模型。如图 5.16 所示，σ_r、σ_θ 分别为径向应力和法向应力，σ_c 为煤体峰值强

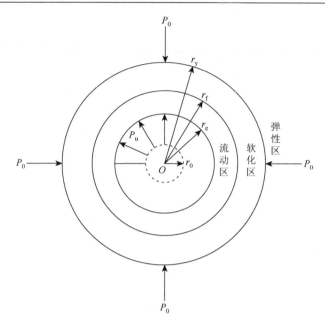

图 5.15　煤体受力示意图

度，σ_{cr} 为煤体残余强度，$\varepsilon_{\mathrm{r}}^{\mathrm{y}}$ 和 $\varepsilon_{\mathrm{r}}^{\mathrm{f}}$ 分别为软化区和流动区的径向塑性应变。

根据莫尔-库仑强度理论，煤体的屈服函数表示为

$$\sigma_{\mathrm{r}} = M\sigma_{\theta} + \sigma_0 \tag{5.25}$$

式中，$M = \dfrac{1+\sin\varphi}{1-\sin\varphi}$；$\varphi$ 为煤体的内摩擦角。在煤体初始屈服阶段，$\sigma_0 = C$，C 为煤体的黏聚力。在软化区内，$\sigma_0 = C - \lambda\varepsilon_{\mathrm{r}}^{\mathrm{p}}$，$\varepsilon_{\mathrm{r}}^{\mathrm{p}} = \varepsilon_{\mathrm{r}}^{\mathrm{f}} - \varepsilon_{\mathrm{r}}^{\mathrm{y}}$。在流动区内，$\sigma_0 = \sigma_{\mathrm{cr}}$。

在软化区内和流动区内的径向应力和法向应力应变满足以下条件：

$$h\varepsilon_{\mathrm{r}}^{\mathrm{p}} + \varepsilon_{\theta}^{\mathrm{p}} = 0 \quad （软化区） \tag{5.26}$$

$$f\varepsilon_{\mathrm{r}}^{\mathrm{p'}} + \varepsilon_{\theta}^{\mathrm{p'}} = 0 \quad （流动区） \tag{5.27}$$

式中，h、f 分别为煤体的软化和剪胀特征参数。

（4）在弹性区内应变采用小变形理论，在流动区和软化区变形采用大变形理论。弹性区的径向应变和法向应变可以表示为

$$\varepsilon_{\mathrm{r}} = \frac{\mathrm{d}u}{\mathrm{d}r};\quad \varepsilon_{\theta} = \frac{u}{r} \tag{5.28}$$

当钻孔由初始半径 r_0 扩大到 r_{e} 时，煤体弹性区内的体积应变可以表示为

$$\varepsilon_{\mathrm{v}} = \varepsilon_{\mathrm{r}} + \varepsilon_{\theta} \tag{5.29}$$

由于钻孔扩大时煤体不排水，故其体积应变为零，即 $\varepsilon_{\mathrm{v}} = \varepsilon_{\mathrm{r}} + \varepsilon_{\theta} = 0$，所以，

$$\varepsilon_{\mathrm{r}} = -\varepsilon_{\theta} \tag{5.30}$$

根据岩体大变形理论，软化区和流动区的半径分别为

$$r_y = \frac{r_e^2}{\varepsilon_r^y} \quad ; \quad r_f = \frac{r_e^2}{\varepsilon_r^f} \tag{5.31}$$

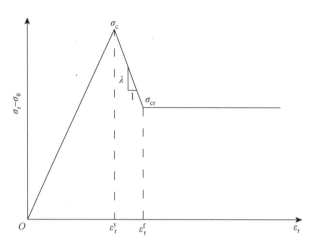

图 5.16　简化的应力-应变软化模型

①弹性区（$r > r_y$）。

轴对称条件下的平面应变圆孔问题的平衡方程为

$$\frac{\mathrm{d}\sigma_r}{\mathrm{d}r} + \frac{\sigma_r - \sigma_\theta}{r} = 0 \tag{5.32}$$

式中，σ_r、σ_θ 分别为轴向应变和径向应变；ε_r、ε_θ 分别为轴向位移和径向位移。

根据边界条件，可得弹性区中煤体应力场、径向净位移、最大弹性应变分别为

应力场：$\sigma_r = (p - p_0)\left(\dfrac{r_p}{r}\right)^2 + p_0$; $\quad \sigma_\theta = -\dfrac{(p - p_0)}{2}\left(\dfrac{r_p}{r}\right)^2 + p_0$ $\tag{5.33}$

径向净位移：$u = \dfrac{(1+\nu)(\sigma_{r_y} - p_0)}{E}\dfrac{r_y^2}{r}$ $\tag{5.34}$

最大弹性应变：$\varepsilon_r^e = \dfrac{(1+\nu)(\sigma_{r_y} - p_0)}{E} = B$ $\tag{5.35}$

利用边界条件 $\sigma_r|_{r=r_y} = \sigma_{r_y}$，$\displaystyle\lim_{r \to \infty} \sigma_r = p_0$ 可得弹性区的极限径向和法向应力为

$$\sigma_{r_y} = \frac{2Mp_0 + C}{M+1} \qquad \sigma_{\theta_y} = \frac{2p_0 - C}{M+1} \tag{5.36}$$

式中，$M = \dfrac{1+\sin\varphi}{1-\sin\varphi}$；$C$、$\varphi$ 分别为煤体的黏聚力和内摩擦角。

②软化区（$r_{\mathrm{f}} < r < r_{\mathrm{y}}$）。

软化区域内的径向总应变 $\varepsilon_{\mathrm{f}}^{\mathrm{y}}$ 可以表示为

$$\varepsilon_{\mathrm{f}}^{\mathrm{y}} = \varepsilon_{\mathrm{r}}^{\mathrm{e}} + \varepsilon_{\mathrm{r}}^{\mathrm{p}} \tag{5.37}$$

利用边界条件 $\sigma_{\mathrm{r}}|_{\mathrm{r}=R_{\mathrm{y}}} = \sigma_{\mathrm{r_y}}$ 可得软化区区内的径向应力场为

$$\sigma_{\mathrm{r}} = \left(\sigma_{\mathrm{r_y}} + \frac{\sigma_0}{M-1} \right) \left(\frac{r_{\mathrm{y}}}{r} \right)^{\left(1-\frac{1}{M}\right)} - \frac{\sigma_0}{M-1} \tag{5.38}$$

因为在软化区内 $\sigma_0 = C - \lambda \varepsilon_{\mathrm{r}}^{\mathrm{p}}$，代入式（5.38）可得

$$\sigma_{\mathrm{r}} = \left[\sigma_{\mathrm{r_y}} + \frac{C - \lambda\left(\dfrac{a^2}{r_{\mathrm{y}}} - B\right)}{M-1} \right] \left(\frac{r_{\mathrm{y}}}{r} \right)^{\left(1-\frac{1}{M}\right)} - \frac{C - \lambda\left(\dfrac{a^2}{r_{\mathrm{y}}} - B\right)}{M-1} \tag{5.39}$$

并根据莫尔-库仑屈服准则 $\sigma_{\mathrm{r}} = M\sigma_{\theta} + \sigma_0$，可求得法向应力 σ_{θ} 的表达式：

$$\sigma_{\theta} = \frac{1}{M} \left[\sigma_{\mathrm{r_y}} + \frac{C - \lambda\left(\dfrac{a^2}{r_{\mathrm{y}}} - B\right)}{M-1} \right] \left(\frac{r_{\mathrm{y}}}{r} \right)^{\left(1-\frac{1}{M}\right)} - \frac{(2-M)\left[C - \lambda\left(\dfrac{a^2}{r_{\mathrm{y}}} - B\right) \right]}{M-1} \tag{5.40}$$

③流动区（$r_{\mathrm{e}} < r < r_{\mathrm{f}}$）。

流动区区域内的径向总应变可以表示为

$$\varepsilon_{\mathrm{r}}^{\mathrm{f}} = \varepsilon_{\mathrm{r}}^{\mathrm{y}} + \varepsilon_{\mathrm{r}} \tag{5.41}$$

根据平衡方程式（5.32）、莫尔-库仑屈服准则及边界条件 $\sigma_{\mathrm{r}}|_{\mathrm{r}=r_{\mathrm{e}}} = p_{\mathrm{u}}$，可解得流动区内的径向和法向应力为

$$\sigma_{\mathrm{r}} = \left(p + \frac{\sigma_{cr}}{M-1} \right) \left(\frac{r_{\mathrm{e}}}{r} \right)^{\left(1-\frac{1}{M}\right)} - \frac{\sigma_{cr}}{M-1} \tag{5.42}$$

$$\sigma_{\theta} = \frac{1}{M} \left[\left(p + \frac{\sigma_{cr}}{M-1} \right) \left(\frac{r_{\mathrm{e}}}{r} \right)^{\left(1-\frac{1}{M}\right)} - \frac{M\sigma_{cr}}{M-1} \right] \tag{5.43}$$

在弹性区和软化区的交界处即 $r = r_{\mathrm{y}}$，联立式（5.31）和式（5.35）整理可得

$$\frac{r_{\mathrm{e}}^2}{r_{\mathrm{y}}} = B \tag{5.44}$$

在流动区和软化区的交界处即 $r = r_{\mathrm{f}}$，联立式（5.38）和式（5.42）并且 $\sigma_0 = \sigma_{cr}$，可得

$$\frac{r_{\mathrm{e}}}{r_{\mathrm{y}}} = \left(\frac{\sigma_{\mathrm{r_y}} + \dfrac{\sigma_{cr}}{M-1}}{p + \dfrac{\sigma_{cr}}{M-1}} \right)^{\frac{M}{M-1}} \tag{5.45}$$

将式（5.45）整理可得注水压力 p 的表达式：

$$p = \left[\dfrac{\sigma_{r_y} + \dfrac{\sigma_{cr}}{M-1}}{\left(\dfrac{r_e}{r_y} \right)^{\frac{M-1}{M}}} \right] - \dfrac{\sigma_{cr}}{M-1} \tag{5.46}$$

将式（5.44）和式（5.45）联立，整理可得煤体压缩后的最终扩孔半径 r_e 的表达式为

$$r_e = B \left(\dfrac{p_u + \dfrac{\sigma_{cr}}{M-1}}{\sigma_{r_y} + \dfrac{\sigma_{cr}}{M-1}} \right)^{\frac{M}{M-1}} \tag{5.47}$$

将式（5.35）和式（5.36）代入式（5.47）并整理，可得煤体在鼓泡压密阶段的起裂压力 p_u 的表达式为

$$p_u = \left(\dfrac{2Mp_0 + C}{M+1} + \dfrac{\sigma_{cr}}{M-1} \right) \left[\dfrac{Er_e}{(1+\nu)\left(\dfrac{2Mp_0 + C}{M+1} - p_0 \right)} \right]^{\frac{M-1}{M}} - \dfrac{\sigma_{cr}}{M-1} \tag{5.48}$$

由公式（5.48）可以看出，碎粒及糜棱结构煤体的起裂压力受煤体内摩擦角、黏聚力、残余强度、弹性模量、泊松比、扩孔半径及远场地应力大小等因素的影响。

5.2　煤层水压裂缝扩展规律

水压裂缝在远离钻孔之后的扩展方向始终沿着最小阻力的路径扩展，即裂缝在扩展过程中裂缝面始终垂直于最小主应力的方向，这已被大量实验及现场试验所证实。但是对于煤系地层水力压裂，与油气储层相比，其赋存地质条件更为复杂，一方面煤层的厚度远远不及油气储层的厚度，尤其在煤层气储量较为丰富的西南地区，厚度仅有 0.8~3.0m，并多为倾斜及急倾斜煤层；另一方面煤层中含有的天然裂隙、节理、断层也更为丰富。以上两点造成煤层水力压裂裂缝扩展至煤岩层中的此类非连续结构面时，极易受到干扰转向，造成增透范围有限和后续煤炭开采时顶底板支护困难。因此，本节针对煤层中含有的天然裂缝、煤岩交界面及断层这三种具有代表性的非连续结构面，对水压裂缝扩展的干扰机理开展相关理论研究，并利用岩石损伤破裂过程渗流-应力耦合分析系统 RFPA^{2D}-Flow 对相关因素对裂缝扩展的影响进行数值分析，验证理论结果的正确性。

5.2.1　天然裂缝对煤层水压裂缝扩展的影响

1）水力压裂裂缝遇天然裂缝模型

根据水力压裂裂缝扩展的相关理论，煤岩体起裂后裂缝扩展的主延伸方向最终沿垂直于最小水平主应力方向扩展，当水力压裂裂缝在沿最大水平主应力方向扩展时，与一条天然裂缝相交，现将实际模型进行简化，如图 5.17 所示。

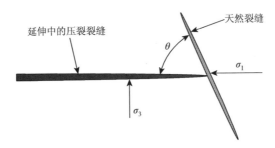

图 5.17　水压裂缝延伸遇天然裂缝模型

图 5.17 中，θ 为水压裂缝与天然裂缝的相交角，σ_1 和 σ_3 分别为最大水平主应力和最小水平主应力。

当在水压作用下，水压裂缝尖端与天然裂缝贯通时，裂缝延伸的方向将可能出现两种情况，如图 5.18 所示。

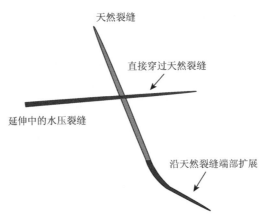

图 5.18　水压裂缝的两种扩展方式

（1）延伸中的裂缝与天然裂缝相交后，天然裂缝未在水压作用下发生膨胀，裂缝直接穿过天然裂缝，继续沿最大水平主应力方向扩展。

（2）延伸中的裂缝与天然裂缝相交后，天然裂缝在水压作用下由闭合状态发生膨胀，裂缝沿天然裂缝方向延伸，并在延伸过程中逐渐转向，继续沿最大水平主应力方向延伸。

2）裂缝扩展机理研究

（1）直接穿过天然裂缝。

当水压裂缝与天然裂缝相交时，若裂缝延伸尖端的流体压力小于天然裂缝面上的正应力 σ_n，天然裂缝将不会发生膨胀，水压裂缝将直接穿过天然裂缝，沿最大水平主应力方向延伸。此时水压裂缝内流体压力表示为

$$\sigma_t + T_0 < p \tag{5.49}$$

式中，p 为水压裂缝内的水压；σ_t 为沿天然裂缝方向的剪切应力；T_0 为煤体的抗拉强度。

当水压裂缝与天然裂缝贯通时，剪切应力 σ_t 将不仅仅与水平主应力、相交角有关，还将受裂缝发育程度的影响。随着裂缝发育程度的增加，在水压作用下，摩擦滑移趋势增强，裂缝更趋于沿天然裂缝发生滑移扩展，根据 Blanton 的研究结果，式（5.49）中的剪切应力 σ_t 表示为

$$\sigma_t = p + (\sigma_1 - \sigma_3)(\cos 2\theta - b\sin 2\theta) \tag{5.50}$$

其中，

$$b = \frac{1}{2a}\left[v(x_0) - \frac{x_0 - l}{K_f} \right]$$

$$v(x_0) = \frac{1}{\pi}\left[(x_0 + l)\ln\left(\frac{x_0 + l + a}{x_0 + l}\right)^2 + (x_0 - l)\ln\left(\frac{x_0 - l - a}{x_0 - l}\right)^2 + a\ln\left(\frac{x_0 + l + a}{x_0 - l - a}\right)^2 \right]$$

$$x_0 = \left[\frac{(1+a)^2 + e^{\frac{\pi}{2K_f}}}{1 + e^{\frac{\pi}{2K_f}}} \right]^{\frac{1}{2}}$$

式中，σ_1 和 σ_3 分别为最大水平主应力和最小水平主应力；θ 为两条裂缝的相交角；a 为天然裂缝相对滑移长度；l 为天然裂缝长度；K_f 为天然裂缝面的摩擦系数。

将式（5.50）代入式（5.49）并整理，可判断裂缝是否直接穿过天然裂缝：

$$\frac{\sigma_1 - \sigma_3}{T_0} > \frac{1}{\cos 2\theta - b\sin 2\theta} \tag{5.51}$$

当满足式（5.51）时，裂缝即直接穿过天然裂缝沿原有方向扩展。

（2）沿天然裂缝延伸。

当水压裂缝与天然裂缝相交，裂缝延伸尖端的流体压力 p 大于天然裂缝面上

的正应力 σ_n 时，天然裂缝便会张开，即判断天然裂缝张开的临界状态表示为

$$p = \upsilon_n \tag{5.52}$$

天然裂缝张开发生膨胀，流体压力在下降一段时间后继续增加，随着天然裂缝内水压的持续增加，天然裂缝将发生破坏继续延伸。

关于压裂中天然裂缝破坏的研究，Warpinski 和 Teufel 研究认为，水压裂缝与天然裂缝发生干扰时，天然裂缝容易发生剪切破坏。因此，采用莫尔-库仑强度准则，剪切应力和正应力作用于天然裂缝平面的方程为

$$\sigma_t = c + K_f(\sigma_n - p) \tag{5.53}$$

式中，σ_t 为天然裂缝面的剪切应力；c 为煤体的黏聚力；K_f 为天然裂缝面的摩擦系数；σ_n 为天然裂缝面上的正应力；p 为裂缝内的流体压力。

当

$$\sigma_t > c + K_f(\sigma_n - p) \tag{5.54}$$

时，天然裂缝将产生剪切破坏，并假定裂缝的变形破坏为线弹性行为，根据二维线弹性理论，天然裂缝面的剪切应力 σ_t 和正应力 σ_n 表示为

$$\sigma_t = \frac{\sigma_1 - \sigma_3}{2} \sin 2\theta \tag{5.55}$$

$$\sigma_n = \frac{\sigma_1 + \sigma_3}{2} - \frac{\sigma_1 - \sigma_3}{2} \cos 2\theta \tag{5.56}$$

由裂缝扩展理论得知，格里菲斯线性裂缝扩展所需流体压力最小，假设裂缝的形状为格里菲斯裂缝，则裂缝尖端水压 p 表示为

$$p = \sigma_3 + \sqrt{\frac{2E\gamma}{\pi L(1-v^2)}} \tag{5.57}$$

式中，E 为材料的弹性模量；γ 为材料单位面积上的表面能；L 为格里菲斯裂缝的半长；v 为材料的泊松比。

于是可得

$$\sigma_1 - \sigma_3 > \frac{2c - 2K_f\sqrt{\dfrac{2E\gamma}{\pi L(1-v^2)}}}{\sin 2\theta - K_f + K_f \cos 2\theta} \tag{5.58}$$

由式（5.58）可知，当水压裂缝与天然裂缝相遇时，决定是否沿天然裂缝延伸的影响因素除了煤体自身力学特性，主要与水平主应力差、裂缝相交角及天然裂缝的发育程度有关。在低主应力差、低相交角或是天然裂缝长度较长的条件下，水压裂缝易沿天然裂缝剪切破坏延伸。

3）数值模拟分析

（1）水平主应力差和相交角的影响。

建立 10m×10m 的矩形区域，划分 300×300=90000 个单元。开挖一个长轴

为 2.0m、短轴为 0.2m 的椭圆，表示扩展中的裂缝，椭圆右侧预设一条长度为 1.0m 的闭合天然裂缝，如图 5.19 所示。

将模型的水平地应力以位移边界条件的方式施加于模型的两边，由于裂缝扩展的主延伸方向垂直于最小水平主应力方向，故在左右两侧加载最大水平主应力 σ_1，上下方向加载最小水平主应力 σ_3。注入水压作用于扩展中裂缝内部边缘，水压以 0.2MPa 的步长递增。初始水压视各模型的初始边界条件而定。共进行 12 组模拟，水平主应力差和相交角的参数如表 5.2 所示。

图 5.19　水压裂缝延伸遇天然裂缝模型

表5.2　水平主应力差和相交角参数

编号	σ_1/MPa	σ_3/MPa	$\theta/(°)$	$(\sigma_1 - \sigma_3)$/MPa
1	10	7	30	3
2	12	7	30	5
3	14	7	30	7
4	16	7	30	9
5	10	7	60	3
6	12	7	60	5
7	14	7	60	7
8	16	7	60	9
9	10	7	90	3
10	12	7	90	5
11	14	7	90	7
12	16	7	90	9

模拟结果如图 5.20 所示，在相交角 $\theta = 30°$ 的 1～4 号模拟中，延伸中的裂缝趋于沿预设天然裂缝尖端起裂，并随着主应力差的增加，在尖端起裂后的扩展路径由沿天然裂缝方向扩展转向沿最大主应力方向扩展。当主应力差增大到 9MPa 的 4 号模拟中时，短暂出现了水压裂缝直接穿过天然裂缝扩展，说明随着主应力差的增大，水力压裂裂缝趋向直接穿过天然裂缝扩展。在 $\theta = 60°$ 和 90° 的 5～12 号八组模拟中，随着主应力差的增加，延伸裂缝从天然裂缝尖端扩展趋于直接穿过天然裂缝扩展，并且，在相同主应力差条件下，相交角越大，延伸中的裂缝越

容易穿过天然裂缝沿原有方向扩展。

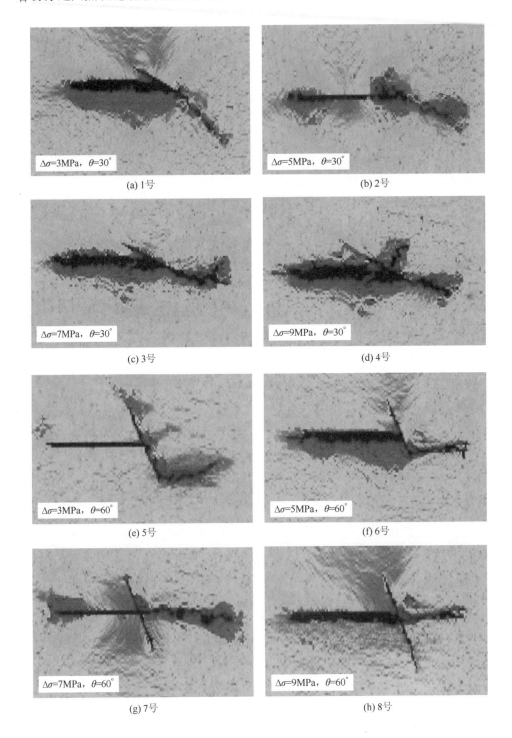

(a) 1号

(b) 2号

(c) 3号

(d) 4号

(e) 5号

(f) 6号

(g) 7号

(h) 8号

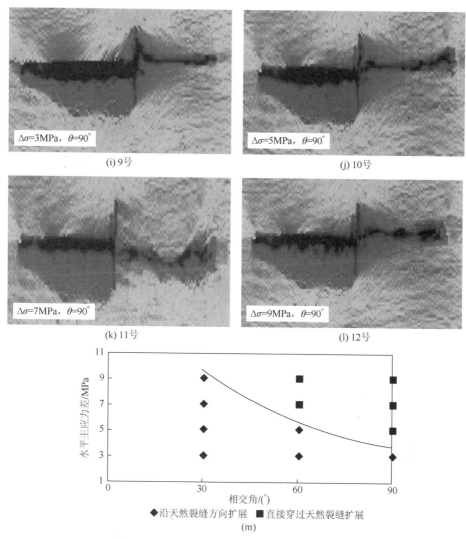

(i) 9号   (j) 10号

(k) 11号   (l) 12号

图 5.20 水压裂缝扩展模拟结果（后附彩图）

（2）天然裂缝长度的影响。

根据以上分析结果，天然裂缝尺寸大小会对裂缝扩展方向产生重要影响，根据上面 6 号和 7 号的裂缝扩展情况，分别改变这两组天然裂缝的长度，考察其对裂缝扩展的影响，天然裂缝长度与水平主应力差的组合如表 5.3 所示。

表 5.3 天然裂缝长度与水平主应力差参数

编号	σ_1/MPa	σ_3/MPa	$(\sigma_1-\sigma_3)$/MPa	天然裂缝长度/m
14	12	7	5	0.5
15	12	7	5	1.0

编号	σ_1/MPa	σ_3/MPa	$(\sigma_1 - \sigma_3)$/MPa	天然裂缝长度/m
16	14	7	7	2.0
17	14	7	7	1.0

两组模拟结果如图 5.21 所示，并与 6 号、7 号两组的裂缝扩展情况对比，在相同主应力差下，天然裂缝越长，水压裂缝越易从天然裂缝尖端起裂扩展，而天然裂缝尺寸较小时，延伸裂缝趋于直接穿过天然裂缝扩展。

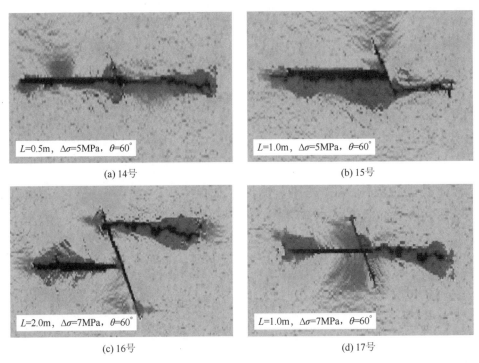

(a) 14号 (b) 15号

(c) 16号 (d) 17号

图 5.21　水压裂缝扩展模拟结果（后附彩图）

因此，本节通过建立水压裂缝遇天然裂缝的二维模型，采用理论分析结合数值模拟的方法，对裂缝扩展规律及天然裂缝破坏机理进行了相关研究，主要得出以下结论。

煤层中存在的天然裂缝会对水压裂缝扩展产生重要的影响，其中水压裂缝与天然裂隙之间的相交角度、水平主应力差及天然裂缝的发育情况是影响水压裂缝走向的主要因素。

在低主应力差、低相交角的条件下，水压裂缝易沿天然裂缝尖端发生剪切破坏扩展。在高应力差和高相交角的情况下，水压裂缝易直接穿过天然裂缝沿原有方向扩展。

当天然裂缝尺寸较长时，水压裂缝易沿天然裂缝扩展，而小尺寸的天然裂缝对裂缝扩展影响不大。

5.2.2　煤岩交界面对煤层水压裂缝扩展的影响

在煤矿现场水力压裂微震监测表明，水力压裂裂缝扩展的初始阶段能够有效提高煤层透气性，但是，在水力压裂裂缝扩展至煤层与顶底板岩层交界面处，容易穿过交界面进入顶底板岩层，造成增透范围有限和后续煤炭开采时顶底板支护困难。油气地层一般为近水平地层，产层厚度是煤层的几十倍，一般不考虑水压裂缝在水平方向扩展至层间界面的问题。

1）煤岩层水压裂缝模型

目前，煤矿井下水力压裂采用在煤层底板岩层瓦斯抽采巷道中向煤层钻孔压裂的形式。首先，建立以垂直地应力 σ_v、水平最大主地应力 σ_H、水平最小主地应力 σ_h 为坐标的三维压裂模型，如图 5.22 所示。

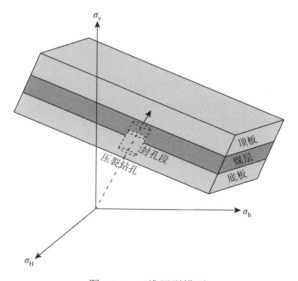

图 5.22　三维压裂模型

目前，采用煤矿井下水力压裂技术的煤层埋深普遍大于 500m，而根据油气储层水力压裂的现场作业表明，深度大于 300～600m 的水力压裂通常形成垂直于最小水平主地应力方向的垂直裂缝[17]，如图 5.23 所示。研究裂缝扩展规律问题时，采用三维模型由于考虑的影响因素众多，通常简化为二维模型，更有针对性研究某些参数、条件对水压裂缝扩展的影响。据此，对裂缝进行水平剖切，剖切平面及其受力情况如图 5.24 所示。图 5.24 中 θ 为煤岩交界面与水平剖面的相交角。

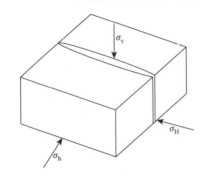

图 5.23　垂直裂缝示意图

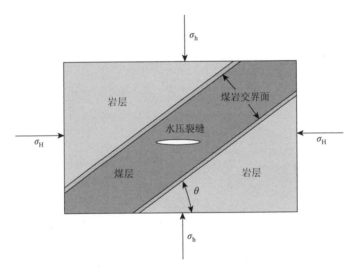

图 5.24　水压裂缝遇煤岩交界面二维模型

2）裂缝扩展分析

（1）水压裂缝扩展的临界水压。

目前，现有水力压裂裂缝扩展分析大多采用 Irwin 裂缝扩展准则，根据 Irwin 的断裂力学理论，对于 I 型裂纹，当应力强度因子 K_I 达到临界值 K_{IC} 时，裂缝发生扩展，即

$$K_I = K_{IC} \tag{5.59}$$

式中，K_I 为 I 型裂纹应力强度因子；K_{IC} 为临界应力强度因子（断裂韧性）。K_I 计算式为

$$K_I = -\sigma_n \sqrt{\pi a} \tag{5.60}$$

式中，σ_n 为裂缝面上的正应力；a 为裂缝的半长。于是

$$K_1 = (p - \upsilon_h)\sqrt{\pi a} \qquad (5.61)$$

K_{IC} 与岩石的弹性模量、泊松比和单位面积表面能存在如下关系：

$$K_{IC} = \sqrt{\frac{2E\gamma}{1-v^2}} \qquad (5.62)$$

式中，E 为岩石的弹性模量；γ 为单位面积表面能；v 为泊松比。

整理后可得裂缝发生扩展的临界水压，并设定在煤层中的裂缝扩展临界水压为 p_{m1}，在岩层中的临界水压为 p_{m2}，即

$$p_{m1} = \sqrt{\frac{2E_1\gamma_1}{(1-v_1^2)\pi a}} + \sigma_h$$

$$\qquad (5.63)$$

$$p_{m2} = \sqrt{\frac{2E_2\gamma_2}{(1-v_2^2)\pi a}} + \sigma_h$$

式中，E_1、γ_1、v_1 分别为煤体的弹性模量、单位面积表面能、泊松比；E_2、γ_2、v_2 分别为岩体的弹性模量、单位面积表面能、泊松比。由于煤层抵抗断裂的能力 K_{IC} 远小于顶底板岩层，故煤层中的临界扩展水压 p_{m1} 始终小于岩层中的临界扩展水压 p_{m2}。

（2）煤岩交界面破坏机理。

当水压裂缝未延伸至煤岩交界面时，根据二维线弹性理论，交界面的剪切应力 σ_t 和正应力 σ_n 可以用式（5.55）和式（5.56）表示。

关于水压对层间界面的破坏机理，Daneshy[18] 和 Warpinski[19] 等研究认为，层间界面易发生滑移产生剪切破坏。因此，采用莫尔-库仑强度准则，作用于煤岩交界面的应力方程为

$$\tau_t = c + K_f(\sigma_t - p_0) \qquad (5.64)$$

式中，τ_t 和 σ_t 分别为煤岩交界面上的剪切应力和正应力；c 为交界面的黏聚力；K_f 为交界面的摩擦系数；p_0 为煤岩界面上的孔隙压力。

当水压裂缝尖端与煤岩界面连通时，水进入交界面，煤岩界面内的孔隙压力为

$$p_0 = p_{m3} \qquad (5.65)$$

式中，p_{m3} 为煤岩界面内的水压。将式（5.65）整理，可得在水压作用下，煤岩界面发生剪切破坏的临界水压：

$$p_{m3} = \frac{c}{K_f} + \frac{\sigma_H - \sigma_h}{2}\left(1 - \cos 2\theta - \frac{\sin 2\theta}{K_f}\right) + \sigma_h \qquad (5.66)$$

分析可知，煤岩界面发生剪切破坏的临界水压受水平主应力差、煤岩界面与水平剖面的相交角 θ、煤岩交界面的黏聚力 c 和摩擦系数 K_f 等因素的影响。因此，通过对比水力压裂裂缝扩展的临界水压，即式（5.63）和煤岩界面发生剪切破坏

的临界水压式（5.66），就可知水压裂缝扩展至煤岩交界面的扩展方向。由于在两式中均含有最小水平主地应力 σ_h，故 σ_h 的变化被抵消。

（3）裂缝扩展方向判断。

①如果 $p_{m3} < p_{m1} < p_{m2}$ 或 $p_{m1} < p_{m3} < p_{m2}$，则水压裂缝与煤岩界面相交后沿煤岩交界面扩展，如图 5.25 所示。

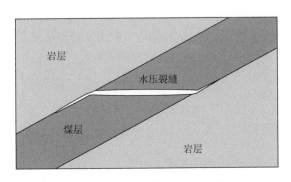

图 5.25　水压裂缝扩展示意图

②如果 $p_{m1} < p_{m2} < p_{m3}$，则水压裂缝与煤岩界面相交后直接穿过交界面扩展，如图 5.26 所示。

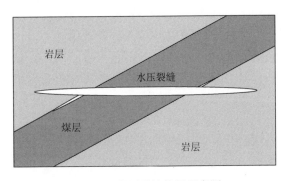

图 5.26　水压裂缝扩展示意图

③如果 $\min(p_{m1}、p_{m2}、p_{m3}) = p_{m1}$，并且 p_{m2} 和 p_{m3} 相差不大，则水压裂缝与煤岩界面相交后，裂缝内水压上升，将可能出现水压裂缝部分穿过界面，并同时沿界面扩展，如图 5.27 所示。

水压裂缝与煤岩界面相交后的扩展方向由裂缝扩展临界水压 p_{m1}、p_{m2}、p_{m3} 的相对大小决定，而根据式（5.63）和式（5.66）的分析结果，三者的相对大小实质上是由煤岩层力学性质所决定的，主要受水平主应力差、煤岩界面与水平剖面的相交角、煤岩层弹性模量的差异及煤岩交界面抗剪强度等因素的影响。

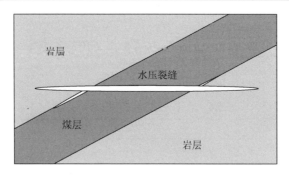

图 5.27　水压裂缝扩展示意图

3）数值模拟分析

建立 15m×9m 的矩形区域，划分 500×300=150000 个单元，如图 5.28 所示，开挖一长轴为 1.0m、短轴为 0.2m 的椭圆，表示扩展中的裂缝，中部为煤层，上下部分别为顶底板岩层。将模型的水平地应力以位移边界条件的方式施加于模型的两边，由于裂缝扩展的主延伸方向垂直于最小水平主应力方向，故在左右两侧加载最大水平主应力 σ_H，上下方向加载最小水平主应力 σ_h。注入水压作用于扩展中裂缝内部边缘，水压以 0.2MPa 的步长递增。初始水压视各模型的初始边界条件而定。

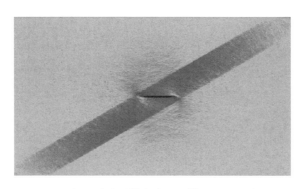

图 5.28　水压裂缝遇煤岩交界面模型（后附彩图）

（1）水平主应力和相交角的影响。

根据式（5.63）和式（5.66）的分析结果，随着相交角或水平主应力差的增加，水压裂缝在岩层中扩展的临界水压保持不变，而煤岩界面剪切破坏的临界水压将增大，说明在低相交角、低水平主应力差的条件下，由于煤岩界面发生剪切破坏的临界水压较小，裂缝趋于沿煤岩交界面扩展，并随着相交角或水平主应力差的增加，煤岩交界面的临界扩展水压增大，裂缝的扩展方向将出现沿煤岩交界面和穿过煤岩界面共同存在，当相交角和水平主应力差增加到一定程度时，水压裂缝只沿原有方向穿过交界面继续扩展。

　　本节共进行 15 组模拟，水平主应力差和相交角的参数如表 5.4 所示，煤岩层力学参数如表 5.5 所示。

表 5.4　水平主应力差和相交角参数

编号	σ_H/MPa	σ_h/MPa	$\theta/(°)$	$\Delta\sigma$/MPa
1	8	7	15	1
2	10	7	15	3
3	12	7	15	5
4	8	7	30	1
5	10	7	30	3
6	12	7	30	5
7	8	7	45	1
8	10	7	45	3
9	12	7	45	5
10	8	7	60	1
11	10	7	60	3
12	12	7	60	5
13	10	7	75	1
14	10	7	75	3
15	10	7	75	5

表 5.5　煤岩层力学参数

力学参数	煤层	岩层	煤岩交界面
均质度	3	3	3
弹性模量/MPa	5000	20000	12500
内摩擦角/(°)	30	30	30
抗压强度/MPa	10	40	15
压拉比	10	10	10
残余强度系数	0.1	0.1	0.1
孔隙水压系数	0.1	0.1	0.1
渗透系数/(m/d)	0.2	0.01	0.1
泊松比	0.35	0.20	0.3
孔隙率/%	5	2	4

　　模拟结果如图 5.29 所示，在相交角 $\theta=15°$ 的三组模拟中，扩展中的裂缝趋于沿煤岩交界面扩展，在相交角为 $\theta=30°$ 和 $\theta=45°$ 的六组模拟中，随着水平主地应

力差的增加，水力压裂裂缝在沿煤岩交界面扩展一段距离后终止，而沿最大主应力方向延伸，说明随着水平主应力差或相交角的增大，水力压裂裂缝趋向直接穿过煤岩交界面扩展。在相交角 $\theta = 60°$ 和 $\theta = 75°$ 的六组模拟中，水压裂缝都直接穿过交界面沿原有方向扩展。在上述模拟中，必然存在边界线，在边界线上方水压裂缝易直接穿过界面扩展，边界线下方水压裂缝趋于沿界面扩展，边界线附近区域两种扩展方式共同存在。

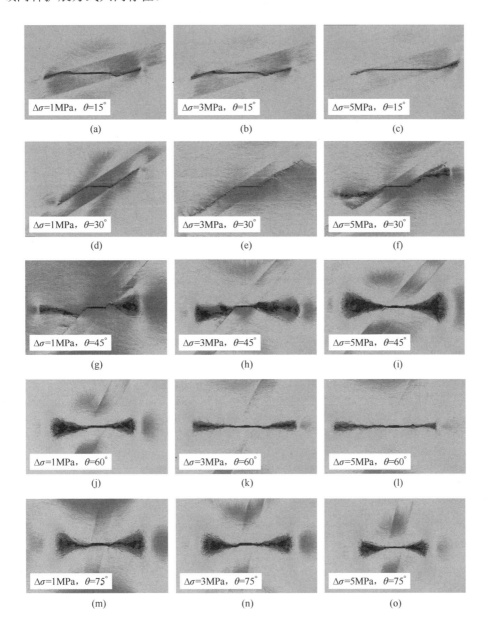

$\Delta\sigma = 1\mathrm{MPa}，\theta = 15°$　　(a)　　$\Delta\sigma = 3\mathrm{MPa}，\theta = 15°$　　(b)　　$\Delta\sigma = 5\mathrm{MPa}，\theta = 15°$　　(c)

$\Delta\sigma = 1\mathrm{MPa}，\theta = 30°$　　(d)　　$\Delta\sigma = 3\mathrm{MPa}，\theta = 30°$　　(e)　　$\Delta\sigma = 5\mathrm{MPa}，\theta = 30°$　　(f)

$\Delta\sigma = 1\mathrm{MPa}，\theta = 45°$　　(g)　　$\Delta\sigma = 3\mathrm{MPa}，\theta = 45°$　　(h)　　$\Delta\sigma = 5\mathrm{MPa}，\theta = 45°$　　(i)

$\Delta\sigma = 1\mathrm{MPa}，\theta = 60°$　　(j)　　$\Delta\sigma = 3\mathrm{MPa}，\theta = 60°$　　(k)　　$\Delta\sigma = 5\mathrm{MPa}，\theta = 60°$　　(l)

$\Delta\sigma = 1\mathrm{MPa}，\theta = 75°$　　(m)　　$\Delta\sigma = 3\mathrm{MPa}，\theta = 75°$　　(n)　　$\Delta\sigma = 5\mathrm{MPa}，\theta = 75°$　　(o)

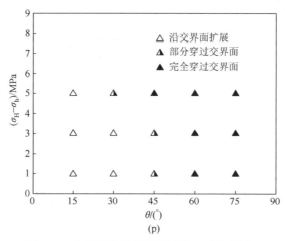

图 5.29　水压裂缝扩展模拟结果（后附彩图）

（2）煤岩层弹性模量差异的影响。

由公式（5.63）可知，顶板岩层的弹性模量越大，裂缝在顶板中扩展所需的临界水压越大，水压裂缝越易改变原有方向沿煤岩交界面扩展；反之，越容易直接穿过界面扩展。针对表 5.4 中 6 号、7 号两组水压裂缝扩展情况，改变煤岩层力学性质，考察其对水压裂缝扩展的影响，如表 5.6 所示。其余参数见表 5.4。

表 5.6　煤岩层弹性模量

编号	煤层 E_1/MPa	岩层 E_2/MPa	E_2/E_1	θ/(°)	$(\sigma_H-\sigma_h)$/MPa
16	5000	15000	3	30	5
17	5000	20000	4	30	5
18	5000	30000	6	30	5
19	5000	15000	3	45	1
20	5000	20000	4	45	1
21	5000	30000	6	45	1

模拟结果如图 5.30 所示，并与 6 号、7 号两组的裂缝扩展情况对比发现，煤岩层弹性模量差异越大，在其他参数不变的情况下，水压裂缝扩展方向越易转向煤岩交界面扩展，反之，则越易穿过煤岩交界面扩展。

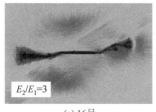 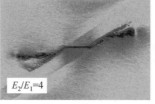 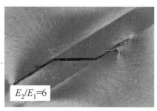

(a) 16号　　　　(b) 17号　　　　(c) 18号

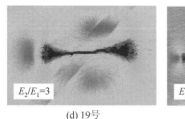
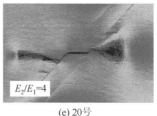
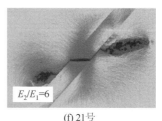

(d) 19号   (e) 20号   (f) 21号

图 5.30　水压裂缝扩展模拟结果（后附彩图）

（3）煤岩交界面抗剪强度的影响。

煤岩交界面的抗剪强度跟黏聚力和摩擦系数相关，由于在 RFPA^{2D}-Flow 软件中无法直接设定材料的抗剪强度，因此，根据 6 号、7 号两组裂缝扩展情况，通过改变煤岩交界面的摩擦系数反映抗剪强度对水压裂缝扩展的影响，如表 5.7 所示。

表 5.7　煤岩交界面的摩擦系数

编号	摩擦系数/摩擦角	$\theta/(°)$	$(\sigma_H - \sigma_h)/MPa$
22	0.27/15°	30	5
23	0.58/30°	30	5
24	1.0/45°	30	5
25	0.27/15°	45	1
26	0.58/30°	45	1
27	1.0/45°	45	1

两组模拟结果如图 5.31 所示，随着摩擦系数的增加，煤岩交界面的抗剪强度增大，水压裂缝在煤岩交界面扩展距离减小，水压裂缝趋于穿过煤岩交界面扩展，随着煤岩交界面强度增大到一定程度，水压裂缝直接穿过煤岩交界面扩展。但是由于水压裂缝的扩展是多因素共同作用的结果，很难定量说明煤岩交界面强度对水压裂缝扩展具体的影响。

(a) 22号   (b) 23号   (c) 24号

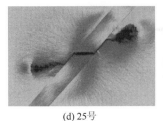 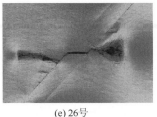 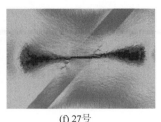

(d) 25号　　　　　　　　　　(e) 26号　　　　　　　　　　(f) 27号

图 5.31　水压裂缝扩展模拟结果（后附彩图）

综上，本节通过建立水压裂缝遇煤岩交界面二维模型，采用理论分析结合数值模拟的方法，对煤岩交界面的破坏机理及水压裂缝扩展规律进行了相关研究，主要得出以下结论。

水压裂缝扩展至煤岩交界面处受多种力学因素的综合影响，扩展方向可能会发生偏转。其中煤岩交界面与水平剖面的相交角、水平主应力差、煤岩层弹性模量差异及煤岩交界面的抗剪强度等因素是影响水压裂缝扩展方向的主要因素。

煤岩交界面剪切破坏的临界水压随相交角或水平主应力差的增加而增大。在低相交角和低水平主应力差的条件下，水压裂缝易沿煤岩交界面扩展；随着相交角或水平主应力差的增加，水压裂缝直接穿过煤岩交界面沿原有方向扩展的趋势增加。

水压裂缝在顶底板岩层中扩展的临界水压随岩层弹性模量的增加而增大，岩层弹性模量越大，水压裂缝沿煤岩交界面扩展的趋势越明显。

煤层交界面的抗剪能力越小，裂缝沿煤岩交界面扩展的趋势越明显。

5.2.3　断层对煤层水压裂缝扩展的影响

由于深部煤层地质条件复杂，当水压裂缝扩展过程中遇到小型滑移断层或次生断层时，受逼近角度、水平主应力差、煤岩体弹性模量等因素的影响，极可能导致裂缝扩展方向发生偏转，不能对煤层实现有效压裂，严重影响煤层增透效果及范围。

1）裂缝与断层相交模型

当裂缝扩展至断层时，可将实际模型简化为如图 5.32 所示。由于裂缝的三向扩展，当裂缝扩展至断层面时，压裂液大量进入断层面，克服断层面法向应力，从而致使其张开，此时裂缝扩展将出现以下三种情况。

（1）裂缝直接穿过断层面进入顶板，继续沿最大水平主应力方向扩展。

（2）断层面端部产生剪切破坏，裂缝沿着断层面扩展，裂缝不发生转向，仍然沿断层面扩展。

（3）断层面张开，断层面端部不产生剪切破坏，裂缝从下部煤层起裂扩展（为方便描述，本书一致称为有效压裂）。

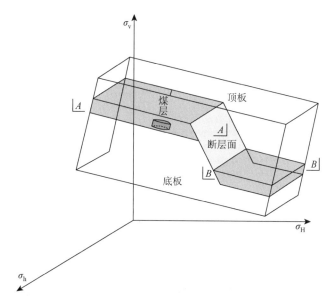

图 5.32　三维煤层压裂模型

2）裂缝扩展机理

由于此处涉及：①裂缝扩展至上部煤层与断层面交界面时断层面是否张开；②断层面张开时端部是否产生剪切破坏。因此将所述问题分解为两个水平剖面，进行平面问题单独依次分析，即 A-A 剖面（图 5.33）和 B-B 剖面（图 5.34）。

据此，对如图 5.33 所示模型，此时裂纹走向将会出现两种情况：①裂纹直接穿过断层面进入顶板；②缝内水压克服断层面法向应力产生张开。图中 θ 为水平面上最大主应力方向与断层面之间的逼近角。

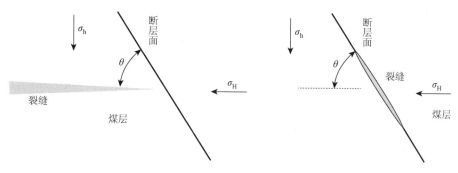

图 5.33　剖面 A-A 平面模型　　　　　　　　图 5.34　剖面 B-B 平面模型

根据裂缝扩展理论，在其他条件相同的情况下，线性裂缝扩展所需流体压力最小，则当水压裂缝缝端压力为 p_1 时，裂缝在煤层中起始扩展。同理，当水压裂缝缝端压力为 p_2 时，裂缝在顶板岩层中起始扩展。

$$p_1 = \sqrt{\frac{2E_1\gamma_1}{\pi a\left(1-\upsilon_1^2\right)}} + \sigma_h \tag{5.67}$$

$$p_2 = \sqrt{\frac{2E_2\gamma_2}{\pi a\left(1-\upsilon_2^2\right)}} + \sigma_h \tag{5.68}$$

式中，E 和 υ 分别为压裂目标层段地层煤岩体的弹性模量和泊松比；γ 为裂缝的表面能，MPa·m；a 为水压裂缝的半长，m。式（5.68）中，$\dfrac{2E_2\gamma_2}{\pi a\left(1-\upsilon_2^2\right)}$ 表示岩石中造缝的难易程度，其值越小，表明该地层越容易压出水压裂缝。

（1）断层面张开临界压力。

当水压裂缝与断层面相交，裂缝延伸尖端的流体压力 p 大于断层面上的正应力 σ_n 时，断层面便会张开，即判断断层面张开的临界状态表示为

$$p = \sigma_n \tag{5.69}$$

断层面张开发生膨胀，流体压力在下降一段时间后继续增加，随着断层面内水压的持续增加，裂缝将沿着断层面继续延伸。

因此，根据式（5.55）和式（5.56），当

$$p_3 = \frac{\sigma_H + \sigma_h}{2} + \frac{\sigma_H - \sigma_h}{2}\cos[2(90^\circ - \theta)] \tag{5.70}$$

时，断层面将产生张开性破坏。

（2）沿断层面剪切破坏。

若作用于断层面的剪切应力过大，就会很容易产生剪切滑移，此时裂缝将沿着断层面扩展。

$$|\tau| > c_0 + K_f(\sigma_n - p_0) \tag{5.71}$$

式中，c_0 为岩体的黏聚力，MPa；τ 为作用于断层面的剪切应力，MPa；K_f 为断层面的摩擦因数；σ_n 为作用于断层面的正应力，MPa；p_0 为断层面近壁面的流体压力，MPa。

扩展中的裂缝与断层面相交后，由于水压裂缝缝尖端已经和断层面孔隙连通，压裂液大量进入断层面，断层面近壁面的液体压力为

$$p_0 = p \tag{5.72}$$

式中，p 为断层面剪切破坏之前裂缝内最大水压，于是整理得

$$p_4 = \frac{c_0}{K_f} + \frac{\sigma_H + \sigma_h}{2} - \frac{\sigma_H - \sigma_h}{2}\left(\frac{\sin 2\theta}{K_f^*} + \cos 2\theta\right) \tag{5.73}$$

即当缝内水压达到剪切破坏临界值 p_4 时，断层面将产生剪切破坏。

（3）裂缝扩展方向。

①当 $p_3 > p_2$ 时，断层面不会张开，裂缝将直接穿过断层面进入顶板扩展，如图 5.35 所示。

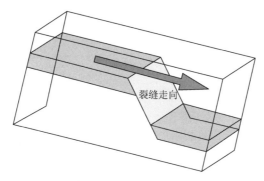

图 5.35　裂缝穿过断层面

根据重庆煤矿地层资料及现场和室内实验资料，获得基本参数如表 5.8 所示，进而得出如图 5.36 所示的曲线，曲线呈关于 $\theta=90°$ 对称的抛物线，由于 $\theta \in [0, \pi/2]$，所以左侧部分为断层面张开临界曲线。

表 5.8　基本参数

弹性模量/GPa	泊松比 v	裂缝半长/m	裂缝表面能/（MPa·m）	断层面摩擦系数 K_f
30	0.20	1	0.0004	0.8

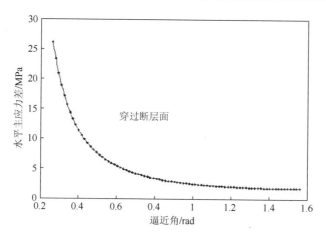

图 5.36　断层面张开边界

②当 $p_2 > p_3$ 且 $p_1 < p_4$ 时，断层面张开且断层面不会产生剪切破坏，裂缝将进入下部煤层扩展，如图 5.37 所示。

③当 $p_2 > p_3$ 且 $p_1 < p_4$ 时，断层面张开，裂缝将沿断层面产生剪切破坏，如图 5.38 所示。

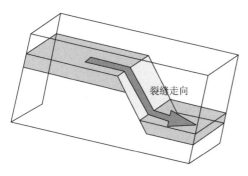

图 5.37　裂缝沿断层面进入下部煤层　　　　　图 5.38　裂缝沿断层面延伸

由 p_1、p_2、p_3 及 p_4 表达式可知，裂缝尖端在煤岩体中的起裂压力与煤岩体弹性模量、泊松比及 σ_h 相关，且 p_2 恒大于 p_1，p_3 与 σ_H、σ_h 及逼近角度相关，且在煤岩体力学参数一定的条件下，当裂缝扩展至断层面时，裂缝的走向由水平主应力差及逼近角度决定，裂缝在扩展至断层面时，较大应力差易导致裂缝穿过断层面，并且随着逼近角度 $\theta(\theta \in [0, \pi/2])$ 递增，裂缝趋于穿过断层面。对临界水压力进行函数极值分析可知，断层面张开后受地应力及煤岩参数影响，裂缝进入下部煤层扩展的趋势明显大于断层面产生剪切破坏的趋势，即形成有效压裂。

3）数值模拟分析

（1）剖面 A-A 数值分析。

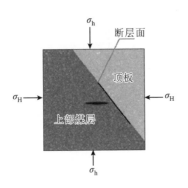

图 5.39　剖面 A-A 数值模型

①水平主应力差和相交角的影响。

建立边长为 10m×10m 的正方形区域，划分为 300×300=90000 个单元，对水压裂缝进行平面剖切。在模型的中部开挖一个长轴为 1m、短轴为 0.2m 的椭圆表示水压裂缝，如图 5.39 所示，图中深色部分表示上部煤层，浅色部分表示顶板，另外在煤岩交界面中部采用线开挖长为 4m 的空洞表示断层面。

模型所受的水平地应力以位移边界条件的形式施加于模型的四周。由理论可知，裂纹初始扩展将沿最小水平主应力的垂直方向扩展，因此，在模型左右、上下两侧分别施加最大、最小水平主应力 σ_H、σ_h。然后注入水压作用于模型水压裂缝的内壁面，水头压力以 0.3MPa 的单步增量递增，初始水压 p_0 根据不同模型的初始边界条件而定，模型煤层与岩层均质度均为 3。根据上部煤层赋存特征，共进行 12 组模拟，水平主应力差及逼近角的参数如表 5.9 所示。针对目前重庆矿区大多煤岩赋存深度 600～700m 及相关煤岩力学参数资料，煤岩体力学参数如表 5.10 所示。

表 5.9　水平主应力差和逼近角参数

序号	σ_H/MPa	σ_h/MPa	θ/(°)	$(\sigma_H - \sigma_h)$/MPa
1	10	8	30	2
2	12	8	30	4
3	14	8	30	6
4	10	8	45	2
5	12	8	45	4
6	14	8	45	6
7	10	8	60	2
8	12	8	60	4
9	14	8	60	6
10	10	8	75	2
11	12	8	75	4
12	14	8	75	6

表 5.10　煤体力学参数

力学参数	弹性模量/GPa	泊松比	抗压强度	压拉比	内摩擦角/(°)
煤层	5	0.35	15	10	30
顶板	30	0.22	40	10	30

模拟结果如图 5.40 所示，图中绿色部分表示应力集中区域。在逼近角为 30° 的 13 号模拟中，扩展中的水压裂缝当遇到断层面时一致趋于沿着断层面延伸。在 45° 的三组模拟中，随着主应力差的增加，扩展的裂缝从沿断层面扩展逐渐趋于进入顶板和沿断层面扩展两种情况共存，当应力差达到 6MPa 时裂缝完全穿过断层面扩展至顶板，说明随着主应力差 $\sigma_H - \sigma_h$ 的增加，水压裂缝趋向穿过断层面扩展。在 60° 的三组模拟中，当应力差为 2MPa 时延伸裂缝在刚扩展至断层面时会沿着交界面延伸，但延伸一段距离之后又转向进入顶板延伸，并且随着主应力差的递增裂缝延伸逐渐趋向直接穿过断层面。在 75° 的三组模拟中，裂缝一致趋于直接穿过断层面沿最大主应力方向扩展。

此外，在相同主应力差条件下，随着相交角由 30° 增加到 75°，延伸中的裂缝穿过断层面沿最大主应力方向扩展的趋势逐渐增加。

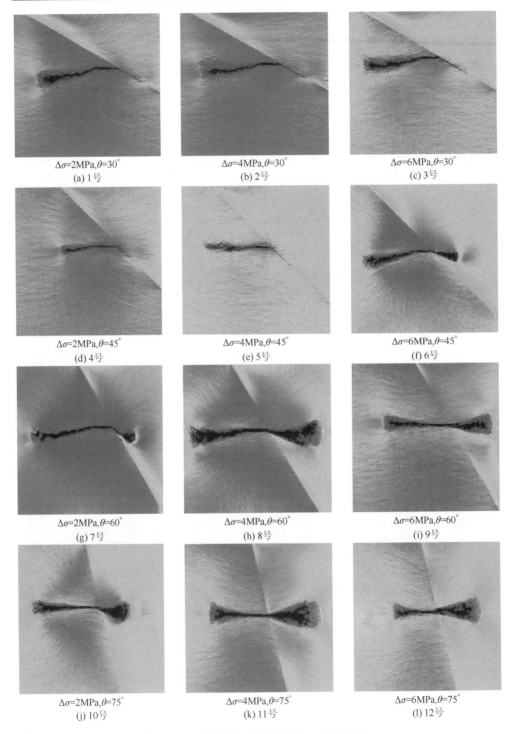

图 5.40　水压裂缝扩展模拟结果（后附彩图）

②顶板岩层弹性模量 E_2 的影响。

根据前面理论分析可知,顶板弹性模量值会对裂缝的走向产生影响。根据 5
号和 6 号的模拟结果,改变顶板岩层的弹性模量值,煤体的力学参数不改变,水
平主应力与弹性模量值组合如表 5.11 所示。

表 5.11　水平主应力差和相交角参数

序号	σ_H/MPa	σ_h/MPa	$(\sigma_H - \sigma_h)$/MPa	E_2/GPa
13	12	8	4	25
14	14	8	6	35

两组模拟结果如图 5.41 所示,并分别于 5 号、6 号进行对比,在相同的水平
主应力差下,顶板的弹性模量值越大,裂缝进入顶板扩展所需水压越接近断层面
张开所需水压,此时断层面产生张开,裂缝沿断层面扩展。

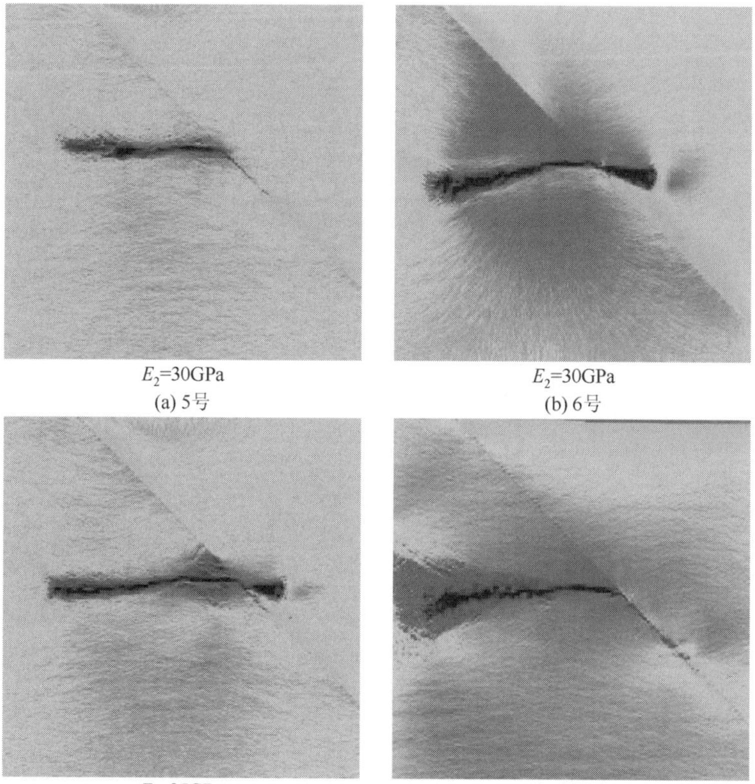

E_2=30GPa
(a) 5号

E_2=30GPa
(b) 6号

E_2=25GPa
(c) 13号

E_2=35GPa
(d) 14号

图 5.41　水压裂缝扩展结果(后附彩图)

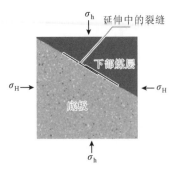

图 5.42　剖面 B-B 数值模型

（2）剖面 B-B 数值分析。

根据上述模拟结果可知，当逼近角度为 45° 及以下时，断层面较易产生张开，只有当断层面张开时才会涉及下部煤层的扩展问题。相交角度和应力差是影响裂缝扩展的主要因素，因此建立如图 5.42 所示的模型进行 9 组模拟，水平主应力差和逼近角参数如表 5.12 所示。

模拟结果如图 5.43 所示，随着主应力差与逼近角度的递增，裂缝扩展一致趋于进入下部煤层，即当断层面张开裂缝扩展至下部煤层时，裂缝将一致穿过下部煤层形成上下盘煤层贯通裂缝。

采用 MATLAB 拟合得如图 5.44 所示的模拟结果。

表 5.12　水平主应力差和逼近角参数

序号	σ_H/MPa	σ_h/MPa	$\theta/(°)$	$(\sigma_H - \sigma_h)$/MPa
15	9	8	15	1
16	10	8	15	2
17	11	8	15	3
18	9	8	30	1
19	10	8	30	2
20	11	8	30	3
21	9	8	45	1
22	10	8	45	2
23	11	8	45	3

$\Delta\sigma$=1MPa,θ=15°
(a) 15号

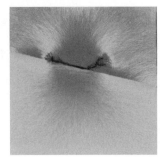

$\Delta\sigma$=2MPa,θ=15°
(b) 16号

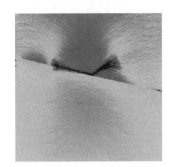

$\Delta\sigma$=3MPa,θ=15°
(c) 17号

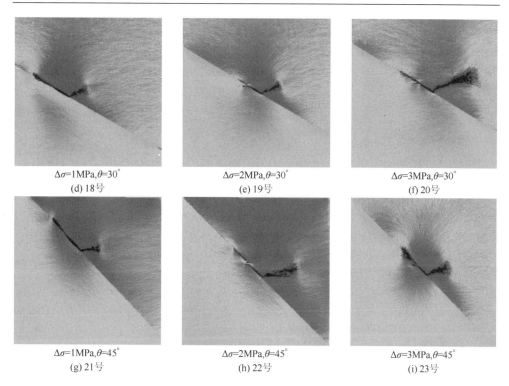

图 5.43 下部煤层水压裂缝扩展模拟结果（后附彩图）

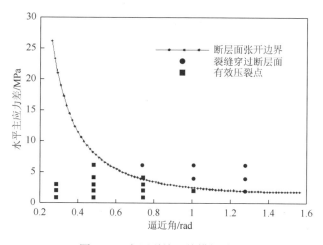

图 5.44 水压裂缝延伸模拟结果

　　从图 5.44 中拟合可以看出，模拟结果中裂缝穿过断层面的试点均位于断层面张开边界上方，有效压裂试点大致位于曲线下侧；在曲线上方，就某个逼近角而言，模拟点离曲线的距离代表裂缝穿过断层面进入顶板的难易程度；逼近角、主应力差越大，裂缝越趋于穿过断层面进入顶板；当断层面产生张开性破坏时，裂缝一致进入下部煤层形成有效压裂，而不产生断层面端部的剪切性破坏。因此模拟结果与理论基本相符。综上所述，本节得出以下结论。

水压裂缝与断层面的逼近角度、水平主应力差、煤岩体弹性模量是影响水压裂缝遇断层走向的主要因素，在低主应力差、较小相交角度、较高顶板弹性模量的情况下，断层易产生张开性破坏。

在给定煤岩体参数的条件下，得到水压裂缝穿过断层形成有效压裂的逼近角度-水平主应力差的临界曲线，当逼近角度-水平主应力差位于曲线下方时，水压裂缝一致穿过断层形成上下盘煤层贯通裂缝。

当断层面产生张开后，一般情况下，裂缝一致趋于进入下部煤层扩展，断层面尖端不会产生剪切破坏。

5.3　参　考　文　献

[1]　Veatch R W. Overview of current hydraulic fracturing design and treatment technology-part 1[J]. Journal of Petroleum Technology，1983，35（4）：677-687.

[2]　Veatch R W. Overview of current hydraulic fracturing design and treatment technology-part 2[J]. Journal of Petroleum Technology，1983，35（5）：853-864.

[3]　张国华. 穿层钻孔起裂注水压力与起裂位置理论[J]. 煤炭学报，2007，32（1）：52-55.

[4]　邓绪彪，胡青峰，魏思民. 构造煤的成因—属性分类[J]. 工程地质学报，2014，22（5）：1008-1014.

[5]　高保彬. 采动煤岩裂隙演化及其透气性能试验研究[D]. 北京：北京交通大学，2010.

[6]　乔伟，张小东，简瑞. 不同煤体结构特征对比研究[J]. 煤炭科学技术，2014，42（3）：61-65.

[7]　姜波，琚宜文. 构造煤结构及其储层物性特征[J]. 天然气工业，2004，24：27-29.

[8]　Cao Y，Danis A，Liu R，et al. The influence of tectonic deformaton on some geochemical properties of coals-A possible indicator of autbwst potential[J]. Zulemation Jaonal of Coal Gedgu. 2003.53（2）：67-79.

[9]　朱珍德，胡定. 裂隙水压力对岩体强度的影响[J]. 岩土力学，2000，21（1）：64-67.

[10]　李宗利，张宏朝，任青文，等. 岩石裂纹水力劈裂分析与临界水压计算[J]. 岩土力学，2005，26：1216-1220.

[11]　李宗利. 岩体水力劈裂机理研究及其在地下洞室围岩稳定分析中应用[D]. 南京：河海大学，2005.

[12]　Parton V Z，Morozov E M. Mechanics of Elastic-Plastic Fracture[M]. Washington：Hemisphere Publishing Corp.，1989.

[13]　Gdoutos E E. Fracture Mechanics Criteria and Applications[M]. Berlin：Springer Netherlands，1990.

[14]　郭海防. 水压力作用下煤岩损伤弱化规律研究[D]. 西安：西安科技大学，2010.

[15]　于骁中，张彦秋，曹建国，等. 混凝土复合型（I、II 型）裂纹断裂准则的计算和试验研究[J]. 水利学报，1982，（6）：27-37.

[16]　朱珍德，郭海庆. 裂隙岩体水力学基础[M]. 北京：科学出版社，2007.

[17]　陈勉，金衍，张广青.石油工程岩石力学[M]. 北京：科学出版社，2008.

[18]　Daneshy A A. Hydraulic fracture propagation in the presence of planes of weakness[R]. SPE 4852，Amsterdam：the SPE-European Spring Meeting，1974.

[19]　Warpinski N R，Teufel L W. Influence of geologic discontinuities on hydraulic fracture propagation[J]. Journal of Petroleum Technology，1987，39（2）：209-220.

第6章　煤矿井下射流割缝复合水力压裂增透技术

传统水力压裂技术在煤矿井下应用期间，存在裂缝扩展规律复杂、压裂范围小、增透效果有限等问题，而采用水射流在煤层中割缝后压裂，则可起到控制裂缝扩展方向、增加压裂范围、提高抽采效果的作用，同时可减少压裂、抽采钻孔的施工量，减少煤层瓦斯抽采时间，为此提出了射流割缝复合水力压裂增透技术，该技术在煤矿中的应用取得了明显的技术经济效果。

6.1　射流割缝复合水力压裂裂缝起裂机理

现场应用结果显示，在煤层中割缝后进行压裂，起裂机理较常规压裂会发生明显变化，裂缝更容易沿割缝方向起裂，且起裂压力会大幅度降低，为明确射流割缝复合水力压裂的起裂机理，在建立相应起裂准则的基础上，对流割缝复合水力压裂的起裂压力和起裂位置进行研空，揭示射流割缝复合水力压裂的起裂机理。

6.1.1　射流割缝复合水力压裂煤体起裂准则

采用弹塑性断裂力学预测裂纹的发生一般有两种方法，即 J 积分和裂纹张开位移。本节采用 J 积分分析射流造缝缝隙尖端裂缝起裂，J 积分概念是在能量平衡方法的基础上建立起来的，由 Rice 于 1968 年提出。

一个弹性的远距离加载裂纹平板的总能量值（U）为

$$U = U_0 + U_a + U_\gamma - F \tag{6.1}$$

式中，U_0——加载无裂纹平板的弹性能量值（为常数）；

　　　U_a——平板中产生裂纹所引起弹性应变能的变化值；

　　　U_γ——裂纹表面的生成引起弹性表面能的变化值；

　　　F——外部力做功。

图 6.1 为总能量是裂纹长度 a 的函数和总能量随裂纹长度变化曲线的示意图。

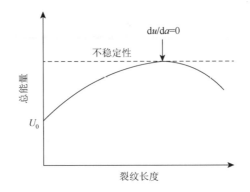

图 6.1　总能量 U 随裂纹长度 a 变化曲线示意图

　　一旦总能量不再随裂纹长度 a 增加，就会出现裂纹扩展的失稳。因此，如果

$$\frac{\mathrm{d}U}{\mathrm{d}a} \leqslant 0 \tag{6.2}$$

则会出现裂纹的失稳扩展，因为 U_0 是常数，所以

$$\frac{\mathrm{d}}{\mathrm{d}a}(U_{\mathrm{a}}+U_{\gamma}-F) \leqslant 0 \tag{6.3}$$

也将出现裂纹失稳扩展。重新排列式（6.3），可得

$$\frac{\mathrm{d}}{\mathrm{d}a}(F-U_{\mathrm{a}}) \geqslant \frac{\mathrm{d}U_{\gamma}}{\mathrm{d}a} \tag{6.4}$$

　　式（6.4）的左边，$\dfrac{\mathrm{d}F}{\mathrm{d}a}$ 表示单位裂纹扩展外部功（F）所提供的能量；$\dfrac{\mathrm{d}U_{\mathrm{a}}}{\mathrm{d}a}$ 是

外部功 $\dfrac{\mathrm{d}F}{\mathrm{d}a}$ 所引起的弹性能增加。因此，$\dfrac{\mathrm{d}F}{\mathrm{d}a}-\dfrac{\mathrm{d}U_{\mathrm{a}}}{\mathrm{d}a}$ 是用于裂纹扩展剩余的能量，

称为弹性能量释放率（G）。式（6.4）的右边表示裂纹表面的弹性表面能，称为裂纹扩展所需要的能量，即裂纹扩展阻力（R）。

　　式（6.1）是在线弹性条件下的能量守恒，只要保持弹性行为，式（6.1）仍然是有效的，只是不要求必须是线性的。因此，在一定的限制下，这种非线性弹性行为可以用来作为材料塑性行为的模型，即塑性变形理论。主要的限制是物体的各个部分不能出现卸载，这是因为对于真实塑性行为而言，变形塑性部分是不可逆的。

　　在式（6.1）维持有效的条件下，具有弹塑性行为的材料与具有线弹性行为的材料具有相同的失稳条件，即式（6.4）。对于弹塑性材料，可以定义 J 的非线性弹性当量：

$$J = \frac{\mathrm{d}F}{\mathrm{d}a} - \frac{\mathrm{d}U_{\mathrm{a}}}{\mathrm{d}a} \tag{6.5}$$

定义位能 U_{p} 为

$$U_p = U_0 + U_a - F \tag{6.6}$$

即

$$U = U_p + U_\gamma \tag{6.7}$$

因此 U_p 包括可以对非线性弹性行为作出贡献的各个能量项，然而 U_γ（由裂纹扩展引起的弹性裂纹表面的变化）一般是不可逆的。因为 U_0 是常量，所以对 U_p 微分，得

$$\frac{dU_p}{dU_0} = \frac{d}{dU_0}(U_a - F) = -\frac{d}{dU_0}(F - U_a) \tag{6.8}$$

根据定义，由式（6.5）可知

$$J = -\frac{dU_p}{da} \tag{6.9}$$

因为 $\frac{dF}{da}$ 代表通过裂纹扩展单位增量的外力提供的能量，$\frac{dU_a}{da}$ 是外部功 $\frac{dF}{da}$ 所引起的弹性能增量，所以 $\frac{dU_p}{da}$ 代表储存能的变化。储存能的降低意味着裂纹驱动能（J）的释放，裂纹驱动能的释放是为了提供裂纹表面增加 da 所需要的能量 $\frac{dU_\gamma}{da}$。

在水力压裂的过程中，一定能量的压裂水注入射流在煤体中所形成的缝隙中，并认为压裂水在高压泵到裂隙的沿程没有能量损失，即裂缝中高压水所具有的能量等于高压泵的额定能量（F），压力（P_w）等于高压泵的额定压力（P_p），并记在裂纹尖端处双向为 σ_x、σ_y，且在压裂过程中压力保持不变。沿水平面对煤体中射流割缝形成的裂缝进行剖切，得到具有单位后的平面裂纹，受力分析如图 6.2 所示。

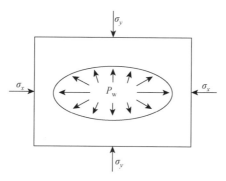

图 6.2 压裂过程裂缝受力分析示意图

在 σ_x、σ_y 及 P_w 的作用下，裂缝周围所具有的塑性能为三个力分别作用下的塑性能的叠加。在外力 σ_x、σ_y 及 P_w 恒定的情况下（图 6.3），可以分别写出具有

裂纹长度 a 的裂纹体 $U_{\mathrm{p}}^{\sigma_x}(a)$ 、 $U_{\mathrm{p}}^{\sigma_y}(a)$ 及 $U_{\mathrm{p}}^{P_{\mathrm{w}}}(a)$ 的表达式:

$$U_{\mathrm{p}}^{\sigma_x}(a) = \int_0^v \sigma_x \mathrm{d}v - F = \int_0^v \sigma_x \mathrm{d}v - \sigma_x v$$

$$= -\int_0^{\sigma_x} v(a)\mathrm{d}\sigma_x \tag{6.10}$$

$$U_{\mathrm{p}}^{\sigma_y}(a) = \int_0^v \sigma_y \mathrm{d}v - F = \int_0^v \sigma_y \mathrm{d}v - \sigma_y v$$

$$= -\int_0^{\sigma_y} v(a)\mathrm{d}\sigma_y \tag{6.11}$$

$$U_{\mathrm{p}}^{P_{\mathrm{w}}}(a) = \int_0^v P_{\mathrm{w}}\mathrm{d}v - F = \int_0^v P_{\mathrm{w}}\mathrm{d}v - P_{\mathrm{w}} v$$

$$= -\int_0^{P_{\mathrm{w}}} v(a)\mathrm{d}P_{\mathrm{w}} \tag{6.12}$$

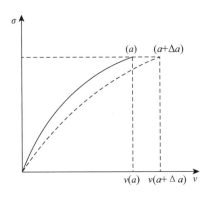

图 6.3 恒载荷情况下非线弹性裂纹特性

如果裂纹扩展 Δa, 则有

$$U_{\mathrm{p}}^{\sigma_x}(a + \Delta a) = \int_0^{v+\Delta a} \sigma_x \mathrm{d}v - F = \int_0^{v+\Delta a} \sigma_x \mathrm{d}v - \sigma_x(v + \Delta a)$$

$$= -\int_0^{\sigma_x} v(a + \Delta a)\mathrm{d}\sigma_x \tag{6.13}$$

$$U_{\mathrm{p}}^{\sigma_y}(a + \Delta a) = \int_0^{v+\Delta a} \sigma_y \mathrm{d}v - F = \int_0^{v+\Delta a} \sigma_y \mathrm{d}v - \sigma_y(v + \Delta a)$$

$$= -\int_0^{\sigma_y} v(a + \Delta a)\mathrm{d}\sigma_y \tag{6.14}$$

$$U_{\mathrm{p}}^{p_{\mathrm{w}}}(a + \Delta a) = \int_0^{v+\Delta a} p_{\mathrm{w}}\mathrm{d}v - F = \int_0^{v+\Delta a} p_{\mathrm{w}}\mathrm{d}v - p_{\mathrm{w}}(v + \Delta a)$$

$$= -\int_0^{p_{\mathrm{w}}} v(a + \Delta a)\mathrm{d}p_{\mathrm{w}} \tag{6.15}$$

裂纹扩展 Δa, 所对应的位能($\Delta U_{\mathrm{p}}^{\sigma_x}$ 、 $\Delta U_{\mathrm{p}}^{\sigma_y}$ 、 $\Delta U_{\mathrm{p}}^{P_{\mathrm{w}}}$)的变化为

$$\Delta U_{\mathrm{p}}^{\sigma_x} = -\int_0^{\sigma_x} v(a + \Delta a)\mathrm{d}\sigma_x - \left[-\int_0^{\sigma_x} v(a)\mathrm{d}\sigma_x \right]$$

$$= -\int_0^{\sigma_x} \Delta v \mathrm{d}\sigma_x \tag{6.16}$$

$$\Delta U_{\mathrm{p}}^{\sigma_y} = -\int_0^{\sigma_y} v(a+\Lambda a)\mathrm{d}\sigma_y - \left[-\int_0^{\sigma_y} v(a)\mathrm{d}\sigma_y \right]$$
$$= -\int_0^{\sigma_y} \Delta v \mathrm{d}\sigma_y \qquad (6.17)$$

$$\Delta U_{\mathrm{p}}^{P_{\mathrm{w}}} = -\int_0^{P_{\mathrm{w}}} v(a+\Delta a)\mathrm{d}P_{\mathrm{w}} - \left[-\int_0^{P_{\mathrm{w}}} v(a)\mathrm{d}P_{\mathrm{w}} \right]$$
$$= -\int_0^{P_{\mathrm{w}}} \Delta v \mathrm{d}P_{\mathrm{w}} \qquad (6.18)$$

或

$$\mathrm{d}U_{\mathrm{p}}^{\sigma_x} = -\int_0^{\sigma_x} \Delta v \mathrm{d}\sigma_x \qquad (6.19)$$

$$\mathrm{d}U_{\mathrm{p}}^{\sigma_y} = -\int_0^{\sigma_x} \Delta v \mathrm{d}\sigma_y \qquad (6.20)$$

$$\mathrm{d}U_{\mathrm{p}}^{P_{\mathrm{w}}} = -\int_0^{P_{\mathrm{w}}} \Delta v \mathrm{d}P_{\mathrm{w}} \qquad (6.21)$$

于是得出

$$J = -\frac{\mathrm{d}U_{\mathrm{p}}}{\mathrm{d}a} = -\frac{\mathrm{d}U_{\mathrm{p}}^{\sigma_x} + \mathrm{d}U_{\mathrm{p}}^{\sigma_y} + \mathrm{d}U_{\mathrm{p}}^{P_{\mathrm{w}}}}{\mathrm{d}a}$$
$$= \int_0^{\sigma_x} \left(\frac{\partial v}{\partial a}\right)_{\sigma_x} \mathrm{d}\sigma_x + \int_0^{\sigma_y} \left(\frac{\partial v}{\partial a}\right)_{\sigma_y} \mathrm{d}\sigma_y + \int_0^{P_{\mathrm{w}}} \left(\frac{\partial v}{\partial a}\right)_{P_{\mathrm{w}}} \mathrm{d}P_{\mathrm{w}} \qquad (6.22)$$

当 J 达到临界值（J_{Ic}）时，裂纹开始扩展，能够得出裂纹开始起裂时所需高压水的压力表达式为

$$J_{\mathrm{Ic}} = \int_0^{\sigma_x} \left(\frac{\partial v}{\partial a}\right)_{\sigma_x} \mathrm{d}\sigma_x + \int_0^{\sigma_y} \left(\frac{\partial v}{\partial a}\right)_{\sigma_y} \mathrm{d}\sigma_y + \int_0^{P_{\mathrm{w}}} \left(\frac{\partial v}{\partial a}\right)_{P_{\mathrm{w}}} \mathrm{d}P_{\mathrm{w}} \qquad (6.23)$$

式中，σ_x、σ_y 及 P_{w} 均为矢量，并规定 P_{w} 的方向为正，即高压水的能量超过地应力在裂纹附近的塑性能时，裂纹开始起裂。J_{Ic} 可以通过试验方法取得，σ_x、σ_y 通过数值计算可以求得。

6.1.2　射流割缝降低煤层起裂压力研究

1）射流割缝空间几何形态

从高压水射流冲击煤体形成的空间几何形态可以看出，射流割缝缝槽呈椭圆形。由缝槽中心向缝槽边缘受高压水射流冲击时间逐渐缩短，缝宽 H 逐渐减小，如图 6.4 所示。

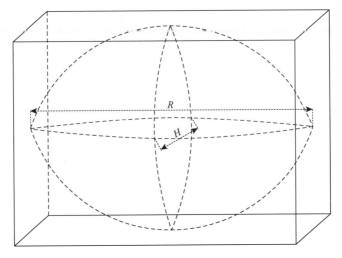

图 6.4　水射流割缝空间几何形态

2）射流割缝前后应力分析

假设地层是均匀各向同性、线弹性多孔材料，并认为孔壁围岩处于平面应变状态。钻孔及割缝缝槽的受力状态如图 6.5 所示。

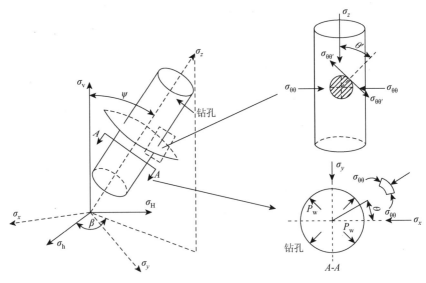

图 6.5　射流割缝钻孔受力分析

根据 Deily 及 Aadnoy 等的研究成果得出割缝钻孔周围煤体应力关系式如下：

$$\sigma_r = P_w \qquad (6.24)$$

$$\sigma_{\theta\theta'} = (\sigma_x + \sigma_y + \sigma_{z\theta}) - 2(\sigma_x + \sigma_y - \sigma_{z\theta})\cos 2\theta'$$
$$- 2(\sigma_x - \sigma_y)(\cos 2\theta + 2\cos 2\theta \cos 2\theta')$$
$$- 4\tau_{xy}(1 + 2\cos 2\theta)\sin 2\theta - 4\tau_{z\theta}\sin 2\theta' \qquad (6.25)$$
$$- P_w(2\cos 2\theta' + 2)$$

$$\sigma_{z\theta} = \sigma_z - 2\upsilon(\sigma_x - \sigma_y)\cos 2\theta - 4\upsilon\tau_{xy}\sin 2\theta \qquad (6.26)$$

$$\tau_{r\theta} = \tau_{rz} = 0 \qquad (6.27)$$

$$\tau_{\theta z} = 2(-\tau_{xz}\sin\theta + \tau_{yz}\cos\theta) \qquad (6.28)$$

式中，σ_r 为径向应力；σ_x、σ_y、σ_z 分别为法向应力，其中 σ_z 平行于钻孔轴向；$\sigma_{\theta\theta}$、$\sigma_{z\theta}$ 分别为方位角为 θ 时钻孔上切向应力和轴向应力；$\sigma_{\theta\theta'}$ 为倾角为 θ' 时的切应力；τ_{xy}、τ_{xz}、τ_{yz} 为直角坐标系中的剪应力；$\tau_{r\theta}$、τ_{rz}、$\tau_{\theta z}$ 为柱坐标系中的切应力；P_w 为钻孔静水压力；υ 为煤岩体泊松比。

其中，σ_x、σ_y、σ_z、τ_{xy}、τ_{xz}、τ_{yz} 可用地应力 σ_H、σ_h、σ_v 表示为

$$\sigma_x = (\sigma_h\cos^2\beta + \sigma_H\sin^2\beta)\cos^2\psi \qquad (6.29)$$

$$\sigma_y = \sigma_h\sin^2\beta + \sigma_H\cos^2\beta \qquad (6.30)$$

$$\sigma_z = (\sigma_h\cos^2\beta + \sigma_H\sin^2\beta)\sin^2\psi - \sigma_v\cos^2\psi \qquad (6.31)$$

$$\tau_{yz} = 0.5(\sigma_H - \sigma_h)\sin 2\beta\sin\psi \qquad (6.32)$$

$$\tau_{zx} = 0.5(\sigma_h\cos^2\beta + \sigma_H\sin^2\beta - \sigma_v)\sin 2\psi \qquad (6.33)$$

$$\tau_{xy} = 0.5(\sigma_H - \sigma_h)\sin 2\beta\cos\psi \qquad (6.34)$$

式中，σ_H、σ_h、σ_v 分别为最大水平地应力、最小水平地应力和垂直地应力；β 为相对于 σ_h 的钻孔偏角；ψ 为相对于 σ_v 的钻孔偏角。

在明确割缝钻孔应力分布之后，需明确水压裂缝起裂判断准则。煤岩体屈服判断准则主要有最大主应力准则、最大主应变准则、最大剪应力准则、总应变能准则等，其中最大主应力准则广泛应用于判断水压裂缝起裂，且是较实用的判断准则。因此本节选用此准则作为判断水压裂缝是否起裂的标准。该准则认为，处于复杂应力状态下的材料，当某一主应力超过其抗拉强度时便发生屈服破坏。割缝钻孔周边煤体主应力可表示为

$$\sigma_1 = \sigma_r \qquad (6.35)$$

$$\sigma_2 = \frac{1}{2}\left[(\sigma_{\theta\theta} + \sigma_{z\theta}) + \sqrt{(\sigma_{\theta\theta} + \sigma_{z\theta})^2 + 4\tau_{\theta z}^2}\right] \qquad (6.36)$$

$$\sigma_3 = \frac{1}{2}\left[(\sigma_{\theta\theta} + \sigma_{z\theta}) - \sqrt{(\sigma_{\theta\theta} + \sigma_{z\theta})^2 + 4\tau_{\theta z}^2}\right] \qquad (6.37)$$

式中，σ_3 在割缝钻孔周边形成最大拉应力；如果考虑煤体内瓦斯压力（P_p）的影响，则煤体起裂压力（σ_f）可以表示为

$$\sigma_f = \sigma_3 - P_p \tag{6.38}$$

σ_3 是注水压力 P_w 的函数，当注水压力从 0 不断增大时，裂缝可能在任何角度起裂，裂缝首先起裂角度为 θ_{cr} 时，注水压力 P_w 等于起裂压力 σ_f，根据最大主应力准则，得出

$$\sigma_f \leqslant -\sigma_t \tag{6.39}$$

Bradley 的研究表明，煤岩体的抗拉强度较小，可以视为 0。不考虑瓦斯压力对起裂的影响，由以上各式可以推出

$$P_w \geqslant \frac{1}{2(\cos 2\theta' + 1)} \begin{bmatrix} (\sigma_x + \sigma_y + \sigma_{z\theta}) - 2(\sigma_x + \sigma_y - \sigma_{z\theta})\cos 2\theta' \\ -2(\sigma_x - \sigma_y)(\cos 2\theta + 2\cos 2\theta \cos 2\theta') \\ -4\tau_{xy}(1 + 2\cos 2\theta)\sin 2\theta - 4\tau_{z\theta}\sin 2\theta' - \dfrac{\tau_{\theta z}^2}{\sigma_{z\theta}} \end{bmatrix} \tag{6.40}$$

式（6.40）适用于任意角度起裂压力计算，为简化计算，仅考虑平行钻孔且钻孔轴向沿最小水平主应力方向，即 $\psi = 90°$、$\beta = 0°$。根据裂缝起裂准则，即裂缝沿最大主应力方向、垂直于最小主应力方向起裂，可以判断出裂缝位于 $\theta = 0°$（沿 σ_v 方向）或 $\theta = 90°$（沿 σ_H 方向），同时从图 6.5 中可以看出 $\theta' = 90°$，可以得出起裂压力 P_{wf} 为 $\theta = 0°$ 处的起裂压力 P_{w0} 与 $\theta = 90°$ 处的起裂压力 P_{w90} 的较小值：

$$P_{wf} = \min(P_{w0}, P_{w90}) \tag{6.41}$$

式中，

$$P_{w0} = \frac{1}{4}[9\sigma_H - \sigma_h - 3\sigma_v + 2\upsilon(\sigma_v - \sigma_H)] \tag{6.42}$$

$$P_{w90} = \frac{1}{4}[9\sigma_v - \sigma_h - 3\sigma_H + 2\upsilon(\sigma_v - \sigma_H)] \tag{6.43}$$

如果钻孔没有割缝，忽略瓦斯压力的作用并认为煤岩的抗拉强度为 0，且钻孔轴线平行于 σ_x，通过分析钻孔周边切应力 $\sigma_{\theta\theta}$，采用相同的计算方法可列出水平钻孔的起裂压力 P'_{wf}：

$$P'_{wf} = \min(P'_{w0}, P'_{w90}) \tag{6.44}$$

$$P'_{w0} = 3\sigma_H - \sigma_v \tag{6.45}$$

$$P'_{w90} = 3\sigma_v - \sigma_H \tag{6.46}$$

为对比割缝前后起裂压力，同时为方便计算起裂压力，引入无量纲参数 $\dfrac{P_{wf}}{\sigma_v}$。

$\dfrac{P_{wf}}{\sigma_v}$ 仅是 $\dfrac{\sigma_H}{\sigma_h}$ 与 $\dfrac{\sigma_H}{\sigma_v}$ 的函数，即

$$\frac{P_{wf}}{\sigma_v} = f\left(\frac{\sigma_H}{\sigma_h}, \frac{\sigma_H}{\sigma_v}\right) \tag{6.47}$$

根据我国煤矿赋存特征，选取 σ_H / σ_h 与 σ_H / σ_v 不同应力的组合，煤体的泊松比取值为 0.3，计算得出割缝钻孔压裂起裂压力与不割缝起裂压力（图 6.6，其中"P"表示割缝钻孔应力组合，"NP"表示普通钻孔应力组合）。在同样的应力组合下，割缝钻孔起裂压力较普通钻孔起裂压力偏低。水平应力比值相同时，σ_H / σ_v 值越大，起裂压力差越大；相反，当 σ_H / σ_v 值一定时，σ_H / σ_h 值越大，起裂压力差越小。

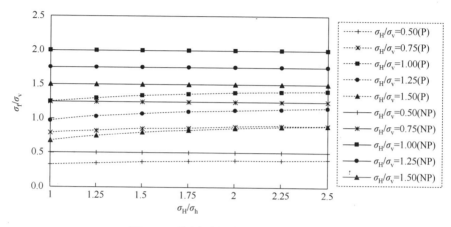

图 6.6　不同应力组合下起裂压力对比

6.1.3　射流割缝与未割缝压裂起裂压力数值分析

1）软件简介

岩石损伤破裂过程渗流-应力耦合分析系统（RFPA^{2D}-Flow）是由东北大学岩石破裂与失稳研究中心开发研制的非连续体变形与破裂渗流耦合分析软件。该系统能够对裂纹的萌生、扩展过程中渗透率演化规律及其渗流-应力耦合机制进行模拟分析，在水压致裂、岩石破裂过程渗透性演化规律、矿山底板突水分析中把流固耦合问题的研究从应力状态分析深入破坏过程分析中，拓展了程序的应用领域[1, 2]。

岩石是一种复杂的非均匀材料，以往的岩石本构理论不足以表达岩石变形破坏的整个过程，更不易用于其破坏机理的研究。随着研究的深入，岩石力学性质的弱化是由受力后内部结构的损伤和裂纹产生而引起的这一观点逐渐得到认同，这实际上是从岩石细观结构上找到了其破坏机理。在 RFPA^{2D}-Flow 中，材料性质按照某个给定的韦伯分布来赋值，并应用弹性有限元法作为应力分析工具，计算分析对象的应力场和位移场。组成材料的各个细观单元的力学性质（包括弹性模量、抗压强度、抗拉强度、泊松比等）假定满足某个弹性损伤的本构关系，同时，最大拉应力（或者拉应变）准则和莫尔-库仑准则分别作为该损伤本构关系的损伤阈值，即单元的应力或者应变状态达到最大拉应力（或拉应变）准则和莫尔-库仑准则时，认为单元开始发生拉和剪的初始损伤。损伤演化按照弹性损伤本构关系来描述。细观单元体尺寸取得越小，材料越均匀，这种弹-脆性的性质就越明显。在一个统一的变形场中，微破裂不断产生的原因除了载荷不均、形态不够光滑等结构因素形成应力集中，更主要的是细观单元体强度的不均匀性。

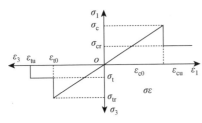

图 6.7 基元的本构关系

岩石非线性的根本原因是岩石的非均匀性。目前，建立在统计理论基础上的数值模拟方法是解决这一问题的有效途径。依据所研究的问题，认为基元破坏前的力学行为可以用弹性、弹塑性或软化模型来描述。基元破坏后具有残余强度特性。在基元的整个受载期内，其物理性质变换遵循如图 6.7 所示的规律。基元达到其峰值强度（σ_c，σ_t）后，其强度和弹性模量分别变成 σ_{cr}、σ_{tr} 和 E'，也就是说，基元的性质弱化了。材料破坏后仍具有传递压力的能力，所以在基元受压破坏后将转变为具有传递压力的"接触"基元；而在基元受拉破坏后将转变为具有"分离作用"的基元。在基元行为中体现材料破坏的物理性能是 RFPA^{2D}-Flow 的重要特点之一。

因此，在岩层破断过程的分析中，将岩石材料的非均质性参数引入计算单元，认为宏观破坏是单元破坏的积累过程；单元的性质是线弹脆性的，单元的弹性模量和强度等力学参数服从某种统计分布，如正态分布、韦伯分布、均匀分布等；当单元强度达到破坏准则时发生破坏，破坏后单元的弹模比其他单元低；岩石的损伤量与破坏单元数成正比，故可以用连续介质力学方法处理物理非连续介质问题。

RFPA^{2D}-Flow 基于以下基本假设：①岩石材料介质中的流体遵循毕奥渗流理论；②岩石介质为带有残余强度的弹脆性材料，其加载和卸载过程的力学行为符合弹性损伤理论；③最大拉伸强度准则和莫尔-库仑准则作为损伤阈值对单元进行损伤判断；④在弹性状态下，材料的应力-渗透系数关系按负指数方程描述，材料破坏后，渗透系数明显增大；⑤材料细观结构的力学参数，按韦伯分布进行赋值，以引入材料的非均匀性。

在经典的毕奥渗流耦合理论中没有考虑应力引起的岩石渗透性变化，不能满足动量守恒。在考虑应力对渗流的影响后，需要补充应力-渗流耦合方程，因此，在 RFPA^{2D}-Flow 中引入损伤后的模型为

平衡方程　　$\sigma_{ij,j} + \rho X_j = 0 \quad (i, j = 1, 2, 3)$

几何方程　　$\varepsilon_{ij} = \dfrac{u_{i,j} + u_{j,i}}{2}$ ；　$\varepsilon_v = \varepsilon_{11} + \varepsilon_{22} + \varepsilon_{33}$

本构方程　　$\sigma'_{ij} = \sigma_{ij} - \alpha p \delta_{ij} = \lambda \delta_{ij} \varepsilon_v + 2G \varepsilon_{ij}$

渗流方程　$K\nabla^2 p = \dfrac{1}{Q}\dfrac{\partial p}{\partial t} - \alpha\dfrac{\partial \varepsilon_{\mathrm{v}}}{\partial t}$

渗流应力耦合方程　$K(\sigma, p) = \xi K_0 \mathrm{e}^{-\beta(\sigma_{ij}/3 - \alpha p)}$

式中，ρ 为体力密度；σ_{ij} 为正应力之和；ε_{v}、ε_{ij} 分别为体应变和正应变；δ 为 Kronecker 常量；Q 为毕奥数；G 和 λ 为剪切模量和拉梅系数；∇^2 为拉普拉斯算子；K_0 和 K 分别为渗透系数初值和渗透系数；p 为孔隙水压力；ξ、α、β 分别为渗透系数突跳倍率、孔隙水压系数、耦合系数（应力敏感因子），由实验确定。

当单元的应力状态或者应变状态满足某个给定的损伤阈值时，单元开始损伤，损伤单元的弹性模量为 $E = (1 - D)E_0$。D 为损伤变量，E 和 E_0 分别是损伤单元和无损单元的弹性模量，这些参数假定都是标量。

在单轴压缩和拉伸情况下，单元的渗透-损伤耦合方程的建立如下：

当单元的剪应力达到莫尔-库仑损伤阈值时，即

$$F = \sigma_1 - \sigma_3 \frac{1 + \sin\varphi}{1 - \sin\varphi} \geqslant \sigma_{\mathrm{c}} \tag{6.48}$$

式中，φ 为内摩擦角；σ_{c} 为单轴抗压强度。

此时损伤变量 D 为

$$D = \begin{cases} 0 & \varepsilon < \varepsilon_{\mathrm{c0}} \\ 1 - \dfrac{\sigma_{\mathrm{cr}}}{E_0 \varepsilon} & \varepsilon \geqslant \varepsilon_{\mathrm{c0}} \end{cases} \tag{6.49}$$

式中，σ_{cr} 为残余强度，其余参数见表 6.1。

单元损伤后，渗透突跳系数 ξ 增大，单元的渗透系数可采用下式表示：

$$K = \begin{cases} K_0 \mathrm{e}^{-\beta(\sigma_1 - \alpha p)} & D = 0 \\ \xi K_0 \mathrm{e}^{-\beta(\sigma_1 - \alpha p)} & D > 0 \end{cases} \tag{6.50}$$

当单元达到抗拉强度 σ_{t} 损伤阈值时，即 $\sigma_3 \leqslant \sigma_{\mathrm{t}}$，损伤变量 D 为

$$D = \begin{cases} 0 & \varepsilon_{\mathrm{t0}} \leqslant \varepsilon \\ 1 - \dfrac{\sigma_{\mathrm{tr}}}{E_0 \varepsilon} & \varepsilon_{\mathrm{tu}} \leqslant \varepsilon < \varepsilon_{\mathrm{t0}} \\ 1 & \varepsilon < \varepsilon_{\mathrm{tu}} \end{cases} \tag{6.51}$$

式中，σ_{tr} 为残余强度。

单元渗透系数为

$$K = \begin{cases} K_0 \mathrm{e}^{-\beta(\sigma_3 - \alpha p)} & D = 0 \\ \xi K_0 \mathrm{e}^{-\beta(\sigma_3 - \alpha p)} & 0 < D < 1 \\ \xi' K_0 \mathrm{e}^{-\beta(\sigma_3 - p)} & D = 1 \end{cases} \tag{6.52}$$

模型中假设应力和渗透率的关系满足负指数方程，并延伸到拉伸坐标轴。另

外，当单元处于多轴应力状态并且满足莫尔-库仑准则时，可以用最大压缩主应变ε_1代替单轴压应变，用平均主应力$\sigma_{ii}/3$代替σ_1，这样就可以将以上表述的一维压应力作用下的本构关系推广到三维，所以单元的强度和其残余强度也按照广义胡克定律以相同的比例提高[3]。

通过以上分析可见，在RFPA^{2D}-Flow中加入损伤参量，通过连续介质力学的方法分析非连续介质问题，完全可以用来分析煤岩体水压裂缝起裂及空间扩展情况。

2）数值分析模型

裂缝的起裂数值大小决定于煤层所受地应力，起裂位置决定于裂缝的几何形状及水平应力，裂缝的延伸方向决定于水平应力差。为了明确裂缝在一定的地质条件下起裂、延伸规律，分别建立导向压裂模型及常规压裂模型进行对比分析。

（1）水射流造缝煤体压裂模型。

由于煤层在整个钻井和压裂过程中铅垂方向的位移受上覆各岩层的限制，相对于水平方向的位移很小，可忽略不计，所以，将模型视为平面应变模型。取边长为30m×30m的正方形区域，划分为300×300=90000个单元。依据2.1节中射流割缝几何形态的分析，着重分析裂缝起裂及扩展在水平面上特性，因此对缝隙进行平面剖切，

图6.8　导向压裂数值分析模型

即在模型的中部开挖一长轴为2m、短轴为0.2m的椭圆，表示射流割缝缝隙。将模型的水平地应力以位移边界条件的方式施加于模型的两边，如图6.8所示，σ_1、σ_2为煤层水平面内的两个地应力。注入水压作用于缝隙的内部边缘，水压力p以0.05MPa的步长递增。初始水压p_0视各模型的初始边界条件而定。

（2）常规压裂模型。

对于常规压裂模型，其受力条件和射流造缝煤体压裂相同，则同样将模型视为平面应变模型。取边长为10m×10m的正方形区域，划分为100×100=10000个单元。因为只分析该状态下裂缝起裂压力及位置，所以该状态下煤层钻孔进行纵向剖切，即在模型中部开挖一个100mm的圆孔，表示煤层中钻孔，将模型的水平地应力以位移边界条件的方式施加于模型的两边，如图6.9所示，σ_1、σ_2为煤层水平面内的两个地应力。注入水压作用于钻孔的内部

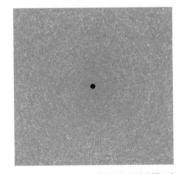

图6.9　常规压裂数值分析模型

边缘，水压力p以0.05MPa的步长递增。初始水压p_0视各模型的初始边界条件而定。

模型中单元的力学参数，如弹性模量、强度、渗透系数、泊松比等，都按照韦

伯分布进行随机赋值，如式（6.53）所示，式中的 s 分别代表 E_0、σ_c、k，s_0 代表与之相对应的各项的平均值；m 是用来描述试样均匀性的均质度系数，考虑到煤岩体的特殊结构，这里取 $m=3$ 进行模拟研究。表 6.1 列出了煤岩体的力学模型计算参数。

$$\varphi = \frac{m}{s_0}\left(\frac{s}{s_0}\right)^{m-1}\exp\left[-\left(\frac{s}{s_0}\right)^m\right] \quad (6.53)$$

表 6.1　煤岩力学参数

力学参数	参数值
均质度	3
弹性模量/GPa	13
内摩擦角/(°)	33
抗压强度/MPa	20
压拉比	17
残余强度系数	0.1
孔隙水压系数	0.8
渗透系数/（m/d）	1.0
泊松比	0.3
孔隙率	0.15

3）数值分析结果

目前我国煤层埋深大多在 300～800m，本节以平均埋深 400m 条件下射流割缝煤体应力组合 $(\sigma_x, \sigma_y)=$（10，8）、（10，9）、（10，10）、（10，11）、（10，12）时的起裂压力值进行分析，结果如图 6.10 所示。

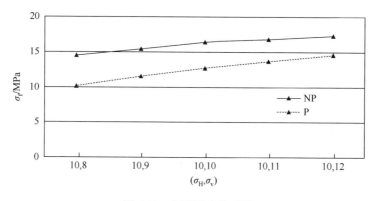

图 6.10　起裂压力值对比

6.1.4　射流割缝复合水力压裂裂缝起裂位置

裂缝起裂位置决定于射流割缝缝隙边缘的应力分布，起裂位置决定于两向水平应力差及井筒的形态[4, 5]，当水平应力相等时，裂缝起裂位置及方向是随机的；当两向水平应力相等时，在内水压的作用下裂纹尖端处 J 超过临界 J 积分 (J_{Ic})[6]，裂纹在射流割缝缝隙尖端处起裂（图 6.11 中 A 点）。从图 6.11 中可以看出，在地应力的作用下（两向水平应力相等）射流割缝缝隙中心附近出现拉伸-剪切破坏区，通过数值计算发现在图 6.11 的 B 处应力最小。当水平应力不等时，煤体起裂位置决定于破坏区附近应力变化，为明确在水平应力不等的情况下，破坏区应力变化规律，及其对裂缝起裂位置的变化，采用 FLAC^{3D} 对不同应力组合条件下割缝缝隙周围应力进行分析。

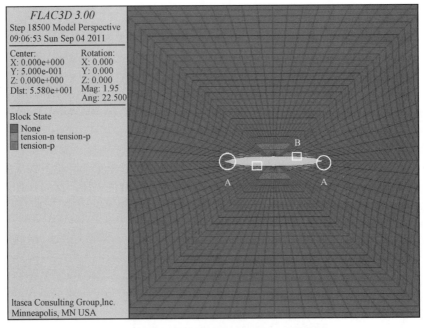

图 6.11　射流割缝缝隙边缘破坏区（后附彩图）

图 6.12 为割缝缝隙边缘应力分布对比，从图中可以看出，在缝隙边缘距中心 0.5m 处出现拉伸破坏区，且对称分布。随着纵向应力 σ_y 的增大，在相同位置破坏区逐渐增大。高压水作用在缝隙煤体时，由于破坏区内煤体裂隙发育完全，在内水压的作用下短时间内完全破坏。煤体破坏后形成裂纹尖端，在内水压的作用下煤体容易发生抗拉破坏。

　　研究表明，井底水力压裂钻孔中起裂位置决定于煤体所受拉应力，当某处煤体所受拉应力超过煤体的抗拉强度时煤体在该处起裂[7, 8]。

$$\sigma_\theta \geqslant \sigma_t \qquad (6.54)$$

式中，σ_θ——极坐标表示的切向正应力；

　　　　σ_t——煤体抗拉强度。

　　σ_θ 与水平应力呈正比关系，当 X 方向水平应力不变时，σ_θ 大小决定于 Y 方向水平应力。根据式（6.23）可以分析出，决定裂纹在端部起裂的关键因素在于 Y 方向水平应力。所以当地应力增大一定数值时，如果裂纹尖端处 J 积分没有达到临界 J 积分，且在 B 处煤体所受拉应力超过煤体的抗拉强度时，则裂纹在 B 处起裂，所以 Y 向水平应力决定裂缝起裂位置。

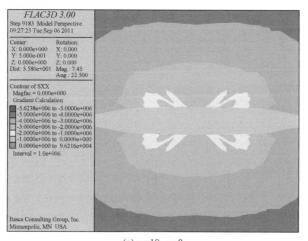

(a) $\sigma_x=10$, $\sigma_y=8$

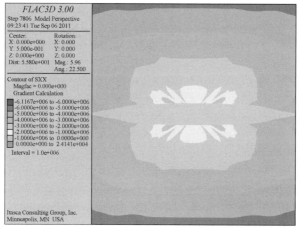

(b) $\sigma_x=10$, $\sigma_y=10$

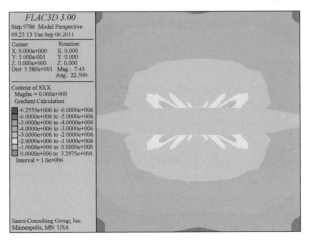

(c) σ_x=10, σ_y=11

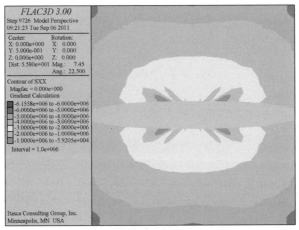

(d) σ_x=10, σ_y=12

图 6.12　割缝缝隙边缘应力分布（后附彩图）

　　图 6.13 为点 $(x, y) = (2, 0)$ 与点 $(x, y) = (0.5, 2)$ 在不同水平应力组合下 Y 向应力变化对比曲线。当 Y 向水平应力增加时，尖端处应力逐渐增大，而由于破坏区的增大，割缝缝隙中心附近应力逐渐变小。从以上分析得出，水平应力相等时，裂纹从尖端处起裂。随着 Y 方向施加水平应力的不断增大，裂缝尖端处起裂所需内水压不断增大，但由于缝隙中心附近应力的减小，其所受拉应力超过抗拉强度，裂缝首先从缝隙中心附近起裂。

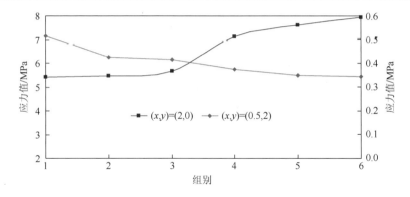

图 6.13　*A* 与 *B* 点应力对比

综上所述，当水平应力相等时，缝隙在内水压的作用下，裂纹在裂缝尖端处起裂（图 6.11 中 *A* 点）。当缝隙中心方向应力增大时，水平应力差的形成改变缝隙边缘应力分布，使缝隙中心处破坏区面积增大，其周围压力降低，同时缝隙尖端处应力增大，当水平压差增大到一定程度时，水压裂缝在中心附近起裂（图 6.11 中 *B* 点）。水平压差的数值决定于压裂煤体的临界 *J* 积分及抗拉强度。

6.2　射流割缝复合水力压裂裂缝扩展规律

6.2.1　射流割缝复合水力压裂裂缝扩展规律分析

裂缝的起裂压力主要由缝隙周围应力决定，裂缝的形态由垂直应力与水平应力的相对大小决定。裂缝扩展远离缝隙之后是否仍将保持起裂时的原有方向继续延伸，受诸多因素的影响。裂缝在扩展中当遇到地层岩性的变化、岩层交界面、断裂面时，裂隙的扩展方向会发生变化。垂直裂缝的延伸主要在垂直方向和水平方向，煤层中垂直方向的延伸受煤层的厚度、顶底板的岩性影响，水平方向的延伸受水平应力差、断层等方面的影响。

1）岩性变化对裂缝扩展的影响

从压裂工艺设计的要求出发，尤其对于油气储层，往往要求裂缝仅局限于生产层内而不允许穿过隔层延伸进别的高渗层中，否则将造成压裂的失败。对于垂直裂缝，就是要求对裂缝的高度进行有效的控制。

生产层中的裂缝是否能延伸进隔层中取决于接近两层交界面处裂缝端部的应力强度因子的变化情况。假定相邻的上下两层具有相同的泊松系数，但弹性模量差别较大，计算表明[9, 10]，当隔层的弹性模量比生产层的弹性模量小得多（设 $E_1=2E_2$）时，裂缝向界面逼近导致其端部的应力强度因了增大，因此裂缝越接近于交界面便越易扩展并最后穿过界面延伸进隔层中。与此相反，当隔层的弹性模量比生产层的弹性模量大得多（设 $E_2=2E_1$）时，应力强度因子趋近于 0，这就意味着隔层起着裂缝的阻挡作用，最终使裂缝的扩展终止于界面上。由此可以推断，在那些具有较大弹性模量的隔层的储集层中，可以预期获得较好的压裂效果。

另外，由于生产层和隔层在物理力学性质上的巨大差异，在水平方向上产生明显不同的地应力。实测表明，页岩中的水平地应力分量常接近于上覆压力，而砂岩层的水平应力一般小于上覆压力。这对于垂直裂缝的延伸将产生阻挡作用。如果已知生产层和隔层的水平地应力，便可判断和控制裂缝的延伸过程。

2）岩层交界面的性质对裂缝扩展的影响

Daneshy、Anderson 和 Larson 的研究表明，岩层界面的性质对裂缝的扩展有很大的作用，并提出可用界面的抗剪强度衡量其性质。弱的界面能中止裂缝的扩展，不论界面两边岩层的相对性质如何，连接强的界面最终能使裂缝穿过界面而延伸进弹性模量较小的岩层。用有机玻璃和英地安纳灰岩（前者的抗拉强度和弹性模量均较后者大）以环氧树脂黏结，界面的黏结强度高于灰岩的强度但小于有机玻璃的强度，裂纹能从有机玻璃界面延伸进灰岩中；但反之则不能，裂纹到达界面后便沿界面扩展，没能延伸进有机玻璃中。

产生界面强度的一种可能是层间的黏合力，另一种可能则是由于抵抗变形的摩擦力所产生的机械连接力。用两个具有粗糙表面的同名岩石（不经胶结）叠在一起进行层间裂缝的穿透试验，结果表明，这种组合岩石试件的界面上必须施以足够高的临界法向应力才能使裂缝穿过界面延伸进另一块岩石中。这大概是足够大的法向应力使粗糙面产生嵌合而提高连接强度，从而使裂纹不致停止在界面上或沿界面扩展而直接穿过界面进入另一方的岩石中[11-13]。

3）应力差对裂缝扩展的影响

Hubbert 和 Willis[14]提出裂缝在延伸过程中裂缝面恒垂直于最小地主应力的方向。美国加州大学劳伦斯利佛摩实验室（LLL 实验室）在边长为 4in（1in=2.54cm）的透明塑料立方块上进行压裂模拟试验时发现，对于垂直裂纹，即使起裂的方向不与最小主应力相垂直，只要最大和最小水平主应力之差大于 75lb/in^2（1lb=0.454kg），在裂纹未达到边界之前就逐渐改变方向转而垂直于最小主应力。在花岗岩样上的试验也观察到只要垂直主应力小于最小的水平主应力，在孔壁上起裂的垂直裂纹扩展后会转而改变方向成为水平裂缝[15]。

综上所述，影响射流割缝煤体内裂缝扩展的主要因素是煤层顶底板性质、水平应力差。裂缝在垂向上扩展到煤层与顶底板交界面时，由于煤层与顶底板岩层弹性模量相差较大，裂缝终止于交界面处。裂缝在水平方向的扩展则决定于水平应力差，且垂直于最小水平主应力。

通过以上分析得出，水平应力相等的情况下，裂纹在割缝缝隙尖端处起裂，Y方向水平应力减小时，两向水平应力差驱使裂纹在裂纹尖端处起裂。裂缝的延伸方向决定于X轴的最大主应力分布及方向。Y方向水平应力增大时，裂纹的起裂位置决定于煤体的临界J积分和抗拉强度的大小。当裂缝在射流割缝缝隙中心处起裂时，裂纹的延伸方向决定于Y轴方向最大主应力分布及方向。为明确射流割缝缝隙在起裂后裂纹的延伸方向，需要对裂纹起裂位置附近应力进行分析，计算最大主应力方向。采用FLAC^{3D}分析割缝缝隙X、Y方向σ_x与σ_y的分布规律，计算出最大主应力方向。

$\sigma_x = 10\text{MPa}$，$\sigma_y = 8\text{MPa}$。在这种水平应力条件下，裂纹在尖端处起裂，延伸方向决定于X轴方向最大主应力方向。因此对X轴正方向上的应力进行分析，并通过下式计算出最大主应力的方向：

$$\tan 2\theta = -\frac{2\tau_{xy}}{\sigma_{xx} - \sigma_{yy}} \tag{6.55}$$

式中，θ——最大主应力法向与X轴的夹角；

τ_{xy}——平面剪应力。

通过拾取X正轴（2，0）、（2.5，0）、（3，0）、（3.5，0）、（4，0）、（4.5，0）、（5，0）、（5.5，0）、（6，0）、（6.5，0）、（7，0）、（7.5，0）、（8，0）、（8.5，0）、（9，0）、（9.5，0）、（10，0）及Y正轴（0，2）、（0，2.5）、（0，3）、（0，3.5）、（0，4）、（0，4.5）、（0，5）、（0，5.5）、（0，6）、（0，6.5）、（0，7）、（0，7.5）、（0，8）、（0，8.5）、（0，9）、（0，9.5）、（0，10）处σ_{xx}、σ_{yy}的值，计算在不同应力组合下以上点的最大主应力的方向，计算结果如图6.14～图6.22所示。

从图6.14～图6.16中可以看出，当纵向应力为8MPa、9MPa、10MPa时，由于在缝隙尖端处σ_{yy}存在应力集中，尖端处最大主应力与X轴夹角较大。但离开尖端0.5～1m之后，主应力角度突然减小，远离尖端处最大主应力方向基本与X轴平行，说明裂纹在尖端处起裂后，沿着X方向延伸。根据上述分析，当纵向应力为11MPa、12MPa、13MPa时，裂纹可能在缝隙的中心处开裂。现假设裂纹均在缝隙尖端处开裂，分析X轴方向最大主应力方向，确定裂纹扩展方向。图6.17、图6.19和图6.21显示出，当纵向应力分别为11MPa、12MPa、13MPa时X轴最大主应力方向趋近平行于X轴，可以判断裂纹如果在尖端处起裂，裂缝沿着X方向延伸。假设裂纹在缝隙中心处起裂，当纵向应力为11MPa时，图6.18显示裂

缝依然会沿着 X 方向延伸。但当纵向应力为 12MPa、13MPa 时，最大主应力方向近似与 Y 方向平行，即裂缝沿着 Y 方向延伸。

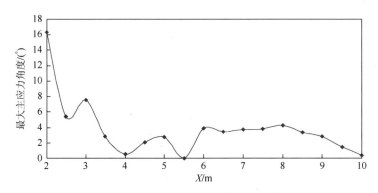

图 6.14　$(\sigma_x, \sigma_y) = (10, 8)$ 时 X 轴最大主应力角度

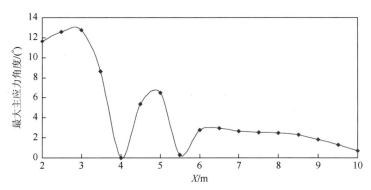

图 6.15　$(\sigma_x, \sigma_y) = (10, 9)$ 时 X 轴最大主应力角度

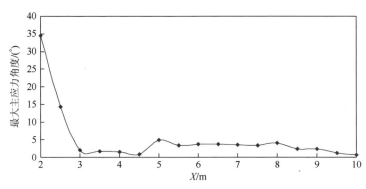

图 6.16　$(\sigma_x, \sigma_y) = (10, 10)$ 时 X 轴最大主应力角度

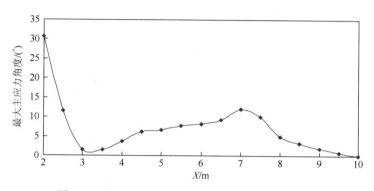

图 6.17　$(\sigma_x, \sigma_y) = (10, 11)$ 时 X 轴最大主应力角度

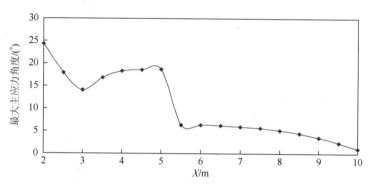

图 6.18　$(\sigma_x, \sigma_y) = (10, 11)$ 时 Y 轴最大主应力角度

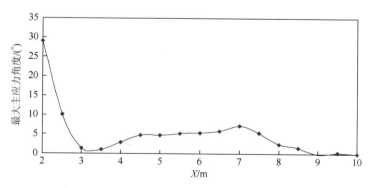

图 6.19　$(\sigma_x, \sigma_y) = (10, 12)$ 时 X 轴最大主应力角度

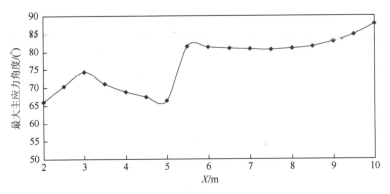

图 6.20　$(\sigma_x, \sigma_y) = (10, 12)$ 时 Y 轴最大主应力角度

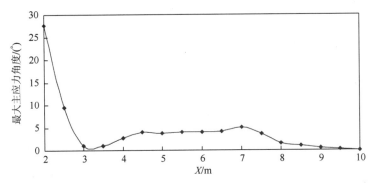

图 6.21　$(\sigma_x, \sigma_y) = (10, 13)$ 时 X 轴最大主应力角度

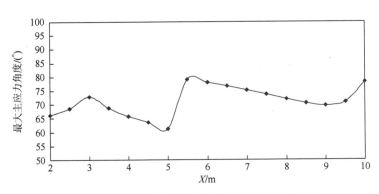

图 6.22　$(\sigma_x, \sigma_y) = (10, 13)$ 时 Y 轴最大主应力角度

6.2.2　射流割缝复合水力压裂裂缝扩展数值分析

煤体压裂后，抽放效果主要受煤层被压裂后裂缝的发育状态影响。裂缝发育

越长，煤层有效压裂区域就越大，瓦斯抽放率则越高。井下煤层水压致裂受到诸多因素的影响，包括压裂施工工艺、压裂煤层赋存特性、钻孔/钻井的几何形态、压裂时排量大小及压裂煤层所处的地应力状态等，其中最主要的因素就是地应力。利用岩石损伤破裂过程渗流-应力耦合分析系统 RFPA^{2D}-Flow 对煤层的压裂过程和裂缝扩展特征进行数值分析。

通过研究水平应力差对裂缝起裂位置及延伸的影响，得出射流割缝导向压致裂裂缝起裂位置的机理如下：裂缝的起裂位置决定于平行于缝隙长度方向水平应力（σ_H）与平行于缝隙宽度方向应力（σ_h）的差值；当 $\sigma_H \geq \sigma_h$ 时，裂纹在裂缝尖端处起裂；当 $\sigma_H < \sigma_h$ 时，随着差值的增大，射流割缝缝隙中心处破坏区面积增大、应力降低，同时缝隙尖端处应力增大，当水平压差不超过 1MPa 时，裂纹在裂缝尖端处起裂，当水平压差超过 1MPa 时，水压裂缝在缝隙中心附近起裂。裂缝延伸方向取决于裂缝起裂位置，当裂缝在射流割缝缝隙尖端处起裂时，裂缝沿割缝缝隙长度延伸方向扩展；当裂缝在射流割缝缝隙中心处起裂时，裂缝沿平行于缝隙宽度方向扩展。

通过数值模拟与研究结果进行比较，如图 6.23～图 6.25 所示。

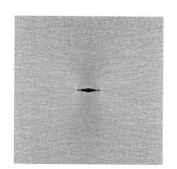 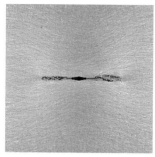 

图 6.23　$(\sigma_H, \sigma_h) = (8, 6)$ 数值模拟水压致裂裂缝的产生、扩展及延伸过程

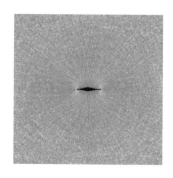 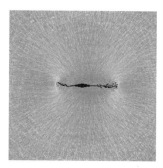 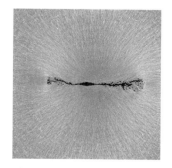

图 6.24　$(\sigma_H, \sigma_h) = (8, 8)$ 数值模拟水压致裂裂缝的产生、扩展及延伸过程

图 6.25　$(\sigma_H, \sigma_h) = (8, 10)$ 数值模拟水压致裂裂缝的产生、扩展及延伸过程

结果表明，当模型垂向应力与水平应力差大于 1MPa 时，裂缝会在射流割缝缝隙中心附近起裂；除此之外裂缝均会在缝隙尖端处起裂；裂缝同样沿着裂缝起裂位置方向延伸，且在任何应力组合条件下导向水压裂缝起裂压力均小于常规压裂起裂压力。这表明数值模拟结果与理论研究结果相一致。

6.3　射流割缝复合水力压裂增透机理

6.3.1　水压裂缝闭合机理

从接触理论角度分析裂缝闭合，一般把接触面分为两类：①一个理想平面和一个粗糙面；②两接触面均为粗糙面。Greenwood 和 Williamson[16]首先使用赫兹接触理论处理粗糙面之间的接触问题，假设接触发生在一个粗糙面与一个平面之间，粗糙面上分布着相同半径的球状微凸体。假设微凸体和平面接触时只发生弹性变形，分析裂缝的闭合规律。Brown 和 Schotz[17]对此进行了改进，假设两粗糙面相接触，裂缝面的微凸体可通过随机统计得到分布，以某一参考面为基准可得到这两个面的合成面，然后分析合成面和平面接触的力学特性，称为 B&S 模型。Yamada 等[18]考虑两缝面的微凸体分布情况，微凸体的尖端以某种概率相互接触，并对微凸的体概率分布进行详述，称为 Y 模型。在地应力状态下，两种模型的应力闭合量基本一致，但在高应力下 Y 模型的闭合量比 B&S 模型更符合实际闭合量。两种模型均基于微凸体接触为弹性接触，Y 模型在推导过程中假设裂缝两面的微凸体是相互独立的，同时考虑接触面的剪切滑动。水压裂缝两缝面均为粗糙面，且在地应力的作用下，裂缝闭合过程中必然会出现裂缝的剪切滑动。

基于以上分析，本节在 Y 模型的基础上，考虑微凸体的塑性变形，研究裂缝闭合机理，分析微凸体受力规律。把煤体水压裂缝两缝面均视为粗糙面，面上微凸体视为球体（图 6.26 和图 6.27），当两接触面均为各向同性时，微凸体沿粗糙面长度 l_s 接触过程为塑性变形过程，则粗糙面的表面密度 n_0 可以表示为[19]

$$n_0 = \frac{N}{2\bar{a}_e l_s} \tag{6.56}$$

式中，N——规定长度范围内微凸体的数量；

　　　　$\bar{a}_e$——有效微凸体半径平均值。

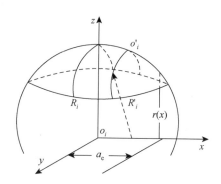

图 6.26　粗糙面球状微凸体示意图

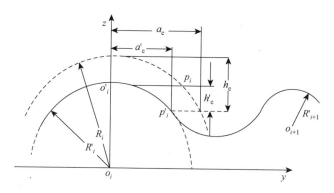

图 6.27　粗糙面球状微凸体剖面示意图

通过分析，裂缝接触面剖面微凸体高度分布通常小于实际的微凸体高度，针对这种情况 Yamada 等通过寻求微凸体剖面高度分布与实际微凸体分布之间的关系（图 6.28），求出粗糙面上微凸体高度分布函数 $f(z')$：

$$g(z)q(z) = C_0 \int_0^z f(z') \int_{z-z'}^\infty H(h_e) \mathrm{d}h_e \mathrm{d}z' \tag{6.57}$$

式中，$g(z)$——剖面曲线微凸体高度分布函数；

$$q(z) = \bar{a}_e \frac{[z(2R-z)]^{\frac{1}{2}}}{R-z} ;$$

z——坐标方向；

R——微凸体半径平均值；

C_0——常数；

h_e——粗糙面的有效高度；

$H(h_e)$——h_e 的分布函数。

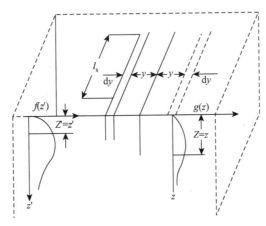

图 6.28   粗糙面剖面微凸体高度分布与实际分布

在分析微凸体受力之前，需作出如下假设。

（1）粗糙面上微凸体为球形，且半径或曲率保持不变。

（2）微凸体的顶端投影到平行于粗糙面剖面的平面上时，投影点在平面上随机分布且互不重合。

（3）微凸体接触符合赫兹接触理论，并忽略作用于微凸体上的摩擦力的影响。

认为两粗糙面具有闭合量 h，以两粗糙面最高点为原点建立坐标系（图 6.29）。令两粗糙面的实际微凸体分布分别为 $f_1(z_1)$ 及 $f_2(z_2)$，分别在轴 O_1Z_1 及轴 O_2Z_2 上取 dz_1 及 dz_2，则在 z_1+dz_1 及 z_2+dz_2 范围内，粗糙面上微凸体的数量可以分别表示为

$$N_1 n_{01} A_a f_1(z_1) dz_1 \tag{6.58}$$

$$N_2 n_{02} A_a f_2(z_2) dz_2 \tag{6.59}$$

式中，n_{01}——接触面 1 上微凸体面密度；

n_{02}——接触面 2 上微凸体面密度。

当两粗糙面相互接触时，设可闭合量为 Z_a，已发生闭合位移 Δh，如图 6.29 所示。在压力 $\Delta W'$ 作用下，其法向分力 ΔW 表示为

$$\Delta W = \Delta W' \cos\varphi \tag{6.60}$$

通常情况下由于 φ 值较小，所以可以近似认为 $\Delta W \approx \Delta W'$。基于这种假设 Timoshenko 和 Goodier[20]给出了法向应力的表达式：

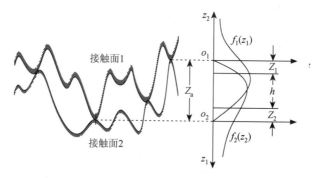

图 6.29　粗糙面接触示意图

$$\Delta W = \frac{4}{3} E' \left(\frac{R_1 R_2}{R_t} \right)^{\frac{1}{2}} \Delta h^{\frac{3}{2}} \tag{6.61}$$

式中，$E' = \dfrac{1+\nu_1^2}{E_1} + \dfrac{1+\nu_2^2}{E_2}$，其中 ν_1、ν_2 分别为接触面 1、接触面 2 的泊松比，E_1、E_2 分别为接触面 1、接触面 2 的弹性模量。对于煤体水压裂缝，可以认为两接触面的力学性质相同，即 $E' = 2\dfrac{1+\nu}{E}$，其中 ν、E 分别为煤体的泊松比及弹性模量；

R_1，R_2——球状微凸体半径；

$R_t = R_1 + R_2$，由于 $R_t \gg h$、$R_t \gg \Delta h$，则 Δh 可以表示为

$$\Delta h = h - \frac{r^2}{2R_t} \tag{6.62}$$

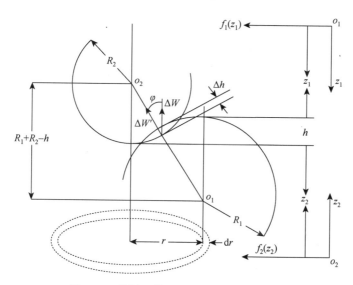

图 6.30　作用于微凸体上应力计算示意图

在平行于接触面的面上以两微凸体最高点间距为半径划定一个圆形区域，如图 6.30 所示，半径记为 r。现对半径为 r 的圆与半径为 $r+\mathrm{d}r$ 的圆之间的环形区域的接触点进行分析。认为在面 2 上该环形区域内微凸体的出现与面 1 上微凸体峰值点出现在高度 z_1 处是相互独立的，则面 1 上微凸体峰值点在高度 z_1 处与面 2 上微凸体峰值点在高度 z_2 处相互嵌入变形量 Δh 为复合事件。假设同一面上相邻微凸体之间互不影响，则环形区域内接触点 Δn_c 可以表示为

$$
\begin{aligned}
\Delta n_c &= A_a n_{01} \frac{2\pi r \mathrm{d}r A_a n_{02} f_2(z_2) \mathrm{d}z_2}{A_a} f_1(z_1) \mathrm{d}z_1 \\
&= 2\pi n_{01} n_{02} A_a f_1(z_1) \mathrm{d}z_1 f_2(z_2) \mathrm{d}z_2 r \mathrm{d}r
\end{aligned}
\tag{6.63}
$$

由式（6.62）和式（6.63）可得，两个微凸体相互接触时的作用力可以表示为 ΔW、Δn，则作用于面 1 及面 2 上所有微凸体在可闭合量 Z_a 范围内的压力可以表示为

$$
\begin{aligned}
W &= \frac{8\pi}{3} E' A_a n_{01} n_{02} \left(\frac{R_1 R_2}{R_t}\right)^{\frac{1}{2}} \int_0^{z_a} \int_0^{z_a-z_1} \int_0^{r_0} f_1(z_1) f_2(z_2) \left(h - \frac{r^2}{2R_t}\right)^{\frac{3}{2}} r \mathrm{d}r \mathrm{d}z_2 \mathrm{d}z_1 \\
&= \frac{2\sqrt{2\pi}}{15} E' A_a n_{01} n_{02} \left(\frac{R_1 R_2}{R_t}\right)^{\frac{1}{2}} \\
&\quad \times \int_0^{z_a} \int_0^{z_a-z_1} \left\{ [2R_t(z_a - z_1 - z_2)]^{\frac{5}{2}} - (z_a - z_1 - z_2)^5 \right\} f_1(z_1) f_2(z_2) \mathrm{d}z_2 \mathrm{d}z_1
\end{aligned}
\tag{6.64}
$$

式中，$r_0 = (2hR_t - h^2)^{\frac{1}{2}}$，$h = z_a - z_1 - z_2$。式（6.64）积分项中因为第一项远远大于第二项，所以式（6.64）可以简化为

$$
W = \frac{16\pi}{15} E' A_a n_{01} n_{02} (R_1 R_2 R_t)^{\frac{1}{2}} \int_0^{z_a} \int_0^{z_a-z_1} (z_a - z_1 - z_2)^{\frac{5}{2}} f_1(z_1) f_2(z_2) \mathrm{d}z_2 \mathrm{d}z_1
\tag{6.65}
$$

式中，$f_1(z_1)$ 及 $f_2(z_2)$ 可以用下式表示

$$
f_1(t_1) = \begin{cases} \dfrac{1}{(2\pi)^{\frac{1}{2}}} \exp\left[-\dfrac{(t_1 - \overline{t_1})^2}{2}\right] & (t_1 \geqslant 0) \\ 0 & (t_1 < 0) \end{cases}
\tag{6.66}
$$

$$
f_2(t_2, \lambda) = \begin{cases} \dfrac{1}{(2\pi)^{\frac{1}{2}}} \exp\left[-\dfrac{(t_2 - \overline{t_2})^2}{2}\right] & (t_2 \geqslant 0) \\ 0 & (t_2 < 0) \end{cases}
\tag{6.67}
$$

式中，$t_1 = \dfrac{z_1}{s_1}$，$t_2 = \dfrac{z_2}{s_2}$（s_1、s_2 分别为 $f_1(z_1)$、$f_2(z_2)$ 的标准偏差），$\lambda = \dfrac{s_2}{s_1}$。

式（6.65）为粗糙面微凸体 W 受力与闭合量 z_a 之间的关系式，从式中可以看出，两者呈正指数关系，即微凸体受力的增加能够大大增加裂缝的闭合量，从宏

观考虑，作用于煤体水压裂缝的有效应力的增加会使裂缝的闭合量增大。减小煤体所受有效应力是减小煤体裂缝闭合的有效方法。

　　水压裂缝中的水压卸掉后，由于裂隙的扩展及瓦斯的解吸，裂隙中存在一定压力的瓦斯。因为相比整个矿区，水压裂缝体积可以忽略，可以认为裂缝处于开放系统中，即裂缝中瓦斯压力在裂缝闭合过程中保持不变（图 6.31）。根据有效应力的定义：

$$\sigma_e = \sigma - \sigma_p \tag{6.68}$$

式中，σ_e——煤体所受有效应力；

　　　　σ——原始应力；

　　　　σ_p——孔隙压力。

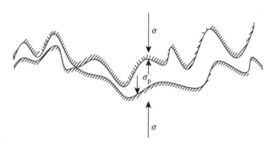

图 6.31　裂缝闭合受力示意图

　　在孔隙压力保持不变的情况下，有效应力的大小决定于原始地应力。煤体在没有工程扰动之前处于平衡状态，本节认为在煤体垂直方向上地应力大小不变。煤体在射流造缝后应力重新分布，并在射流割缝缝隙周围发生塑性屈服。学者对塑性区内的应力分布已有较多研究，普遍认为塑性区内应力小于外围弹性区应力，即塑性区的形成能够减小缝隙周围应力。塑性区的分布及其应力大小与煤岩体形成的空间形态有关，不同的形态应力分布不同。煤层瓦斯抽放孔形成塑性区内应力分布为[21]

$$\sigma_r = c\cot\varphi \left(\frac{r}{R_0}\right)^{\frac{2\sin\varphi}{1-\sin\varphi}} - c\cot\varphi \tag{6.69}$$

$$\sigma_\theta = c\cot\varphi \left(\frac{r}{R_0}\right)^{\frac{2\sin\varphi}{1-\sin\varphi}} \frac{1+\sin\varphi}{1-\sin\varphi} - c\cot\varphi \tag{6.70}$$

式中，r——塑性区内任意点极坐标；

　　　　σ_r——塑性区内径向应力；

　　　　σ_θ——塑性区内切向应力；

c——煤岩的黏聚力；

φ——煤岩的内摩擦角。

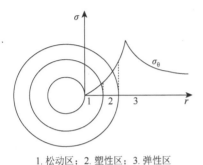

1. 松动区；2. 塑性区；3. 弹性区

图 6.32　钻孔周围煤体应力图

从式（6.69）和式（6.70）中可以看出，塑性区内煤岩的应力分布只与 c、φ 有关，而与煤岩的原岩应力大小无关。根据式（6.69）和式（6.70）可以绘出钻孔周边沿径向方向上切向应力 σ_θ 的变化规律，当钻孔周围的煤岩进入塑性状态时，σ_θ 的最大值从钻孔周边转移到弹塑性区交界处；随着向煤岩体内部延伸，煤岩应力逐渐恢复到原岩应力状态，如图 6.32 所示。

射流在煤体中割缝所形成缝隙为类圆盘状，其塑性区分布可近似认为与钻孔周围应力分布相似，即塑性区内的应力小于弹性区的应力，与原岩应力相比，小于原岩应力，如图 6.33 所示。图 6.33 为采用 FLAC^{3D} 对射流割缝缝隙周围应力分布进行数值分析的结果。

从以上分析中得出，缝隙形成后煤体周围应力小于原岩应力，使缝隙周围煤体有效应力减小，有效应力的减小能够大大减缓煤体水压裂缝的闭合。

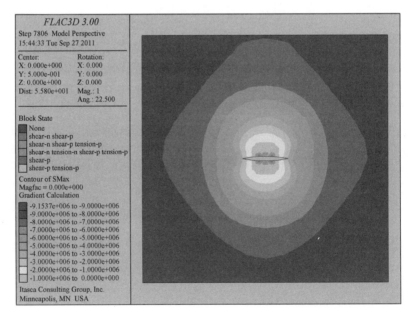

图 6.33　射流割缝缝隙塑性区应力分布（后附彩图）

6.3.2　水压裂缝内瓦斯渗流规律

在低流速情况下，立方定律不能完全反映实际流体流动特性的原因是裂缝面的粗糙度及上下裂缝面的相互接触。裂缝面的相互接触可以视为裂缝/裂隙/孔隙几何形态变化的极限情况，现单独考虑两种因素对裂缝渗流的影响。首先考虑裂缝两缝面高度随机变化，但始终保持大于零。在一定的几何形态及水力学条件下，纳维-斯托克斯方程可以简化成雷诺方程。其中一个很重要的前提条件是流体惯性力主要由黏性力组成[22-24]。为量化这一标准，引入数量级分析法。令 U 表示流体速度的特征数量级，也可表示为流体的平均速度。裂缝中流体速度在裂缝上下面处为零，随着距裂缝面中心处的距离减小，速度逐渐增大，并在中心处达到最大值（U）。因为这种速度的变化只发生在裂缝面之间的距离 h_p 内，所以方程为

$$mag[\mu\nabla^2 u] \approx \frac{\mu U}{h_p^2} \tag{6.71}$$

为估算惯性力的大小，在 x 方向定义特征长度 $\varLambda$，其长度的数值可以理解为裂缝宽度变化的一个波长，或者是两个极限闭合点之间的距离，如图 6.34 所示。在特征长度范围内裂缝内流体的速度梯度可以近似表示为 $U/\varLambda$，则流体中的惯性项的量级可以表示为

$$mag[\rho(u\cdot\nabla)u] \approx \frac{\rho U^2}{\varLambda} \tag{6.72}$$

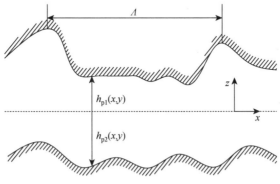

图 6.34　裂缝几何形状示意图

如果惯性项小于黏性项，则有

$$\frac{\rho U^2}{\varLambda} \ll \frac{\mu U}{h_p^2} \tag{6.73}$$

或者

$$Re^* \equiv \frac{\rho U h_p^2}{\mu \Lambda} \ll 1 \qquad (6.74)$$

式中，简化的雷诺数 Re^* 可以理解为传统雷诺数（$\rho U h^2 / \mu$）和几何参数（h/Λ）的参数。裂缝中流体如果满足上述条件，则层流惯性项 $(u \cdot \nabla)u$ 相对于式中其他两项可以忽略不计，则非线性纳维-斯托克斯方程式可以改写为线性斯托克斯蠕变流方程：

$$\mu \nabla^2 u = \nabla P \qquad (6.75)$$

对式（6.75）进行分解，可得

$$\frac{\partial^2 u_x}{\partial x^2} + \frac{\partial^2 u_x}{\partial y^2} + \frac{\partial^2 u_x}{\partial z^2} = \frac{1}{\mu} \frac{\partial P}{\partial x} \qquad (6.76a)$$

$$\frac{\partial^2 u_y}{\partial x^2} + \frac{\partial^2 u_y}{\partial y^2} + \frac{\partial^2 u_y}{\partial z^2} = \frac{1}{\mu} \frac{\partial P}{\partial y} \qquad (6.76b)$$

$$\frac{\partial^2 u_z}{\partial x^2} + \frac{\partial^2 u_z}{\partial y^2} + \frac{\partial^2 u_z}{\partial z^2} = \frac{1}{\mu} \frac{\partial P}{\partial z} \qquad (6.76c)$$

方程（6.76a）～方程（6.76c）联合连续方程便可解出裂缝内流体速度分布。虽然线性的斯托克斯方程可以采用格林方程或者变量分离法求得，但求解过程相当复杂，且不容易求得结果。所以，为求得复杂裂缝中流体渗流特性，需要对方程（6.76a）～方程（6.76c）作进一步简化。

斯托克斯方程建立在流体流速足够小的条件下，所以如果将雷诺方程继续简化，则需要裂缝中参数的变化是微小的。方程（6.76a）中的 u_x 的二次导数可以表示为

$$mag\left[\frac{\partial^2 u_x}{\partial x^2}\right] \approx mag\left[\frac{\partial^2 u_x}{\partial y^2}\right] \approx \frac{U^2}{\Lambda} \qquad (6.77a)$$

$$mag\left[\frac{\partial^2 u_x}{\partial z^2}\right] \approx \frac{U^2}{h_p} \qquad (6.77b)$$

假设 x、y 轴方向的特征长度与各向同性裂缝的宏观变形保持一致。方程（6.77）中如果 $(h/\Lambda)^2 \ll 1$，那么式中关于 x、y 的导数相比对 z 的导数可以忽略。同样，u_y 的特征数量级相对较小，因此式（6.76b）中左边项的 $\partial^2 u_y / \partial z^2$ 占主导作用。估算式（6.76c）中的数量级相对比较复杂，因为 u_z 在裂缝面处为零，且在裂缝断面的平均速度为零。那么假设 u_z 在任何一点的速度为极小值是合理的。但是只要裂缝中充满流体，流体便会在 z 轴方向有流速，只有当裂缝面是理想平板时这一假设才是成立的。裂缝在 x、y 轴方向的变化会引起 z 方向速度分量的出现。如果裂缝的变化是缓慢的，即 $(h/\Lambda)^2 \ll 1$，那么 u_z 在裂缝流体流动过程中是可以忽略的，

式（6.76）中 $\partial P/\partial z$ 为零，则 P 只是关于 x、y 的方程。

如果裂缝的几何形态变化缓慢，且流体流速足够小，那么斯托克斯方程改写为

$$\mu\frac{\partial^2 u_x}{\partial z^2}=\frac{\partial P}{\partial x} \tag{6.78a}$$

$$\mu\frac{\partial^2 u_y}{\partial z^2}=\frac{\partial P}{\partial y} \tag{6.78b}$$

式（6.78）中的右式与 z 无关，所以方程可以对 z 进行积分，利用裂缝面处无滑移边界条件，可得

$$u_x(x,y,z)=\frac{1}{2\mu}\frac{\partial P(x,y)}{\partial x}(z-h_{p1})(z+h_{p2}) \tag{6.79a}$$

$$u_y(x,y,z)=\frac{1}{2\mu}\frac{\partial P(x,y)}{\partial y}(z-h_{p1})(z+h_{p2}) \tag{6.79b}$$

式（6.79）说明，裂缝中流体速度分布本质上与理想模型速度分布一致，裂缝断面处速度分布都呈现抛物线形状。对 $z=-h_{p2}\sim z=h_{p1}$ 的速度剖面进行积分可得

$$\overline{u}_x=\frac{1}{h}\int_{-h_{p2}}^{h_{p1}}\frac{1}{2\mu}\frac{\partial P}{\partial x}(z-h_{p1})(z-h_{p2})\mathrm{d}z=\frac{-h^2(x,y)}{12\mu}\frac{\partial P}{\partial x} \tag{6.80a}$$

$$\overline{u}_y=\frac{1}{h}\int_{-h_{p2}}^{h_{p1}}\frac{1}{2\mu}\frac{\partial P}{\partial y}(z-h_{p1})(z-h_{p2})\mathrm{d}z=\frac{-h^2(x,y)}{12\mu}\frac{\partial P}{\partial y} \tag{6.80b}$$

式中，速度参数的横线表示在 z 轴方向上的平均值，且有 $h_p=h_{p1}+h_{p2}$。

式（6.80）符合动量守恒方程，但含有未知的压力梯度场 $P(x,y)$，通过一些形式的连续方程可以求得流体速度场。但是连续方程中的速度为当地速度场，而不是速度的积分。因为 $\nabla u=0$，所以 $\nabla u=0$ 对 z 的积分也为零。在流体速度在裂缝面上为零的前提条件下，上述关系反过来也是成立的，因此当地流量 $h_p\overline{u}$ 也为零。把方程（6.80）代入方程中的当地流量形式，可得

$$\nabla\cdot[h_p^3\nabla P]=0$$

$$\frac{\partial}{\partial x}\left[h^3(x,y)\frac{\partial P}{\partial x}\right]+\frac{\partial}{\partial y}\left[h^3(x,y)\frac{\partial P}{\partial y}\right]=0 \tag{6.81}$$

在立方定律适用于煤岩体裂缝中一点流体流动规律的条件下，结合质量守恒方程，式（6.81）适用于分析煤岩体真实裂缝中流体流动规律。式（6.81）是描述裂缝流体流动规律的独立的、线性的偏微分方程。为寻求裂缝的渗透率，定义一个矩形区域，$0<x<L_x$，$0<y<L_y$。在 $y=0$、$y=L_y$ 处为不渗透边界，即在 $y=0$、$y=L_y$ 处 $\overline{u}_y=0$。式（6.80）表明 $\overline{u}_y$ 与 $\partial P/\partial y$ 成正比，所以在侧面边界上有 $\partial P/\partial y=0$。在 $x=0$、$x=L_x$ 处为恒压边界条件，即 $P(0,y)=P_i$，$P(L_x,y)=P_0$，对 $\overline{u}_x$ 在此区域

内进行积分可得

$$Q_x = \int_0^{l_y} h_p \overline{u}_x(0,y)\mathrm{d}y \qquad (6.82)$$

式（6.82）即为真实煤岩体裂缝流体流动规律。

综上所述，根据立方定律可知，煤岩体裂缝中流体介质的渗透率与裂缝面的高度呈立方关系。在作出流速足够低、黏性力足够大的假设下，得出真实裂缝流体介质流动规律，从中可以得出，裂缝的渗透率主要受流体压力梯度及裂缝高度的影响。

6.3.3　射流割缝复合水力压裂瓦斯富集规律

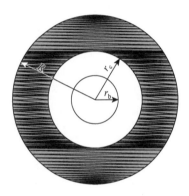

图 6.35　水驱气力学模型

射流割缝复合水力压裂瓦斯富集过程既是煤岩体致裂形成大范围裂缝的过程，又是高压水驱赶瓦斯气体运移的过程。高压水以钻孔为中心，沿煤层面驱赶瓦斯气体向周围煤层流动，假设整个水驱气过程不受天然裂缝的影响，则水、气两种流体形成的界面是以钻孔为中心的圆盘面，如图 6.35 所示。图中 r_b 为割缝缝槽半径，m；r_c 为动界面位置，m；R 为水力压裂影响半径，m。

基本假设：①压裂过程中水、气两种流体互不混溶，且与煤层孔隙介质之间不发生化学反应；②水驱气过程为等温过程；③煤体瓦斯处于稳定吸附状态，不随外界环境改变而变化；④煤体为均质、各向同性的单一孔隙介质，流体在孔隙中符合达西定律，且忽略重力的影响。动界面的位置与压裂时间存在如下位移函数：

$$F(r,t) = r_w + r_c(t) \qquad (6.83)$$

动界面是实际流体组成的物质面，因此研究动界面运动规律应该用拉格朗日观点，则动界面向外运动的速度为

$$\frac{\mathrm{d}F}{\mathrm{d}t} = \frac{\partial F}{\partial t} + u\frac{\partial F}{\partial r} \qquad (6.84)$$

式中，u 为实际流体质点向周围煤体径向流动的速度，根据 $u = \dfrac{\mathrm{d}r_c}{\mathrm{d}t}$，有

$$v = \phi u \qquad (6.85)$$

式中，ϕ 为孔隙率，根据 Dupuit-Forchheimer 关系可得

$$\mathrm{d}r_c = \frac{v}{\phi}\mathrm{d}t \qquad (6.86)$$

为了得到界面所在位置的渗流速度 v，就必须求解水区、气区的渗流方程。假设压裂过程中流体不可压缩、煤层不变形，即 ρ＝常数，ϕ＝常数。

$$\frac{\partial^2 P_1}{\partial r^2} + \frac{1}{r}\frac{\partial P_1}{\partial r} = 0 \quad r_w < r < r_c \tag{6.87}$$

$$\frac{\partial^2 P_2}{\partial r^2} + \frac{1}{r}\frac{\partial P_2}{\partial r} = 0 \quad r_c < r < R \tag{6.88}$$

$$r = r_w \quad P_1 = P_w \tag{6.89}$$

$$P_2 = P_g \quad r = R \tag{6.90}$$

$$P_1 = P_2 = P \quad r = r_c \tag{6.91}$$

$$\frac{1}{\mu_w}\frac{\partial P_1}{\partial r} = \frac{1}{\mu_g}\frac{\partial P_2}{\partial r} \quad r = r_c \tag{6.92}$$

式中，P_1——水区压力分布，MPa；

　　　P_w——注水压力，MPa；

　　　P_2——气区压力分布，MPa；

　　　P_g——煤层原始压力，MPa；

　　　μ_w——水的黏性常数，Pa·s；

　　　μ_g——气的黏性常数，Pa·s。

动界面上压力分布连续，渗流速度连续，求解方程组，可得水区、气区的压力分布与渗流速度。

水区压力分布：

$$P_1 = P_w + \frac{P_w - P}{\ln\dfrac{r_w}{r_c}}\ln\frac{r}{r_w} \tag{6.93}$$

水区渗流速度：

$$u_w = \frac{k}{\mu_w}\frac{\mathrm{d}P_1}{\mathrm{d}r} = \frac{k}{\mu_w}\cdot\frac{P_w - P}{\ln\dfrac{r_w}{r_c}}\cdot\frac{1}{r} \tag{6.94}$$

气区压力分布：

$$P_2 = P_g + \frac{P - P_g}{\ln\dfrac{r_c}{R}}\ln\frac{r}{R} \tag{6.95}$$

气区渗流速度：

$$u_g = \frac{k}{\mu_g}\cdot\frac{P - P_g}{\ln\dfrac{r_c}{R}}\cdot\frac{1}{r} \tag{6.96}$$

式中，P 为动界面压力；

$$P = \frac{\mu_g \ln \dfrac{r_c}{R} P_w + \mu_w \ln \dfrac{r_w}{r_c} P_g}{\mu_g \ln \dfrac{r_c}{R} + \mu_w \ln \dfrac{r_w}{r_c}} \tag{6.97}$$

由界面物质导数与迁移导数的关系，根据式（6.86）可求得水气动界面 r_c 与压裂时间 t 的关系

$$2(\mu_g - \mu_w)r_c^2 \ln r_c - (\mu_g - \mu_w)r_c^2 - 2(\mu_g \ln R - \mu_w \ln r_w)r_c^2 = -4\frac{k(P_w - P_g)}{\phi}t$$

6.4　煤层清洁压裂液增透抽采机理研究

为了安全高效地抽采煤层气，我国采取多种措施。近些年，水力压裂技术已在我国许多矿区进行推广应用，取得良好的煤层瓦斯增透效果，其中压裂液的性能是影响煤层水力压裂效果的主要因素[25, 26]。清洁压裂液作为一种清洁高效的新型压裂液，应用范围正不断扩大，结合煤层压裂的相关特性，优化压裂液的配比，开发利用针对煤层气藏特性的新型清洁压裂液，对于经济高效开发煤层气具有重要的意义[27-29]。

6.4.1　压裂液研究现状

压裂液是压裂施工的工作液，其主要功能是传递能量，使煤层张开裂缝，从而在煤层中形成一条高导流能力通道，达到增产的目的。

1948 年，水力压裂开始应用于油井增产，使用油基压裂液进行压裂，20 世纪 60 年代，学者通过研究瓜尔胶逐步形成交联水基压裂液体系，至 20 世纪 80 年代完善成有机钛、锆交联水基压裂液体系，由聚合物稠化剂、交联剂、破胶剂、pH 调节剂、杀菌剂、黏土稳定剂和助排剂等组成，在目前油气藏压裂中广泛应用，但是这类压裂液破胶困难，容易形成滤饼，对储层伤害大，影响煤储层水力压裂效果。

20 世纪 80 年代，泡沫压裂液因其对地层伤害小而得到广泛研究和应用，泡沫压裂液一般由气相和液相组成，气相（一般为 70%～75% 的二氧化碳或者氮气）以气泡的形式分散在整个连续液相中。液相通常含有表面活性剂或其他稳定剂，另外加入植物胶稠化剂改善泡沫压裂液的稳定性。但是这类压裂液现场调配困难，难以运用于煤矿井下水力压裂中。

1997 年，随着表面活性剂技术的发展，一种由黏弹性表面活性剂加胶束促进剂和盐形成的新型无聚合物清洁压裂液研制出来，我国沁水盆地首先进行清洁压裂液的压裂试验，并取得良好的煤层气抽采效果。这类压裂液流动性好、对储层

伤害小，是新型压裂液的研究方向[30, 31]。

6.4.2　清洁压裂液性能

针对煤层的特点及目前清洁压裂液的应用现状，配置一种清洁压裂液，配方为 0.8%表面活性剂 CTAC+0.2%促进剂 NaSal+1%盐 KCl。目前煤矿井下水力压裂以清水为主，为了进一步进行优化，进行清洁压裂液与水性能对比测试。

1）压裂液黏度测试

在 30℃下，以 $170s^{-1}$ 的剪切速率测试配方为 0.8%CTAC+0.2%胶束促进剂 NaSal+1%KCl 的胶液剪切 1.5h 的黏度变化情况，三次测试结果如图 6.36 所示。

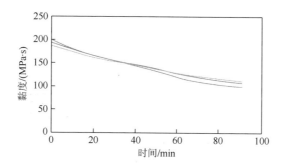

图 6.36　压裂液黏度随时间的变化示意图

从图中可以看出，在 30℃下，以 $170s^{-1}$ 的剪切速率，1.5h 后胶液的平均黏度仍然达到 107.4MPa·s，能够满足压裂施工的要求。

2）压裂液张力测试

利用表面张力仪进行压裂液表面张力对比测试，测试结果如表 6.2 所示。

表 6.2　压裂液表面张力测试结果　　　　　（单位：mN/m）

表面张力值	测试 1	测试 2	测试 3
水	73	72.4	72.3
清洁压裂液	30.5	31.2	31.5

通过测试结果可知，与水相比，清洁压裂液降低了表面张力，有利于压裂液铺展，提高瓦斯驱替效果。

3）滤失性能

按照 SY/T 5107—2005 的方法，在 30℃下，测试清洁压裂液的静态滤失，测得的结果如图 6.37 所示。

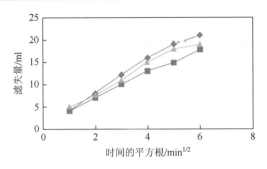

图 6.37　压裂液静态滤失曲线

由图 6.37 可知，胶液在 30℃条件下，滤失系数约为 6.5×10^{-1}，该配方压裂液可以满足现场施工要求。

4）煤样伤害测试

试样采用松藻 7# 煤层煤样，先测量岩心的直径和长度，抽真空饱和清水，再将岩心装入岩心夹持器并加围压 2MPa，接好流程后，先正向驱替清水，驱替量为岩心孔隙体积的 10 倍以上，直至流量稳定，采用达西公式计算出岩心的渗透率 K_1，再将 2 倍岩心孔隙体积清洁压裂液注入岩心，密闭 2h，然后反向注入清水，直至流量稳定，采用达西公式计算出压裂液损害后岩心的渗透率 K_2，然后采用式（6.98）计算出岩心渗透率损害率。

$$\eta = \frac{K_1 - K_2}{K_1} \times 100\% \qquad (6.98)$$

式中，η 为岩心基质渗透率损害率；K_1 为岩心基质渗透率；K_2 为损害后的岩心渗透率。

计算结果显示平均伤害率为 5%，伤害很小，伤害原因应该是清洁压裂液在煤样表面的吸附。

6.4.3　清洁压裂液促进煤层瓦斯渗流

通过在不同有效应力条件下含水与含清洁压裂液煤样的渗透率对比实验，分析清洁压裂液促进煤层渗流效果及机理。

1）试验方法

（1）煤样制作。

本试验煤样取自重庆打通一矿 7# 煤层，煤样相关参数见表 6.3。由于 f 值小，煤样松软，原煤煤样加工困难，根据周世宁和林柏泉的研究结果，成型煤样与原煤样的瓦斯渗透率变化有较好的一致性[32]，因此煤样按照煤与岩石物理力学性质测定方法要求制作。

表 6.3　试验煤样参数

煤样	f	Δp	M_{ad} /%
打通一矿 $7^{\#}$	0.27~0.35	16	1.48

将所取煤块粉碎，选取粒径大小为 0.250~0.425mm 的煤粉颗粒烘干，然后在刚性试验机上加适量清水以 100MPa 的压力压制 20min 而成。成型煤样规格为 $\phi50mm\times100mm$。将制备好的成型煤样放入 100℃干燥箱烘干 8h，制得烘干煤样。

在烘干煤粉颗粒中缓慢加入清水并均匀搅拌至煤粉不再吸收，在 100MPa 压力下压制 20min，制得饱和清水煤样，用保鲜膜包裹，如图 6.38 所示。

在烘干煤粉颗粒中缓慢加入清洁压裂液（表面活性剂（CTAC）+胶束促进剂（NaSal）+盐（KCl）），均匀搅拌至煤粉不再吸收，在 100MPa 压力下压制 20min，制得饱和清洁压裂液煤样，用保鲜膜包裹，如图 6.38 所示。

图 6.38　保鲜膜包裹的试验煤样

（2）试验装置。

本试验是在重庆大学研制的三轴伺服渗流试验装置上进行的，装置如图 6.39 所示。该装置可以模拟不同地应力场和不同气体压力下的煤体渗流试验。在试验过程中，煤样所受轴向压力由轴向压头提供，围压的施加则利用液压油泵通过三轴压力室来实现，并通过各自传感器测量；气体压力大小由高压瓦斯瓶和减压阀组合控制；气体流速通过气体流量计测量；所有数据都由计算机及控制程序自动采集记录。

（3）试验方案。

本渗流试验采用气体纯度为 99.99%的甲烷，试验中控制瓦斯压力 $P_1<$ 围压（$\sigma_2=\sigma_3$），防止热缩管密封失效导致试验失败。本试验轴压加载速度为 0.05kN/s，围压加载速度为 0.1MPa/s，为探讨含不同压裂液煤层甲烷渗透率受有效应力变化

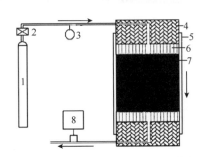

1. 高压瓦斯瓶；2. 减压阀；3. 压力表；4. 轴向压头；5. 密闭腔；6. 透气板；7. 试件；8. 流量计

图 6.39　煤样渗流试验装置

的影响，保证进出口气压不变，通过增加轴压与围压进行 5 组不同有效应力试验，具体试验参数见表 6.4。

实验步骤如下：在煤样侧壁均匀涂抹硅橡胶，以防止气体从煤样侧壁泄漏。硅橡胶干燥后，将煤样放入三轴压力室压头上，用热缩管将煤样密封，安装横向引伸计，再安装好设备其余部分。将轴向压头向下接触煤样，加油排空三轴压力室内空气。对煤样施加预定的围压和轴压，然后排出煤样内的空气。开启高压甲烷罐和减压阀的阀门，将甲烷压力 P_1 加到预定压力，保持甲烷压力 P_1 不变。待煤样充分吸附后，打开试件出气管阀门，待甲烷流速稳定后记录数据。改变围压、轴压重复上述步骤，进行新的渗流试验。本节将 2 种不同煤样和 5 级有效应力组合为一组试验，共做了 3 组试验。

表 6.4　试验压力加载数据

轴压/MPa	围压/MPa	进口气压/MPa	出口气压/MPa	有效应力/MPa
1.8	1.5	1.1	0.1	1
3	2	1.1	0.1	1.733
4	3	1.1	0.1	2.733
5	4	1.1	0.1	3.733
6	5	1.1	0.1	4.733

2）试验结果及分析

根据上述试验方案，可以得到两种煤样在不同有效应力条件下瓦斯气体的流量，通过下式计算可以得到煤样渗透率（表 6.5）：

$$K = \frac{2V\mu L P_n}{A(P_1^2 - P_2^2)} \tag{6.99}$$

式中，V 为煤样瓦斯渗流速度，$\mathrm{m^3/s}$；μ 为瓦斯动力黏滞系数，本试验取 $1.12\times10^{-11}\mathrm{MPa\cdot s}$；$L$ 为煤岩试件的长度，m；P_n 为一个标准大气压；A 为试样横截面积，$\mathrm{m^2}$。

表 6.5　煤样渗透率试验结果

有效应力/MPa	饱和清洁压裂液煤样渗透率/mD	饱和水煤样渗透率/mD
1	0.636	0.283
1.733	0.356	0.136
2.733	0.209	0.075
3.733	0.138	0.044
4.733	0.090	0.029

图 6.40 给出两种不同煤样甲烷渗透率与有效应力之间的关系曲线，同时得到甲烷渗透率与有效应力拟合表达式，如表 6.6 所示。

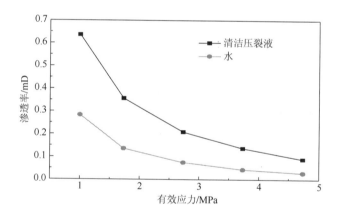

图 6.40　两种煤样渗透率随有效应力的变化图

表 6.6　两种煤样甲烷渗透率与有效应力关系拟合表达式

煤样类型	拟合方程	R^2
饱和水煤样	$K=0.4348e^{-0.601\sigma}$	0.9776
饱和清洁压裂液煤样	$K=0.9338e^{-0.509\sigma}$	0.9836

通过图 6.40 可以明显看出，随着有效应力的增加，煤样甲烷渗透率均逐渐降低，降低幅度呈逐渐减小的趋势，在试验的几组有效应力作用下，饱和清洁压裂液煤样渗透率比饱和水煤样平均提高 177.83%。

由表 6.6 可知，对于两种煤样，甲烷渗透率随有效应力的变化具有一定的规

律性，随着有效应力的增大，甲烷渗透率呈指数减小。由此，可以推导出对于煤样甲烷渗透率与有效应力的一般表达式，如下式所示

$$K = ae^{b\sigma} \tag{6.100}$$

式中，K 为渗透率，mD；a，b 均为拟合参数，$a>0$，$b<0$。压裂液侵入煤层影响 a，b 的大小，但规律保持一致。

通过试验研究发现，与清水相比，清洁压裂液增加了煤层透气性，提高了煤层瓦斯预抽效果，为进一步探讨清洁压裂液影响煤层渗透率的机理，采用多孔介质与流体力学就压裂液对煤层瓦斯运移通道影响进行分析。

型煤孔隙率较原煤高，但煤层瓦斯可运移通道的孔径大小基本一致。煤储层基质微孔很小，压裂液很难进入其中，压裂液主要存在于小孔至可见孔及裂隙中，部分压裂液进入煤体后会占据气体的吸附位置，紧紧吸附在煤基质中的亲水表面形成束缚压裂液，占据煤层瓦斯运移的通道[33]。瓦斯渗流过程中，压裂液在煤基质吸力作用下附着在运移通道管束内壁，由于表面张力作用呈圆弧形，中部空隙为瓦斯流通通道。取基质长度 L、半径为 R 的通道管束纵向剖面并在模型中建立笛卡尔坐标系：x 方向为瓦斯流动方向；y 方向位于裂隙水平剖面中，垂直于 x 方向；z 方向垂直于裂缝水平剖面，如图 6.41 所示。

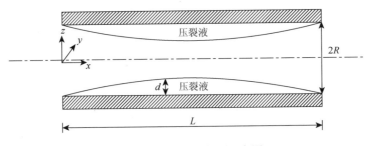

图 6.41　渗流通道剖面示意图

在煤样、压裂液、空气交界面取一个截面积为 ds 的单元进行受力分析，如图 6.42 所示。单元在 z 方向上受力平衡，可表示为

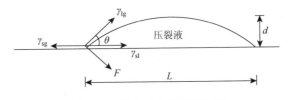

图 6.42　单元受力分析示意图

$$F = pds \tag{6.101}$$

$$pds\cos\theta = \gamma_{lg}\sin\theta ds \qquad (6.102)$$

式中，p 为气体压力，Pa；θ 为接触角，（°）；γ_{lg} 为液体表面张力，mN/m。

因为压裂液液面为圆弧形，则有

$$\frac{L}{2\sin\theta} = d + \frac{L}{2\tan\theta} \qquad (6.103)$$

式中，L 为圆弧占通道长度，m；d 为压裂液的最高点高度，m。

由于压裂液的附着，剖面的瓦斯有效运移宽度减小为 $2r$，此时有

$$2r = 2R - 2d \qquad (6.104)$$

$$Q = \pi r^2 v \qquad (6.105)$$

式中，Q 为瓦斯流量，m³/h；v 为瓦斯流动速度，m/s。

根据公式（6.102）～公式（6.105）可知，

$$Q = \pi v\left[R - \frac{L}{2}\tan\left(\frac{1}{2}\arctan\frac{p}{\gamma_{lg}}\right) \right]^2 \qquad (6.106)$$

由公式（6.106）可知，对于压差一定的管束，v、L、R 一定，压裂液的进入会引起流量 Q 降低，降低煤层瓦斯的渗透率，随着压裂液表面张力 γ_{lg} 的增加，瓦斯流量降低，煤层渗透率损伤增大。

利用实验室购买的 TBZY-1 型表面张力仪分别测试清水与清洁压裂液表面张力大小，结果见表 6.2，取平均值如表 6.7 所示。

表 6.7　两种压裂液表面张力值

压裂液种类	水	清洁压裂液
表面张力值/（mN/m）	72.6	31

通过测试结果可以看出，清水的表面张力大于清洁压裂液，在煤层孔隙内，清水接触角大，会占据更多的瓦斯运移通道，煤层瓦斯运移孔径减小，有效渗透率降低，因此与饱和水煤样相比，饱和清洁压裂液煤样瓦斯流量更大，渗透率更高。清洁压裂液降低了表面张力，增加了煤层透气性，有利于提高瓦斯的抽放效果，理论分析与试验结果是一致的。

6.4.4　清洁压裂液增加煤层瓦斯抽采机理

1）清洁压裂液促进煤层瓦斯解吸

Zeta 电位是指分散粒子的剪切面的电位，其数值变化能够直观体现粒子表面吸附特性的变化[34]。煤具有很强的吸附性能，煤表面与周围介质会产生 Zeta 电位，

为了探究水与清洁压裂液对煤吸附特性的影响，可以测量煤颗粒在两种溶液中 Zeta 电位值，通过电位大小的对比可以看出两种液体对煤体表面的影响，从而利用表面电位的变化分析清洁压裂液对煤样吸附特性的影响。

（1）试验仪器与试剂。

仪器：纳米粒度/Zeta 电位分析仪 Zetasizer Nano ZS90（美国 Brookhaven）；

试剂：CTAC、NaSal（$C_7H_5NaO_3$）、氯化钾（KCl）、盐酸（HCl）、氢氧化钠（NaOH）均为分析纯，超纯水，渝阳煤矿煤样。

（2）试验方法。

本次 Zeta 测试使用的仪器及其工作原理如图 6.43 所示，采用电泳法进行测量，因此将原煤样品粉碎并研磨，过筛到 200 目以下，在 100℃烘干 24h，在容器中抽至真空，去除煤样吸附的气体，分别加入超纯水与清洁压裂液中，加入清洁压裂液时利用盐酸与氢氧化钠调节 pH 等于 7，搅拌均匀后静置 48h，取上清液利用 Zeta 电位分析仪分别测试 Zeta 电位大小，为保证数据的准确，测试重复多次，排除可疑值后，取平均值。

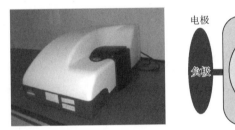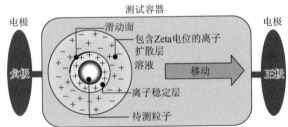

图 6.43　Zeta 电位测试仪器及其工作原理

（3）试验结果。

通过试验得到煤样颗粒在清洁压裂液和水中的 Zeta 电位值如图 6.44 所示。

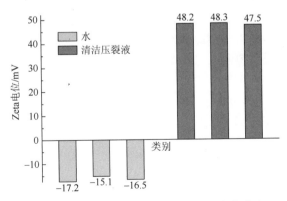

图 6.44　水与清洁压裂液测得的 Zeta 电位大小

通过实验结果可以看出，在水中煤颗粒的 Zeta 电位平均值为–16.3mV，说明在水中煤颗粒表面含负电荷，而在清洁压裂液中电位值跃迁至 48mV。已有研究表明，煤吸附水主要是由煤表面和水分子间相互作用力引起的[35]。在清洁压裂液中，由于阳离子表面活性剂的存在，含负电荷的煤颗粒与溶液间的静电作用力明显变大，与水相比，增加了溶液与煤的相互作用能，使溶液更容易吸附在煤样表面，而在水与清洁压裂液溶液中 Zeta 电位测试结果由负变正说明煤样表面产生了对表面活性剂的特性吸附，由于煤样表面对溶液的吸附及特性吸附的出现，会在竞争吸附作用下减少甲烷分子的有效吸附位，导致煤层吸附瓦斯能力降低，更有利于瓦斯的解吸抽采。

2）清洁压裂液增加煤层孔隙度

煤是在长期地质作用下形成的复杂的混合物，其主要成分除了含碳有机质，还存在含氧化钙、氧化铝等成分的黏土及碳酸岩等其他物质，这些物质不仅降低煤的质量和利用价值，而且容易堵塞煤体孔隙，阻碍孔隙瓦斯运移，降低煤体瓦斯的抽采效果。

使用的清洁压裂液的成分为 CTAC+NaSal+KCl，水杨酸钠是一种特殊的有机酸盐，既含有羟基，也有羧基钠，在溶液中其水解产生的碱性弱于羟基电离产生的酸性，使整个溶液呈弱酸性，其电离方式如公式（6.107）所示。

$$\text{（6.107）}$$

在酸性环境下，黏土矿物中的氧化物及碳酸盐等会发生反应，生成能溶于水的化合物，如公式（6.108）~公式（6.110）所示，从而去除原有堵塞孔隙的杂质，同时由于表面活性剂富集在溶液表面，改善了溶液与堵塞物质之间的接触效果，更容易将堵塞的杂质排出孔隙，增加煤层的孔隙度及其连通性，从而增加煤层瓦斯的抽放效果。

$$CaO + H^+ \longrightarrow Ca^{2+} + H_2O \qquad (6.108)$$

$$Al_2O_3 + H^+ \longrightarrow Al^{3+} + H_2O \qquad (6.109)$$

$$CO_3^{2-} + H^+ \longrightarrow CO_2 + H_2O \qquad (6.110)$$

为了对比两种压裂液对煤样孔隙的影响大小，取新鲜块状煤样破碎，选取尺寸约为 1cm×1cm 小块煤样，分别加入超纯水与清洁压裂液中，浸泡 48h 后洗净，在干燥箱中干燥 24h，标记后对样品镀金，然后利用场发射扫描电镜（SEM）进行煤样孔隙度观察分析，设备采用 Field Emission Gun Scanning Election Microscope Nova400，如图 6.45 所示。

图 6.45　场发射扫描电镜

对比水与清洁压裂液处理后的煤样 SEM 扫描分析图如图 6.46 所示，通过不同放大倍数条件下的煤样表面图像可以看出，清水处理后的煤样表面孔隙较少，且存在孔隙堵塞的现象，而清洁压裂液处理后的样品表面孔隙数量明显增加，孔隙堵塞现象消失，说明清洁压裂液提高了煤样孔隙度及其连通性，与理论分析相一致。

通过实验室相关实验结果发现，清洁压裂液能够溶解和携带堵塞煤层孔隙的黏土及碳酸盐等物质，提高煤层孔隙度和连通性，同时清洁压裂液增加了与煤层表面的相互作用能并在煤样表面产生特性吸附，有利于煤层表面及孔隙瓦斯的解吸，清洁压裂液在几个方面的共同作用下有效地增加了煤层瓦斯抽采的效果。

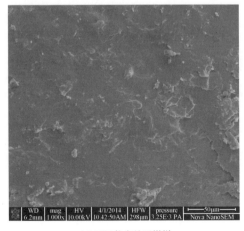

(a) 1000倍水处理煤样

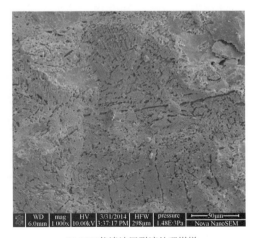

(b) 1000倍清洁压裂液处理煤样

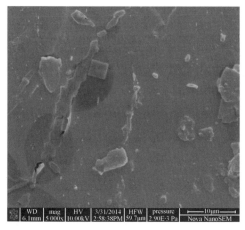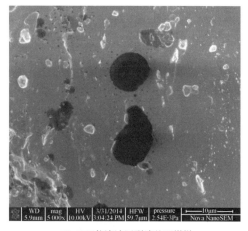

(c) 5000倍水处理煤样　　　　　　　　　　(d) 5000倍清洁压裂液处理煤样

图 6.46　水与清洁压裂液处理后煤样表面 SEM 对比图

6.5　煤矿井下射流割缝复合水力压裂工艺与装备

针对目前煤层气抽采及瓦斯灾害治理的三类主要技术难题，研究不同地质条件下水力压裂钻孔布置规律；优选适用于井下水力压裂设备；研制适用井下水力压裂配套装置及安全防护装置；根据岩石力学、流体力学理论，建立井下水力压裂参数计算模型和压裂效果评价方法；研究煤矿井下水力压裂施工工艺要点，形成一套煤矿井下水力压裂技术体系。

6.5.1　射流割缝复合水力压裂钻孔布孔原则

针对煤矿井下射流割缝复合水力压裂施工地点的不同，总结形成包括石门揭煤、掘进条带及本煤层的射流割缝复合水力压裂钻孔的布孔原则。

1）石门揭煤射流割缝复合水力压裂技术布孔原则

通常情况下，石门揭煤射流割缝复合水力压裂钻孔一般布置在所掘巷道的预抽控制区域内，对揭穿区域控制范围的煤层进行水力割缝并压裂增透。当石门穿过多个煤层时，可进行多煤层联合压裂，然后施工瓦斯抽采孔进行预抽；一般布置 1 个压裂钻孔，通过压裂孔对所有煤层进行水力割缝，对整个石门的控制区域煤层实施水力压裂施工，如图 6.47 所示。

2）掘进条带射流割缝复合水力压裂技术布孔原则

掘进条带射流割缝复合水力压裂技术钻孔布置主要包括压裂钻孔布置和导向钻孔布置两种。压裂钻孔主要实施水力压裂使煤层产生大范围裂缝，导向钻孔通

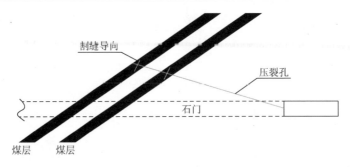

图 6.47　石门揭煤射流割缝复合水力压裂布孔原则示意图

过预先水力割缝引导水力压裂裂缝沿设计方向扩展。两种钻孔均布置在煤层底板瓦斯抽采巷中，穿过煤层底板至煤巷掘进位置，一般沿煤巷掘进方向及工作面推进方向布置，对整个条带进行水力压裂增透；根据单个条带压裂钻孔影响半径通常在 30～50m，所以整个条带压裂钻孔的间距一般按 60～100m 布置，压裂钻孔之间均匀布置导向钻孔。实施压裂后，在压裂钻孔周围的巷道掘进控制区布置瓦斯抽采钻孔进行瓦斯抽采，如图 6.48 所示。

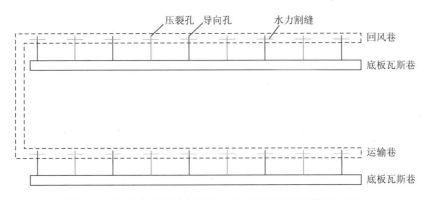

图 6.48　掘进条带射流割缝复合水力压裂布孔原则示意图

　　3）本煤层射流割缝复合水力压裂技术布孔原则

　　本煤层射流割缝复合水力压裂技术钻孔布置包括压裂钻孔和导向钻孔。当煤层为松软煤层时，为防止因垮孔导致压裂失败，压裂钻孔和导向钻孔均布置在煤层与顶板交界面或煤层顶板岩层中；当煤质较硬不会垮孔时，压裂孔和导向孔均布置在煤层中。在工作面两侧的运输巷和回风巷中，对向布置压裂钻孔，压裂钻孔的长度一般稍大于工作面长度的 1/2，使得两侧对向布置的压裂钻孔压裂影响范围覆盖整个工作面，而无空白带，单侧压裂钻孔间距一般按 20～40m 布置，压裂钻孔之间布置一个割缝导向孔。实施压裂后，再在工作面两侧巷道布置瓦斯抽采钻孔进行瓦斯抽采，如图 6.49 所示。

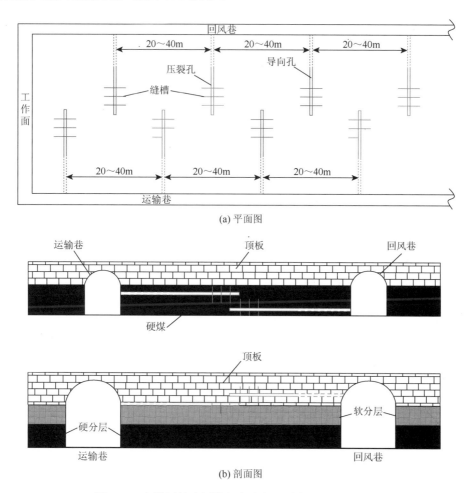

(a) 平面图

(b) 剖面图

图 6.49　本煤层射流割缝复合水力压裂布孔原则示意图

6.5.2　钻孔施工安全防护装置研制

钻孔钻进施工过程中，为了防止施钻喷孔严重造成瓦斯超限、使用呆扳手或管子钳拆卸钻杆而造成伤亡事故，研发了钻孔施工安全防护装置，包括钻孔孔口除尘气水渣装置和钻杆自动拆卸装置。

1. 钻孔孔口除尘装置

钻孔孔口除尘装置，就是利用射流泵技术除尘的思路，运用井下压风流或压水流从喷嘴以一定速度喷出，引起负压，卷吸煤尘进入除尘器，在除尘器中进行降尘处理，进而达到除尘并起到气水渣分离效果。

1）钻孔孔口除尘装置结构与原理

钻孔孔口除尘装置主要包括瓦斯粉尘捕捉器、气-固引射器、气水渣分离桶及各类连接管道，装置各组成结构及连接如图 6.50 所示。瓦斯粉尘捕捉器主要由封孔胶囊、捕捉筒、密封圈、防突挡板和出渣口等结构组成，如图 6.51 所示。气-固引射器主要由喷嘴、吸入室、混合管、扩散管和吸入管等部分组成，如图 6.52 所示。气水渣分离桶主要包括喷雾降尘喷嘴、滑渣板、排水口、排渣口、排气口和进气口等结构，如图 6.53 所示[36]。

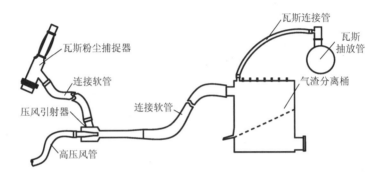

图 6.50　钻孔孔口除尘装置示意图

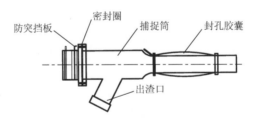

图 6.51　瓦斯粉尘捕捉器示意图

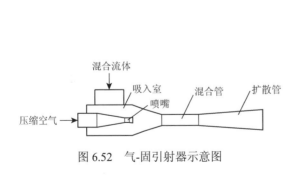

图 6.52　气-固引射器示意图

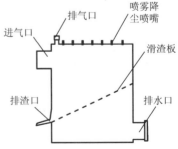

图 6.53　气水渣分离桶示意图

钻孔施工采用压风排渣主要是通过压风作用，使钻渣和涌出瓦斯沿钻杆与孔壁间的孔隙排出。瓦斯捕捉器通过封孔胶囊在捕捉筒与钻孔壁之间实现有效密封，钻进过程中的气固混合物流体进入捕捉筒，沿出渣口流向气水渣分离桶内。气-固引射器以井下压风作为动力，风流经喷嘴喷出形成高速射流并在吸入室形成负压，增大瓦斯粉尘捕捉器出渣口与气-固引射器进气口之间的压力差，使捕捉器里面的混合流体顺利进入吸入室，并在引射器的混合管内混合，经扩散管输送至气水渣分离桶。混合流体中的粉尘进入气水渣分离桶后经降尘喷嘴喷出水雾沉降，通过滑渣板过滤，煤岩渣经排渣口排出分离桶，水经排水口排出分离桶；混合流体中的气流经排气口进入瓦斯抽放管道。

钻孔孔口除尘装置的优势在于增大了钻孔孔口与气-固引射器之间的压力差，有利于混合流体流进气渣分离桶。气渣分离桶与气-固引射器出口采用软管连接，依靠气-固引射器出口喷射压力使混合流体沿软管流进气渣分离桶，减少气渣分离桶移动频率。

2）气-固引射器设计

气-固引射器是以气体作为工作介质，抽吸和压送气体、液体或散状固体的流体输送机械和混合反应器。为使气-固引射器满足实际需求，获得最优吸入能力和输送能力，主要参数包括喷嘴结构、混合管结构及喉嘴距等[37, 38]。

（1）气-固引射器性能设计。

①气-固引射器喷射系数 u。

$$u = u_g + u_T \tag{6.111}$$

式中，u_g 为按气体计算的喷射系数；u_T 为按固体计算的喷射系数：

$$u_g = \frac{G_s}{G_p}, \quad u_T = \frac{G_T}{G_P} \tag{6.112}$$

式中，G_s 为引射气体质量流量，kg/s；G_p 为压缩气体质量流量，kg/s；G_T 为引射粉尘质量流量，kg/s。引射粉尘主要为钻孔施工产生粉尘量，由岩层平均容重 ρ，钻孔直径 D，钻杆长度 L 及平均钻进一根钻杆时间 T 确定[39]：

$$G_T = \frac{\pi D^2 L \rho}{4T} \tag{6.113}$$

②气-固引射器面积比 m_y。

$$m_y = \frac{2\left(\frac{1}{\varphi^3} - 0.5\right)(1+u)(1+u_T)\varepsilon_x v_{cg}}{\varphi_1 \varphi_3 \lambda_{pH} v_p} - \frac{2(\varphi_2 \varphi_4 - 0.5)\varepsilon_x u u_T v_s f_2}{\varphi_1 \varphi_3 \lambda_{pH} v_p f_{H2}} \tag{6.114}$$

式中，v_{cg}、v_p、v_s 分别为气-固两相流、工作气体、引射气体比容，m/kg；f_{H2} 为喷嘴出口截面积，m/s；ε_x、λ_{pH} 为气动函数；f_2 为混合管截面积，m²；φ_1、φ_2、φ_3、φ_4 为流速系数。

③出口压力设计。

气-固引射器出口压力主要取决于输送距离，输送距离越远，出口压力越大。输送管道压力损失为

$$\Delta p = p_{c} - p_{0} = (1 + uK)\frac{\lambda_{g} v_{g}^{2} \rho_{g} L_{g}}{2D_{g}} \tag{6.115}$$

式中，p_{c}、p_{0} 分别为气-固引射器和输送管出口压力，MPa；K 为阻力系数，$K = \frac{1.25D\delta}{1-\delta}$，$\delta$ 为经验系数；λ_{g} 为气体在管道中的摩擦阻力系数，$\lambda_{g} = \frac{0.3164}{Re^{0.25}}$，$Re$ 为雷诺数；ρ_{g} 为管道中气体的密度，kg/m³；v_{g} 为管道中气体的速度，m/s；L_{g}、D_{g} 分别为输送管道的长度和直径，m。出口压力

$$p_{c} = (1 + \mu K)\frac{\lambda_{g} v_{g}^{2} \rho_{g} L_{g}}{2D_{g}} + p_{0} \tag{6.116}$$

根据气-固引射器设计理论要求，出口压力还必须满足

$$p_{c} = \frac{p_{p} f_{1} \varphi_{1} \varphi_{2} k_{p} \Pi_{x} \lambda_{1}}{f_{2}} \left(\Pi_{p_{1}} - \frac{p_{H}}{p_{p}} \right) + p_{H} - \frac{f_{x}^{2} p_{p}(1+u)(1+u_{T}) k_{p} \Pi_{x} \varepsilon_{x} v_{cg}}{f_{2}^{2} v_{p}} \left(\frac{1}{\varphi_{3}} - 0.5 \right)$$
$$+ \frac{f_{x} p_{p} k_{p} \Pi_{x} \varepsilon_{x} v_{cg} u u_{g}}{f_{2} f_{H2} p v_{p}} (\varphi_{2}\varphi_{4} - 0.5) + \frac{\varphi_{1}\varphi_{2} k_{p} \Pi_{x} \lambda_{1}}{f_{x} f_{2}} \geq \frac{\lambda_{g} v_{g}^{2} \rho_{g} L_{g}}{2D_{g}} + p_{0}$$
$$\tag{6.117}$$

式中，p_{p} 为工作气体压力，MPa；p_{H} 为吸入压力，MPa；Π 为临界截面比，$\Pi = \left(\frac{2}{k+1} \right)^{\frac{k}{k-1}}$，$k$ 为绝热指数。

（2）气-固引射器结构设计。

①喷嘴结构。

气-固引射器按照喷嘴形式分为中心喷嘴和环形喷嘴两种结构形式。根据现场条件和设计要求，设计中采用中心喷嘴结构，如图 6.54 所示，其主要设计参数包括喷嘴临界直径 d_{x}、喷嘴出口直径 d_{1}、喷嘴出口长度 L_{1}、喷嘴出口锥角 α、喷嘴喉长 L_{x} 等。

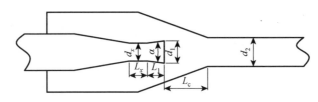

图 6.54 气-固引射器结构图

喷嘴临界直径 d_x 按公式（6.118）计算：

$$d_x = \sqrt{\frac{4 G_p a_x}{\pi k_p \varPi_x p_p}} \qquad (6.118)$$

式中，a_x 为工作流体的临界速度，m/s。

喷嘴出口直径 d_1 按公式（6.119）计算：

$$d_1 = \left[\frac{k_p - 1}{2} \left(\frac{2}{k_p + 1} \right)^{\frac{k_p + 1}{k_p - 1}} \right]^{\frac{1}{4}} \left[\frac{\left(\dfrac{p_p}{p_H} \right)^{\frac{k_p + 1}{k_p}}}{\left(\dfrac{p_p}{p_H} \right)^{\frac{k_p - 1}{k_p}} - 1} \right]^{\frac{1}{4}} d_x \qquad (6.119)$$

喷嘴出口长度 L_1 按公式（6.120）计算：

$$L_1 = \frac{d_1 - d_x}{2 \tan \dfrac{\alpha_1}{2}} \qquad (6.120)$$

根据经验，喷嘴出口锥角 $\alpha = 15° \sim 20°$，取 $15°$。

②喉嘴距。

喉嘴距 L_c 即喷嘴出口断面至喉管入口断面的距离。龙新平等通过数值模拟确定了最佳喉嘴距范围为（$0.5 \sim 1.5$）d_1，喉嘴距在（$0.5 \sim 1.5$）d_1 内选取，并通过实验方法确定使气-固引射器性能最优的喉嘴距。

③混合管设计。

全苏热工研究所对各种剖面形状的混合式入口的喷射压缩器的试验研究表明，锥形入口有利于两股气流充分混合。混合管直径 d_2 由公式（6.121）计算获得，混合管长度 L_k 在（$5 \sim 6$）d_2 内选取，并通过实验确定最优值。

$$d_2 = \sqrt{m_y d_x} \qquad (6.121)$$

④其他结构参数。

扩散管出口直径一般取值在（$2 \sim 2.2$）d_2，扩散管出口直径需保证出口压力满足式（6.117）；扩散管长度 $L_d = 7(d_c - d_2)$，扩散管扩散角 $\beta = 7° \sim 8°$。

3）钻孔孔口除尘装置现场应用

根据装置结构设计及气-固引射器结构参数优化计算结果，加工出的测试装置见图 6.55 和图 6.56。测试装置在重庆松藻煤电公司同华煤矿±0m 水平南大巷进行现场应用。试用过程中分别在 8# 钻场和 9# 钻场施工穿层钻孔 6 个，均采用压风排渣方式进行施工。施工过程中，其中两个钻场中的 1#、3#、5# 均使用本装置除尘、排瓦斯，其余 6 个钻孔未使用本装置。使用过程中，分别使用直读式测尘仪、便携式瓦斯探测器对回风侧粉尘浓度和瓦斯浓度进行监测，监测结果见表 6.8[40, 41]。

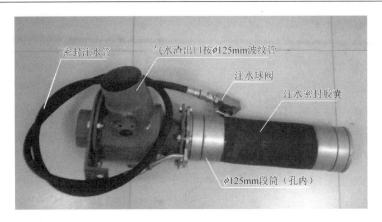

图 6.55　瓦斯粉尘捕捉器实物图

图 6.56　气水渣分离桶实物图

表 6.8　监测结果

项目	装置状态	回风侧最大浓度							效率/%
		8-1/2	8-3/4	8-5/6	9-1/2	9-3/4	9-5/6	平均值	
瓦斯浓度/%	使用	0.15	0.24	0.37	0.21	0.22	0.31	0.25	67.9
	未使用	0.87	0.73	0.76	0.68	0.82	0.79	0.78	
粉尘浓度/ (mg/m^3)	使用	23	26	37	29	33	18	27.7	86.6
	未使用	218	201	169	223	189	235	205.8	

　　钻孔孔口除尘装置除尘、排瓦斯效果明显，能有效降低工作面及回风巷道粉尘浓度、瓦斯浓度及瓦斯超限事故发生率。

2. 钻杆自动拆卸装置

钻孔施工过程中常因使用呆扳手或管子钳拆卸钻杆而造成伤亡事故，对拆卸工艺进行改进，发明了钻杆自动拆卸装置，该装置首先需要在钻机滑板上焊接活动夹持器固定座，同时对水便轴进行加工，将其露出部分加工为正方形，在钻机组装时就将动力传输块安装在水便轴上，由于动力传输块与水便轴是过渡配合，配合比较紧密，所以径向旋转比较可靠，对水便轴的磨损也很小，为防止其轴向滑动，又用顶丝固定，需要拆卸时可以随时拆下，不影响使用；拆卸装置由瓦块式动力传输器、活动夹持器等部分构成（图 6.57），使用钻杆自动拆卸装置，取得了较好的效果。

（1）新钻杆拆卸装置杜绝呆扳手的使用，从源头上消除了呆扳手伤人的安全隐患，保证施钻人员的安全。

（2）采用新钻杆拆卸装置拆卸钻杆，大大减少员工的劳动强度，同时根治体弱者无法拆卸钻杆的现象。

（3）采用钻杆拆卸装置拆卸钻杆，员工不再用榔头敲击钻杆，能很好地保护钻杆，延长钻杆的使用寿命，具有一定的经济效益。

图 6.57　钻杆自动拆卸实物图

6.5.3　射流割缝复合水力压裂钻孔封孔材料及工艺

针对目前煤矿井下水力压裂钻孔封孔材料存在易收缩、密封效果差、成本高及封孔长度不合理等问题，研制出兼顾封孔能力与成本的新型封孔材料，并得出不同条件下压裂钻孔合理封孔长度的计算方法，形成适合煤矿井下水力压裂封孔工艺。

1）水力压裂钻孔密封原理

煤矿井下水力压裂钻孔封孔是将压裂管与封孔材料及地层煤岩体胶结在一

起，从而形成一个纵向上的水力封隔系统。通过实验和煤矿井下水力压裂现场实践表明，不管是穿层条带还是本煤层水力压裂，压裂孔密封质量不好，渗漏水严重都会影响压裂效果，分析其原因主要有两种：①通过压裂钻孔封孔材料本身渗漏；②通过钻孔周围裂隙圈渗漏。因此，水力压裂钻孔封孔材料本身致密抗渗及其对钻孔周围裂缝密封是封孔材料的关键因素。

封孔材料在注浆压力的作用下，注入压裂钻孔一定长度，材料流动充满该段密封钻孔并扩散进入填充钻孔周边裂隙区的范围，使得钻孔到裂隙区范围内的渗透率和力学状态发生改变，增加了钻孔周围煤岩体的密实度和强度，从而达到对压裂钻孔周围及密封连接处间隙或缝隙进行密封的目的。封孔材料通过自身及与钻孔壁、压裂管壁的固化胶结实现对压裂钻孔的高压密封。

2）水力压裂新型封孔材料

采用封孔材料进行水力压裂钻孔密封的关键在于封孔材料的选择。根据钻孔密封原理，防止压裂钻孔密封失败的发生，一是防止密封界面产生微间隙；二是避免封孔材料中形成通道，即要求材料具有较强的胶结能力和抗透水能力，而材料的胶结能力和抗透水能力与材料的致密程度、收缩率、抗压强度等性能紧密相关。因此封孔材料的基本要求如下：①材料整体致密，胶结能力强、抗压强度高；②收缩小，凝固后能达到准确的封孔位置；③封孔材料的组成粒径小，能进入钻孔周围裂缝，同时对钻孔周围煤岩体有加固作用；④耐老化、干裂性能强，具有较高的抗冲击断裂韧性；⑤井下使用方便、操作配比技术难度低；⑥各原料来源广泛，成本低。

根据煤矿井下水力压裂钻孔密封对封孔材料的要求，采用总体控制、反向调节的思路。以水泥浆作为主料，对材料的性质起总体控制作用；在其他成分的选择上，力求使单一组分仅调节材料的某一指标，对材料总体性质没有明显影响。

以水泥浆作为主要成分，选择早强减水剂作为外加剂，并加入聚丙烯纤维。其中，早强减水剂的作用如下：①增强材料的早期抗压强度，减小收缩；②增加浆液的流动性，使浆体在管路中容易输送；③使封孔材料能够最大限度地渗入钻孔周边裂缝中，加固钻孔周围煤岩体。聚丙烯纤维的作用如下：①提高浆体的密实程度，同时提高抗渗性能、抗裂性能及抗冲击性能，起加强筋作用，使浆液胶结融合；②改善界面胶结质量，减小收缩，增强密封效果。聚丙烯纤维与早强减水剂的作用无相互影响，新型封孔材料组成及各组分作用如图 6.58 所示[42]。

新型封孔材料的基本成分如图 6.59 所示，为满足材料性能要求，水泥为 42.5R 拉法基普通硅酸盐，水泥品质符合《通用硅酸盐水泥》（GB 175—2007）标准；外加剂为重庆某公司生成的早强减水剂，型号为 Ms 型，推荐加量 2%～4%；纤维采用聚丙烯纤维，其物理力学参数见表 6.9；水为干净的自来水。

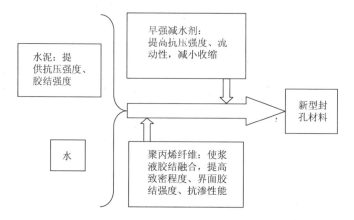

图 6.58　新型封孔材料的组成及各组分的作用

图 6.59　新型封孔材料的基本成分

表 6.9　聚丙烯纤维的物理力学参数

类型	密度/（g/cm³）	直径/mm	规格/mm	抗拉强度/MPa	弹性模量/MPa	熔点/℃	燃点/℃	耐酸碱性	分散性
束状单丝	0.91	0.048	9	≥350	≥3500	165	590	极强	极好

3）合理封孔长度确定

合理封孔长度对保证封孔质量和水力压裂效果及范围至关重要，同时要避免材料、人员和时间的浪费。决定封孔长度的因素有注水压力、沿巷道边缘煤体的裂隙带宽度及煤层裂隙等。

（1）与注水压力相匹配。

设压裂钻孔倾角 θ，封孔长度 l，图 6.60 为封孔段受力情况，封孔材料受到水压力 P，封孔材料自重 G，煤岩体-封孔材料界面黏结力 f_1，压裂管-封孔材料界面黏结力 f_2；当水压力与封孔材料自重沿钻孔轴向的分力之和超过封孔材料黏聚力及其与煤岩体和压裂管的黏结力之和时，高压水击穿封孔材料，钻孔密封失败。为了保证封孔材料的封孔长度与注水压力相匹配，研究封孔长度 l 的封孔材料能

承受的最大水压力 $p_{\max}$[43]。

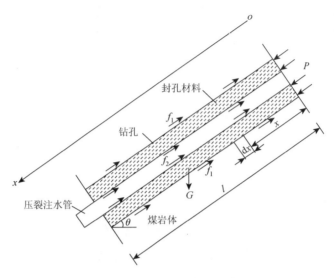

图 6.60 封孔段封孔材料受力图

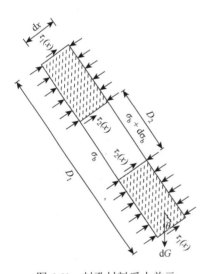

图 6.61 封孔材料受力单元

为简化模型,作如下四点基本假设:①压裂管在钻孔内居中;②钻孔内水压力均匀地作用在封孔材料的底部;③封孔材料在轴向力的作用下仅产生轴向变形,且同一承载面上的变形相同,无径向变形;④不考虑高压水可能沿封孔材料内部劈裂渗流引起的封孔材料黏聚力。设想从钻孔轴线方向 x 处取微分段 $\mathrm{d}x$ 进行受力分析,则在该微分段封孔材料上的作用力如图 6.61 所示。封孔材料微分段受力包括封孔材料自重 $\mathrm{d}G$;封孔材料与钻孔壁煤岩体之间的黏结力 $\tau_1(x)$,封孔材料与压裂管之间的黏结力 $\tau_2(x)$;水压力 P 均匀作用在封孔材料上的应力 σ_b($\mathrm{d}\sigma_b$ 为应力增量)[44, 45]。

由作用于微分段沿钻孔轴向方向力的平衡得到

$$A\mathrm{d}\sigma_b + \mathrm{d}G\sin\theta = \tau_1(x)\pi D_1\mathrm{d}x + \tau_2(x)\pi D_2\mathrm{d}x \qquad (6.122)$$

式中,D_1 为钻孔直径;D_2 为压裂管外径;封孔材料断面面积 $A=\pi(D_1^2-D_2^2)/4$,封孔材料微段自重 $\mathrm{d}G=\gamma A\mathrm{d}x$,$\gamma$ 为封孔材料容重。

定义 x 处封孔材料承受的水压力为 $P(x)$，对式（6.122）积分，得

$$P(x) + \int_l^x \gamma A \sin\theta \mathrm{d}x = \int_l^x \tau_1(x)\pi D_1 \mathrm{d}x + \int_l^x \tau_2(x)\pi D_2 \mathrm{d}x \qquad (6.123)$$

根据胡克定律，轴向应变 $\varepsilon(x)=P(x)/AE$。式中，E 为封孔材料的弹性模量。

由于同一承载面上的轴向变形相同，封孔材料、压裂管之间的相对位移与封孔材料、钻孔壁煤岩体的相对位移相同，黏结力与相对位移成正比，故有

$$\begin{cases} \tau_1(x) = K_1 \int_l^x \varepsilon(x)\mathrm{d}x / B = K_1 \int_l^x \dfrac{P(x)}{AE}\mathrm{d}x / B \\[3mm] \tau_2(x) = K_2 \int_l^x \varepsilon(x)\mathrm{d}x / B = K_2 \int_l^x \dfrac{P(x)}{AE}\mathrm{d}x / B \end{cases} \qquad (6.124)$$

式中，K_1、K_2 分别为两界面的剪切比例系数；B 为钻孔与压裂管之间的间隙，$B=(D_1-D_2)/2$。

将式（6.124）代入式（6.123）得

$$P(x) + \int_l^x \gamma_1 A \sin\theta \mathrm{d}x = \frac{\pi D_1 K_1}{B} \int_l^x \int_l^x \frac{P(x)}{AE}\mathrm{d}x\mathrm{d}x + \frac{\pi D_2 K_2}{B} \int_l^x \int_l^x \frac{P(x)}{AE}\mathrm{d}x\mathrm{d}x \qquad (6.125)$$

对式（6.125）求两阶导，得

$$P(x)'' = \frac{\pi D_1 K_1}{B}\frac{P(x)}{AE} + \frac{\pi D_2 K_2}{B}\frac{P(x)}{AE} \qquad (6.126)$$

将式（6.126）求一阶导为

$$P(x)' + \gamma_1 A \sin\theta = \tau_1(x)\pi D_1 + \tau_2(x)\pi D_2 \qquad (6.127)$$

变形得

$$P(x)' = \tau_1(x)\pi D_1 + \tau_2(x)\pi D_2 - \gamma_1 A \sin\theta \qquad (6.128)$$

对式（6.128）两边求一阶导为

$$P(x)'' = [\tau_1(x)\pi D_1 + \tau_2(x)\pi D_2 - \gamma_1 A \sin\theta]' \qquad (6.129)$$

联立式（6.126）和式（6.129）得

$$[\pi D_1 \tau_1(x) + \pi D_2 \tau_2(x) - \gamma_1 A \sin\theta]' = \frac{\pi}{BAE}(D_1 K_1 + D_2 K_2)P(x) \qquad (6.130)$$

将式（6.130）两边求导得

$$[\pi D_1 \tau_1(x) + \pi D_2 \tau_2(x) - \gamma_1 A \sin\theta]'' = \frac{\pi}{BAE}(D_1 K_1 + D_2 K_2)P(x)' \qquad (6.131)$$

将式（6.128）代入式（6.131）得

$$[D_1 \tau_1(x) + D_2 \tau_2(x) - \gamma_1 A \sin\theta / \pi]''$$
$$= \frac{\pi}{BAE}(D_1 K_1 + D_2 K_2)[D_1 \tau_1(x) + D_2 \tau_2(x) - \gamma A \sin\theta / \pi] \qquad (6.132)$$

求解方程（6.132），得

$$D_1 \tau_1(x) + D_2 \tau_2(x) - \gamma_1 A \sin\theta / \pi = Ce^{-x\sqrt{\frac{\pi}{BAE}(D_1 K_1 + D_2 K_2)}} \qquad (6.133)$$

式中，C 为积分常数。由式（6.133）可知，当 τ_1（0），τ_2（0）均达到破坏黏结强度$[\tau_1]$，$[\tau_2]$时，压裂钻孔封孔段底端封孔材料两界面发生破坏，且逐渐沿着钻孔孔口方向转移，此时 P（0）达到最大值，积分常数 $C=D_1[\tau_1]+D_1[\tau_2]-\gamma A\sin\theta/\pi$，其中$[\tau]$的计算如下：

$$\begin{cases} [\tau]=(\sigma_z-\sigma_x)\sin(45°+\sigma/2)/2 \\ \sigma_z=\gamma l \\ \sigma_x=\sigma_z\tan^2(45°-\varphi/2)-2c\tan(45°-\varphi/2) \end{cases} \quad (6.134)$$

式中，σ_z，σ_x 分别为封孔材料的轴向压力与封孔材料破坏时的径向压力；c，σ 分别为封孔材料的黏聚力和内摩擦角。

因此，在高压水的作用下，封孔材料两界面在压裂钻孔封孔段底部与高压水接触处发生破坏，此时，封孔材料承受最大水压力为

$$\begin{aligned} P_{max} &= \pi\int_l^0[D_1\tau_1(x)+D_2\tau_2(x)-\gamma A\sin\theta/\pi]\mathrm{d}x \\ &= \frac{\pi(D_1[\tau_1]+D_2[\tau_2])-\gamma A\sin\theta}{\sqrt{\dfrac{\pi}{AEB}(D_1K_1+D_2K_2)}}\left[1-\mathrm{e}^{-l\sqrt{\frac{\pi}{AEB}(D_1K_1+D_2K_2)}}\right] \end{aligned} \quad (6.135)$$

故水力压裂钻孔封孔长度 l 的封孔材料能承受的最大水压为

$$\begin{aligned} p_{max} &= \frac{P_{max}}{A} \\ &= \frac{\pi(D_1[\tau_1]+D_2[\tau_2])-\gamma A\sin\theta}{\sqrt{\dfrac{\pi A}{EB}(D_1K_1+D_2K_2)}}\left[1-\mathrm{e}^{-l\sqrt{\frac{\pi}{AEB}(D_1K_1+D_2K_2)}}\right] \\ &= \frac{(D_1[\tau_1]+D_2[\tau_2])-\dfrac{1}{4}\gamma A\sin\theta(D_1^2-D_2^2)}{\sqrt{\dfrac{2(D_1+D_2)}{E}(D_1K_1+D_2K_2)}}\left[1-\mathrm{e}^{-\frac{l}{D_1-D_2}\sqrt{\frac{8(D_1K_1+D_2K_2)}{E(D_1+D_2)}}}\right] \end{aligned} \quad (6.136)$$

由式（6.136）可知，根据水力压裂的最大施工压力（泵压）、封孔材料的弹性模量、压裂钻孔直径、压裂管直径及封孔材料与压裂管和孔壁煤岩体剪切比例系数等参数，可计算与施工压裂相匹配的合理封孔长度。

（2）巷道边缘裂隙带宽度。

取决于巷道应力集中带的位置，原则是封孔长度必须在应力集中带以内，否则压裂过程中难以有效"憋压"。根据支撑压力峰值点距煤壁的距离公式

$$R=\frac{m(1-\sin\phi)}{2f(1+\sin\phi)}\ln\frac{k\gamma H}{N_0} \quad (6.137)$$

式中，m 为巷道高度，m；φ 为内摩擦角，（°）；f 为层面间的摩擦系数；一般取

0.3；k 为支撑压力集中系数，一般取 1～3；γ 为岩体容重，kN/m^3；H 为巷道埋深，m；N_0 为巷帮支撑能力，取煤体的残余强度，Pa。

裂隙带 L 的范围为

$$R(1-20\%) < L < R(1+10\%) \tag{6.138}$$

为了保障水力压裂成功，封孔长度必须大于 $R(1+10\%)$，该封孔长度为考虑应力集中带的最佳理论封孔长度，但考虑裂隙方向与钻孔方向的关系，为保证压裂半径达到一定的要求，要加大封孔长度。

综合上述分析，为了保障压裂成功和扩大压裂范围，根据现场压裂施工地点的相关参数，分别计算与注水压力相匹配的封孔长度和巷道边缘裂隙带宽度，取两者的最大值为最后压裂钻孔的封孔长度。

4）水力压裂封孔工艺

压裂钻孔施工成功后，用 ϕ94mm 钻头扩孔至煤层底板（具体数据参考钻孔施工参数）。压裂管（图 6.62）采用钻机送入，直接送入压裂钻孔孔底，并通过扶正器保障压裂管在钻孔内居中，确保封孔材料环厚度均匀，受力对称；压裂管孔内连接顺序如下：筛管→连接直管→变径管→孔口连接管。筛管下部 50～100mm 段使用纱布将筛孔蒙住，以防止封孔浆体进入压裂管造成堵塞。筛管与第一根连接管连接处，使用 12$^\#$铁丝将棉纱缠绕于钢管上，棉纱缠绕长度为 20cm 左右，棉纱缠绕厚度以缠绕后该部分刚好能通过 ϕ94mm 钻孔为宜，且保证在将压裂管送入孔底过程中棉纱不下滑，当压裂管筛管送至孔底时停止送管，之后向孔外方向拉动压裂管使棉纱收缩，起到封堵封孔浆体及过滤水的作用。封孔注浆管采用 ϕ18mm 胶管，直接使用人工送入孔内，直到筛孔上的棉纱位置，再后退 20cm 左右。

图 6.62 压裂管

压裂钻孔孔口采用马丽散加棉纱封堵，长度不低于 1.5m，马丽散必须混合均匀，且充分浇灌于棉纱上，待马丽散完全凝固后，方可进行注浆。注浆管口与截止阀连接，截止阀与注浆泵注浆管连接；注浆时开启球阀，注浆结束后及时关闭截止阀。

采用 BFK-15/2.4 型（防爆 7.5kW 电机）封孔泵（图 6.63）进行注浆，封孔材料配比需严格按上述要求执行，一次注浆待压裂管内流出水后即停止，关闭注浆管上截止阀，断开注浆管与封孔泵的连接，再打开截止阀，将注浆管内水泥浆放完。待养护 24h 后，再使用此注浆管进行二次注浆。二次注浆待压裂管内流出水后即停止，关闭截止阀，断开注浆管与封孔泵的连接，养护 72h 后方可进行压裂，如图 6.64 所示。

图 6.63　封孔注浆泵

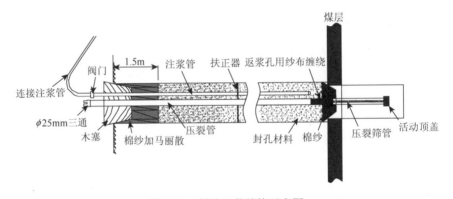

图 6.64　封孔工艺结构示意图

6.5.4　井下射流割缝复合水力压裂设备优选及改造

针对目前煤矿井下水力压裂设备优选及压裂过程中压力和流量不能实时智能调节和监测等问题，优选出适合煤矿井下水力压裂设备，并研制井下水力压裂压力和流量智能调节装置。

1）井下水力压裂设备优选

高压泵是水力压裂的关键设备。

本书以重庆松藻矿区为例，针对松藻矿区煤质松软、地应力高、巷道断面小等问题，初步限定选择范围为宝鸡煤机厂生产的 HTB500 型压裂泵、南京六合煤机公司生产的 BRW200/31.5 型、BZW200/56 型压裂泵进行现场试验。通过适应性试验，确定 BZW200/56 型压裂泵更适应松藻矿区煤矿井下水力压裂。

高压水力压裂系统由 BZW56/200 型高压泵（图 6.65）、智能控制台与监控视频（图 6.66）、水箱（图 6.67）、压力表、高压管、开关及相关装置连接接头等组成。高压泵安设在试验地点茅口阶段水平大巷距试验压裂钻孔进风侧，操作人员距离高压设备及管路不得少于 10m；将井下供水管连接至高压注水泵的水箱进水口，水箱出水口采用专用胶管与高压注水泵连接，然后使用 $\phi 25mm$ 高压胶管及快速接头将高压管路与钻孔内部高压钢管连通，压裂孔孔口处高压注水管必须安设高压闸门、卸压阀等。系统连接示意图如图 6.68 所示。

2）井下水力压裂压力和流量智能调节装置研制

根据煤矿井下煤层水力压裂高压泵的特点，研制结构简单、调节智能化、易于维护的水力压裂压力和流量智能调节装置，该装置可根据给定的控制流量对注水压力进行智能化实时调控、存储数据，并为现场施工人员提供指示灯信号、流量读数情况，从而指导水力压裂施工及压裂参数优化。

图 6.65　BZW56/200 型高压泵

图 6.66　智能控制台、监控视频

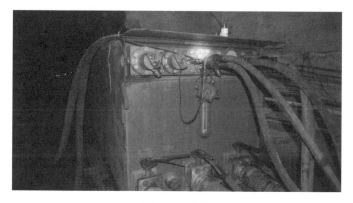

图 6.67　水箱

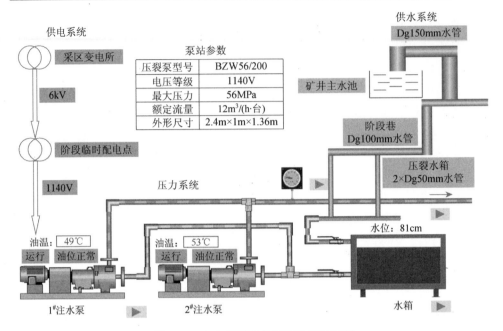

图 6.68　水力压裂系统装置连接示意图

（1）装置调节原理。

由于流量传感器的读数可以反映压裂时裂缝的延伸情况，当注水流量增大时表明水更多地进入主裂缝，当注水流量减小时表明水更多地进入次裂缝。注水流量高于设定值 Q_{max} 时，信号控制系统发出红灯信号，球阀部分开启，旁路水管流量增大，注水管流量减小，水压入煤层速度与煤层渗失水速度的差值减小，流动阻力降低，注水压力降低；注水流量低于设定值 Q_{max} 且高于设定值 Q_{min} 时，信号控制系统发出绿灯信号，球阀部分关闭，旁路水管流量减小，注水管流量增大，水压入煤层速度与煤层渗失水速度的差值增大，流动阻力升高，注水压力升高；注水流量低于设定值 Q_{min} 时，信号控制系统发出黄灯信号，球阀完全关闭，旁路水管流量减小，注水管流量增大，水压入煤层速度与煤层渗失水速度的差值增大，流动阻力升高，注水压力升高。图 6.69 为信号控制系统调节过程的 N-S 流程图；图 6.70 为流量与信号灯关系实例图[46]。

（2）装置系统组成。

装置系统包括信号控制系统、流量传感器、液压力传感器、电动球阀、高压胶管、三通接头、法兰等，装置连接示意图如图 6.71 所示，装置实物图如图 6.72 所示。流量传感器和压力传感器安装于高压注水管上靠近注水孔一侧，流量传感器和液压力传感器的信号输出端分别与信号控制系统的信号输入端连接，将压力数据传输给信号控制系统；信号控制系统的信号输入端与液压力传感器的信号输

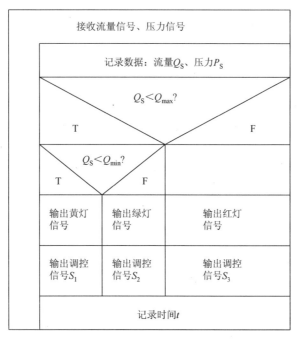

图 6.69　信号控制系统调节过程的 N-S 流程图

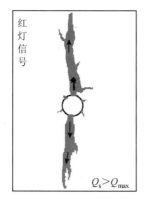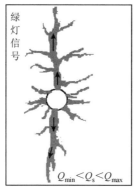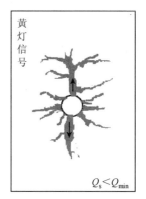

图 6.70　实施实例图

出端连接，信号输出端与电动球阀的信号输入端连接，带有红、黄、绿三种颜色的信号指示灯，信号控制系统根据接收到的流量信号，向电动球阀发出不同的动作信号，同时点亮不同的信号指示灯；电动球阀的信号输入端与信号控制系统的信号输出端连接，根据接收到的信号做出相应开闭动作，同时可以显示旁路上的实时流量；高压胶管一端连接到注水管，另一端与水箱相连，构成一条旁路，作为回流水通道。

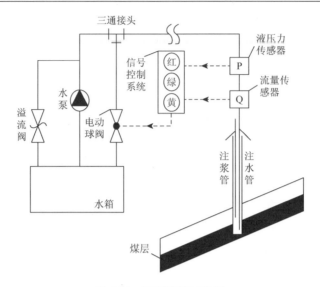

图 6.71　装置连接示意图

图 6.72　装置实物图

6.5.5　井下射流割缝复合水力压裂施工参数优化设计

井下水力压裂施工参数是进行现场施工的依据，施工参数优化设计包括施工压力的计算及施工时间的确定。

1）水力压裂施工压力计算

（1）割缝煤体起裂压力。

由式（6.40）～式（6.47）中煤层割缝钻孔水力压裂起裂分析可知，割缝与未割缝起裂压力分别为

$$P_{\text{w}} \geqslant \frac{1}{2(\cos 2\theta'+1)} \begin{bmatrix} (\sigma_x+\sigma_y+\sigma_{z\theta})-2(\sigma_x+\sigma_y-\sigma_{z\theta})\cos 2\theta' \\ -2(\sigma_x-\sigma_y)(\cos 2\theta+2\cos 2\theta \cos 2\theta') \\ -4\tau_{xy}(1+2\cos 2\theta)\sin 2\theta-4\tau_{z\theta}\sin 2\theta'-\dfrac{\tau_{\theta z}^2}{\sigma_{z\theta}} \end{bmatrix} \quad (6.139)$$

$$P_{\text{w}} \geqslant (\sigma_x+\sigma_y)-2(\sigma_x-\sigma_y)\cos 2\theta-4\tau_{xy}\sin 2\theta-\frac{\tau_{\theta z}^2}{\sigma_{z\theta}} \quad (6.140)$$

根据压裂施工地点上覆岩石平均容重 γ、煤体抗拉强度 R_t、煤层埋深 H、地层应力系数 k 等参数，可计算煤体起裂压力临界值 P_{w}。

（2）管路摩阻。

水力压裂管路摩阻计算为

$$\Delta P_{\text{g}} = 0.51655\rho^{0.8}\mu_{\text{pv}}^{0.2}Q^{1.8}\sum_{i=1}^{n}\frac{L_i}{d_i^{4.8}} \quad (6.141)$$

式中，ρ 为压裂液密度，g/cm^3；μ_{pv} 为塑性黏度，$\text{Pa}\cdot\text{s}$；L_i 为管路长度，m；Q 为排量，L/s；d_i 为管路内径，cm。

（3）施工压力。

施工压力下限为 $P_{\text{wh}}=P_{\text{w}}+\Delta P_{\text{g}}$，由于管路转弯摩阻相应增加，所以施工压力要比计算的 P_{wh} 稍大。

2）施工时间

施工时间主要根据水力压裂煤层的赋存条件（倾角、埋深等）及水力压裂影响范围来确定，矿井煤层条件不同，水力压裂施工时间也不同。例如，重庆松藻煤电公司逢春、松藻、同华煤矿属于倾斜或急倾斜煤层，埋深相对较浅，压裂压力相对较小，石门原则上压裂时间确定为 12h 以上，条带压裂 16h 以上，本煤层压裂 2h 以上；对于近水平煤层的打通一矿、渝阳、石壕煤矿，埋深相对较深，水力压裂时压力相对较大，原则上压裂时间应尽可能增大一些。

6.5.6 井下射流割缝复合水力压裂施工工艺要点

煤矿井下射流割缝复合水力压裂施工工艺要点包括以下两点。

（1）制定详细的煤矿井下射流割缝复合水力压裂安全防护技术措施。

（2）实施过程中，按照如下步骤实施。

①根据钻孔布置形式，采用重庆大学设计的钻割一体化装置，根据钻孔布置参数钻进压裂孔。

②连接并检查高压管路，对压裂孔及导向钻孔进行割缝。

③退出钻头及钻杆，对压裂孔封孔。

④连接压裂泵，检查管路连接情况，确保高压管路系统必须完好、可靠。

⑤打开注水泵水箱的闸阀与注水孔口的闸阀。

⑥启动高压注水泵，高压注水压裂。

⑦施工过程中实时监测压裂钻孔周围巷道情况，如有异常，立即停泵处理。

6.6　煤矿井下射流割缝复合水力压裂评价方法

6.6.1　瞬变电磁法

瞬变电磁法的激励场源主要有两种，一种是回线形式（或载流线圈）的磁源，另一种是接地电极形式的电流源。下面以均匀大地的瞬变电磁响应为例，来讨论回线形式磁偶源激发的瞬变电磁场，从而阐述瞬变电磁法测深的基本理论。

在电导率为 σ、磁导率为 μ 的均匀各向同性大地表面敷设面积为 S 的矩形发射回线，在回线中供以阶跃脉冲电流

$$I(t) = \begin{cases} I & t < 0 \\ 0 & t \geq 0 \end{cases} \tag{6.142}$$

在电流断开之前（$t < 0$ 时），发射电流在回线周围的大地和空间中建立起一个稳定的磁场，如图 6.73 所示。

在 $t = 0$ 时刻，将电流突然断开，由该电流产生的磁场也立即消失。一次磁场的剧烈变化通过空气和地下导电介质传至回线周围的大地中，并在大地中激发出感应电流以维持发射电流断开之前存在的磁场，使空间的磁场不会即刻消失。

由于介质的欧姆损耗，这一感应电流将迅速衰减，由它产生的磁场也随之迅速衰减，这种迅速衰减的磁场又在其周围的

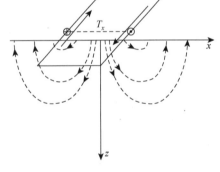

图 6.73　矩形框磁力线

地下介质中感应出新的强度更弱的涡流。这一过程继续下去，直至大地的欧姆损耗将磁场能量消耗完毕。这便是大地中的瞬变电磁过程，伴随这一过程存在的电磁场便是大地的瞬变电磁场。图 6.74 为穿过 T_x 中心的横断面内电流密度等值线。

1）试验地点概况

压裂范围考察试验在同华煤矿三水平一区–100m 阶段茅口巷。K₁煤层，俗称

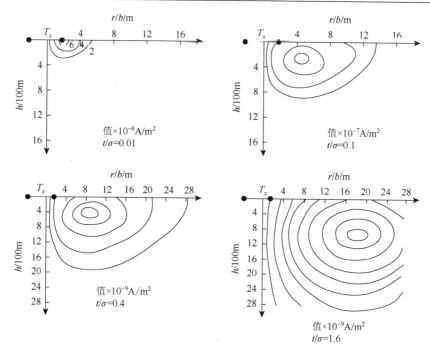

图 6.74　穿过 T_x 中心的横断面内电流密度等值线

"楼板硐"，颜色黑色微带钢灰色，层状结构、块状构造，单一煤层，具有金属及半金属光泽，采出后为块状、粒状，煤层中含黄铁矿结核及晶粒，硬度 $f=2\sim3$。根据矿地测部门资料显示：该区域煤层厚度在 $0.67\sim0.87m$，平均煤厚 $0.7m$，煤层倾角 $17°\sim30°$，平均倾角 $27°$。

根据矿地测部《$-100m$ 阶段北大巷探索 K_1 煤层钻孔成果图》初步结论显示，①在巷道 $72m$、$101.7m$ 位置钻孔主要控制 K_1 煤层上盘，煤层倾向 $310°$，倾角 $17°\sim27°$，煤层厚度在 $0\sim0.86m$；②在巷道 $101.7m$ 处控制断层倾向 $125°$，倾角 $37°$，落差 $3\sim7m$，煤层平均倾角 $27°$，预计影响 K_1 煤层倾斜长度约 $25m$，沿 K_1 煤层影响走向长度约 $150m$；③在巷道 $132m$、$169.5m$ 位置钻孔主要控制 K_1 煤层下盘，煤层倾向 $310°$，倾角 $27°\sim30°$，煤层厚度在 $0.67\sim0.87m$。

该区域 K_1 煤层最大原始瓦斯含量为 $19.8402m^3/t$（2013 年 10 月 12 日一区 $-100m$ 阶段北大巷落平点以南 $250m$ 处 K_1 测压孔 $2^\#$孔在孔深 $12.8m$ 处取煤样测定的结果）。

2）试验区域钻孔布置

同华煤矿 3112-1-2 工作面运输巷掘进条带压裂设计钻孔 8 个，钻孔布置平面图和剖面图见图 6.75 和图 6.76。本次压裂范围考察试验主要考察 $2^\#$、$4^\#$压裂孔压裂前后煤层含水量的变化情况。

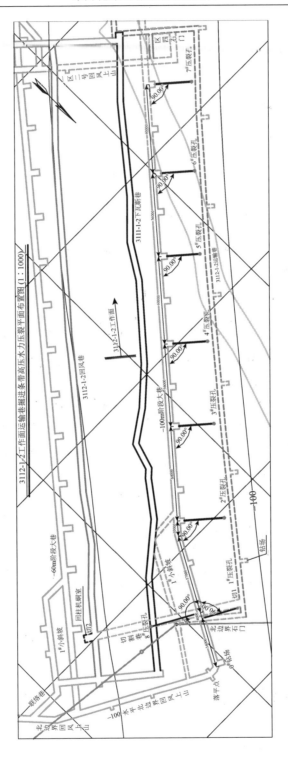

图 6.75　压裂钻孔平面布置图

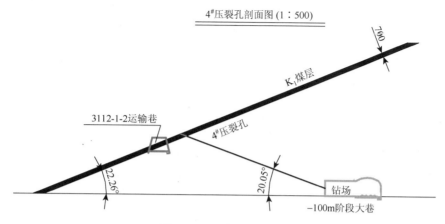

图 6.76　压裂钻孔剖面图

3）试验方法与测点布置

试验过程中使用 YCS1024 矿用本安型全方位探水仪，该仪器具有抗干扰、轻便、自动化程度高等特点。数据采集由微机控制，自动记录和存储，与微机连接可实现数据回放。本次矿井瞬变电磁法（TEM）探测测点间距为 5m，探测方向与煤层呈一定夹角，与压裂孔注水方向一致（水平向上 20°）。

本次水力压裂前后瞬变电磁法探测测线布置在−100m 阶段大巷内，其中以北边界为基准点（即 0m），注水前探测从 0m 开始，点距 5m，430m 结束，布置测点 86 个。根据图 6.75 可知，在距离基准点 45m、110m、165m、220m、280m、335m 和 395m 处分别布置有 1#～7# 压裂孔。其中，1# 孔在探测前已经完成射流割缝复合水力压裂施工；在 2# 和 4# 孔水力压裂实施后进行对比试验，探测从 10m 开始，点距 5m，420m 结束，布置测点 84 个。

4）试验结果与分析

−100m 阶段大巷水力压裂前后探测工作面内的瞬变电磁视电阻率等值线拟断面图详见图 6.77，图中横坐标为测点坐标（以北边界为基准，即 0m），纵坐标为沿探测方向的深度，图 6.77（a）为水力压裂前的探测结果，图 6.77（b）为水力压裂后的探测结果。

由图 6.77（a）中视电阻率等值线变化规律可以看出，由于 1# 孔在实施探测前已完成水力压裂，沿探测方向深度在 20～85m，电阻率数值明显小于其他区域。而未进行水力压裂区域，除了个别点受巷道内风管、水管及压裂孔内的压裂管等金属体影响，电阻率等值线横向平缓，数值基本在 20～50，说明探测范围内岩层电性横向变相对稳定。

由图 6.77（b）中视电阻率等值线变化规律可以看出，等值线横向变化较大，等值线数值明显减小。其中横坐标在 85～160m 受 2# 孔水力压裂注入水的影响及

210～275m 受 4# 压裂孔水力压裂注入水的影响，等值线数值为小于 5，形成明显的注水低阻区域。横坐标 290m 往后，注水前后视电阻率值基本没有变化。

试验结果表明，水力压裂范围在 65m 以内，延伸范围受煤层地质构造影响，且具有一定方向性。

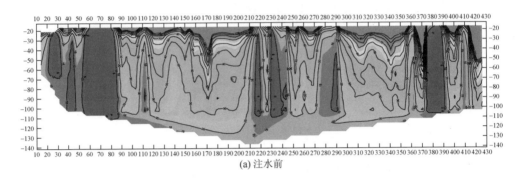

(a) 注水前

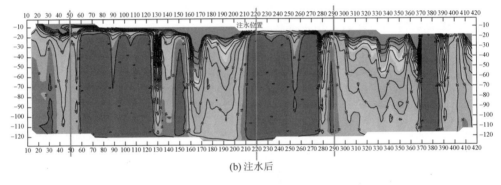

(b) 注水后

图 6.77　–100m 阶段大巷水力压裂前后视电阻率等值线图

6.6.2　瓦斯含量法

瓦斯含量法通过测试水力压裂区域在压裂前后瓦斯含量、含水率变化规律，推测水力压裂影响范围。

1）试验地点概况

渝阳煤矿北区 ±0～–200m 附近施工有 9 个地质钻孔，揭露龙潭组含煤地层厚度 78.39～94.28m，平均 81.37m，含煤 6～11 层，一般 6～8 层；煤层总厚 4.69～8.37m，平均 6.60m，含煤系数 8.11%。全区可采和局部可采煤层 4 层，总厚 2.42～7.41m，平均 4.56m。含煤地层为二叠系上统龙潭组属海陆过渡带潮坪-深湖-碳酸盐台地内侧海沉积体系成煤环境。M_{7-2} 煤层，黑色半亮-半暗型煤，为大部分可采煤层，厚 0.66～1.03m，平均 0.84m；M_8 煤层，黑色半亮型煤，全区可采煤层，厚 2.36～3.78m，平均 2.96m。

2）钻孔布置及施工参数

N3704 中部二号上山水力压裂钻孔布置方案平面图和剖面图如图 6.78 和图 6.79 所示。

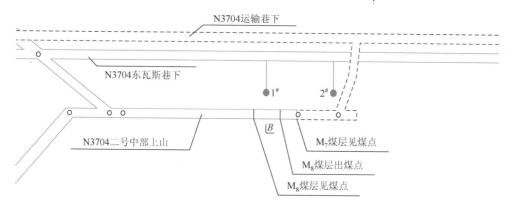

图 6.78　N3704 中部二号上山压裂钻孔平面图

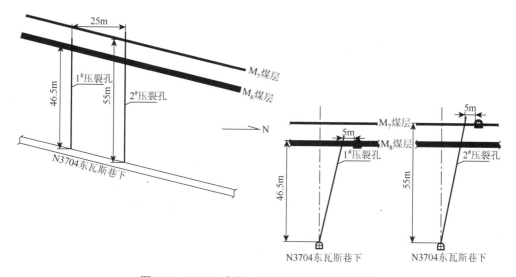

图 6.79　N3704 中部二号上山压裂钻孔剖面图

在压裂孔周围以 10m 间距走向与倾向方向设置考察孔，考察孔布置方法如图 6.80 所示。

3）钻孔布置及施工参数

实施高压水力压裂前后，通过直接测量法测定 M_7 及 M_8 煤层的瓦斯含量来确定压裂煤层倾向方向影响范围，测试结果如表 6.10 所示。

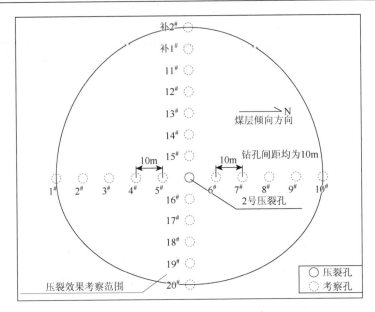

图 6.80　考察孔布置示意图

表 6.10　2 号压裂孔煤层瓦斯含量一览表

煤样编号	距压裂距离/m	煤层瓦斯含量/（m³/t）
2#检验孔（M₇煤层）	40	21.8778
3#检验孔（M₇煤层）	30	13.6597
4#检验孔（M₇煤层）	20	11.7093
9#检验孔（M₇煤层）	20	12.8448
10#检验孔（M₇煤层）	10	8.4051
1#检验孔（M₈煤层）	50	12.9556
2#检验孔（M₈煤层）	40	17.1309
4#检验孔（M₈煤层）	20	16.4134
9#检验孔（M₈煤层）	20	14.2061
10#检验孔（M₈煤层）	10	10.573

　　通过测定压裂孔周边检验孔的煤层瓦斯含量，与原始煤层瓦斯含量（M_7、M_8 煤层原始瓦斯含量分别为 $18.57m^3/t$ 和 $16.61m^3/t$）比较，在煤层倾向方向上，压裂有效影响半径为 40～50m。

　　压裂孔以西 40m 处的 12#检验孔孔内有少量水流出，以西 50m 处的 11#检验孔施工钻穿 M_8 煤层过程中出现严重喷孔并伴有响炮声，与传统的施钻方法相比，喷孔现象异常，可以判断压裂孔以西的影响范围大于 40m，小于 50m；压裂孔以东 30m 处的 18#检验孔孔内有水流出，以东 40m 处的 19#检验孔施钻过程中出现异常，有响炮声，可以判断压裂孔以东的影响范围为 30～40m。因此，在煤层走向方向上，压裂有效影响半径为 40m 左右。

6.7　参　考　文　献

[1]　周世宁，林柏泉. 煤矿瓦斯动力灾害防治理论及控制技术[M]. 北京：科学出版社，2007.

[2]　卫修君，林柏泉. 煤岩瓦斯动力学灾害发生机理及综合治理技术[M]. 北京：科学出版社，2009.

[3]　唐烈先. RFPA 离心机法在岩土工程破坏分析中的应用研究[D]. 沈阳：东北大学，2008.

[4]　罗天雨，郭建春，赵金洲，等. 斜井套管射孔破裂压力及起裂位置研究[J]. 石油学报，2007，28（1）：139-142.

[5]　张广清，陈勉，赵艳波. 新井定向射孔转向压裂裂缝起裂与延伸机理研究[J]. 石油学报，2008，29（1）：115-119.

[6]　李同林. 煤岩层水力压裂造缝机理分析[J]. 天然气工业，1997，17（4）：53-56.

[7]　黄荣樽. 水力压裂裂缝的起裂和扩展[J]. 石油勘探与开发，1981，4：62-74.

[8]　姜浒，陈勉，张广清，等. 定向射孔对水力裂缝起裂与延伸的影响[J]. 岩石力学与工程学报，2009，28（7）：1322-1326.

[9]　Simonson E R，Abou-Sayed A S，Clifton R J. Containment of massive hydraulic fracture[J]. SPEJ，1978，18（1）：27-32.

[10]　Hanson M E，Shaffer R J. Some results from continuum mechanics analyses of the hydraulic fracturing process[J]. SPEJ，1980，20（20）：86-94.

[11]　Daneshy A A. Hydraulic fracture propagation in layered formations[J]. SPEJ，1978，18（1）：33-41.

[12]　Daneshy A A. Hydraulic fracture propagation in the presence of planes of weakness[C]. Amsterdam：The SPE-European Spring Meeting，1974.

[13]　Anderson G D，Larson D B. Laboratory experiments on hydraulic fracture growth near an interface[C]. Nineteenth US Symposium on Rock Mechanics，1978，1：333-339.

[14]　Hubbert M K，Willis D G. Mechanics of hydraulic fracturing[J]. Trans. AIME，1957，210：153-168.

[15]　Tyler L D，Vollendorf W C. Physical observations and mapping of cracks resulting from hydraulic fracturing in situ stress measurements[C]. Fall Meeting of the Society of Petroleum Engineers of Aime，1975.

[16]　Greenwood J A，Williamson J B. Contact of nominally flat surfaces[R]. Proc. R. Soc. Lond.，1966，295（A6）：300-319.

[17]　Brown S R，Schotz C H. Closure of rock joints[J]. Geophys. Res.，1986，(91)：4939-4948.

[18]　Yamada K，Tankeda N，Kagami J，et al. Mechanisms of elastic contact and friction between rough surfaces [J]. Wear，1978，(48)：15-34.

[19]　Yamada K，Tankeda N，Kagami J，et al. Surface density of asperities and real distribution of asperity heights on rubbed surfaces[J]. Wear，1978，47（41）：5-20.

[20]　Timoshenko S，Goodier J N. Theory of Elasticity[M]. New York：McGraw-Hill，1951.

[21]　郑永学. 矿山岩石力学[M]. 北京：冶金工业出版社，1988.

[22]　Batchelor G K. An Introduction to Fluids Dynamics[M]. New York：Cambridge University Press，1967.

[23]　Pozrikidis C. Creeping flow in the two-dimensional channels[J]. J. Fluid Mech.，1987，180：495-514.

[24]　Tsay R Y，Weinbaum S. Viscous flow in a channel with periodic cross bridging fibers：exact solutions and brinkman approximation[J]. J. Fluid Mech.，1991，226：125-148.

[25]　尹向艺，雷群，丁云宏，等. 煤层气压裂技术及应用[M]. 北京：石油工业出版社，2012.

[26] 袁志刚, 王宏图, 胡国忠, 等. 穿层钻孔水力压裂数值模拟及工程应用[J]. 煤炭学报, 2012, (S1): 109-114.

[27] 严志虎, 戴彩丽, 赵明伟, 等. 清洁压裂液的研究与应用[J]. 油田化学, 2015, 32 (1): 141-145, 150.

[28] 张磊. 清洁压裂研究进展及应用现状[J]. 精细石油化工进展, 2012, (8): 12-15.

[29] 张高群, 肖兵, 胡娅娅, 等. 新型活性水压裂液在煤层气井的应用[J]. 钻井液与完井液, 2013, (1): 66-68, 94.

[30] 李亭, 杨琦, 冯文光, 等. 煤层气新型清洁压裂液室内研究及现场应用[J]. 科学技术与工程, 2012, (36): 9828-9832.

[31] 陈尚斌, 朱炎铭, 刘通义, 等. 清洁压裂液对煤层气吸附性能的影响[J]. 煤炭学报, 2009, (1): 89-94.

[32] 周世宁, 林柏泉. 煤层瓦斯赋存与流动理论[M]. 北京: 煤炭工业出版社, 1990.

[33] Krooss B M, Bergen F, Gensterblum Y. High-pressure methane and carbon dioxide adsorption on dry and moisture equilibrated pennsylyaniacoal[J]. International Journal of Coal Geology, 2002, 51 (2): 69-92.

[34] 蔡昌凤, 郑西强, 唐传罡, 等. 焦化废水中主要污染物对煤可浮性的影响及机理分析[J]. 煤炭学报, 2010, 35 (6): 1002-1008.

[35] 聂百胜, 何学秋, 王恩元, 等. 煤吸附水的微观机理[J]. 中国矿业大学学报, 2004, 33 (4): 379-383.

[36] 葛兆龙, 程亮, 卢义玉, 等. 一种气动式气渣分离装置及方法: 中国, 201310120961[P]. 2013-4-9.

[37] 李栋, 卢义玉, 王洁, 等. 瓦斯抽放孔射流排水排渣方法与实验研究[J]. 采矿与安全工程学报, 2012, 29 (2): 283-288.

[38] 卢义玉, 王洁, 蒋林艳, 等. 煤层钻孔孔口除尘装置的设计与实验研究[J]. 煤炭学报, 2011, 36(10): 1725-1730.

[39] 陆宏圻. 喷射技术理论及应用[M]. 武汉: 武汉大学出版社, 2004.

[40] 陈久福, 孙大发, 龙建明, 等. 气水渣分离及瓦斯粉尘捕捉一体化装置的研究与应用[J]. 矿业安全与环保, 2013, 40 (5): 45-47.

[41] 龙建明, 陈久福, 李文树, 等. 穿层预抽钻孔气水渣分离装置的研制与应用[J]. 煤炭科学技术, 2013, 41 (12): 46-49.

[42] 葛兆龙, 梅绪东, 卢义玉, 等. 煤矿井下水力压裂钻孔封孔力学模型及试验研究[J]. 岩土力学. 2014, 35 (7): 1907-1913, 1920.

[43] 葛兆龙, 卢义玉, 梅绪东, 等. 一种煤矿井下高压水力压裂封孔材料及封孔工艺: 中国, 201210578643[P]. 2012-12-17.

[44] 葛兆龙, 梅绪东, 卢义玉, 等. 煤矿井下新型水力压裂封孔材料优化及封孔参数研究[J]. 应用基础与工程科学学报, 2014, 22 (6): 1-11.

[45] Ge Z L, Mei X D, Lu Y Y, et al. Optimization and application of sealing material and sealing length for hydraulic fracturing borehole in underground coal mines [J]. Arabian Journal of Geosciences, 2015, 8 (6): 3477-3490.

[46] 葛兆龙, 卢义玉, 夏彬伟, 等. 一种煤矿井下水力压裂压力流量智能调节装置: 中国, 201520109778[P]. 2015-2-15.

第7章　煤矿井下射流割缝复合水力压裂现场应用

在第 6 章分析煤矿井下射流割缝复合水力压裂增透机理与技术的基础上，本章主要举例分别说明射流割缝复合水力压裂比常规水力压裂的优势，以及石门揭煤射流割缝复合水力压裂、掘进条带射流割缝复合水力压裂、本煤层射流割缝复合水力压裂现场应用效果[1-6]。

7.1　射流割缝复合水力压裂与常规压裂对比试验

试验地点选择在 S11203 下顺槽内，射流割缝复合水力压裂试验在 8# 钻场进行，常规压裂试验在 3# 钻场进行。

7.1.1　试验地点概况

1）工作面布置及相邻关系、埋深

试验地点选择在张狮坝扩区 S11203 下顺槽内进行，处理其上邻近层 M_8 煤层。S11203 下顺槽位于+610 主石门与+610S 边界石门之间，在+610 主石门中沿 M_{12} 煤层向南掘进，设计长度 612m，对应地面标高+895.1～+1060.2m，地形坡度较缓，地形呈南高北低之势。井下标高为+610.3～+613.4m，埋深为 281.7～449.9m。该巷采用放炮掘进，梯形金属支架支护。

2）工作面瓦斯地质情况

张狮坝扩区所回采的 M_7、M_8、M_{12} 煤层原始瓦斯含量分别为 17.67m³/t、18.58m³/t、8.19m³/t；除了 M_7 煤层有煤尘爆炸危险性，其他各煤层均无煤尘爆炸性；矿井开采的 M_7、M_8、M_{12} 煤层皆有自燃发火倾向性，其中 M_7、M_8 煤层为三类自燃倾向性，属于 I 级自燃发火矿井，其中 M_8 煤层自燃尤为严重，最短发火期为 22 天。

3）煤层顶底板

煤层顶底板情况如表 7.1 所示。

表 7.1　煤层顶底板情况

编号	厚度/m	倾角/(°)	稳定性	直接顶	底板
M_7	1.09	24~30	较稳定	粉砂岩、细砂岩	粉砂岩、砂质泥岩
M_8	3.83	24~30	较稳定	粉砂岩、砂质泥岩	粉砂岩、砂质泥岩
M_{12}	0.79	24~30	较稳定	粉砂岩、砂质泥岩	铝土质泥岩

4）煤的物理性质

矿井所有可采煤层均为优质无烟煤，类金属光泽，一般为粉末状、粒状，少数呈带状、均一状，各煤层工业分析结果如表 7.2 所示。

表 7.2　煤层物理参数

序号	煤层	工业分析结果					
		水分 M_{ad}	灰分 A_d	挥发分 V_{daf}	真密度 TRD	视密度 ARD	孔隙率 F
1	M_{12}	0.69%	14.11%	10.37%	1.47	1.39	5.44%
2	M_{7-2}	0.52%	24.90%	12.33%	1.56	1.5	3.85%
3	M_8	0.47%	35.58%	14.11%	1.67	1.59	4.79%

7.1.2　压裂孔布置方案

结合逢春煤矿 M_8 煤层物理力学特性（表 7.3），根据第 6 章中所建立的射流割缝半径模型及射流割缝缝隙塑性区模型，可以得出射流割缝半径为 1.36m，根据经验公式得出，在 M_8 埋深条件下，所受地应力大小为 5.6~8.9MPa，则射流割缝塑性区半径为 7.2m。由此可以判断压裂孔及导向孔间距应小于 14.4m。根据上述分析，本次压裂孔布置在 S11203 下顺槽 8# 钻场内，在 8# 钻场顶板进行开孔，垂直于煤层施工，终孔于 M_8 煤层。导向孔分别布置在 S11203 下顺槽 8# 钻场内和 8# 钻场南北，共设计导向孔 8 个。分别检验横向 10~25m、纵向 10~25m 的压裂效果，横向导向孔终孔点与压裂孔处于同一标高，纵向导向孔与压裂孔处于同一中线，如图 7.1 所示。

表 7.3　M 煤层力学参数值

参数	数值	参数	数值
抗剪强度/MPa	1.64	弹性模量/GPa	0.062
峰值应力/MPa	2.40	内摩擦角/(°)	42
峰值应变	0.025	初始损伤	0.04

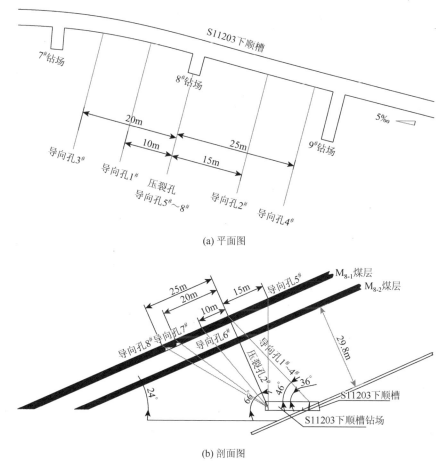

(a) 平面图

(b) 剖面图

图 7.1　射流割缝复合水力压裂孔及导向孔布置图

为进行对比，在 5#钻场布置钻孔进行常规压裂试验，仅在 3#钻场内布置压裂孔一个，然后进行压裂试验，钻孔布置图如图 7.2 所示。

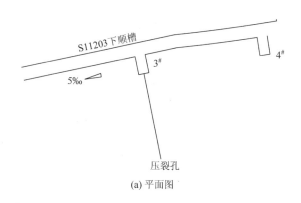

(a) 平面图

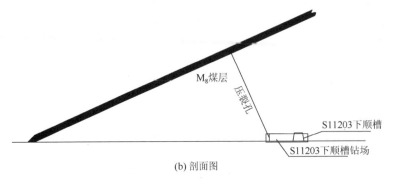

(b) 剖面图

图 7.2　常规压裂孔布置图

7.1.3　试验结果分析

1）试验现象分析

射流割缝煤体压裂试验于 2010 年 10 月 26 日 10 点 05 分开始,注水起始压力为 10MPa。当注水压力升高为 13MPa 时,乳化泵溢流量明显减少,继续升高压力,当压力升高至 17MPa 时,乳化泵溢流量为零,并维持了 6min。10 点 52 分时压力稳定在 22MPa;总注水量为 17m³;10 点 40 分导向孔 6# 孔、导向孔 1# 孔有大量水流出;11 点导向孔 2# 有水流出;11 点 07 分 8# 孔有水流出。通过观察水箱水位发现,12 点 30 分,由于进水端水量偏小,乳化泵停止工作,压裂过程结束。

压裂过程中乳化泵水压的变化规律大致可以分为三段,即 10～13MPa 的稳定升高阶段、13～17MPa 的压裂不稳定升高阶段、17～22MPa 的压裂稳定阶段。水压的变化规律反映出水压致裂分为三个阶段,即应力累积阶段、裂缝稳定扩展阶段和裂缝不稳定扩展阶段（图 7.3）。从压裂压力的变化过程,结合数值分析的结果可以得出,M_{8-1} 煤层的起裂压力为 13MPa。

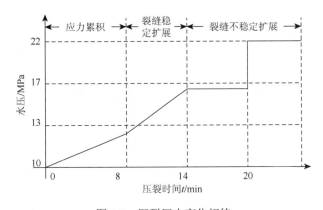

图 7.3　压裂压力变化规律

常规压裂试验在射流割缝煤体导向压裂试验结束后进行，注水起始压力为 10MPa，压力逐步升高至 26MPa 稳定，压裂时间为 4h，注水量为 7.3m³。

2）试验数据分析

（1）压裂范围。

射流割缝导向压裂范围通过观察导向孔出水情况可以确定。10 月 26 日 10 点 40 分导向孔 6#孔、导向孔 1#孔有大量水流出；11 点导向孔 2#有水流出；11 点 07 分 8#孔有水流出，可以判断在煤层倾向上压裂半径超过 25m。在上述压裂的基础上，于 10 月 27 日继续对 M_{8-1} 煤层实施压裂，注入水量 36m³，注水时间为 4h10min，最后乳化泵内水位下降非常缓慢，压力上升至 25MPa 时停止压裂，导向孔 3#孔（走向 25m）的压力表压力升至 8MPa，即说明该压裂孔的影响半径在走向上已达到 25m，可以总结出 8#钻场定向压裂半径在走向和倾向上均超过 25m。

由于常规压裂没有布置相关的压裂范围考察钻孔，所以其压裂范围尚无法考察。

（2）瓦斯抽放数据分析。

抽放钻孔布置在 S11203 下顺槽 8#、6#、3#钻场内，每个钻场施工抽放钻孔 5 个，均终孔于 M_8 煤层，控制压裂钻孔上、下各 20m，所有钻场的参数均一致，如图 7.4 和图 7.5 所示。所有抽放钻孔施工完成后，均使用 φ50mm PVC 管和水泥砂浆机械封孔方式进行封孔，封孔深度为 8m。

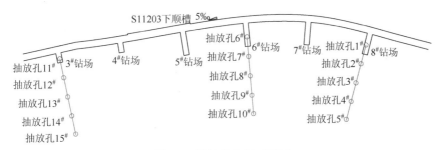

图 7.4　抽放孔布置平面图

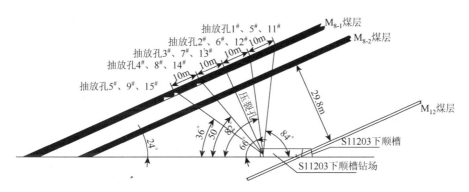

图 7.5　抽放孔布置剖面图

11 月 5 日早班，6#、8#钻场的钻孔接抽完毕，开始计量；11 月 5 日中班，3#钻场内的钻孔接抽完毕，开始计量。

11 月 6 日早班对瓦斯浓度及瓦斯流量进行数据采集，具体参数如表 7.4 所示。

表 7.4　抽放浓度对比

地点	读数时间	浓度/%	负压/kPa	备注
8#钻场	10：54	70	10.4	压裂范围内
6#钻场	11：03	32	13.65	未处理
3#钻场	11：04	40	13.0	

自 2010 年 11 月 5 日以来，水力压裂抽放孔（8#钻场 6 个）共抽放瓦斯纯量为 13492.21m^3（抽放 42 天），抽放瓦斯平均浓度为 68%，单孔平均抽放纯量为 0.037m^3/min。作为对比的普通孔（6#钻场 5 个）抽放瓦斯纯量为 954.53m^3/min（抽放 42 天），抽放瓦斯平均浓度为 32%，单孔平均抽放纯量为 0.0032m^3。同样作为对比的 3#钻场抽放孔（3#钻场 5 个）抽放瓦斯纯量为 1486.532m^3（抽放 42 天），抽放瓦斯平均浓度为 38%，单孔平均抽放纯量为 0.0049m^3/min。采用导向工艺压裂之后，相比普通孔瓦斯抽放纯量提高 11.8 倍，抽放浓度提高 2.12 倍；相比常规压裂工艺瓦斯抽放纯量提高 7.58 倍，抽放浓度提高 1.79 倍。

从数据中可以看出，射流割缝复合水力压裂后，瓦斯抽采纯量能够在长时间内保持较高的抽放水平，而常规压裂工艺在抽放 14 天后恢复到普通钻孔抽放水平，如图 7.6 所示。分析得出，通过射流割缝能够导向裂缝扩展，实现煤体的有效卸压及瓦斯的长时高效抽采。

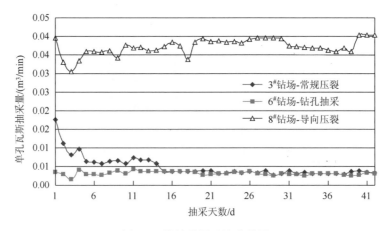

图 7.6　抽放纯量对比曲线图

7.2　石门揭煤射流割缝复合水力压裂增透抽采技术

随着矿井开采深度的增大，地应力的增加，煤层气开采及瓦斯灾害治理难度愈发明显。尤其在石门揭煤中突出危险性最大、突出强度最大。据统计，在全国煤矿上万次的各类突出事故中，石门揭煤工作面平均突出强度最大，达 316t/次，千吨以上的特大型突出事故中，石门揭煤工作面突出就占 77%。世界上最大强度的突出发生在苏联顿巴斯加加林矿石门揭煤，突出煤量达 14000t。我国最大一次突出发生在重庆天府矿务局三汇坝一井石门揭煤，突出煤量达 12780t，突出瓦斯 140 万 m^3，粉煤喷出最远达 1100m。截至 2013 年年底，松藻煤电公司在石门揭煤中共突出 38 次，突出煤量千吨以上 8 次，最大突出一次发生在 2009 年 5 月 30 日同华煤矿，突出煤岩 7138t、瓦斯 28.5 万 m^3。

目前我国石门揭煤增透防突措施主要有预抽瓦斯、水力冲孔、金属骨架、煤层注水等。但是，上述措施在石门揭煤过程中一直存在两大难题：一个是揭煤技术侧重于安全角度而存在揭煤速度慢、时间长的问题；另一个是防治措施不到位而导致安全性不够。所以，研究一种技术可行、经济合理、生产安全的快速揭煤技术有很大的理论和应用价值，既能提高揭煤速度、减少工程量、缩短工期，又节约成本，缓解安全投入的压力。水力压裂石门揭煤增透抽采技术就是防止石门揭煤突出的一种安全、快速、实用性强的技术。

7.2.1　石门揭煤射流割缝复合水力压裂增透抽采技术概述

石门揭煤水力压裂增透抽采技术主要针对巷道揭穿煤层时，突出危险性大、预抽钻孔多、预抽效果差、揭煤周期长的问题。石门揭煤水力压裂钻孔一般布置在所掘进巷道预抽控制区域内，对所揭煤层进行水力压裂增透，然后对揭煤区域施工预抽钻孔进行预抽。当石门穿过多个煤层时可进行多煤层联合压裂，缩短预抽时间，实现安全揭煤。石门揭煤水力压裂钻孔布置示意图见图 7.7 和图 7.8。

7.2.2　石门揭煤射流割缝复合水力压裂现场试验

【现场试验 1】渝阳煤矿 N3704 中部上山揭煤射流割缝复合水力压裂试验

1）试验地点概况

（1）概况。

渝阳煤矿 M_7 煤层作为上保护层开采，进入北三区深部水平后，埋深 700～

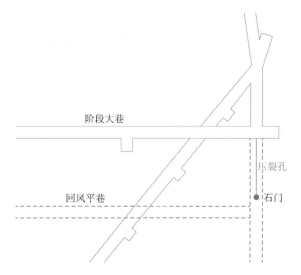

图 7.7　石门揭煤水力压裂钻孔布置平面示意图

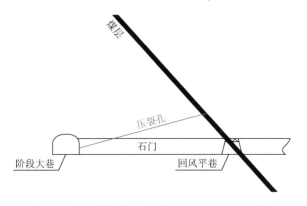

图 7.8　石门揭煤水力压裂钻孔布置剖面示意图

900m,最深达到 900m,M_7 煤层平均厚度 0.9m,M_8 煤层平均厚度 2.8m,原始煤层瓦斯含量分别为 $18.57m^3/t$ 和 $16.61m^3/t$,煤层透气性系数仅为 $0.002486m^2/(MPa^2 \cdot d)$,属于较难抽采煤层,揭煤预抽钻孔浓度仅为 10%左右,平均单孔抽采纯量为 $0.0016m^3/min$,抽采效果差,一般抽采达标时间需要 8~12 个月,揭 N3702 中部一号、二号、三号中部上山时,均需停在碛头补打抽采钻孔,重新接抽。因此,抽采时间延长 2~3 个月,导致揭煤周期多达 10 个月以上。

　　为增强煤层透气性系数,提高煤层抽采效果,在 N3704 东瓦斯巷对 N3704 中部二号上山实施射流割缝复合水力压裂,压裂孔 2 个(压裂 M_7、M_8 煤层各 1 个),平均单孔注水量 $276m^3$。在实施压裂过程中,优化了压裂钻孔的封孔工艺,考察了水力压裂对煤层抽采效果的影响。

（2）实验地点煤层赋存情况。

渝阳煤矿北区±0～–200m 附近施工有 9 个地质钻孔,揭露龙潭组含煤地层厚度 78.39～94.28m,平均 81.37m,含煤 6～11 层,一般 6～8 层;煤层总厚 4.69～8.37m,平均 6.60m,含煤系数 8.11%。全区可采和局部可采煤层 4 层,总厚 2.42～7.41m,平均 4.56m。含煤地层为二叠系上统龙潭组属于海陆过渡带潮坪-深湖-碳酸盐台地内侧海沉积体系成煤环境。M_{7-2} 煤层,黑色半亮-半暗型煤,为大部分可采煤层,厚 0.66～1.03m,平均 0.84m;M_8 煤层,黑色半亮型煤,全区可采煤层,厚 2.36～3.78m,平均 2.96m。

2）钻孔布置及施工参数

N3704 中部二号上山水力压裂钻孔布置方案平面图和剖面图见图 7.9 和图 7.10,钻孔施工参数表见表 7.5。

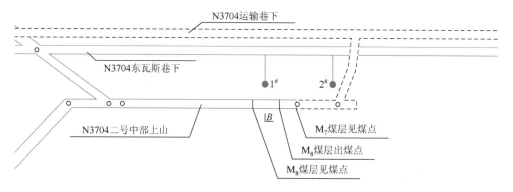

图 7.9　N3704 中部二号上山压裂钻孔平面图

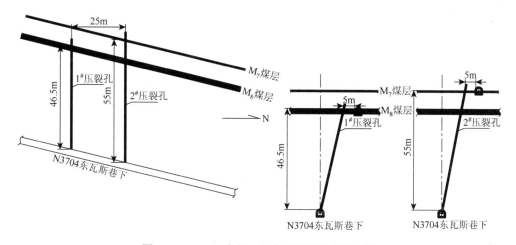

图 7.10　N3704 中部二号上山压裂钻孔剖面图

表7.5 压裂钻孔施工参数表及注水情况表

施钻地点	压裂地点	压裂孔数/个	压裂孔号	施工方位/(°)	施工倾角/(°)	竣孔深度/m	压裂目标层位	压裂主要参数	
								主泵压力/MPa	注水量/m³
N3704东瓦斯巷下	N3704中部二号上山	2	1	90	77	47	M₈	24.2～42.9	255.6
			2	90	79	55	M₇	32.4～49.5	296.4

3）水力压裂钻孔封孔关键技术

渝阳煤矿根据井下条件，改进水力压裂孔封孔技术及工艺，实现了水力压裂-接抽一体化封孔工艺，钻孔封孔成功率100%。封孔示意图见图7.11。

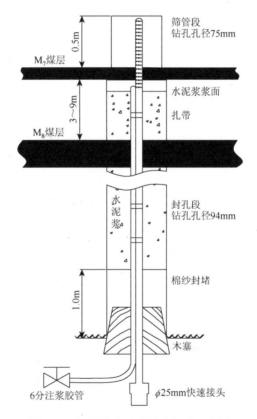

图7.11 煤层水力压裂钻孔封孔示意图

（1）孔内套管总成及连接方式。

孔内套管采用钢管加工，主要由三部分构成：孔底筛管（长度2m/根，壁厚5.5mm，1根）、中间煤岩层段过渡管（长度1.5m/根，壁厚5.5mm，若干）、孔口加强管（长度1.5m/根，壁厚8.5mm，6根，最后一根焊接ϕ25mm快速接头）套管采用螺纹连接。实物图见图 7.12。

图 7.12　水力压裂孔内套管实物图

套管采用钻机送入孔内，注浆用 $\phi20mm$ 聚乙烯管与套管采用扎带连接，同时送入孔底，聚乙烯胶管实物图见图 7.13。采用聚乙烯管替代注浆钢管大大降低劳动强度，提高送管效率。

（2）三次注浆封孔技术。

水泥浆凝固后体积收缩，采用一次注浆的

图 7.13　注浆用聚乙烯管实物图

方法难以一次性封孔至水力压裂煤层底板，水力压裂过程中大量水滤失进入其他区域，使得水力压裂泵压难以提升，目标层位难以起裂，最终导致水力压裂失败。在前期试验的基础上，采用三次注浆封孔技术，封孔采用 BFK-12/2.4 型高压封孔机，见图 7.14。

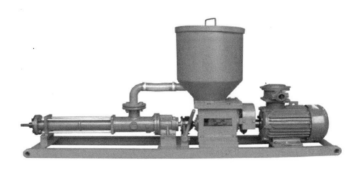

图 7.14　高压封孔机

套管及注浆管送入钻孔设计层位后，孔口采用木塞及棉纱封堵后，开始首次注浆，注浆水泥用量 3 包，用于固定管道，首次注浆后打开注浆管控制阀，放出水泥浆液；间隔 12h 后，二次注浆至孔底水力压裂筛管返浆为止，放出注浆管内水泥浆液；再间隔 12h 后三次注浆至孔底，封孔至设计层位，凝固 48h 后可进行水力压裂。该工艺目前封孔成功率 100%，解决了水力压裂封孔这一关键环节易漏水的难题。

4）压裂过程

2012 年 5 月升始压裂，为真实考察水力压裂过程中压力变化和实际注水量，在 N3704 东瓦斯巷实施水力压裂过程中，在压裂孔孔口安装压力传感器，通过收集基础数据，典型 2#压裂孔的压裂监测曲线图如图 7.15 所示。

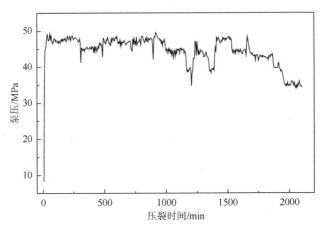

图 7.15　2#压裂孔压裂压力变化曲线

5）压裂范围考察

为考察水力压裂影响范围，在压裂孔周围以 10m 间距走向与倾向方向设置考察孔，考察孔布置方法如图 7.16 所示。

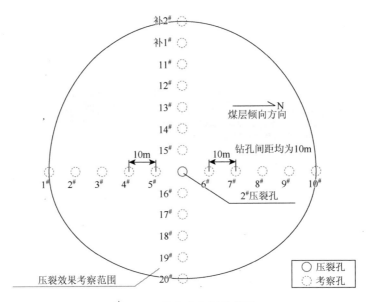

图 7.16　考察孔布置示意图

实施高压水力压裂前后，通过直接测量法测定 M_7 及 M_8 煤层的瓦斯含量来确定压裂煤层倾向方向影响范围，测试结果如表 7.6 所示。

表 7.6　2#压裂孔煤层瓦斯含量一览表

煤样编号	距压裂孔距离/m	煤层瓦斯含量/（m^3/t）
2#检验孔（M_7煤层）	40	21.8778
3#检验孔（M_7煤层）	30	13.6597
4#检验孔（M_7煤层）	20	11.7093
9#检验孔（M_7煤层）	20	12.8448
10#检验孔（M_7煤层）	10	8.4051
1#检验孔（M_8煤层）	50	12.9556
2#检验孔（M_8煤层）	40	17.1309
4#检验孔（M_8煤层）	20	16.4134
9#检验孔（M_8煤层）	20	14.2061
10#检验孔（M_8煤层）	10	10.573

通过测定压裂孔周边检验孔的煤层瓦斯含量，与原始煤层瓦斯含量（M_7、M_8 煤层原始瓦斯含量分别为 $18.57m^3$/t 和 $16.61m^3$/t）比较，在煤层倾向方向上，压裂有效影响半径为 40～50m。

压裂孔以西 40m 处的 12#检验孔孔内有少量水流出，以西 50m 处的 11#检验孔施工钻穿 M_8 煤层过程中出现严重喷孔并伴有响炮声，与传统的施钻方法相比，喷孔现象异常，可以判断压裂孔以西的影响范围为 40～50m；压裂孔以东 30m 处的 18#检验孔孔内有水流出，以东 40m 处的 19#检验孔施钻过程中出现异常，有响炮声，可以判断压裂孔以东的影响范围为 30～40m。因此，在煤层走向方向上，压裂有效影响半径为 40m 左右。

6）抽采及揭煤效果

射流割缝复合水力压裂完成后，于 2012 年 11 月中旬开始施工揭煤预抽钻孔。渝阳煤矿石门揭煤压裂钻孔与未压裂钻孔抽采效果对比结果见图 7.17。

从图 7.17 的试验结果可以看出，压裂后的平均单孔抽采纯量最高达 $13m^3$/d，平均 $10m^3$/d；抽采 200d 后，累计抽采瓦斯 28 万 m^3，预抽率达 72%；与未压裂的 N3702 二号中部上山相比，抽采量提高 3.5 倍，抽采浓度提高 30%～40%，抽采达标时间为 6 个月，缩短时间 5 个月以上。

7）实施钻孔量比较

N3704 中部二号上山施工揭煤钻孔 190 个，累计钻尺 10340m；未压裂 N3702 中部二号上山施工揭煤钻孔 373 个，累计钻尺 15472m；压裂后钻孔施工钻尺量减少 33%。

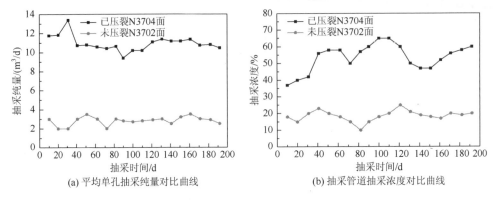

(a) 平均单孔抽采纯量对比曲线　　　　　　(b) 抽采管道抽采浓度对比曲线

图 7.17　N3704 中部二号上山压裂后抽采效果对比图

【现场试验 2】逢春煤矿+380N3#抬高石门射流割缝复合水力压裂试验

1）试验地点概况

（1）钻孔基本情况。

+380N3#抬高石门为 N2631 工作面的准备巷道，需穿过 M_8、M_{7-2}、M_{6-3} 等多个煤层，埋深 506m，实施高压水力压裂前，巷道在距 M_8 煤层底板 10m 垂距处，未施工任何抽采钻孔。

（2）煤层顶底板情况。

+380N3#区 M_8 煤层为黑色半亮型煤，类金属光泽、结构简单、内生裂隙发育，底板为灰色砂质泥岩、伪顶为炭质泥岩、直接顶为砂质泥岩；M_{7-2} 煤层为黑色半亮型煤，类金属光泽、结构简单、内生裂隙发育，直接底板为黏土岩，遇水变软，顶板为砂质泥岩、M_{7-1} 煤层；M_{6-3} 煤层为黑色半暗型煤，结构简单，煤层中夹矸相对较厚，底板为灰色砂质泥岩、钙质泥岩、泥灰岩，顶板为炭质泥岩、M_{6-2} 煤层。

（3）瓦斯赋存情况。

根据地勘资料知，该区域对应 M_8 煤层瓦斯含量为 $25.87m^3/t$、M_{7-2} 煤层含量为 $19.85m^3/t$、M_{6-3} 煤层含量为 $18.82m^3/t$、M_9 煤层含量为 $18.67m^3/t$。

2）压裂钻孔布置

+380N3#抬高石门预抽钻孔布置在石门碛头施工，钻孔按 4.2m×3.4m 网格布置，控制巷道轮廓线上方 20m、下方 6m、左右两帮各 12m。选择处于控制范围正中的 32#孔作为压裂钻孔，其余钻孔均作为预抽兼检验钻孔。压裂钻孔终孔于 M_{6-3} 煤层顶板，封孔至 M_8 煤层底板 0.5m，对 M_8 煤层～M_{6-3} 煤层的所有煤层同时实施压裂，详见图 7.18 和图 7.19。

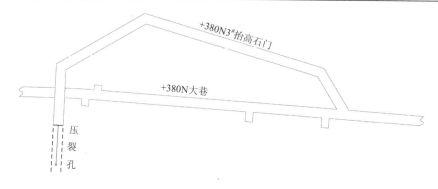

图 7.18　压裂钻孔布置平面图

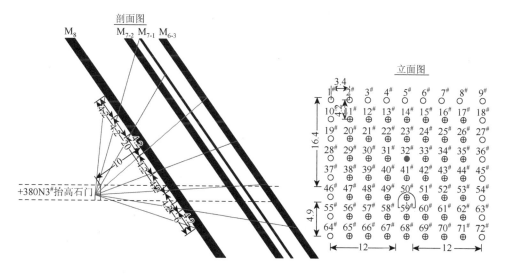

图 7.19　压裂钻孔布置剖面图

3）压裂过程

2011 年 3 月 12～14 日，在+380N3#抬高石门进行压裂钻孔施工、封孔、安表计量工作及压裂系统形成工作，压裂钻孔终孔于 M6-3 煤层顶板，高压封孔管封至 M8 煤层底板，对 M6、M7、M8 煤层进行双泵联合水力压裂。石门于 3 月 15 日中午 12 点 30 分开始试验，割缝完成后进行高压水力压裂，压裂孔泵压-时间曲线图如图 7.20 所示。截至 3 月 16 日中班，该石门共进行压裂 12h15min，共压入水量 131m³。

4）试验结果及分析

对实施射流割缝复合水力压裂后的+380N3#抬高石门预抽兼检验钻孔的抽采及揭煤效果进行考察，通过对+380N3#抬高石门与+380N2#抬高石门进行对比，试验结果如图 7.21 所示。

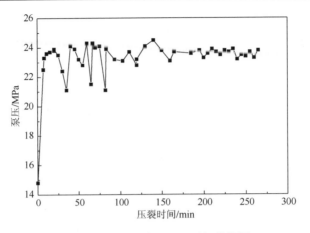

图 7.20　典型压裂孔泵压-时间曲线图

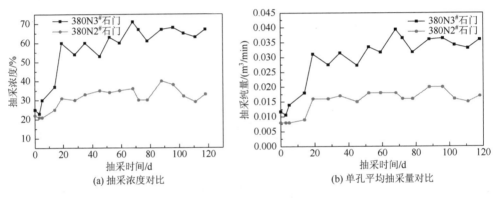

(a) 抽采浓度对比　　　　　　　　　　(b) 单孔平均抽采量对比

图 7.21　逢春煤矿+380N3#抬高石门压裂后抽采效果对比图

　　从图 7.21 中可以看出，与未压裂的+380N2#抬高石门相比，实施射流割缝复合水力压裂后的+380N3#抬高石门预抽钻孔的平均抽采浓度为 55%，提高 83%；单孔平均抽采纯量为 0.025m³/min，提高 92.3%。+380N3#抬高石门的前期 12 个预抽钻孔在 120d 内共抽采瓦斯 6.5 万 m³，卸压后的后期 60 个预抽钻孔在 260d 内共抽采瓦斯 21 万 m³。

　　与未压裂的+380N2#抬高石门相比，实施射流割缝复合水力压裂后的+380N3#抬高石门抽采量提高 4 倍；+380N3#抬高石门揭煤时间为 3 个月，比未压裂石门揭煤时间减少 5 个月以上。

　　5）实施钻孔量比较

　　未压裂的+380N2#抬高石门设计钻孔间距 2.3m×2.5m，共计 99 个钻孔，其立面图如图 7.22 所示；实施射流割缝复合水力压裂技术+380N3#抬高石门设计钻孔间距 3.4m×4.2m，共计 72 个钻孔，其立面图如图 7.23 所示；钻孔施工工程量减少 27%。

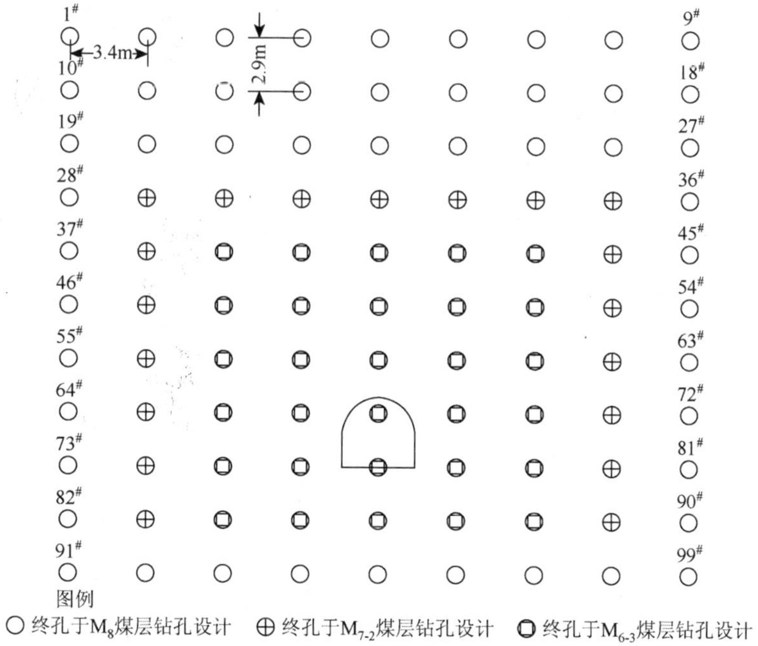

图例
○ 终孔于M₈煤层钻孔设计　⊕ 终孔于M₇₋₂煤层钻孔设计　◘ 终孔于M₆₋₃煤层钻孔设计

图 7.22　+380N2#抬高石门钻孔立面图

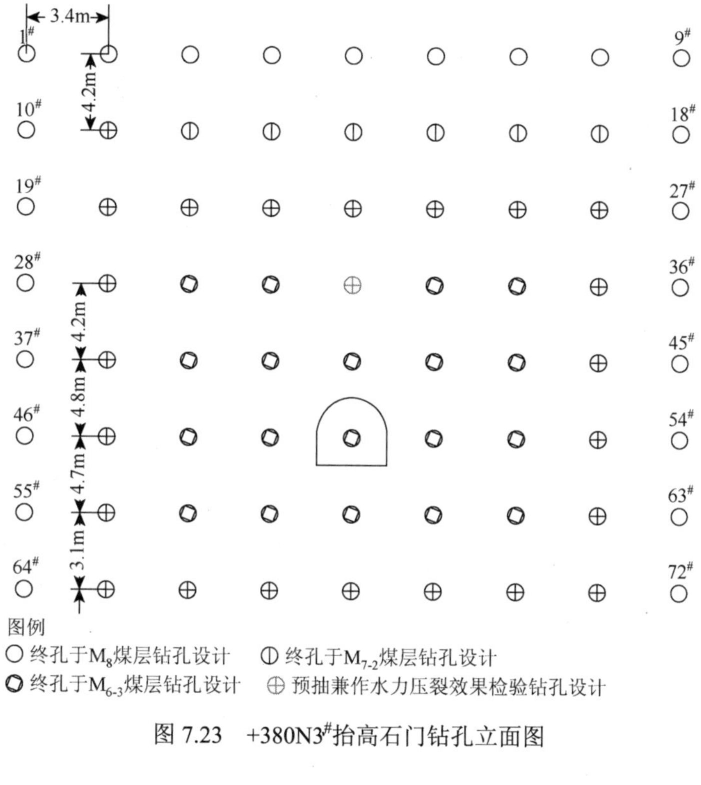

图例
○ 终孔于M₈煤层钻孔设计　Φ 终孔于M₇₋₂煤层钻孔设计
◘ 终孔于M₆₋₃煤层钻孔设计　⊕ 预抽兼作水力压裂效果检验钻孔设计

图 7.23　+380N3#抬高石门钻孔立面图

7.3　掘进条带射流割缝复合水力压裂增透抽采技术

在国内很多地区，尤其是西南地区，低透、松软煤层条件下煤巷掘进因防突工序增加及瓦斯灾害严重，掘进单进受到严重制约，研究有效的瓦斯治理措施对提高巷道掘进速度和安全性有着重要作用。目前国内采用的区域防突技术主要有开采保护层和预抽煤层瓦斯两种。对于开采本身具有突出危险性煤层作为保护层的矿井，必须进行穿层条带预抽。条带预抽技术作为一种区域防突抽采技术是网格预抽技术的小范围应用，它是在预期将要掘进的巷道位置，布置预抽钻孔，消除范围内的突出危险，保证巷道掘进的安全。目前的增透方法虽然取得了一定的效果，但是仍存在着钻孔施工量大、抽采达标时间长、抽采浓度低、掘进速度慢、影响采掘正常接替的问题。掘进条带水力压裂增透技术通过施工瓦斯抽采巷布置条带钻孔，注水压裂后增大压裂钻孔附近煤体的裂隙数量和范围，煤体透气性大幅提高，抽采浓度和抽采量成倍增加，从而达到快速消除突出的目的，促进煤巷单进提高。

7.3.1　掘进条带射流割缝复合水力压裂增透抽采技术概述

掘进条带水力压裂技术主要针对煤巷掘进速度慢、工作面接替紧张的问题。掘进条带水力压裂钻孔一般沿煤巷掘进方向及工作面推进方向按一定的间距布置，施工压裂钻孔时，在煤层底板瓦斯抽放巷穿过煤层底板至煤巷掘进位置，对煤层进行水力压裂增透，优化预抽钻孔数量，大幅增加煤体透气性，提高煤层气抽采浓度和抽采量，缩短条带预抽达标时间，从而提高煤巷掘进效率。掘进条带水力压裂钻孔布置示意图如图 7.24 和图 7.25 所示。

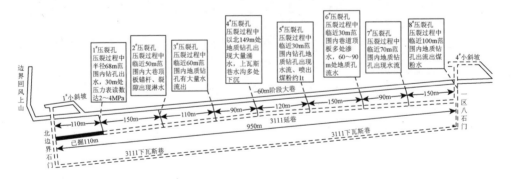

图 7.24　掘进条带水力压裂钻孔布置平面图

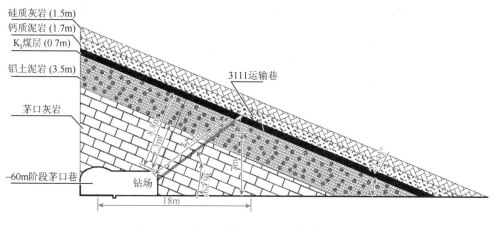

图 7.25 掘进条带水力压裂钻孔布置剖面图

7.3.2 掘进条带射流割缝复合水力压裂现场试验

【现场试验 1】打通一矿 W2706 工作面南回风巷掘进条带射流割缝复合水力压裂试验

1）试验地点概况

打通一煤矿西区 W12# 瓦斯巷上方对应 W2706 工作面南回风巷，M_7 煤层平均厚度 1.2m，原始煤层气含量 19.2m³/t，煤层气压力 1.74MPa，煤层埋深 370～510m。

2）起裂压力计算

根据打通一矿实验地点 W2706 工作面南回风巷地质资料，确定计算中所用到的参数。计算中各参数取值如表 7.7 所示。

表 7.7 起裂压力计算中参数取值

上覆岩石平均容重 γ/(kN/m³)	煤抗拉强度 R_t/MPa	煤层埋深 H/m	地层应力系数 k	侧压系数 n
26.0	1.7	500	0.8	1

该煤层在水力压裂条件下，孔壁起裂压力临界值如下 22.5MPa，即在孔内水压力达到 22.5MPa 后，煤层开始起裂。然而实际压裂过程中，受地质构造及管道损失影响，煤层真实起裂压力要稍大于该计算值。

3）压裂孔封孔工艺

压裂试验第一阶段，孔内压裂管采用规格如下：孔口前 10m 采用壁厚 13mm、DN25mm 无缝钢管，孔内段采用壁厚 8mm、DN25mm 无缝钢管，每段长 2m，进入煤层后压裂管做成筛管，见图 7.26。

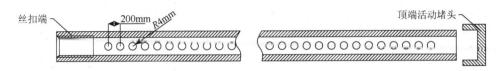

图 7.26　压裂管顶端筛管段结构图

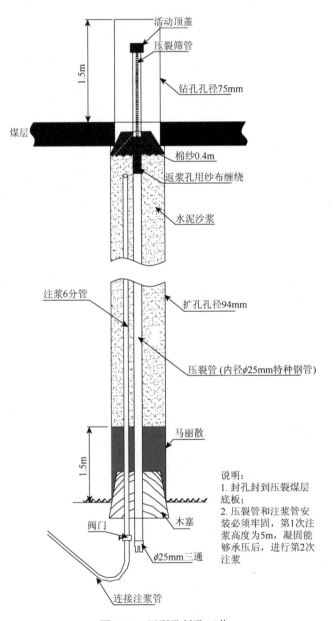

图 7.27　压裂孔封孔工艺

压裂试验第二阶段通过总结第一阶段经验，孔口段 10m 仍采用壁厚 13mm、DN25mm 无缝钢管，孔内剩余段采用壁厚 4mm、DN25mm 普通焊管，顶端结构与第一阶段的相同，压裂管道达到使用要求。改进后，由于孔内压裂管总重大大降低，压裂管输送时间由原来的 2～3h 缩短到 1h 以内，压裂管成本比原来降低 70%，除此之外，还消除了压裂管由于自重过大导致滑落伤人的安全隐患。

压裂孔封孔工艺图见图 7.27，压裂钻孔采用 ϕ75mm 钻头施工完成后，用 ϕ94mm 直径的钻头扩孔至压裂煤层底板，确保 DN20mm 注浆管能正常送入孔内至 M_7 煤层底板；孔内压裂管为 DN25mm、壁厚 8.0mm 的无缝钢管，每根长 2m，采用螺纹连接；压裂管前端为 2 根筛管，筛管靠近"马尾巴"50～100cm 用纱布包裹，防止砂浆回流堵塞压裂管；压裂管每根长 2m，采用钻机送入，直接送入压裂钻孔孔底；封孔注浆管采用 DN20mm 钢管，每根钢管长 2m，两头套丝，采用管箍连接，送入孔内压裂煤层底板下 0.6m；注浆管口与截止阀连接，截止阀与注浆泵注浆管连接；注浆时开启球阀，注浆结束后及时关闭截止阀；在第 3 根压裂管上捆绑棉纱，其形状如"马尾巴"，其方法是将棉纱一端绑在压裂管上，当压裂管筛管送至孔底时停止送管，向孔外方向拉动压裂管，棉纱收缩，起到封堵水泥砂浆及过滤水的作用；棉纱长度不小于 0.4m，数量以与孔壁较紧密接触为准，为与压裂管绑捆，可在压裂管上焊接小齿。压裂钻孔孔口采用马丽散加棉纱封堵，长度不低于 1.5m，同时在孔口打入木塞；压裂钻孔采用水泥砂浆机械封孔，注浆至压裂煤层底板位置。

4）钻孔布置及注水参数

W2706 工作面南回风巷掘进条带累计设计压裂钻孔导向钻孔各 9 个，压裂钻孔及注水参数见表 7.8，压裂钻孔布置方式见图 7.28 和图 7.29。

表 7.8　水力压裂钻孔及注水参数

孔号	倾角/（°）	孔深/m	注水量/m³
1#	80.4	53	105
2#	79.6	56	105
3#	79.6	57.5	110
4#	79.6	58	105
5#	79.2	55	113
6#	79.2	54	96
7#	79.4	49	105
8#	81.0	60	105
9#	81.9	68.5	105

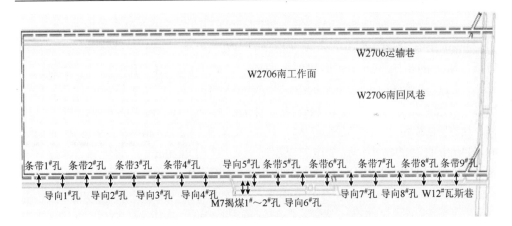

图 7.28　压裂孔布置平面图

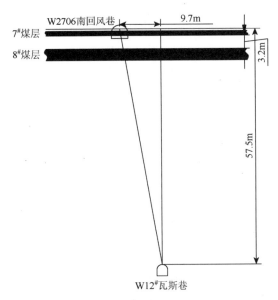

图 7.29　压裂孔布置剖面图

5）试验过程

2012 年 4 月开始压裂，施工压 $1^#$、压 $2^#$孔并成功封孔，其中压 $1^#$孔终孔于 M_7 煤层顶板 1.5m，封孔至 M_7 煤层底板，采用水泥砂浆封孔，封孔压 $2^#$孔终孔于 M_8 煤层顶板 1.5m，封孔至 M_{12} 煤层底板。首先对试验钻孔进行射流割缝，随后采用 HTB500 型泵实施压裂。压 $1^#$孔在 M_7 煤层累计注水 310.39m³，泵压 26.7～41.6MPa，流量 0.6～13.7m³/h，压力-流量变化见图 7.30。

图 7.30 为压 $1^#$孔压裂过程中流量、压力-时间关系曲线，已消除开关泵过程压力流量变化对曲线的影响，通过分析曲线可初步得出以下结论。

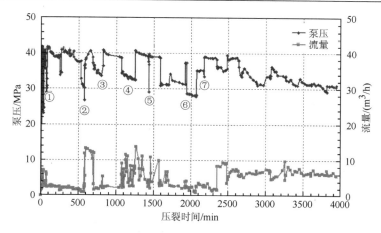

图 7.30　流量、压力-时间关系曲线

（1）高渗透性硬煤层在压裂过程中，压力达到煤层起裂压力后煤层压开，压力急速下降，流量大幅度上升，最终压力流量稳定。与高渗透性硬煤层水力压裂不同，打通一矿在进行水力压裂时呈现特有的规律性。

（2）在高压水压裂过程中，经过反复多次压力下降过程（图 7.30 中较为明显的有 7 处）。

（3）多次压力下降过程中，均对应出现明显的流量上升，推断为多次小范围压开后，注水量增加。

（4）最终压力、流量相对稳定变化，压裂过程终止。

从压 2# 孔压裂过程数据看，整个压裂过程中泵压 17～24.4MPa，流量 18.1～29.5m³/h，累计注水量 390.13m³。从压力流量关系推断，该孔由于压裂范围较大（M_7～M_{12}），中间出现渗透率较大的煤岩层，造成流量较大，压力降低。

6）压裂范围及抽采效果

（1）压裂范围考察。

为考察试验地点原始瓦斯参数，分别在 W10# 瓦斯巷上平巷，210 中平巷处施工测压孔，并对多处地点钻孔取样考察原始瓦斯含量及煤层水分含量，测定结果见表 7.9。

表 7.9　试验地点原始煤层瓦斯参数

瓦斯参数	测定值
	M_7：19.22
原始煤层瓦斯含量/（m³/t）	M_8：20.85
	M_7：18.93
	M_8：19.09

瓦斯参数	测定值
原始煤层瓦斯压力/MPa	M_7: 1.74
	M_8: 2.55
原始煤层含水量/%	M_7: 1.15
	M_8: 1.05

通过在压裂孔周围布置检测孔 10 个，考察压裂后煤层瓦斯含量、煤层瓦斯压力、煤层含水量，获得压裂影响半径，如表 7.10 和图 7.31 所示。

表 7.10　压裂后煤层瓦斯含量、瓦斯压力、含水量测试表

孔号	煤层水分含量/%	瓦斯含量/（m^3/t）	备注
测压孔	1.15	19.22	压裂前
检 3-4	1.5	19.67	压裂后，无水
检 2-4	1.58	16.79	压裂后，无水
检 1-4	1.83	15.3	压裂后，成孔 2d 后出水
补检 1	2.89	15.29	压裂后，成孔 1d 后出水
检 3-2	1.83（M_8）	15.23（M_8）	压裂后，卡钻 M_7 取不出
检 2-2	3.2（M_8）	18.2（M_8）	压裂后，卡钻 M_7 取不出，出水
检 1-2	3.85（M_8）	19.37（M_8）	压裂后，卡钻 M_7 取不出，出水
补检 2	—	—	未取样，有水
补检 3	3.85	17.99	压裂后，有水
检 2-3	3.9	18.45	压裂后，有水
检 2-1	7.8	22.39	压裂后，有水
检 3-1	5.6	17.29	压裂后，有水
检 4-1	3.85	15.6	压裂后，有水
补检 4	1.62	17.7	压裂后，无水，含水量升高

经试验考察，在打通一矿压裂工况条件下，得出合理的煤矿井下煤层水力压裂参数：掘进条带压裂孔间距取 80～150m，单孔压裂水量 100～120t。考虑安全因素，最终确定压裂点巷道必须超前一个准备工作面距离实施压裂，压裂后应在压裂影响区首先施工少量预抽钻孔释放煤层瓦斯，卸压后再施工其余钻孔，避免施钻瓦斯超限。

（2）抽采效果考察。

考察压裂后巷道预抽钻孔的抽采浓度及抽采量，试验结果见图 7.32。

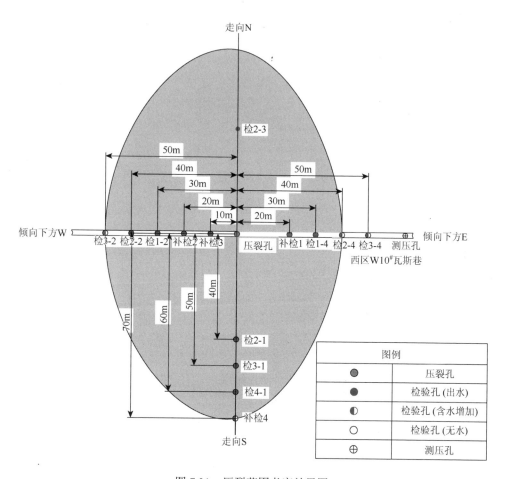

图 7.31　压裂范围考察效果图

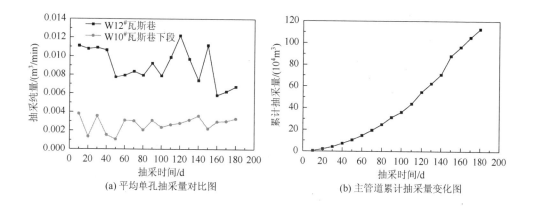

(a) 平均单孔抽采量对比图　　　　　　　　(b) 主管道累计抽采量变化图

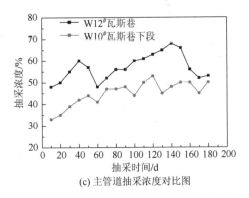

(c) 主管道抽采浓度对比图

图 7.32　打通一矿掘进条带压裂后抽采效果对比图

图 7.32 对比考察了 W12#瓦斯巷和 W10#瓦斯巷下段两处压裂与未压裂区域同期抽采效果，试验结果表明，对比未压裂区域，实施压裂区域抽采钻孔稳定后抽采主管浓度为 48%～68%；平均单孔抽采量为 0.008～0.011m³/min，提高 3～5 倍；6 个月累计抽采瓦斯 112.78 万 m³。

采用射流割缝复合水力压裂之后，条带预抽钻场浓度达到 50%～73%，最高单孔浓度为 91%；抽采达标时间由 25～36 个月缩短至 8～12 个月。

7）实施钻孔量比较

传统技术抽采钻孔按间距 5m×5m 设计，采用水力压裂技术之后，抽采钻孔间距按 7m×7m 设计，钻孔进尺减少 40% 左右。

8）掘进效果

W2706 运输巷、W2706 南回风巷压裂后掘进效果与未压裂 W2704 南回风巷对比效果见表 7.11 和图 7.33。

表 7.11　压裂与未压裂巷道掘进情况对比表

掘进地点	压裂孔情况	掘进长度/m	掘进时间/d	过断层时间/d	最高月单进/m	平均月单进/m	提高效率
W2704 南回风巷	未压裂	837	435	158	83	57.8	—
W2706 运输巷	压裂	1040	348	68	116	89.7	55%
W2706 南回风巷	压裂	757	212	31	129	107	85%

从表 7.11 和图 7.33 中可以看出，W2706 运输巷、W2706 南回风巷压裂后平均月单进 89.7m 和 107m，未压裂 W2704 南回风巷平均月单进 57.8m，分别提高 55%和 85%。另外，掘进过程中瓦斯超限次数明显降低。

【现场试验 2】同华煤矿 3111-1-2 运输巷掘进条带射流割缝复合水力压裂试验

1）试验地点概况

3111-1-2 回采工作面位于三水平一区±0m 阶段与–60m 阶段北边界石门至四

W2704南回风巷掘进动态图 (未压裂)

| 9月80m 超标0次 | 11月49m 超标0次 | 2月52m 超标0次 | 12月33m 超标0次 | 10月28m 超标3次 | 8月80m 超标1次 | 6月82m 超标0次 | 4月43m 超标0次 | 2月53m 超标0次 |

| 8月38m 超标0次 | 10月73m 超标0次 | 12月39m 超标0次 | 2012年1月 22m超标0次 | 11月31m 超标0次 | 9月35m 超标1次 | 7月79m 超标0次 | 3月63m 超标0次 | 5月76m 超标0次 |

W2706运输巷掘进动态图 (压裂)

7月30m

| 2月57m 完成 | 12月60m 超标0次 | 10月116m 超标0次 | (遇落差1.2m的大断层) | 6月82m 超标1次 | 4月105m 超标0次 | 2月73m 超标0次 |

| 2014年1月88m 超标0次 | 11月102m 超标0次 | 9月98m 超标0次 | 8月12m 超标0次 | 5月110m 超标0次 | 3月116m 超标0次 |

W2706南回风掘进动态图 (压裂)

| 2月114m 超标0次 | 12月86m 超标0次 | 10月129m 超标0次 | 8月89m 超标0次 |

| 3月128m 超标0次 | 2014年1月104m 超标0次 | 11月103m 超标0次 | 9月93m 超标0次 |

图 7.33　压裂后掘进效果对比图

石门之间，工作面平均走向长 438m、平均倾斜长度 116m。该工作面上接 2117-1-2 工作面（已回采），下连 3112-1-2 工作面（未布置），北靠松坎河及渝黔铁路保护煤柱，南邻 3111-3-4 工作面（未回采）。

3111-1-2 工作面煤层属于 K_1 煤层，煤层厚度为 0.65~0.85m，平均厚度为 0.75m，煤层倾向为 305°~318°，煤层倾角为 23°~27°，平均倾角为 25°。2011 年 9 月 23 日在−60m 阶段北大巷 5#钻场穿层钻孔取煤样测定该处 K_1 煤层原始瓦斯含量为 16.5814m³/t。

2）钻孔布置方式

3111-1-2 运输巷掘进条带区域 K_1 煤层高压水力压裂试验在一区−60m 水平北大巷钻场进行，试验 5 个钻孔压裂（1#~5#），钻孔开孔孔径 ϕ91mm、开孔长度

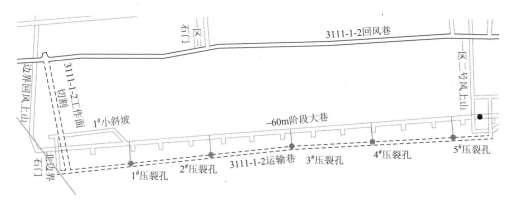

图 7.34　3111-1-2 运输巷掘进条带压裂孔布置平面图

10m、终孔孔径 ϕ75mm，压裂钻孔穿过 K_1 煤层顶板 0.2m。3111-1-2 运输巷掘进条带压裂孔布置见图 7.34 和图 7.35。

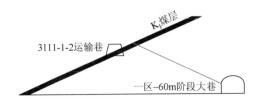

图 7.35　3111-1-2 运输巷掘进条带压裂孔布置剖面图

3）压裂过程

2011 年 10 月～2012 年 1 月完成了 3111-1-2 掘进条带压裂孔射流割缝复合水力压裂试验，试验过程注水压力在 20～26.6MPa。以 1$^{\#}$压裂孔为例，压裂泵注水压力与时间变化曲线见图 7.36。

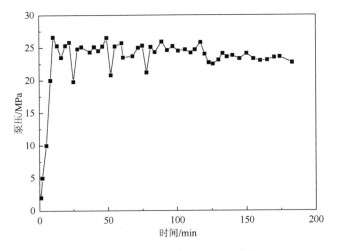

图 7.36　典型压裂孔泵压-时间曲线

4）抽采及掘进效果

（1）抽采效果。

将实施压裂后的 3111-1-2 掘进条带与未压裂的 2117-1-2 运输巷掘进条带的抽采效果进行相比，试验结果见图 7.37。

由图 7.37 可以看出，对比未压裂的 2117-1-2 运输巷掘进条带，射流割缝复合压裂后 3111-1-2 运输巷掘进条带单孔抽采量提高 4.8 倍以上，抽采浓度提高 20%～30%。掘进过程中平均风排瓦斯量从 1.53m^3/min 降到 0.45m^3/min，降低 70.8%。

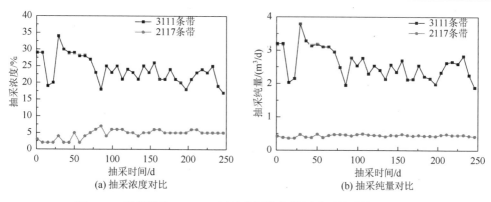

图 7.37　同华煤矿 3111-1-2 运输巷掘进条带压裂后抽采效果对比图

（2）掘进效果对比。

压裂后 3111-1-2 运输巷掘进 238d，未压裂的 2117-1-2 运输巷掘进条带掘进 461d，平均炮掘作业月单进从 43m 提高到 82m，掘进效率提高 90%左右。

7.4　本煤层射流割缝复合水力压裂增透抽采技术

我国是发生煤与瓦斯灾害最严重的国家之一，而且近年来随着矿井开采深度的增加，煤层瓦斯含量和地应力增加，突出危险程度更为严重，给矿井安全生产带来极大威胁。增加煤层渗透率、提高瓦斯预抽效果是一种防治煤与瓦斯突出的有效手段，目前增加低渗透性煤岩渗透率的方法主要是采用人工的方法，均化采掘作业期间的瓦斯涌出强度，常见方法有松动爆破，即利用炸药爆炸时的瞬时能量在煤岩体中形成松动，改变煤岩体的受力状态，达到增加渗透率的目的；化学处理，即利用某些具有特殊性质的化学材料软化煤岩，在煤岩体中产生空腔，从而提高渗透率；水力冲孔，就是利用压力水冲钻孔，随着钻孔深度的增加，通过激发喷孔使钻孔周围煤体向钻孔中心移动，造成煤体膨胀变形及顶底板的相向移动，达到人为控制条件下释放突出能量的目的，促使钻孔周围煤体卸压，裂隙增加，增大煤层渗透率。此外，本煤层水力压裂也是一种有效地提高煤层透气性的措施，通过钻孔向煤体进行注水，通过改变煤体物理力学性质、渗透率和应力状态来改变煤储层的状态，达到提高透气性的目的。

7.4.1　本煤层射流割缝复合水力压裂增透抽采技术概述

本煤层水力压裂增透抽采技术主要应用于保护层本层钻孔压裂增透抽采。由于煤层薄，起伏变化大，钻孔易穿岩层，抽采效果不理想。通过水力压裂使煤层与顶底板交界面形成裂缝,增大煤层透气性,提高煤层气抽采量。本煤层水力压裂常用压裂装备为 BWR-200/31.5 型乳化泵或 BZW200/56 型压裂泵,压裂压力控制在 10～30MPa。该技术控制范围较大,增透效果好,能有效提高煤层气抽采量和抽采浓度。本煤层水力压裂钻孔见图 7.38。

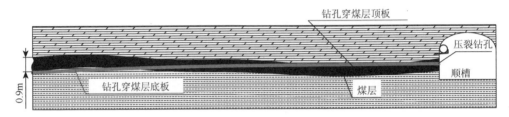

图 7.38　本煤层水力压裂钻孔示意图

7.4.2　本煤层射流割缝复合水力压裂现场试验

【现场试验 1】同华煤矿 3111-1-2 工作面运输巷本煤层射流割缝复合水力压裂试验

1)试验地点概况

该试验地点概况见同华煤矿 3111-1-2 掘进条带水力压裂试验地点概况。

2)钻孔布置方式

3111-1-2 本煤层水力压裂试验在 3111-1-2 运输巷进行,试验区域压裂孔间距 30m,预抽钻孔间距 3m,钻孔开孔孔径 ϕ91mm、开孔长度 30m、终孔孔径 ϕ75mm。本煤层水力压裂钻孔布置图如图 7.39 所示。

3)本层压裂孔封孔

孔内注水管采用自行研制的高压钢管。内径 34mm、外径 51mm、壁厚 8.5mm、长 1.6m/根、螺纹连接。注水钢管孔口封堵 20m,孔底注水管 50m,均匀分布筛眼,每根管子钻 ϕ12mm 十字交叉 2 对通眼,孔底 1 根钢管用堵头封堵。

中压注水钻孔施工成功后,用钻机常压清风吹钻孔,清理钻孔内煤粉。孔内注水钢管采用 ZY-1250 型钻机送入,直接送入钻孔孔底,孔内注水钢管连接顺序如下:筛管→连接直管→变径管→孔口连接管。筛管下部 50～100mm 段使用纱布将筛孔蒙住,以防止水泥砂浆进入压裂管造成堵塞。筛管与第一根连接管连接处,使用 12# 铁丝将棉纱缠绕于钢管上,棉纱缠绕长度为 20cm 左右,棉纱缠绕厚度以缠绕后该部分刚好能通过 ϕ108mm 钻孔为宜,且保证在将压裂管送入孔底过程中棉纱不下滑。此处棉纱起到封堵水泥砂浆及过滤水的作用。将注水钢管及注浆塑料管都送达指定位置后,将最后一根注水连接直管与注浆管使用棉纱缠绕在一起,

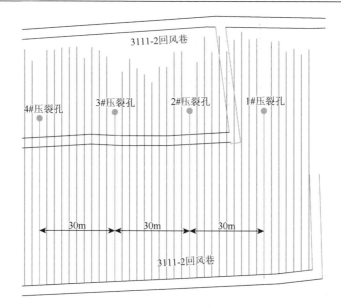

图 7.39　3111-1-2 本煤层水力压裂钻孔布置图

然后使用马丽散浇灌在棉纱上，马丽散必须混合均匀，且充分浇灌于棉纱上。浇灌马丽散后再迅速将注水管送入孔底。

钻孔封堵长度 20m。孔内注水钢管使用钻机送入孔内后，孔口 0.5～2m 位置使用马丽散预堵钻孔，待马丽散完全凝固后，方可进行注浆。封孔注浆管采用 ϕ16mm 胶管，直接使用人工送入孔内至筛管以下 3m 处并与注水钢管一同送入钻孔。注浆管为 ϕ16mm 阻燃胶管，孔内密封材料为水泥浆，过滤颗粒较大硬石子后采用高扬程大流量 BFK-15/2.4 型（防爆 7.5kW 电机）注浆泵自上而下注浆封堵钻孔。注浆管口与截止阀连接，截止阀与注浆泵注浆管连接；注浆时开启球阀，注浆结束后及时关闭截止阀。

采用 BFK-15/2.4 型（防爆 7.5kW 电机）封孔泵进行注浆封孔，一次注浆待中压注水管内流出水后即停止，关闭注浆管上截止阀，断开注浆管与封孔泵的连接，再打开截止阀，将注浆管内水泥浆放完。待养护 24h 后，再使用此注浆管进行二次注浆。二次注浆待中压注水管内流出水后即停止，关闭截止阀，断开注浆管与封孔泵的连接，养护 48h 后方可进行中压注水。封孔工艺如图 7.40 所示。

4）试验结果及分析

（1）抽采效果。

3111-1-2 工作面运输巷压裂孔于 2013 年 1 月完成射流割缝复合水力压裂试验，试验过程注水压力在 17.8～23.4MPa。压裂后对压裂区域进行煤层气抽采统计，测试工作面主管浓度及纯量，并与相邻的 2117-1-2 工作面进行对比，试验结果见图 7.41。

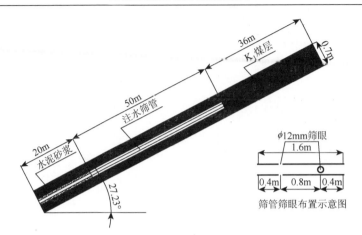

图 7.40　本煤层压裂钻孔封孔示意图

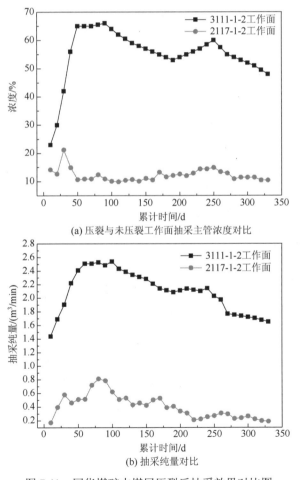

(a) 压裂与未压裂工作面抽采主管浓度对比

(b) 抽采纯量对比

图 7.41　同华煤矿本煤层压裂后抽采效果对比图

试验结果表明，与未压裂的 2117-1-2 工作面相比，3111-1-2 工作面抽采钻孔间距由原来 2m 增加到 3m，钻孔数量减少 34%以上，抽采浓度提高 3.5 倍，单孔抽采纯量提高 4.2 倍；通过对回采过程中回风流中的风排瓦斯量统计，对比 2117-1-2 工作面，3111-1-2 工作面回风流中瓦斯浓度降低 18.8%，风排瓦斯量降低 10%，本煤层水力压裂有效提高煤层气抽采率，减少瓦斯排空造成的大气污染。

（2）回采进度对比。

射流割缝复合水力压裂后 3111-1-2 工作面与未压裂 2117-1-2 工作面回采进度动态图如图 7.42 所示。

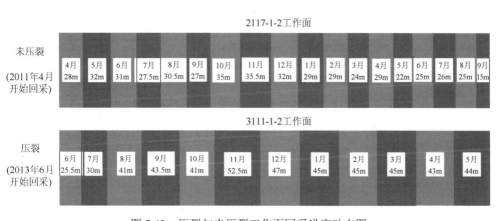

图 7.42　压裂与未压裂工作面回采进度动态图

从图 7.42 中可以看出，与未压裂的 2117-1-2 工作面相比，3111-1-2 工作面月平均推进速度由 26.4m 提高至 41.5m，最大达到 52.5m，回采单产效率提高 57%。

【现场试验 2】石壕煤矿 N1632 工作面机巷本煤层射流割缝复合水力压裂现场试验

1）试验地点概况

（1）煤层赋存情况。

石壕煤矿北区 N1632 工作面南回风巷掘进条带 M_{6-3} 煤层厚 0.26～2.03m，平均厚度 1.2m，位于煤系中上部；原始煤层气含量 19.2m^3/t，煤层气压力 1.74MPa；煤层埋深 370～510m。上距 B4（石灰岩）3.47m，下距 B3（泥质石灰岩）2.32m。煤层中常夹炭质泥岩或泥岩 0～1 层，偶为 2 层，厚度为 0.02～0.59m，平均厚度为 0.23m，属于简单-较简单结构煤层，属于大部可采的不稳定煤层。

其直接顶板平均厚 3.36m，为泥岩、砂质泥岩、粉砂岩、细砂岩及 M_{6-1}、M_{6-2} 煤层，局部具薄层状泥岩、炭质泥岩伪顶，老顶为灰、深灰色中厚层状生物碎屑石灰岩（B4 标志层），厚 1.14～4.05m，平均厚度 2.26m。直接顶和伪顶将随采随落至老顶，对采区顶板管理有较大影响。底板为泥岩松软易碎。石壕煤矿主要开采煤层特征见表 7.12。

表 7.12　主要开采煤层特征表

含煤地层	煤层编号	煤层厚度最小~最大/m 平均/m	煤层结构	煤层间距最小~最大 平均/m	煤层顶底板 顶板	煤层顶底板 底板	可采程度	稳定程度
二叠系上统龙潭组	M_{6-3}	0.26~2.03 / 0.87	较简单	0.66~24.08 / 7.83	泥岩 砂质泥岩	泥岩	局部可采	不稳定
	M_{7-2}	0~3.84 / 1.01	较简单	1.74~19.01 / 6.23	泥岩 砂质泥岩	砂质泥岩 泥岩 细砂岩	局部可采	不稳定
	M_8	1.46~5.44 / 3.08	较简单	14.4~46.65 / 26.08	砂质泥岩 泥岩	砂质泥岩 泥岩 炭质泥岩	全区可采	稳定

（2）矿井瓦斯基本情况。

根据《石壕煤矿生产补充勘探地质报告》，结合所测定的瓦斯压力、瓦斯含量，M_6、M_7、M_8、M_{12} 煤层的最大瓦斯压力分别为 2.30MPa、3.35MPa、4.32MPa 和 2.45MPa，最大瓦斯含量分别为 $16.32m^3/t$、$19.54m^3/t$、$27.23m^3/t$ 和 $18.76m^3/t$。

2）钻孔布置及施工参数

在石壕煤矿 N1632 工作面机巷距切割 200m 范围内施工 5 个钻孔，压裂 4 个（$1^#$、$3^#$、$4^#$、$5^#$孔），钻孔布置方式见图 7.43，钻孔及压裂参数见表 7.13。

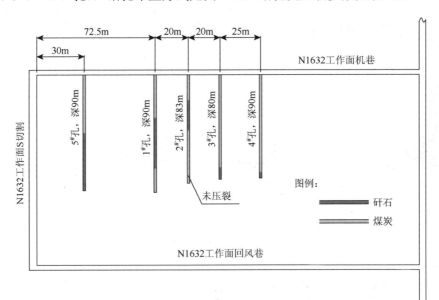

图 7.43　石壕煤矿本煤层水力压裂钻孔布置图

表 7.13　石壕煤矿本煤层水力压裂钻孔参数

孔号	钻孔倾角/(°)	钻孔孔深/m	最大注水压力/MPa	注水量/m³	注水现象
1#	1.5	60	16	10	1#注水 10m³ 后 2#注水孔出水
2#	0	90	—	—	
3#	1.5	90	16	13.6	3#注水 13.6m³ 后 2#明显出水
4#	0	90	13	10.2	4#注水 10.2m³ 后，以上 14m 处巷道顶板注穿
5#	1.5	90	13	20	切割方向以南 10m 范围内有明显出水痕迹

3）抽采效果

2012 年 12 月 13 日开始射流割缝复合水力压裂，12 月 22 日压裂完成，N1632 工作面机巷压裂孔抽采纯量及抽采浓度变化曲线见图 7.44。压裂后抽采钻孔间距由原来 5m 增加到 10m，钻孔数量减少 50%以上；与未压裂的 2#孔相比，对 4 个钻孔实施压裂后主管道单孔抽采浓度最高达 93%，平均抽采浓度达 84%，提高 4.9 倍。压裂前 5 个钻孔抽采纯量 274m³/d，压裂后平均抽采纯量达 811m³/d，最大为 907m³/d，提高 2.96 倍。

2013 年 7 月，按 40m 间距对整条巷道压裂孔实施注水工作，共计注水钻孔 22 个，累计注水量 186t，注水平均压力 14MPa，抽采钻孔按 10m 间距与注水钻孔一并施工，于 9 月 23 日全部施工完毕，并于 9 月 24 日全部形成接抽，对比未压裂的 N1631 工作面，抽采浓度和抽采量有大幅度提高。

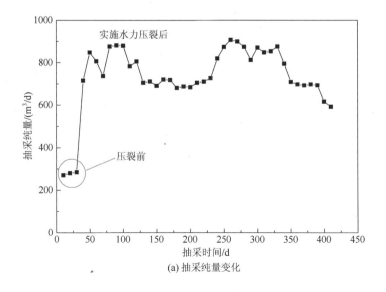

(a) 抽采纯量变化

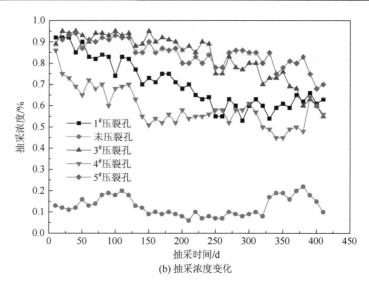

(b) 抽采浓度变化

图 7.44 石壕煤矿本煤层压裂后单孔抽采效果对比图

7.5 参 考 文 献

[1] Benson D J. Momentum advection on a staggered mesh[J]. Journal of Computational Physics，1992，100（1）：143-162.

[2] Benson D J. Computational methods in Lagrangian and Eulerian hydrocodes[J]. Computer Methods in Applied Mechanics and Engineering，1992，99（2）：235-394.

[3] Liu H，Wang J，Kelson N，et al. A study of abrasive waterjet characteristics by CFD simulation[J]. Journal of Materials Processing Technology，2004，153：488-493.

[4] Yang G L，Zhou W H，Liu F. Simulation of flow field of high-pressure water-jet from nozzle with FLUENT[J]. Journal of Lanzhou University of Technology，2008，2：13.

[5] Wang H，Gong L，Yao D. Investigation of cutting nozzle in high pressure water jet[J]. Machine Tool & Hydraulics，2005，4.

[6] Bowden F P，Brunton J H. The deformation of solids by liquid impact at supersonic speeds[J]. Proceedings of the Royal Society，Series A，1963，263（17）：433-450.

彩　　图

Contour of SYY

Plane:on
Magfac=0.000e+000
Gradient Calculation
  −1.4496e+007 to −1.4000e+007
  −1.4000e+007 to −1.2000e+007
  −1.2000e+007 to −1.0000e+007
  −1.0000e+007 to −8.0000e+006
  −8.0000e+006 to −6.0000e+006
  −6.0000e+006 to −4.0000e+006
  −4.0000e+006 to −2.0000e+006
  −2.0000e+006 to 0.0000e+000
  0.0000e+000 to 1.6992e+005
Interval=2.0e+006

(a)

Contour of SZZ

Plane:on
Magfac=0.000e+000
Gradient Calculation
  −1.1450e+007 to −1.0000e+007
  −1.0000e+007 to −8.0000e+006
  −8.0000e+006 to −6.0000e+006
  −6.0000e+006 to −4.0000e+006
  −4.0000e+006 to −2.0000e+006
  −2.0000e+006 to 0.0000e+000
  0.0000e+000 to 3.9514e+005
Interval=2.0e+006

(b)

Contour of SXX

Plane:on
Magfac=0.000e+000
Gradient Calculation
  −1.3147e+007 to −1.2000e+007
  −1.2000e+007 to −1.0000e+007
  −1.0000e+007 to −8.0000e+006
  −8.0000e+006 to −6.0000e+006
  −6.0000e+006 to −4.0000e+006
  −4.0000e+006 to −2.0000e+006
  −2.0000e+006 to 0.0000e+000
  0.0000e+000 to 3.5144e+005
Interval=2.0e+006

(c)

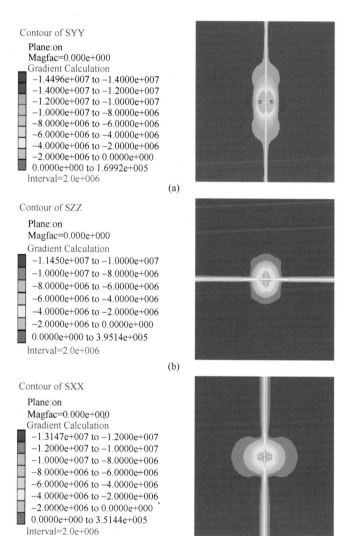

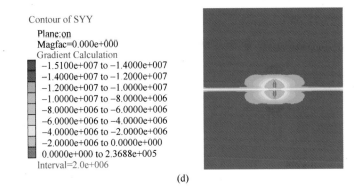

(d)

图 2.159　单个孔槽应力分布云图

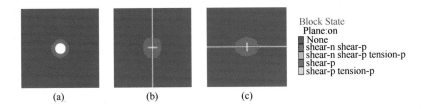

(a)　　　　　　　(b)　　　　　　　(c)

图 2.160　塑性区区域图

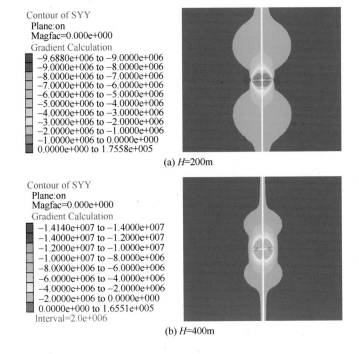

(a) H=200m

(b) H=400m

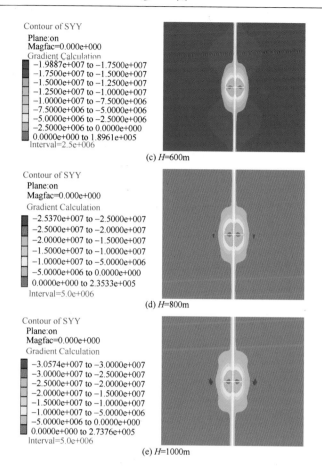

(c) *H*=600m

(d) *H*=800m

(e) *H*=1000m

图 2.161　截面 2 在不同埋深情况下 *Y* 方向应力云图

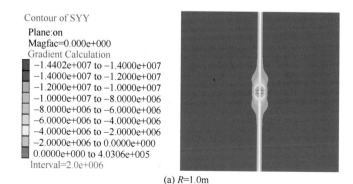

(a) *R*=1.0m

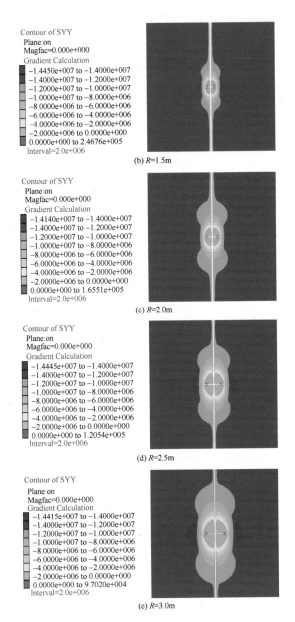

(b) R=1.5m

(c) R=2.0m

(d) R=2.5m

(e) R=3.0m

图 2.163　不同割缝深度应力云图

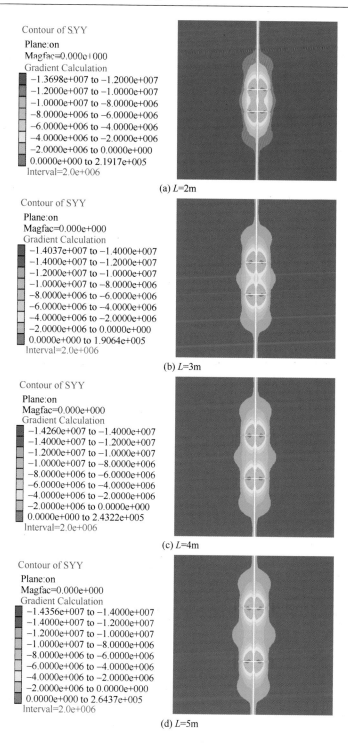

Contour of SYY

Plane:on
Magfac=0.000e+000
Gradient Calculation
　−1.3698e+007 to −1.2000e+007
　−1.2000e+007 to −1.0000e+007
　−1.0000e+007 to −8.0000e+006
　−8.0000e+006 to −6.0000e+006
　−6.0000e+006 to −4.0000e+006
　−4.0000e+006 to −2.0000e+006
　−2.0000e+006 to 0.0000e+000
　0.0000e+000 to 2.1917e+005
Interval=2.0e+006

(a) L=2m

Contour of SYY

Plane:on
Magfac=0.000e+000
Gradient Calculation
　−1.4037e+007 to −1.4000e+007
　−1.4000e+007 to −1.2000e+007
　−1.2000e+007 to −1.0000e+007
　−1.0000e+007 to −8.0000e+006
　−8.0000e+006 to −6.0000e+006
　−6.0000e+006 to −4.0000e+006
　−4.0000e+006 to −2.0000e+006
　−2.0000e+006 to 0.0000e+000
　0.0000e+000 to 1.9064e+005
Interval=2.0e+006

(b) L=3m

Contour of SYY

Plane:on
Magfac=0.000e+000
Gradient Calculation
　−1.4260e+007 to −1.4000e+007
　−1.4000e+007 to −1.2000e+007
　−1.2000e+007 to −1.0000e+007
　−1.0000e+007 to −8.0000e+006
　−8.0000e+006 to −6.0000e+006
　−6.0000e+006 to −4.0000e+006
　−4.0000e+006 to −2.0000e+006
　−2.0000e+006 to 0.0000e+000
　0.0000e+000 to 2.4322e+005
Interval=2.0e+006

(c) L=4m

Contour of SYY

Plane:on
Magfac=0.000e+000
Gradient Calculation
　−1.4356e+007 to −1.4000e+007
　−1.4000e+007 to −1.2000e+007
　−1.2000e+007 to −1.0000e+007
　−1.0000e+007 to −8.0000e+006
　−8.0000e+006 to −6.0000e+006
　−6.0000e+006 to −4.0000e+006
　−4.0000e+006 to −2.0000e+006
　−2.0000e+006 to 0.0000e+000
　0.0000e+000 to 2.6437e+005
Interval=2.0e+006

(d) L=5m

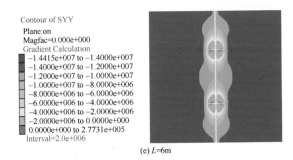

Contour of SYY
Plane:on
Magfac=0.000e+000
Gradient Calculation

-1.4415e+007 to -1.4000e+007
-1.4000e+007 to -1.2000e+007
-1.2000e+007 to -1.0000e+007
-1.0000e+007 to -8.0000e+006
-8.0000e+006 to -6.0000e+006
-6.0000e+006 to -4.0000e+006
-4.000c+006 to -2.0000e+006
-2.0000e+006 to 0.0000e+000
0.0000e+000 to 2.7731e+005
Interval=2.0e+006

(e) L=6m

图 2.167　截面 2 在不同埋深情况下 Y 方向应力云图

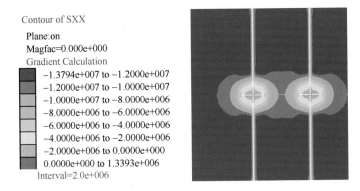

Contour of SXX
Plane:on
Magfac=0.000e+000
Gradient Calculation

-1.3794e+007 to -1.2000e+007
-1.2000e+007 to -1.0000e+007
-1.0000e+007 to -8.0000e+006
-8.0000e+006 to -6.0000e+006
-6.0000e+006 to -4.0000e+006
-4.0000e+006 to -2.0000e+006
-2.0000e+006 to 0.0000e+000
0.0000e+000 to 1.3393e+006
Interval=2.0e+006

图 2.168　平行孔槽模型 X 方向应力云图

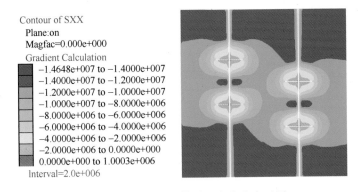

Contour of SXX
Plane:on
Magfac=0.000e+000
Gradient Calculation

-1.4648e+007 to -1.4000e+007
-1.4000e+007 to -1.2000e+007
-1.2000e+007 to -1.0000e+007
-1.0000e+007 to -8.0000e+006
-8.0000e+006 to -6.0000e+006
-6.0000e+006 to -4.0000e+006
-4.0000e+006 to -2.0000e+006
-2.0000e+006 to 0.0000e+000
0.0000e+000 to 1.0003e+006
Interval=2.0e+006

图 2.169　交叉孔槽模型 X 方向应力云图

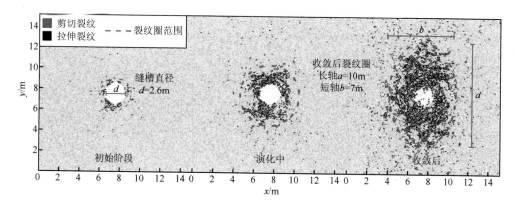

图 2.176　缝槽周围煤体裂隙演化

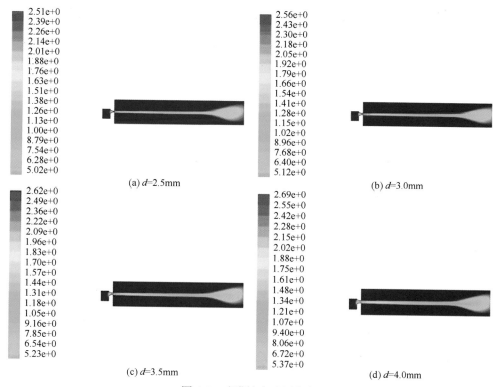

图 4.4　喷嘴轴向动压分布

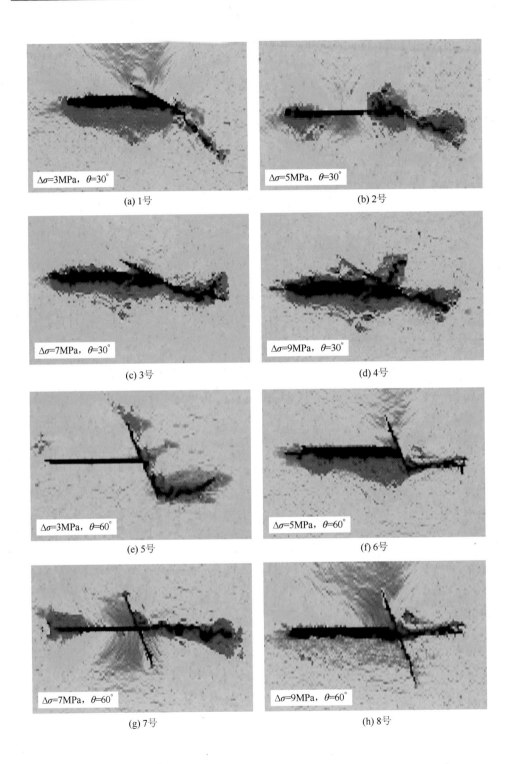

(a) 1号　　　　　　　　　　　　　　　　　(b) 2号

(c) 3号　　　　　　　　　　　　　　　　　(d) 4号

(e) 5号　　　　　　　　　　　　　　　　　(f) 6号

(g) 7号　　　　　　　　　　　　　　　　　(h) 8号

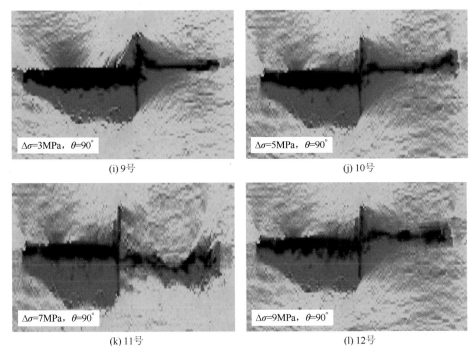

(i) 9号　　　　　　　　　　　　　　　　　　　(j) 10号

(k) 11号　　　　　　　　　　　　　　　　　　(l) 12号

图 5.20　水压裂缝扩展模拟结果

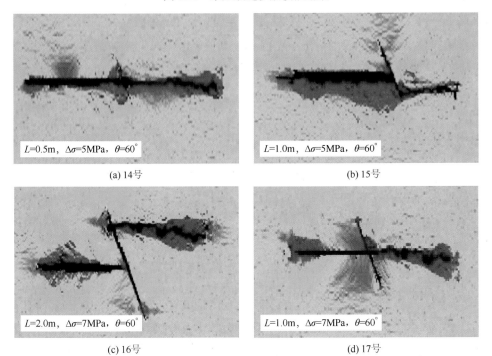

(a) 14号　　　　　　　　　　　　　　　　　　(b) 15号

(c) 16号　　　　　　　　　　　　　　　　　　(d) 17号

图 5.21　水压裂缝扩展模拟结果

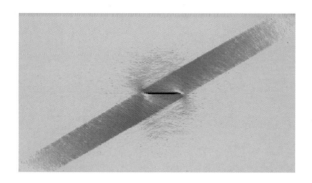

图 5.28　水压裂缝遇煤岩交界面模型

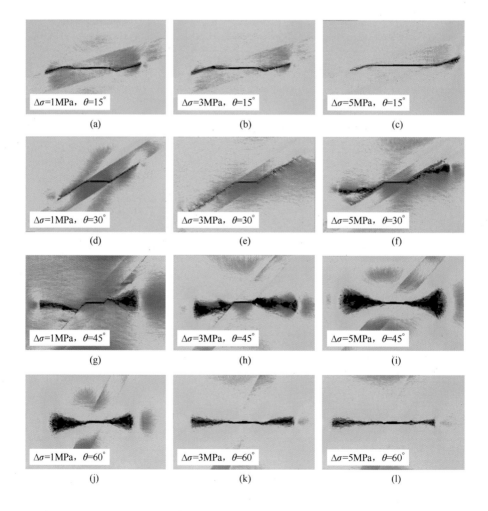

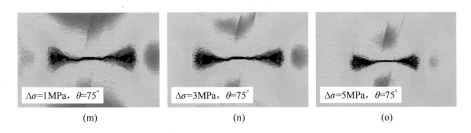

图 5.29　水压裂缝扩展模拟结果

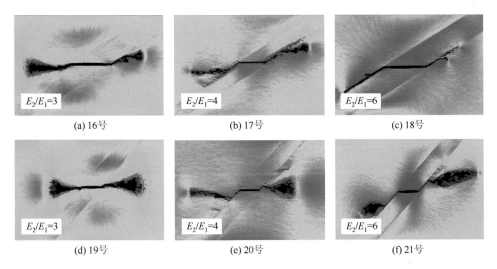

图 5.30　水压裂缝扩展模拟结果

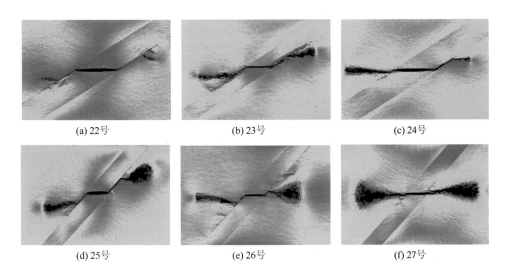

图 5.31　水压裂缝扩展模拟结果

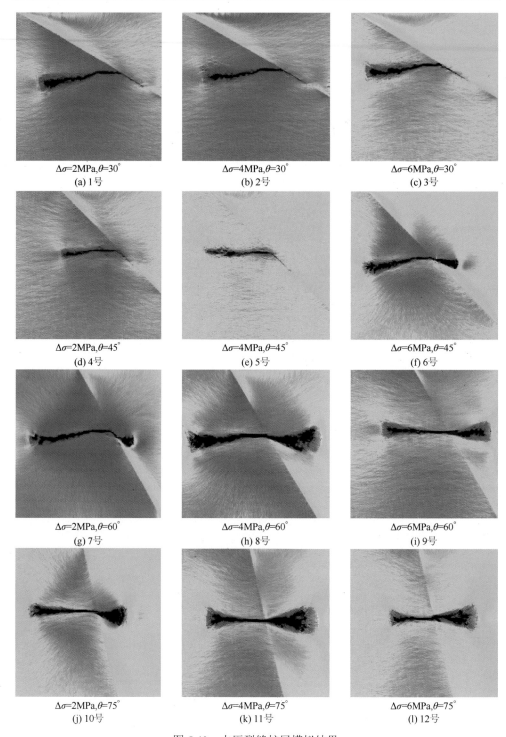

$\Delta\sigma=2$MPa,$\theta=30°$
(a) 1号

$\Delta\sigma=4$MPa,$\theta=30°$
(b) 2号

$\Delta\sigma=6$MPa,$\theta=30°$
(c) 3号

$\Delta\sigma=2$MPa,$\theta=45°$
(d) 4号

$\Delta\sigma=4$MPa,$\theta=45°$
(e) 5号

$\Delta\sigma=6$MPa,$\theta=45°$
(f) 6号

$\Delta\sigma=2$MPa,$\theta=60°$
(g) 7号

$\Delta\sigma=4$MPa,$\theta=60°$
(h) 8号

$\Delta\sigma=6$MPa,$\theta=60°$
(i) 9号

$\Delta\sigma=2$MPa,$\theta=75°$
(j) 10号

$\Delta\sigma=4$MPa,$\theta=75°$
(k) 11号

$\Delta\sigma=6$MPa,$\theta=75°$
(l) 12号

图 5.40　水压裂缝扩展模拟结果

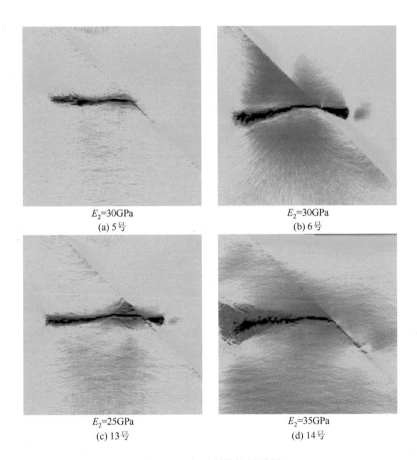

E_2=30GPa
(a) 5号

E_2=30GPa
(b) 6号

E_2=25GPa
(c) 13号

E_2=35GPa
(d) 14号

图 5.41　水压裂缝扩展结果

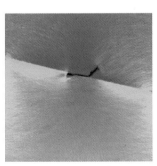

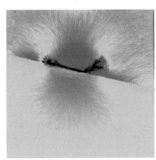

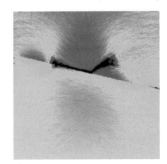

$\Delta\sigma$=1MPa,θ=15°
(a) 15号

$\Delta\sigma$=2MPa,θ=15°
(b) 16号

$\Delta\sigma$=3MPa,θ=15°
(c) 17号

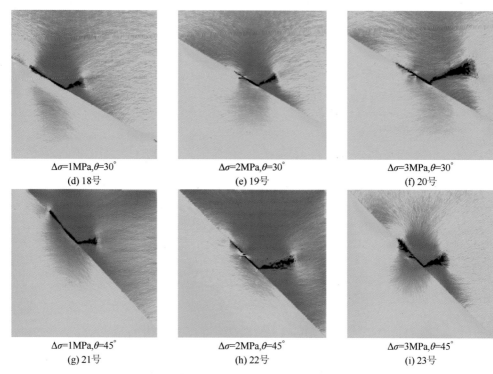

$\Delta\sigma$=1MPa,θ=30°
(d) 18号

$\Delta\sigma$=2MPa,θ=30°
(e) 19号

$\Delta\sigma$=3MPa,θ=30°
(f) 20号

$\Delta\sigma$=1MPa,θ=45°
(g) 21号

$\Delta\sigma$=2MPa,θ=45°
(h) 22号

$\Delta\sigma$=3MPa,θ=45°
(i) 23号

图 5.43　下部煤层水压裂缝扩展模拟结果

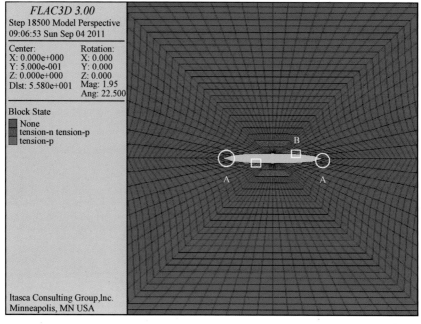

图 6.11　射流割缝缝隙边缘破坏区

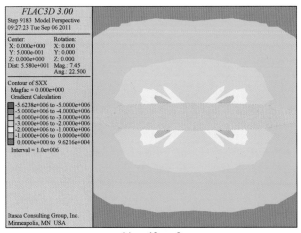

(a) σ_x=10, σ_y=8

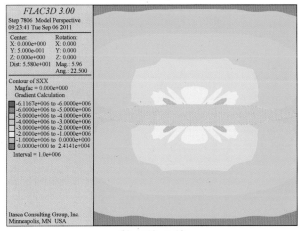

(b) σ_x=10, σ_y=10

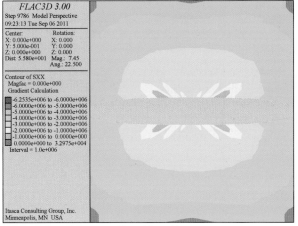

(c) σ_x=10, σ_y=11

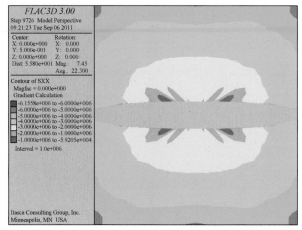

(d) $\sigma_x=10$, $\sigma_y=12$

图 6.12　割缝缝隙边缘应力分布

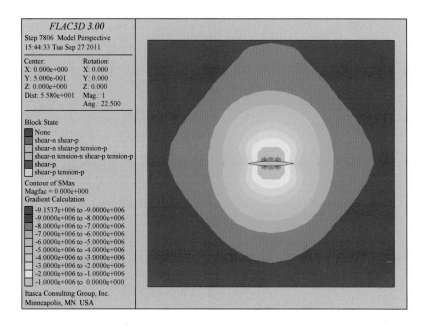

图 6.33　射流割缝缝隙塑性区应力分布